> 华为ICT认证系列丛书

云计算工程

陈国良 明仲 主编
冯禹洪 白鉴聪 毛斐巧 谢毅 编著

人 民 邮 电 出 版 社
北 京

图书在版编目（CIP）数据

云计算工程 / 陈国良，明仲主编. -- 北京 : 人民邮电出版社，2016.3（2024.7重印）
ISBN 978-7-115-40645-3

Ⅰ. ①云… Ⅱ. ①陈… ②明… Ⅲ. ①计算机网络－软件工程 Ⅳ. ①TP311.5

中国版本图书馆CIP数据核字(2015)第262860号

内容提要

本书从基本理论入手，依据“硬件—软件—系统”的架构，对云计算的理论体系和系统架构做了完整的阐述，并结合华为成熟的系统平台，对应用场景和系统实操进行了详细描述。全书共分12章，前10章以云计算基本理论知识为主，包括云计算概述、云计算硬件架构和云计算软件架构，重点介绍网络、存储、计算、安全、负载均衡等方面的基本知识、相关软硬件基础设施，以及计算、存储、网络三方面的虚拟化技术。后2章以云应用和系统实操为主，以华为基础云计算的三大软件平台作为实例，详细介绍三大平台的部署、应用和管理的方法技巧。

本书既适合云计算初学者全面了解云计算理论，也适合云计算从业人员进一步了解云计算应用场景和系统平台实操。本书还可以作为云计算工程应用方向的本专院校教材，以及从事云计算工作的专业人员的参考书。

◆ 主　　编　陈国良　明　仲
编　　著　冯禹洪　白鉴聪　毛斐巧　谢　毅
责任编辑　乔永真　李　静
责任印制　彭志环

◆ 人民邮电出版社出版发行　　北京市丰台区成寿寺路11号
邮编　100164　　电子邮件　315@ptpress.com.cn
网址　http://www.ptpress.com.cn
北京七彩京通数码快印有限公司印刷

◆ 开本：787×1092　1/16
印张：22　　2016年3月第1版
字数：410千字　　2024年7月北京第27次印刷

定价：89.00元

读者服务热线：(010)81055493　印装质量热线：(010)81055316
反盗版热线：(010)81055315

序

云计算是新一轮信息技术革命的主要推动力，是各国新一轮产业竞争和抢占经济科技制高点的关键，也是我国新一代信息技术产业的代表方向之一。当前，云计算产业蓬勃发展，云服务日益普及，云计算已成为人们使用信息技术的新模式，为人们的生活提供更方便环保的信息服务。随着云计算市场不断扩大，人才需求日益强烈，尤其是技能应用型复合人才已成为需求主体。

诞生于我国改革开放最前沿的深圳大学一直紧抓最新技术发展和新兴产业动脉，致力于培养“视野开阔，注重实际，热衷创新，崇尚竞争”的特色人才。作为全球领先的信息与通信解决方案供应商，同时也是中国十分专业的一站式云计算基础设施供应商，华为一直致力于云计算信息和通信技术的普及，为增加教育机会并培养前沿的信息技术人才贡献自己的能力。

面对当前广阔的云计算发展前景和强烈的人才需求，深圳大学联合华为技术有限公司、中国智慧城市研究院，组织多名经验丰富的老师，编写了本书，为广大的云计算从业人员提供理论知识和系统实操指导。本书的最大特点是从基本理论入手，依据“硬件—软件—系统”的架构，对云计算的理论体系和系统架构做了完整的阐述；并结合华为成熟的系统平台，依据“系统部署—资源管理—桌面接入—应用创建”的技术路线，对应用场景和系统实操进行详细描述。本书内容丰富，条理清晰，是一本不可多得的理论结合实践的云计算教材。

深圳大学和华为技术有限公司、中国智慧城市研究院合作编写了这本云计算教材，合作方都投入了大量的时间精力，既有高校教师的深厚理论知识功底，又有专业技术工程师的丰富实战经验，是产学研结合的丰硕成果。希望本书能够帮助广大读者打下扎实的云计算理论知识基础，掌握云计算系统平台应用技巧，理论与实践相得益彰，进而成为云计算专家人才，在云计算的广阔天地中发挥专长，实现梦想！

陈国良
深圳大学
2015 年 6 月

前　　言

本书是深圳大学和华为技术有限公司、中国智慧城市研究院联合编写的一本云计算工程教材。本书理论结合实践，前 10 章对云计算理论进行了详细全面的介绍，后 2 章以华为三大软件平台为实例，介绍了云系统平台的操作原理。初学者可以首先阅读了解云计算发展历史和基本概念，再学习有关硬件架构和软件架构的内容，从而全面掌握云计算理论知识，然后再学习后面的实践内容。有一定云计算基础的技术人员，可先了解华为 FusionCompute、FusionManager、FusionAccess 三大云计算平台的软件架构和运行机制，然后再学习其他内容，从而掌握华为三大云计算平台的系统原理和实用方法，使得技术人员能够从无到有地建立一套完整的云计算系统，为客户按需提供弹性伸缩的云服务。

本书的基本定位是云计算理论与工程实践参考书籍，涵盖了云计算理论知识和华为云计算平台操作，适合以下几类读者：高校学生、云计算从业人员以及对云计算和华为云计算产品感兴趣的爱好者。

首先，对于高校学生来说，本书可作为云计算工程应用方向的本专院校教材，也可作为云计算相关专业方向学生的自学参考书。通过本书学习，可以帮助学生全面深入地了解云计算基础理论，熟悉华为云计算平台操作，理解和掌握云计算技术原理和应用技巧，使学生能更快地积累云计算实践经验，为将来从事云计算工作建立更高更扎实的起点。

其次，对于云计算从业人员来说，本书可作为工具用书，帮助云计算从业人员熟悉华为云计算软件平台，掌握 FusionCompute、FusionManager、FusionAccess 三大平台的部署、配置、管理的能力，提升云计算技术应用能力和云服务平台运维水平，促进企业中的个人价值提高。

最后，对云计算和华为云计算产品感兴趣的爱好者来说，本书可作为学习云计算技术的参考书籍，使爱好者了解华为云计算产品和技术的特点，掌握华为产品和技术的应用，为其进一步的技术研究提供工具和指导。

目　　录

第1章 云计算概述

1.1　云计算的演进

1.2　云计算的概念

1.3　价值

根据美国国家标准与技术研究院（National Institute of Standards and Technology，NIST）的定义，云计算是一种计算模型，允许无处不在地、方便地、按需地通过网络访问共享可配置计算资源，如网络、服务器、存储、应用和服务等，这些资源以服务形式快速供应和发布，使相应的软硬件资源的管理代价或服务提供商的互动降低到最小。云计算由著名搜索引擎服务提供商 Google 在 2006 年率先提出之后，其发展可用“风起云涌”来概括。随着各类云计算服务的不断完善，云计算正在军事、政务、医疗、教育、电力、通信等领域深入应用，潜移默化中深刻地改善着我们的工作或生活方式，成为全球信息技术第三次革命浪潮的颠覆性推动力量。

1.1 云计算的演进

云计算通过互联网以服务的方式提供动态可伸缩的虚拟化资源。技术的发展、商业模式的转变以及需求的驱动是云计算产生和迅猛发展的三大基石。首先，从技术角度来讲，云计算是并行分布式计算技术理念的自然延伸。与传统的集群计算、网格计算和超级计算相比，云计算通过集中式虚拟化计算、软件及数据等服务，使信息化系统从用户中分离出来，由专业的服务商提供，降低用户应用门槛。其次，从商业模式来看，它利用高速互联网的传输能力，将数据的处理从个人计算机或服务器转移到大型的计算中心进行，然后将计算能力和存储能力当作服务来提供，并按使用量进行计费，如同大家熟知的电力、自来水的使用一样，同时提高用户和服务提供商的经济效益。最后，各企事业单位信息系统数据量每年成倍数地在快速增长，因此带来上百万元乃至千万元的软硬件投资。合理使用资源、降低运营成本等社会日益增长的需求与成熟的技术、新的商业模式共同导致云计算的产生和迅猛发展。这将打破传统 IT 产业布局，开辟一个崭新的充满机遇的市场。

1.1.1 技术的发展

云计算环境是计算与存储并存的网络环境，上面承载云平台和云服务。其中，云平台是支撑海量信息处理的服务器和存储系统。而云服务提供多种多样的应用软件、业务和服务，如社区、搜索和商务等。用户通过各种终端和网络接入与使用云服务。因此，云计算的发展首先是被信息通信技术的形成、发展、融合以及相关标准的快速发展所推动的。

一、通信技术的发展

通信技术（Communication Technology，CT）是将信息从一个地点传送到另一个地点所采取的方法和措施的总称。一般来说，通信技术的发展历程可以划分为 4 个阶段：技术准备阶段、内容服务阶段、Web 2.0 阶段以及移动互联阶段。

第一阶段，从 1876 年到 1989 年的技术准备阶段。众所周知，早在 1876 年，亚历山大·贝尔发出世界上第一条电话信息，揭开人类历史上以有线电话为主的远程通信时代。1901 年，伽利尔摩·马可尼在英国与纽芬兰之间（3 540km）实现横跨大西洋的无线电通信，使无线电达到实用阶段。至 1963 年，利克里德尔（J.C.R Licklider，1915～

1990）提出了星际计算机网络（Intergalactic Computer Network），预见所有机器将构成网络，人能同时与所有计算机互动并获得超越性的信息处理能力。这是最早的全球计算机互联网络的构思。1969 年，作为现代互联网前身的阿帕网（ARPANET）诞生，该事件入选 2009 年外国媒体评 IT 历史十大里程碑之一。而阿帕网诞生的原因，根据时任 ARPANET 高等研究计划署主任 Charles Herzfeld 的解释，是因为当时只有数量非常有限的、能力强大的大型计算机用于科研，而分布在美国各地的很多研究人员要访问这些资源非常不方便。无论是设计的初衷、提出的概念、还是实现都与现在的云计算中的“云”如出一辙。1978 年，传输控制协议/互联网互联协议（Transmission Control Protocol/Internet Protocol，TCP/IP）得到了标准化认可。TCP/IP 定义了电子设备如何连入互联网，以及数据如何在它们之间传输的标准，成为互联网最基本的协议。1986 年，第一条骨干 TCP/IP 线路——美国国家科学网（NSFNet）——建成，NSFNet 的网络速率为 56Kbit/s，连接 6 个科研教育服务的超级计算机中心，使得相关研究人员能够共享研究成果并查找信息。1989 年，欧洲核研究组织（CERN）开放第一条外部数据通道并提出万维网原型。

第二阶段，从 1990 年到 1999 年的内容服务阶段，此阶段的特点是网络即内容，通过 HTML 提供各种消息服务，如 1990 年的 Archie、1994 年的 Yahoo、1996 年的 Sohu、1998 年的 Sina 等。同期我们也见证了 1997 年到 2000 年的互联网泡沫，如 1999 年亿唐网由 5 个哈佛 MBA 毕业生和 2 个芝加哥大学 MBA 毕业生组成的“梦幻团队”创建，融资 5 000 万美元，却由于定位混乱，在贪大求全却毫无特色的内容服务中渐渐全面收缩阵线，经历无数次转移后最终走向失败。

第三阶段，从 1999 年到现在的 Web 2.0 阶段。Web 2.0 是相对 Web 1.0 的新的一类互联网应用的统称。Web 1.0 的主要特点在于用户通过浏览器获取信息。Web 2.0 则更注重用户的交互作用，用户既是网站内容的浏览者，也是网站内容的制造者，即互联网上的每一个用户不再仅仅是互联网的读者，同时也成为互联网的作者。此时，用户参与模式由单纯的“读”向“写”以及“共同建设”发展，用户由被动地接收互联网信息向主动创造互联网信息发展，从而更加人性化。同期还见证了一类特殊的互联网寄存服务即网页寄存（Web hosting）服务的出现与发展。网页寄存提供个人、组织和用户用于存储信息、图像、视频或任何通过网络可访问内容的在线系统。在经历了互联网泡沫的洗礼后，互联网的发展渐入理性。此阶段的特点是网络即平台，网络的主旨在于提高用户体验、参与度、信任度等，如 1999 年创建的 Salesforce.com、携程网、2002 年的 Amazon Web Services、2003 年的淘宝、2004 年的 Facebook、2005 年的人人网。再到后来 2006 年的 Amazon 弹性计算云（Elastic Compute Cloud，EC2）平台，2009 年的 Google App Engine 等，这些后来都发展为国内外知名的云计算提供商。

第四阶段，从 2007 年至今蓬勃发展的移动互联网阶段，其特点除了包含 Web2.0 的高用户体验、参与度、信任度外，还包含便捷、无处不在等优点。移动通信技术自 1980 年以来已经经历了第一代（1G）、第二代（2G）、第三代（3G）以及已经进入我们日常生活且日渐普及的第四代（4G）。其中，1G 以频分多址制式提供普通模拟电话等话音业务。2G 实现语音信息以数字化方式传输，并引入了短信、电子邮件等功能。3G 采用蜂窝移动通信技术支持高速数据传输，能够在全球范围内实现无线漫游，并支持图像、音乐、视频流等多种媒体的传输。4G 采用全数字全 IP 技术，支持分组交换。同时，4G 可集成不同模式的无线通信，从无线局域网、蓝牙、蜂窝信号、广播电视到卫星通信，支持移动用户自由地在不同的无线通信网络中无间断地切换。基于这个技术，可实现快速上传现场信息（如监控图像）到相应的数据处理中心，以做出及时准确的决策。4G 对云计算及其相关联产业的发展起到了极大的推动作用，为实现云计算的便携、无处不在的网络接入提供了关键的技术支撑。

二、信息技术的发展

狭义的信息技术（Information Technology，IT）是指利用计算机、网络、广播电视等各种硬件设备、软件工具和科学方法，对文、图、声、像等各种信息进行获取、加工、存储、传输与使用的技术之和。当代信息技术有着广泛的应用领域，如各种各样的内容服务、集成制造、决策支持等。云计算首先是一种信息技术。美国国防部供应商 NJVC 公司在 2014 年父亲节上致谢 6 位云计算之父，其中第一位就是图灵奖得主、美国麻省理工学院科学家约翰·麦卡锡（John McCarthy）博士。早在 1961 年麦卡锡博士就提出："某天计算可能被组织成为一种公共效用，就像电话系统一样，每个订阅者只为自己实际使用的容量付费，但是他可以接入非常大的系统所提供的所有编程语言的特性……某些用户可能提供服务给其他用户……计算机公共事业可能成为一个新的和重要的产业基础。"这些话预见性地描述了今天如火如荼地发展着的云计算，这在谷歌之前、在互联网诞生之前、甚至在宣告 IBM 大型主机时代开始的 IBMsystem/360 正式发布（1964 年）之前。

（一）相关概念

为方便介绍信息技术的发展历史，这里先介绍几个相关的术语：可伸缩性、集中式管理、分散式管理、封闭信息系统和开放信息系统。

首先，可伸缩性（也称可扩展性）是测量软件系统在线处理能力的一个重要指标，可伸缩性强的系统在应对突发事件时可及时扩展系统以应对更多的资源需求，而在突发事件过后又能及时裁减相应的系统资源用于其他的业务，从而提高了资源的利用率。系统的可伸缩性有两种：纵向扩展（scale-up）和横向扩展（scale-out）。纵向扩展指的是在线给系统的节点动态增加或减少资源，如 CPU 或内存。纵向扩展性好的系统为其所承载的操作系统和应用模块提供更好的资源共享环境以提供更灵活的服务，如动态扩大或缩减当前运行的 Apache 守护进程数等。而横向发展指的是给一个系统添加更多的节点，如将 1 个 Web 服务器扩展为 3 个以提高系统的响应效率。

其次，根据信息管理过程中启动的控制过程数量以及它们运行的资源，信息管理技术可以划分为集中式管理技术和分布式管理技术。当使用集中式管理技术的时候，通常管理过程（或过程组）部署在同一台主机上，其中，过程可以是进程或线程，取决于实现的方式。此时，应用运营和分析数据等任务运行于单个系统中，便于接入、汇总和管理相关信息，有利于提高数据安全性与管理便利性。缺点是同一主机负责所有控制信息的处理，容易导致单点失效和可扩展性差等性能问题。大型机系统通常使用这种管理方式。尽管大型机具有稳定高效的特点，但单机系统不可能做到 100%的稳定。如 2012 年 12 月 15 日，中国银行采用的 IBM 大型机在运行过程中突然宕机，时间长达 4 个小时。无独有偶，2010 年新加坡的星辰银行和 2011 年的美国银行都出现过大型机宕机事件，给相应的金融业务带来严重影响。

当使用分布式管理技术时，大的计算或存储问题被划分为若干个小问题，分散到不同计算资源上并行处理，相应的管理过程有多个，部署在不同的计算资源上，协同完成信息管理任务，最后各运行结果将综合汇总并得到最终结果。此时，业务运营和数据分析等工作由多个计算资源共同承担完成，减轻了单个计算资源的工作负担，并提高了性能。当有某个节点失效时，其上的任务可以迁移到其他正常的节点上继续运行，避免了单点失效的问题。集群技术就是一种典型的分布式计算技术。随着计算机价格的下降和性能的提升，数以百计的低成本普通计算机配置成集群，从而获得更强的计算能力，这往往超过传统单一的以精简指令集为基础的科学计算机。同时，高性能互联技术如 Myrinet 和 InfiniBand 的出现，进一步推动了这种计算模式的普及，现已广泛用于高性能计算应用中，如生物计算和抗震分析等。分布式管理技术很好地提高了系统的横向扩展性，但缺点是多过程协作会带来运行期的额外开销。同时，数据分散在多处，会导致多个数据副本的一致性、访问的安全性等管理上的问题。另外，多源数据的抽取、转换和加载（Extract、Transform and Load，ETL）等操作给数据分析带来更多额外的处理开销。

最后，根据服务供给过程中所涉及的软硬件计算资源的获得和运维等服务是由少数几个指定供应商供应还是大规模公众运营，计算架构可以划分为封闭式系统和开放式系统。封闭式系统包含两类，一类是早期的大型机系统，不对外开放，自己独立运行；另一类是底层基础设施使用大型机等封闭系统，上层解决方案由相应厂商提供的分布式系统。封闭式系统是一种垂直整合资源的服务系统，拥护者一般是拥有良好用户合作关系的科技巨头，如甲骨文、惠普等。这些厂商把自己生产的硬件和软件业务有机合成到相应的服务套装中，并对整体环境进行调优，提供相对可靠和安全的服务。但因所有计算设施均来自单一厂商，用户容易被厂商锁定，打包方案价格偏高。而且，不同厂商系统间兼容性不好，限制了应用的拓展。特别是当有客户中途希望改换服务提供商，相应数据迁移工作难度将很大。

可复用可定制的开放体系结构，是互联网应用共享成功的关键支撑技术之一。开放式体系结构指具有以下特点：①底层网络上各节点间互操作性强；②基础软件和支撑软件可从多方获得；③应用系统的可移植性和可剪裁性强。开放架构需要有开放性的计算基础设施、标准、虚拟化技术和面向服务架构（Service-Oriented Architecture，SOA）等技术的支持。首先，计算基础设施的开放性始于 1978 年 Intel 发布 X86 通用计算机，而这也揭开了计算机的开放生态环境新时代。现代开放式服务器包括基于 Windows、UNIX、Linux 等操作系统的服务器。其次，标准化是实现开放性的基础。国际标准化组织（ISO）早在 1978 年就开始制定开放系统互联（OSI）标准，为分布式系统提供了开放连接的基础。2010 年英特尔帮助创建了一个由 70 多家全球领先企业联合组成的“开放式数据中心联盟”，开发更加开放、更具互操作性的云计算和数据中心解决方案，为如何部署、维护以及优化云计算基础架构，提供经过验证的云构建方案及实际指导。2014 年，华为推出融合云计算解决方案 FusionCloud，实现了异构厂家硬件资源池融合，计算、存储、网络架构融合，以及固定移动融合的云接入。通过整合 OpenStack 开源云平台技术，FusionCloud 可以最大限度地实现云平台的开放性，帮助企业和服务供应商建立和管理各项云服务。另外，虚拟化技术能处理操作系统、中间件和应用的映像，主动预先构建并分配到正确的物理机等问题。近年来，虚拟化管理平台如 KVM、Xen、VMware 等都走向开放平台架构，多个厂家的虚拟机可以在开放的平台架构下并存、协作以提供更丰富的应用。而面向服务架构是一个系统或软件体系结构在进化过程中采用构件化技术和服务供给的使用方式提高资源的可重用性、可扩展性和灵活性。以上这些技术相互支撑使得开放式系统获得比封闭式系统更好的横向扩展能力。同时，用户可以根据自身的需求和喜好选择服务供应商，拥有更自由的解决方案。

（二）螺旋上升过程

正如前面所述，云计算概念本身不是一个突破性的发明，其发展历程可以追溯到大型机时代。随着时间的推移，新的概念、新的能力不断涌现、成长与提升，信息技术的发展是一个螺旋上升的过程。如图 1-1 所示，信息技术发展历程大致可以划分为以下几个阶段：集中封闭式计算、分布开放式计算以及集中开放式计算。

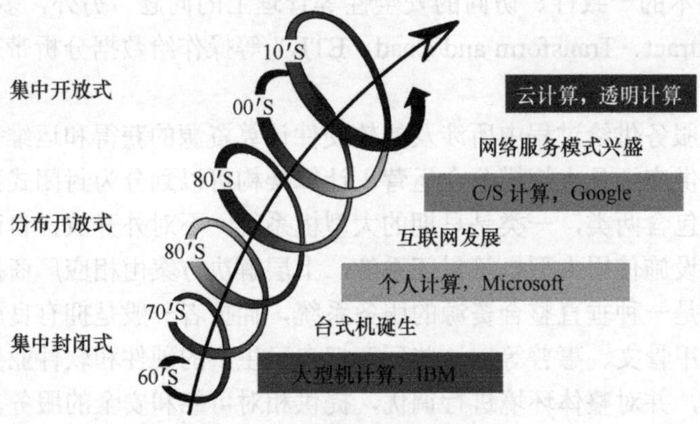

图 1-1　信息技术架构的发展

1．集中封闭式计算

从 1960 年到 1980 年是集中封闭式计算，其特征是采用大型主机集中式管理信息系统的所有数据和应用，多个使用者通过终端机（或个人计算机）与系统互动，所有数据处理与存储都在主机上完成。该系统的伸缩性局限在纵向扩展上。同时，大型机上部署的信息系统相应的解决方案也由厂商提供。自 1964 年 IBMsystem/360 正式发布并承载大型应用以来，大型机很长一段时间都被看作是企业应用与数据集中处理的平台，曾支撑了美国阿波罗人类第一次登月计划中相关的复杂计算。直至 2010 年 INFORMAiCA 年的技术白皮书报告，大型机仍然活跃在银行、保险、航空等大型企业的后台数据中心，承载着相关领域的核心业务。据该报告，全世界 70%～80%的这些行业的关键数据依然由大型主机进行管理[5]。

大型机蓬勃发展期间有两个值得注意的计算模式：并行计算和效用计算。首先，并行计算是用多个 CPU 联合求解问题并汇总的计算模式。1966 年，Sperry Rand 公司的 UNIVAC 分部发布了第一台多处理器计算机 UNIVAC 1108，每台配备了最多 3 个 CPU 及 2 个 I/O 控制器，其专用的 EXEC 8 操作系统支持多线程的运行，为并行计算的产生提供了硬件条件。并行计算的产生与发展加速了计算的过程，使得在有限时间内解决复杂问题成为可能，如汽车碰撞试验和天气预报等。

其次，效用计算将计算、存储和服务等计算资源包装为计量服务。其特点是允许用低价位甚至是零首付的方式获得计算初始资源，即通过租用的方式按照实际使用情况付费。效用计算的目标是实现 IT 资源像传统公共实施（如水和电等）一样供应和收费。在 20 世纪 60～70 年代，由于大型机价格昂贵，IBM 和同期大型机生产商已经实施了这种计算模式，采用分时机制将计算能力、数据存储能力等提供给全球其他大型企业。伴随价格相对低的小型机和 PC 的出现和普及，这种商业模式逐渐淡出人们的视野。直至 90 年代后期，这种模式开始复兴。效用计算所提倡的资源按需供应和用户按使用量付费的理念与云计算相符。

2．分布开放式计算

从 1980 年到 2007 年是分布开放式计算技术大量涌现的时期。1971 年 Kenbak Corporation 推出 Kenbak-1 个人计算机（Personal Computer，PC），标志着第一台可大规模生产的 PC 产生。PC 泛指大小、性能以及价位适合个人使用、相互分离且由用户直接操控的计算机，包括台式机、笔记本、上网本及近年的个人数码助理（Personal Digital Assistant，PDA）、智能手机、可穿戴式电脑等。时至今日，我们看到个人计算机越来越普及和便携，可编程的数字逻辑器件大量嵌入到我们的日常生活中，包括个人计算机、服务器、ATM 取款机、自动服务终端、路由器、交换机、MP3 播放器、电子游戏机、电视机、DVD/BP/CD 播放机、冰箱、洗衣机等。计算设备的多元化及各种网络接入方式的涌现与迅猛发展改变了人们处理信息的方式、使用的情景及交互的范例，实现了人们随时随地方便地接入、获取、处理或交换信息。

个人计算机的发展和 20 世纪 60 年代后期产生的阿帕网共同促进分布式应用的形成。70 年代后期到 80 年代早期，分布式计算作为计算机科学的一个独立学科形成。同期，以 X86 服务器的诞生为标志，微型计算机开始作为服务器，取代了旧的大型主机。企业信息系统从全封闭的软硬件堆栈架构走向网络、存储、服务器、操作系统、中间件、应用层等多层次水平分工的架构，各层之间接口标准化、规范化，极大地简化了每一层的技术复杂度。

分布式计算隐藏了计算机的分散性和异构性，向用户提供统一的编程接口和常见的服务，如数据管理、远程执行、并行处理、资源管理、服务管理、安全和容错等。从分布式概念提出后的近 30 年，由于网络和计算两大技术的发展，新概念、新技术的提出，侧重面不同，我们见证了多个分布式计算模式的产生与发展，包括 C/S 计算（Client/Server，C/S）、对等计算（Peer-to-Peer，P2P）、网格计算（Grid Computing）、Web 服务（Web Services）、移动计算（Mobile Computing）、普适计算（Pervasive Computing）和透明计算（Transparent Computing）。各计算模式的定义、系统模型及其特点见表 1-1。

基于这些计算的应用系统多采用开放架构，普遍具有以下特点：（1）动态性，参与的节点可以动态地加入和离开计算组织，组织在不同的计算环境中的指向不同，如网格中指的是虚拟组织；（2）异构性，参与的节点多是异构资源，有着不同的计算能力、体系结构和数据表达，如移动计算中的智能手机和笔记本计算机就是异构资源，相应的软件可从不同的供应商获得；（3）可移植性和可剪裁性，异构协作的环境需要应用软件具备可移植性，同时，个性化追求也需要应用软件具备给不同的用户、不同的环境提供恰当服务的功能；（4）互操作性，分布式环境内在的分布特性决定多节点系统的互操作是每个参与协作的节点必不可少的能力。促进节点间交互的多种规范和技术在这期间涌现，如 Web 服务描述语言（Web Services Description Language，WSDL），简单对象访问协议（Simple Object Access Protocol，SOAP），统一描述、发现和集成（Universal Description, Discovery and Integration，UDDI）等。由上可见，这个期间的计算是开放式计算。

表 1-1　分布式计算模式一览

计算模式	定义	典型应用
C/S 计算	C/S 计算采用主从式架构。它是常用的网络应用架构模式，由客户端（Client）与服务器（Server）这两个主要的角色组成，用户通过客户端软件向应用程序服务器发出请求，服务器完成相应的计算后将结果返回到各个用户	邮件服务、网页浏览等
P2P 计算	在 P2P 计算中，每个参与计算的节点都有相同的角色和责任，没有集中式服务器	文件共享软件
网格计算	网格计算集成硬件和软件基础设施资源，为个人、研究所或单位提供灵活的、安全的、协作的资源共享环境。这些个人、研究所或单位组成所谓的虚拟组织。其特点是利用互联网把分散在不同地理位置的计算机组织成一个“虚拟的超级计算机”，充分利用闲置 CPU 的处理能力，并高效处理各种复杂的科学计算	药物分子设计、计算力学、航空航天等
Web 服务	Web 服务是一个能通过网络编程调用的应用功能集，程序员使用开放的基于互联网的标准和常见的基础设施来描述、发现和调用服务。这些服务调用独立于编程语言、编程模型和系统软件。其重要的特点是互操作性	跨防火墙的通信、B2B 集成等
移动计算	移动计算实现计算机或其他智能终端设备在无线环境下进行数据传输和资源共享，将有用的、准确的、及时的信息在任何时间、任何地点提供给任何客户。其特点是计算伴随节点真实移动位置而移动的能力，包括移动信息接入、自适应应用、能耗敏感以及位置感知等	自动立体停车设备通信系统、富的乐运动品公司实时数据库管理系统等
普适计算	随着嵌入式传感设备、无线移动设备和无线通信技术的快速发展，感应标签（如 RFID）、计算和通信能力嵌入到我们的生活环境中，普适计算环境可建模为一个智慧物体集，其中每个智慧物体都有计算和通信能力，这些智慧物体间自动交互根据周围环境为人们提供他们期望的服务。其特点是智慧空间、局部可扩展性、隐形、不均衡的条件等	IBM 智慧地球（2010），跟随我（Follow me）应用
透明计算	张尧学院士首创的透明计算旨在实现用户通过网络上的同一终端平台使用不同操作系统和相关应用，以及在不同终端平台上使用同一操作系统和相关应用的问题。通过网络将存储、运算和管理进行逻辑或物理分离，将应用和硬件分开，用户终端系统不需安装任何操作系统和应用程序，而在执行时通过网络从服务器动态调用操作系统和应用程序在端系统运行	虚拟磁盘，基于移动瘦终端的教育、培训、军事应用等

3．集中开放式计算

分散式管理模式减少每了个控制过程的工作负载，提高了每个控制过程的内聚度、任务执行的并发度和并行度。避免了单点失效。在 20 世纪 80 年代、90 年代和 21 世纪初期，吸引了大量研究者的兴趣，并得到工业界的广泛应用。然而，分散式管理模式发展到一定的阶段，弊端逐步显现。

随着网络和计算规模的扩大和应用的普及，企事业单位的一个关键业务往往需要涉及服务器、网络、存储等各方面的基础设施的协同配合。虽然对软硬件各层的开发已经实现了解，但在部署和运行态仍然是软硬件耦合绑定的关系，容易出现跨业务的资源忙闲不均的现象，导致资源利用率不高。随着企事业单位信息化进程的不断推进，软硬件服务生态链日益繁荣，硬件异构、多厂家分散式管理集成的复杂度越来越高。而业务驱动的基础设施资源的集成管理配置和按需供给往往成为影响企业业务需求的关键制约性因素。阻碍了不同单位甚至同一单位不同部门间的信息服务共享和创新应用的发展。其主要问题总结概括为以下四大方面：

（1）平均资源利用率及能耗效率低下。各企业单位甚至分部门普遍采用独立采购软硬件资源的方式，且所有应用软件、数据库以及中间件均采用独占计算。存储和网络资源的烟囱式部署，即业务应用系统独占服务器、存储、OS、数据库等资源，造成软件应用与硬件资源的静态捆绑等现象，进而造成不同应用之间无法动态、高效共享相同的计算与存储资源，导致企业 IT 的平均资源利用率始终低于 20%。科研界虽然鼓励集成空闲 CPU 资源，如网格计算，但恰好是共享资源的特性缺乏商业运作，导致各单位或个人共享资源的动力不足。根据 2010 年卡内基梅隆大学对 M45 超级计算集群连续跟踪 10 个月后的发现，所有集群节点的 CPU 利用率都为 5%～10%。

（2）新业务上线测试周期长，效率低下。企业任何一项新的业务上线，从最基础的硬件平台开始，向上逐层部署各层软件，包括操作系统、中间件、数据库到业务软件，均需要投入专业的信息技术团队进行安装、调试、验证等，平均耗时 2～3 个月。

（3）资源储备及弹性伸缩能力不足，不具备应对企业突发业务高峰期处理的能力。计算资源分散管理，容易造成企业内部物理基础设施独立管理，横向扩展性差。针对特定的垂直行业，短时间内突发性的高流量、高密度业务（如国庆黄金周期间，大量照片视频上传），企业内部物理基础设施资源无法满足突发业务的需求。

（4）共享性弱，服务对象范围小。截至 2013 年 10 月，中国 6 000 多所中小学以及近 70%的高校建设了校园网。其中，67 所普通高校开展了现代远程教育，140 多种专业，160 多万名学生注册了网络教育。然而，我们可以发现诸多著名高校的国家级精品网络课程，存在大量受限制的链接和不能显示的页面，这些资源往往只有本校学生可用，无法让广大适龄学生享用这些非常有用的资源。

运算规模日益扩大与计算的普及，信息技术与通信技术的融合，催生了信息通信技术（ICT），允许人们随时随地通过各种设备接入互联网，使用或享受海量数据和丰富无比的服务，推动了 IT 架构的升级。最近的 10 年，在 ICT、虚拟化、资源管理、标准化等技术的推动下，IT 计算架构从本地计算模式、客户端与服务器端并重的传统分布式计算模式，向以"泛在网络接入""计算、存储的集中资源池化""快捷的弹性伸缩"等为典型特征的集中开放式架构演进。集中开放式架构，顾名思义，就是以"集中式控制、分布式计算、开放架构"为特点的计算模式。区别于前面的分布开放式计算，我们看到了从网络、服务器等硬件基础设施的管理到应用服务的集中式管理的全面回归。

首先，在网络层，2009 年一种创新网络架构，即软件定义网络（Software Defined Network，SDN），诞生于美国斯坦福大学，其核心思想是路由功能分离，将网络设备的控制面与转发面分隔。同时，采用独立的、逻辑上集中的平台控制路由。区别于传统网络，SDN 有两个需要注意的特点：（1）SDN 的集中控制器拥有所有网络路径和设备的能力信息，涵盖了整个网络端到端的视图，可直接编程实现硬连线的路由。当故障出现的时候，集中控制器将按照预先计算出的可替代路由来取代故障路由，满足服务高可用性需求。（2）SDN 集中式控制器是逻辑上的集中式控制管理，而不是单一过程管理。其物理部署上采用分布式计算的实施方案。由于 SDN 结合了集中式管理和分布式计算的双重优点，有着各种预期的经营效益和创新业务的可能，因此，它从诞生起就吸引了大量的学术界和工业界的兴趣，如美国斯坦福大学、清华大学和华为技术有限公司[1]。

其次，在系统软件层，促进服务器应用整合的系统软件有基于 X86 架构的虚拟化软件，如 Xen，VMware 等。在中间件层，全球最著名的搜索引擎谷歌一直是集中式控制的拥护者，其著名产品包括“仙女座”（Andromeda）虚拟网络、大型分布式存储系统 GFS，BigTable 等都使用集中式控制，而这些中间件系统的高效性和稳定性都有力地证明了集中式控制的有效性。促进集中式管理的中间件还有华为融合操作系统 Fusion Sphere、集中式资源监控、基于虚拟磁盘的异构服务平台透明计算（TransCom）、提供 Web 方式的远程集中虚拟桌面管理的华为融合接入系统 FusionAccess 等。

最后，在应用层，Amazon’s EC2，Twitter 和 Facebook 的推送服务等都是采用集中式管理。这个时期的计算平台逐渐演变成以运营商为中心的信息聚合、驻留、处理与交换平台，大规模的公众运营，有利于形成以运营商为中心的产业链聚合平台。

1.1.2 商业模式的转变

商业模式（又称经营模式、商务模式、生意模式）的定义最早在 20 世纪 50 年代提出，70 年代首次出现在《计算机科学》杂志上，直到 90 年代才开始被广泛使用和传播。根据罗素·托马斯（Ruse.Thomas）2001 年的定义，商业模式是开办一项有利可图的业务所涉及的流程、客户、供应商、渠道、资源和能力的总体构造。换句话说，商业模式是以商品所有者为中心，把商品、消费者、信息、流通等元素按照一定的组织形式连接在一起所形成的实现商品价值转移的结构体系。

商业模式通常包含以下三要素：客户价值主张（Customer Value Proposition）、盈利模式（Profit Formula）、关键资源和流程（Key Resources and Processes）。客户价值主张是企业通过其产品或服务能为客户带来的其他企业无法提供的价值。盈利模式描述的是供应商如何从为客户创造价值的过程中获得利润。关键资源和流程指的是供应商通过资源整合（包括人才、技术、产品、工具、设备和品牌等），使各资源高效协作地运行，形成核心竞争力，为客户提供价值。其中，客户价值主张和盈利模式分别明确客户和公司的价值，而关键资源和流程则描述如何有效地实现这些价值。一个成功的商业模式往往有以下八个特点：整合、高效率、系统、核心竞争力、实现形式、客户价值最大化、持续盈利和整体解决。其中，整合、高效率、系统是先决条件，核心竞争力是手段，客户价值最大化是企业追求的目标，而持续盈利是检验一个商业模式是否成功的唯一外在标准。

一、典型的商业模式

在信息技术领域，创新在人们脑海中呈现的往往是技术的创新（如新的算法、新的机制等）和产品的创新（如苹果推出的 iPhone）。实际上还有一类创新，那就是商业模

1 华为技术有限公司被全球运营商列为最佳 SDN/NFV 解决方案供应商(2014)，http://www.csdn.net/article/a/2014-02-24/15818022。

式的创新。大多数技术或产品类的创新对行业或人们的生活生产带来持续渐进型的影响或改变，而商业模式的创新往往可以改变整个行业的格局，重塑产业，带来惊人的价值增长，甚至让市场重新洗牌。商业模式的发展历史上经历了几种典型的模式：店铺模式、搭售模式、网模式、资源衍生模式、金字塔模式和平台式。首先，店铺模式是最古老也是最基本的商业模式。其中，店铺即商店，其表现形式为在具有潜在消费者群的地方开设店铺、展示其产品或服务并实施销售活动。店铺有实体店和网店两种。实体店如百货商店，其历史可以追溯到唐朝。由于实体店铺需要规划人事和店面装潢，成本较高。同时，其买卖地点固定，造成买卖效率低、对市场反应速度慢、市场覆盖面有局限等。而网店概念是 IBM 公司于 1996 年提出，其表现形式为互联网上开的店铺，能够让人们在浏览网站的同时进行实际购买，并且通过各种支付手段进行支付，完成交易全过程。网店是电子商务的一种形式，与实体店相比，网店具有价格低廉、交易便捷、形式多样等特点，迅速得到商家和客户的喜爱和推广。从 2000 年到 2009 年，电子商务已经进入可持续性发展的稳定期。而近年来 3G 的蓬勃发展促使全网全程的电子商务时代成型。

搭售模式也称饵与钩模式（Bait and Hook Model）、剃刀与刀片模式（Razor and Blades Model），或产品的开门模式。其表现形式是基本产品的出售价格极低甚至免费赠送，而与之相关的消耗品或是服务的价格则相对昂贵。其典型特点包括以下两点：（1）产品的销售和服务行为背后隐含相关企业的下一次盈利机会；（2）企业由客户的一次性消费进入客户的重复性消费领域。典型应用如手机（基本产品或饵）和通话时间（通信服务或钩）。当移动公司把手机送给你的时候，你也会被要求与其签订指定时间的通信服务使用合约。也就是说，你和它的生意关系才刚刚开始，而不是结束。另一种应用如惠普的打印机和墨盒。惠普的打印机往往以比较便宜的价格出售，然而与之匹配的墨盒往往比较贵，甚至比打印机还贵。因此，当客户消费了几个墨盒之后，打印机的成本就已经赚回来。

网模式中的“网”不是通信网络，而是由相应企业的销售渠道组织构建而成的密集完整的网络，其中，每一个销售点都将成为这个网的一个节点。该网络节点越密集、覆盖面越大、占有市场份额越大、整合市场中尽可能多的资源，则相应的产品对人民生活方方面面的渗透度越大，对市场的控制度就越大，产生的利润也就越大。例如，可口可乐的销售渠道有 22 种，包括大型超市、零售店、自动售货机等。其设计与部署的理念是目标用户可能会产生喝水愿望的地方都将摆上可口可乐，让消费者触手可及。同理，大家所熟知的 7-Eleven 便利店也是网模式的另一个典型应用例子。

资源衍生模式是从现有资源挖掘衍生价值，不断构建新的盈利点和盈利模式，使利润以倍数增长。该模式有两大特点：（1）重复使用优质资源；（2）衍生产品/项目必须和现有资源有密切的联系。典型应用如加油站附带快餐店和便利店，满足司机旅客朋友的需要。又如大家熟知的餐馆里的一鱼多吃等。

金字塔模式是根据客户的不同特点，对客户群进行细分，对不同客户群提供不同类型的产品。在满足用户个性化需求的同时尽可能地覆盖市场。客户群的划分标准有很多，如护肤品根据使用的部位可以分为护手霜、眼霜、面霜等。而面霜根据肤质又可进一步细分为油性、混合性和干性，满足用户个性化需要。

平台式是通过搭建一个合理化的平台，吸引相关人群来经营发展，保证稳定的业务增长和持续发展的动力。该种模式有两大特点：（1）构建基础，其他企业可以在此基础上推出他们的产品或服务，平台提供商借此实现外行赚内行的钱；（2）产业链的控制、整合和创新，平台提供商与创新企业之间有着密切的合作动力。该模式的典型应用有大家熟知的百度、谷歌等。百度公司通过搜索引擎将浏览者引到百度并到达其后的大量网站，帮助广告业主获得回报，将流量、点击量和数据量等变成利润。

二、商业模式的融合与变迁

近 10 年，随着信息通信技术的融合与发展，网络的价值在数据中心的重要性得到提升，电信运营商和大型的 Internet 服务商成为数据中心的建设主体，客户集中度加强，为电信厂家（如华为、Cisco 等）进入这个领域提供了机遇。同时通过互联网提供软件、硬件与服务，实现通过网络浏览器或轻量级终端软件来获取和使用服务，即服务逐渐从局域网向 Internet 迁移，终端计算和存储向数据中心迁移。像电厂集中供电的模式一样，计算能力逐渐作为一种商品进行流通，像用电一样，取用方便，费用低廉，按使用付费。于是我们见证着各种商业模式以结合互联网技术的新形式出现，如业务交付平台模式、自助服务模式以及软件即服务（Software as a Service，SaaS）模式。业务融合的需求及快速变化的市场环境对电信网络业务层的功能、架构、开放性等提出了新的要求。以公共、水平的业务架构代替大量垂直的“烟囱式”业务架构的趋势成为必然，业务交付平台模式应运而生。华为数字商城平台就是一个业务交付平台的例子，为客户提供基于网络的丰富的音乐、视频、游戏和应用等业务。而这些业务都会用到公共支撑服务、互联网业务以及电信业务。端到端的商业解决方案支持电信、多媒体和互联网业务部署和运营，实现在移动宽带和跨行业应用等领域新的价值增长，有效降低业务上线成本，缩短业务上市时间等。业务交互平台支持多个供应商与多个客户之间的交易。当这些交易发生时，双方往往都承担很高的交易成本，这就导致互联网中介商业模式的产生。除华为数字商城平台之外，苹果、腾讯、百度、阿里巴巴等所采用的商业模式都是中介模式、网站模式和平台模式的融合与发展。

自助模式是备受关注的苹果公司创新商业模式之一。苹果公司首先推出如 iPod、iPhone 等硬件产品，然后推出虚拟超市 iTunes 商店，提供音乐、电影、podcast、应用等数字商品，供用户通过浏览器自助获取服务。这些数字产品吸引了大量的用户，在提高 iPhone 知名度和销售的同时，又引得大量的应用程序开发人员开发基于 iPhone 的新应用程序，不断地丰富苹果应用程序库 App Store。而这反过来进一步提高了 iPod 和 iPhone 的用户体验。

SaaS 模式是一种创新型的软件基于 Web 的交付模式，将某些特定应用软件功能封装成服务并通过 Internet 提供。在这种模式下，用户无需购买软件，而是根据自己的实际需求，向软件提供商租用基于 Web 的软件来获得相应的功能。有研究表明企业 70%～80%的 IT 预算花费在基础设施的运维上。而在 SaaS 模式中，频繁的属性更新操作由服务提供商全权管理与负责，并应用于所有租户或组织。该管理模式减免了用户的前期投资和持续的基础设施运维费用，很快得到用户和供应商的接受，尤其是许多小型企业。同时，SaaS 供应商除了向客户提供互联网应用之外，也提供软件的离线操作和本地数据存储，让用户随时随地都可以使用其定购的软件和服务。与公用计算不同，它不是按消耗的资源收费，而是根据用户使用的应用程序的价值收费。

这些涌现的商业模式推动云计算商业模式的形成。云计算的发展是商业模式转变和用户消费模式变化的结果。商业模式的转变主要是从“购买软硬件产品”向“购买信息服务”转变，相应的消费模式则转变为服务提供商通过互联网提供软硬件与服务，而用户通过浏览器或轻量级终端获取和使用服务。在 20 世纪 80 年代网格计算，90 年代公用计算，21 世纪初虚拟化技术、SOA、SaaS 应用的支撑下，云计算作为一种新兴的资源使用和交付模式逐渐为学术界和产业界所认知。云计算先行者的云服务已开始运营，越来越多的用户接受并使用云计算服务。

1.1.3 需求的驱动

云计算不但是技术进步和商业模式变迁的产物，同时也是需求驱动的产物。云计算的需求来自三大方面：商业需求、运营需求以及计算需求。

从商业角度来看，随着信息通信技术的普及，大型企业和事业单位如互联网企业、电信、银行、公安等信息系统的数据量越来越多。例如，Google 公司通过大规模集群和 MapReduce 软件每个月处理的数据量超过 400PB。2013 年的统计数据显示，每个月有 8 亿人次使用 Youtube 观看视频。深圳市装有 20 多万交通摄像头，每天新产生的数据量大于 1PB。这些数据种类多，更新频率快，数据量巨大，所带来的软硬件投资以百万甚至千万计算，包括机房、服务器、电源、软件、数据、管理人员等。这些企事业单位承受着高成本的压力，期望降低 IT 成本、简化 IT 管理、快速响应市场、提高投资回报率并实现长足的发展。为此，企业希望融合现有基础设施并延伸其价值，合理利用资源，提升管理人员的生产力。同时发现更多衍生价值，加速体现业务价值等。

目前大多数企业采用传统 IT 运维模式，其特点如下：（1）烟囱式系统部署，数据直接从各个数据源直接抓取到发起数据请求的业务主管部门，业务独享资源，利用率低：5%～10%的 CPU 利用率、小于 36%的存储设备使用率、小于 50%的网络利用率等。（2）硬件系统可靠性低，成本高，如每 GB 数据的计算存储成本是 5 美元，PC 更换成本高，平均每 3 年左右更换一次等。（3）运维效率低，维护成本高。首先，目前数据中心多采用普通服务器，有着常态的故障事件，据 Google 在 2008 年的统计数据，在一个拥有 1000 台机器的集群中，平均每天坏掉 1 台。除了硬件维修，运维工作还包括软件补丁、升级、安装等，复杂繁多，致使大型数据中心人均维护服务器数量小于 100 台。而腾讯、Google 等大型数据中心的服务器总数都在 10^6 以上，需要大量的维护人员。人力维护费用占运营成本的 1.2%。而且，一般来说，前期硬件准备需要约 6 个月的时间，业务上线需要 7～18 个月的时间等，给企业带来非常大的成本。（4）能源消耗大，利用率低。有数据显示，2009 年我国数据中心总耗电量约为 364 亿 kWh，约占当年全国电力消耗总量的 1%。照此能效水平及数据中心服务器发展增速，2015 年我国数据中心总能耗将达到 1000 亿 kWh 左右，相当于三峡电站一年的发电量，2020 年将超过 2500 亿 kWh，或将超过当前全球数据中心的能耗总量。然而，相应的能源利用率却非常低。电源使用率（Power Usage Effectiveness，PUE）是数据中心总设备能耗与 IT 设备能耗之比。PUE 是国际上比较通用的数据中心电力使用效率的衡量指标，越接近 1 表明能效水平越好。国外先进的数据中心机房 PUE 值通常小于 2，而我国的大多数数据中心的 PUE 值在 2～3。

因此，目前企业 ICT 运维期望规范流程、降低成本、节约能源，利用融合基础设施实现自动化供应基础设施，图 1-2 描绘了数据中心融合基础设施的系统模型，包括虚拟化和池化的服务器、存储设备、网络和 I/O 资源。通过汇集和共享资源实现快速地重新分配资源，以便更好地满足不同应用程序的不断变化的性能、吞吐量和容量需求。换句话说，我们期望融合的基础设施具有以下特征：富弹性、虚拟化、可协调处理以及模块化。

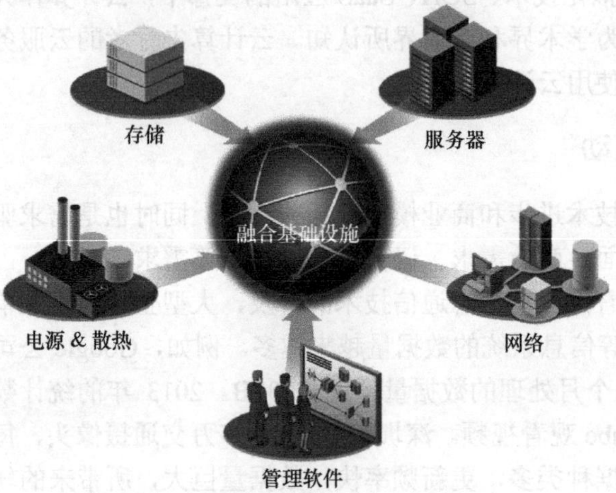

图 1-2 数据中心基础设施的融合[1]

最后，用户期望随时随地都可以获得期望的计算。工信部统计数据显示，截至 2012 年 1 月底，全国移动电话用户数已达到 9.97 亿户。2011 年 11 月中国互联网信息数据过滤中心发布的数据显示，中国网民为 5.05 亿。这些用户通常有以下特点：（1）用户经常要移动，因为他们常有着多种多样的日程安排，包括项目、工作、会议、医院、旅行、运动、休假、购物等。（2）用户每天要处理大量的文档，包括电子邮件、代码、演示文稿、报告、电子书籍、电影、病例等。用户期望更方便的网络接入方式，可以用任何随行计算设备，如手提电脑、PC 或手机等，在任何地方访问或与其他人共享数据和进行计算。

1.1.4 小结

综上所述，云计算并不是一个全新的概念，它是并行分布式计算技术理念和按需（On-Demand）商业模式的统一。技术的发展、商业模式的转变以及需求的驱动是云计算产生和迅猛发展的三大基石。

首先，随着通信与信息技术的融合与发展，尤其是移动终端的智能化、移动宽带网络的普及，越来越多的移动设备进入互联网，网站和互联网业务系统需要处理的业务量和数据量快速增长，承受着与日俱增的负载，面临在用户数量快速增长的情况下如何快速扩展原有系统的挑战。同时，随着数据中心规模的扩大，其电力成本、空间成本、各种基础设施的维护成本快速上升，导致数据中心面临着如何有效地利用资源承载更多业务的挑战。另外，随着高速网络连接的衍生、高性能芯片、磁盘驱动器和存储产品功能的增强、软件设计与相关技术的日益成熟和应用的普及，数据中心具备为大量用户快速处理大规模复杂计算和数据处理任务的能力。随着服务器整合需求的不断升温，对计算

1 王曼荻，惠普云计算、云存储解决方案，中国惠普有限公司。

能力、资源利用效率、资源集中化的迫切需求，推动着 IT 架构的升级，为云计算的诞生提供了关键的技术支持；而云计算标准的快速发展进一步推动云计算应用的快速部署、协作与推广。其次，商业运作模式随着技术的发展不断演变，从最早的店铺模式到以互联网为关键支撑技术的电子商务，目前互联网时代信息技术的主流商业模式正经历着从“购买软硬件产品”向“购买信息服务”的转变。最后，数据中心尤其是西方国家的数据中心的硬件成本仅占 20%，管理成本却高达 80%，这给企事业单位尤其是中小企业带来高成本的压力，驱动人们探求运营成本更低的 IT 使用和管理技术。

2006 年 Google CEO Eric Schmidt 在搜索引擎大会上首次提出“云计算”的概念，同年 Amazon 陆续推出云计算服务，成为少数几个提供 99.95%正常运行时间保证的云计算供应商之一。2007 年云计算概念开始获得全球公众和媒体的广泛关注，已成为 IT 的发展趋势。

1.2 云计算的概念

云计算是通过 Internet 以服务的方式提供动态可伸缩的虚拟化资源的计算模式。它有五大关键特征：按需自助服务（On-demand Self-service）、泛在网络接入（Ubiquitous network access）、与位置无关的资源池（Location independent resource pooling）、快速弹性化（Rapid Elastic）和按使用付费（Pay per usage）。

（1）按需自助服务指的是消费者可以按需部署处理能力，如服务器和网络存储，而不需要与每个服务供应商进行人工交互。

（2）泛在网络接入是指用户通过各种客户端接入使用（例如移动电话，笔记本计算机等）互联网并通过标准方式访问和获得各种能力。

（3）与位置无关的资源池指的是供应商集中计算资源以多用户租用模式服务所有客户，同时，不同的物理和虚拟资源可根据客户需求动态分配。这些资源包括存储、处理器、内存、网络带宽和虚拟机等。客户一般无法控制或知道资源的确切位置。

（4）快速弹性指的是服务供应商可以迅速、弹性地提供计算能力，实现根据突发事件需求快速扩展资源，当事件过后能快速释放资源的能力。实现用户可租用资源看起来是无限的，并且可在任何时间租用任何数量的资源。

（5）按使用付费指的是云服务提供商提供可计量的服务，为相应的服务制定抽象的计量能力，如存储、宽带或活动用户账号等，用户按使用付费。云服务提供商可监视、控制和优化资源的使用，并为提供商和用户提供详细的资源使用数据分析。

本节介绍云计算的系统模型、部署模式和商业模式。

1.2.1 系统模型

图 1-3 描绘了云计算的系统模型。云计算提供计算和存储服务等，其计算环境由一个个数据中心组成，每个数据中心承载云平台和云服务两部分。云平台主要由两层组成，底层是服务器、存储及连接它们的网络交换设备。上层是各种系统软件和支撑软件，包括操作系统、虚拟化软件、分布式和并行处理软件、分布式存储、云能力服务编程接口和各种应用服务接口等。而云服务则是根据各个行业的信息化需求部署和交付的应用软

件，包括大家熟知的搜索、电子商务、存储等。云服务采用的是按需自助的商业模式，用户通过各种终端接入互联网以获取各自的服务，并按实际使用付费。

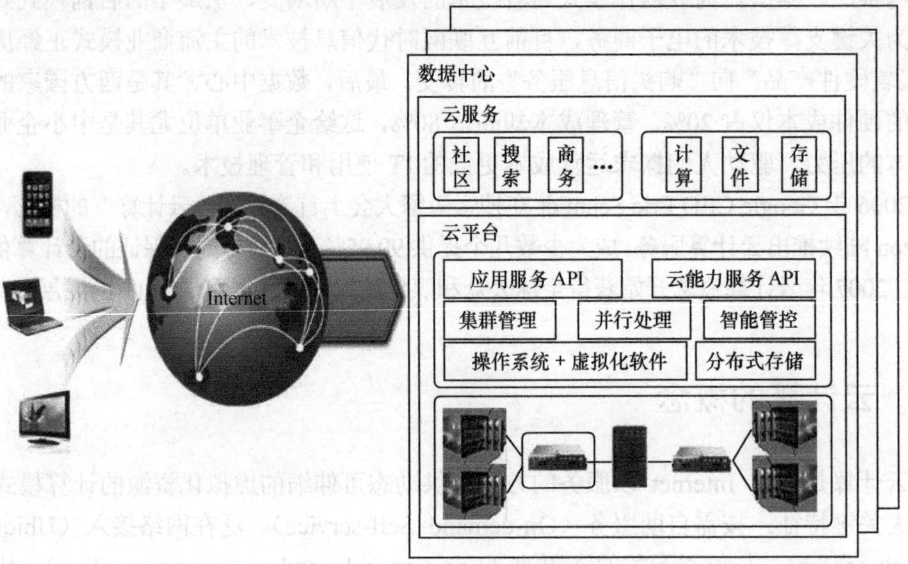

图 1-3　云计算的系统模型

在云计算的系统模型中，虚拟化技术是最核心的技术之一。虚拟化技术对包括服务器、存储网络、操作系统、支撑软件和应用等软硬件资源进行虚拟化和池化后，对各类资源池进行统一管理。云应用的部署面向虚拟化后的资源，与用户直接交互的是虚拟化后的应用。该技术能兼容不同硬件厂商的产品，兼容低配置机器和外设而获得高灵活性的计算。同时，虚拟化技术实现用户的应用和计算部署在不同的物理服务器上，结合数据多副本容错、计算节点冗余等措施来保障服务的高可用性。另外，基于虚拟化资源池可实时增加或减少资源，实现对应用的动态扩展和收缩、迁移与备份，实现弹性计算。最后，池化后的虚拟资源池对物理资源的要求较低，可以使用廉价的 PC 组成云，而计算性能却可超过大型主机。综上所述，云计算应用环境与传统的单机和网络应用环境相比，具有高灵活性、弹性、可靠性、可用性和高性价比等优点。

1.2.2 部署模式

（1）首先介绍与云计算部署模式相关的三个参与者的角色：用户、提供者和平台建设者。其中，用户包括个人、政府和企事业单位等。提供者则指各种云服务的提供商，如提供认证、支付等服务的支付宝；提供客户关系管理（Customer Relationship Management，CRM）等服务的 Salesforce.com 等。平台建设者指的是提供各种基础设施资源、解决方案和服务的供应商，如提供计算基础平台服务的阿里云、提供 Fusion Cloud 云解决方案的华为技术有限公司等。根据云服务的三个核心角色之间的关系，云的部署模式可以划分为以下四种：私有云、公有云、社区云以及混合云。图 1-4 描绘了云计算的四种部署模式，其中边界控制器用于实施重要资源的安全边界，典型例子包括防火墙、安全卫士、虚拟专用网等。通过使用边界控制器，云服务提供商既可测量资源使用又可监控资源的访问。私有云是集消费者、提供者和平台建设者为一体的云计算，其基础设施由包含多个用户的单一机构或组织提供并专用。私有云可以被一个组织、第三方或两者结合的组织拥有、管理和操作。对私有云的访问可在边界之内也可在边界之外进行。如果是在边界之外，用户需要拥有合法的访问路径，并通过边界控制器访问该私有云。华为数据中心属于这种模式，华为是该数据中心服务的平台建设者、服务提供者和消费者。

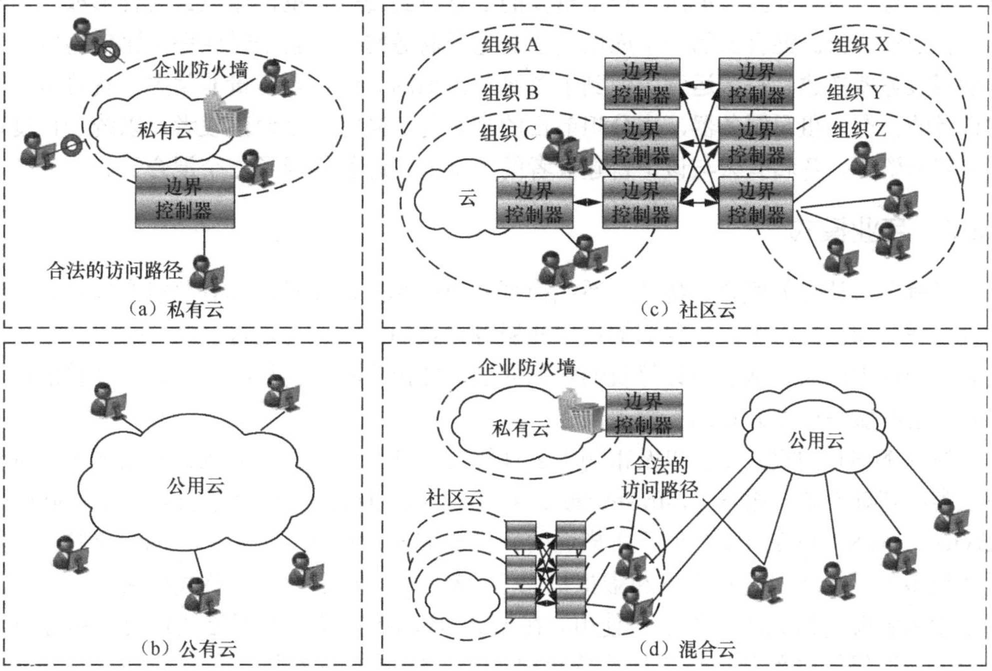

图 1-4　云计算的部署模式

（2）公有云服务的提供者与消费者是分离的，而其平台建设者与服务提供者可以是一体也可以是分离的。在公有云中，云服务提供者为公众提供基础设施（如应用和存储等）做开放使用，用户可以通过网络获取这些资源并按照量化的使用付费。公用交换机的运营属于这种模式，电信运营商是相应的云服务提供者，而普通的大众是其用户。公有云与私有云的区别见表 1-2。

表 1-2　公有云与私有云的区别

	私有云	公共云
运营能力	不需要计费、营账等能力	必须具有实现完整、准确计费能力
安全要求	在企业安全边界之内，对外防护依赖原有安全防护系统	需要用户之间严格的全生命周期安全域划分与防护隔离
互操作能力	私有云间无互操作要求	公共云间需要支持业务的迁移和互操作

（3）社区云的基础设施提供给来自有共同关注（如使命、安全需求、政策和法规等）的多个机构或组织的用户专用。社区云可以被社区中的一个或多个机构或组织拥有、管理和操作。同私有云一样，其访问可以在边界内也可以在边界外，如果是边界外，需要通过边界控制器访问。一个社区云的应用例子，例如华为建立一套结算或者物流系统，

并与自己的服务提供者共享。于是所有服务提供者的电子流、购进都通过这个平台来实现，这就是一种社区云。在学校教育网内构建云计算为大学、科研机构来满足它的计算需求，这也是社区云。

（4）混合云强调其基础设施由两种或更多的云服务提供者共同建设，该平台对外呈现为一个完整的实体。各云服务提供者正常运营时，把重要数据（如财务数据）保存在自己的私有云或者社区云里面，把不重要的信息放到公有云里，这些云组合形成一个整体，就是混合云。混合云的一个应用例子是电子商务网站，它平时业务量比较稳定，自己购买服务器搭建私有云运营，但到了圣诞节促销的时候，业务量非常大，就可从平台建设者的公有云租用服务器，来分担节日的高负荷。同时，平台建设者可以统一调度这些公有云资源，各私有云与该平台建设者的公有云一起就构成了一个混合云。

1.2.3 商业模式

了解了云计算的概念、特征、系统模型和部署模式，此时，读者可能会问：云计算通过云平台和互联网可以为我们提供哪些服务？我们又将如何通过互联网接入云平台开发软件和使用产品？基于云计算我们将如何运营并提升企业的核心应用？云计算的商业模式（也称服务模型）将回答以上问题。

根据 NIST 的权威定义以及市场上云计算的服务状况，云计算的商业模式可以划分为三类：基础设施即服务（Infrastructure as a Service，IaaS）、平台即服务（Platform as a Service，PaaS）以及 1.1.2 小节所描述的软件即服务（SaaS）。其中，IaaS 通过网络将硬件设备包括计算机（物理机和虚拟机）、存储空间、网络连接、负载均衡和防火墙等基础设施资源封装成服务供用户使用。在 IaaS 环境中，硬件及网络资源可以被划分成一个个的逻辑计算单元，每个计算单元相当于一台 PC 服务器，IaaS 管理工具协同多个逻辑单元的计算工作。IaaS 的最大优势在于它允许用户动态申请或释放节点，按需分配。而其中所有的基础设施都是集中管理与共享的，因而具有更高的资源使用效率。

PaaS 提供用户应用程序的运行环境，是对资源更进一层次的抽象。具有相应能力的中间件服务器及数据库服务器就位于这一层。腾讯 CEE（Cloud Elastic Engine，弹性云引擎）是腾讯提供的一个 PaaS，这里 CEE 是一种 Web 引擎服务，通过提供已部署好 php、nginx 的基础 Web 环境，让开发者仅需上传自己的代码，即可轻松地完成 Web 服务的搭建。腾讯将为 CEE（弹性云引擎）服务提供智能资源调度系统，根据访问量自动进行资源的扩容和缩容，开发者无需考虑负载均衡和容量控制，开发者无需投入过多精力在基础架构运维上，从而可以更聚焦于产品创新和用户服务；同时，通过七层代理和外界客户端通信，使用网络代理组件来访问用户数据和存储系统，让应用远离危险和攻击。另外，CEE 兼容一些经典的应用框架（例如 LAMP 体系，thinking php 等），应用可以方便地移植到 CEE 上来。PaaS 和 IaaS 紧密结合，充分利用集群和虚拟化技术，为用户应用程序提供具有高度伸缩性和容错能力的运行环境。PaaS 负责资源的动态扩展和容错管理，用户应用程序不必过多考虑节点间的配合问题。

无论是 IaaS、PaaS 或 SaaS，其商业模式服务理念都是一样的，用户不需购买相应的基础设施、开发平台或软件，而是根据自己的实际需求，向服务提供商租用基于 Web 的功能。另外，这三种模式之间既相互独立又有层次关系。三种模式之间相互独立是因为它们面对不同类型的用户，它们之间的层次关系如图 1-5 所示，是下端—中端—顶端三个层次。下端是 IaaS，其服务主要是面向网络建筑师；中端是 PaaS，其服务主要是面向应用开发者；顶端则是 SaaS，面向各种的应用用户。自底向上，应用范围越广，客户的价值越高。

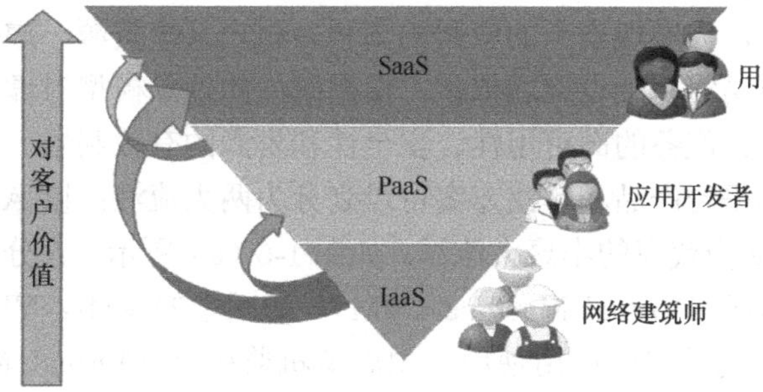

图 1-5　云计算的商业模式

不过，从技术实现角度来看，它们不是简单的 SaaS 基于 PaaS，PaaS 基于 IaaS 的关系。而是 SaaS 可以基于物理资源构建，也可以部署在 PaaS 或 IaaS 之上。同理，PaaS 可以构建在物理资源之上，也可以部署在 IaaS 之上。这三种模式的服务内容、盈利模式和应用实例见表 1-3。

表 1-3　云计算商业模式一览

商业模式	服务类型	服务名称	实例	服务特点
IaaS	资源出租服务	虚拟主机	Amazon 的 EC2、阿里云服务器、盛大云主机	变传统用户自有 IT 软硬件基础设施为租用 IT 服务。一般来说，规模越大，相对单位成本越低
		虚拟存储	Amazon S3、阿里云 OSS，盛大云存储/云硬盘	
		数据库服务	Amazon simpleDB/RDS、阿里云 RDS	
	分布式服务	网络加速	Amazon CloudFront	为资源出租业务提供辅助或增值服务，如网络加速、负载均衡等
		负载均衡	阿里云 SLB	
PaaS	提供应用运行和开发环境服务		腾讯的 CEE，Google 的 GAE	为应用开发者提供应用开发、部署和发布的平台
	提供应用开发的组件如数据库、邮件、消息等		八百客 800APP	为用户（通常是 SaaS 用户）提供组件的定制开发服务
SaaS	基于 Web 的应用软件服务		Salesforce 的 CRM，金蝶友商网的在线会计等	通过互联网以 Web 方式提供管理或应用软件服务

1.2.4　实施流派

目前许多国内外大型的软件、互联网和主机厂商已经形成了自身的云计算平台产品和解决方案。如国外的 Amazon 的弹性计算云 EC2、Google 的应用引擎（APP Engeine）、Microsoft 的 Windows Azure 操作系统及其 Live Mesh 网络服务和 IBM 的蓝云解决方案等。而国内包括广州、深圳、沈阳、西安、大连等多个城市都建设有云计算中心，阿里巴巴集团旗下子公司阿里软件与南京市政府合建了"商业云"，腾讯推出了多种云应用，包括社交网络 QQ 空间、实名社交网络朋友网以及现在大受追捧的微信等。

在云计算环境中，为实现安全的应用隔离和多租户共享资源，虚拟层是必须的。其通过将计算、存储和网络基础设施虚拟化，根据统一的抽象模型对虚拟机进行监控、调度和迁移，从而实现云服务的高可用性、安全性和资源的有效利用。根据虚拟层的实现模式，国内外云计算平台产品和解决方案可以划分为两大流派：以 Amazon 为代表的大分小流派和以 Google 为代表的小聚大流派。如图 1-6（a）所示，大分小流派是在一台物理机上构建多个虚拟机（Virtual Machine，VM），如图中的 VM_1，VM_2，……，VM_m，并将它们分派给不同的用户或应用使用，由虚拟机监控器（Virtual Machine Monitor，VMM）管理资源在应用或用户间的时分复用。这种模式的关键支撑技术包括资源虚拟化以及虚拟机的有效监控、调度和迁移算法。在这种模式下，现有应用可直接或经简单改造后即可运行在相应的云计算平台上。

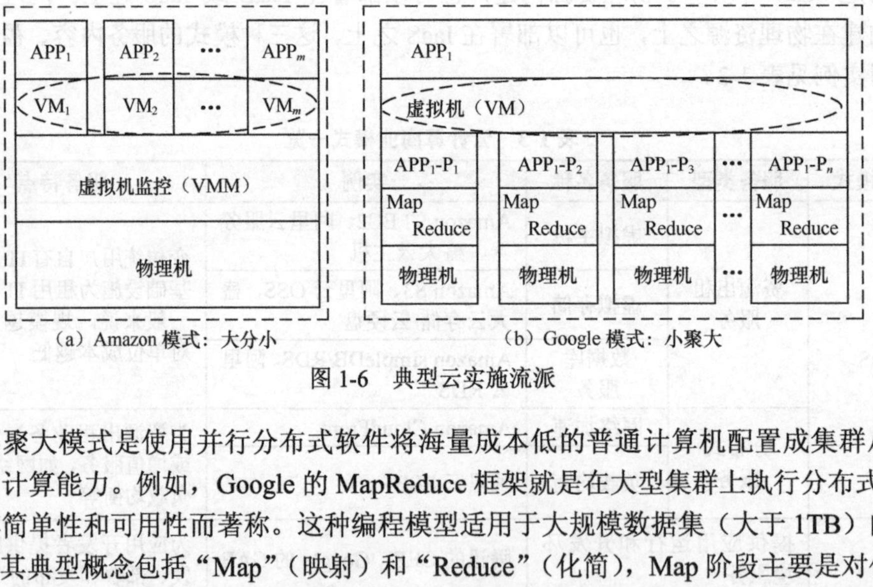

（a）Amazon 模式：大分小　　（b）Google 模式：小聚大

图 1-6　典型云实施流派

小聚大模式是使用并行分布式软件将海量成本低的普通计算机配置成集群从而获得总的计算能力。例如，Google 的 MapReduce 框架就是在大型集群上执行分布式应用，并以其简单性和可用性而著称。这种编程模型适用于大规模数据集（大于 1TB）的并行运算，其典型概念包括"Map"（映射）和"Reduce"（化简），Map 阶段主要是对任务进行分解，而 Reduce 阶段则负责对结果汇总。这种计算模式极大地方便了编程人员将自己的程序运行在分布式系统上。特别地，Hadoop 开源平台实现了 Google 的 MapReduce 模型并迅速得到了国内外企业和研究界的关注。小聚大模式适用的应用特征是：资源需求大、应用可以划分为独立执行的子任务。如图 1-6（b）所示，应用 APP_1 提交后，其待处理数据将自动被划分为 n 个部分，分别表示为 APP_1-P_1，APP_1-P_2，APP_1-P_3，……，APP_1-P_n，每个部分将被分派到不同的物理机去处理。这些分散的多台物理机对用户来说就是一台主机，它只是将任务提交到管理主机，后面的任务分解、调度、中间结果汇总由中间件 Hadoop 完成。其关键支撑技术包含三大类：任务分解与调度、分布式通信总线以及全局一致性。另外，这种流派与具体应用相关，只有按既定的编程模型和 API 开发的应用才可以运行在相应的云平台上。

1.3　价值

按需扩展、精简数据中心、改善业务流程和降低启动成本等一系列云计算的核心价值通过虚拟化技术整合资源、快速部署、信息安全、节能减排、绿色办公、高效维护、移动办公、服务高可用性等技术实现。

通过整合资源，实现软硬件资源的共享、虚拟服务器的 CPU 和内存灵活调整、复用，提高资源利用率并节省机房空间。基于云的业务系统采用虚拟机批量部署，人工操作较少，以自动化部署为主，可实现短时间部署大规模资源，缩短业务部署周期。传统业务部署周期以月为计划周期，基于云的业务部署周期缩短到以分钟/小时为计时周期，客户不再因为业务部署太慢而失去市场机会。同时，云服务还可根据业务需求弹性扩展/收缩资源满足业务需要，快速响应业务需求，省时高效。云系统部署在整合的资源上，所有数据集中在系统内存放和维护，便于使用多种安全措施如网络传输加密、数据加密、接入认证安全和防病毒等保证数据安全。而相比之下，传统 IT 平台将数据分散在各个业务服务器上，可能存在某单点有安全漏洞的情况。另外，PC 的一般工作温度在 35～45℃，在密集的办公环境中，环境温度会接近到 PC 的温度。将服务器放置到机房统一管理，远离办公环境，降低办公环境温度，减少相应机器产生的噪声，有利于人们的身心健康。通过 IaaS 模式、PaaS 模式、SaaS 模式使用相应的服务，用户前端免维护，且前端为瘦客户端，耗电在几瓦到二十几瓦，降低了能耗，实现了节能减排。另外，数据中心维护流程简化为故障（死机）、员工自助重启、完成，整个自助流程需要数分钟，业务中断时间短。维护人员大大减少，人均维护 1 000 个桌面，降低维护成本。同时，云计算实现人机分离，用户可以在不同的桌位、办公室、旅途中、家里等不同地方的不同的终端上随时随地远程接入，不必中断应用运行。云计算的关键技术启动高可靠性（High Available，HA）机制、热迁移、自动化流水线操作模式等，自动获取备用节点空间，按需高效调整系统容量，降低维护成本，降低升级成本与风险，保证业务连续性。

一个典型的华为桌面云案例与传统 PC 方式的设备投资、能耗、入职申领办公设备、员工搬迁、维护效率和设备更新频率的比较效果分析见表 1-4，从表中的数据我们可以看出相应设备投资和能耗有 50%～98%的费用节省，维护效率提高 9 倍。

表 1-4　华为桌面云效果分析

	传统 PC 方式	华为桌面云	效果
PC+服务器设备	5730 台用作服务器的 PC+ 57300 台 PC	2292 台服务器+ 57300 瘦终端	节省 55%投资
能耗	2.3 亿元/年	3400 万/年	节省 85%电费
入职申领办公设备	473 万元/年	10 万/年	节省 98%的费用
	1 天/人次	10 分钟/人次	

续表

	传统 PC 方式	华为桌面云	效果
员工搬迁	1356 万元/年	226 万元/年	节省 80%的费用
	2 小时/人次	20 分钟/人次	
维护效率	<100 台/人	>1000 台/人	提高 9 倍
设备更换频率	3 年	10 年以上	节省 88%的费用
	9034 万/年	1146 万	

第2章 云计算体系结构

云计算应用从概念到实施就像西方婚礼习俗一样，“有旧、有新、有借、有蓝，以及在一只鞋里放一枚六便士银币”。其中，“有旧”代表云计算强化了互联网体系结构的分层、高度可扩展、面向服务等旧的架构原则；“有新”代表云计算引入的新概念完全改变了应用程序的构建和部署方式；“有借”代表云服务实施过程中计算资源的弹性伸缩调度策略，即业务扩张时从别的空闲应用暂时借用可用资源，业务收缩时归还借用资源甚至奉献自己暂时不用的资源等；“有蓝”代表着云服务的可用性、安全性和可信性等；而“六便士银币”则象征着云计算为其参与者带来财富，节源开流。第 1 章从服务和业务的角度阐述了云计算的特征，本章将从具体实施和技术的角度来看云计算的系统总体设计蓝图——体系结构，结合云计算愿景和典型解决方案描述云计算的系统属性、设计思想和组成结构，包括内部部署和云中的资源、服务、中间件、软件组件、地理位置等的外部可见特性、在云技术中充当的角色以及它们之间的关系[1]。

2.1 云计算愿景

这里我们采用 2011 年美国政府云计算技术路线图描述的一个初步的说明性案例来阐述云计算的愿景。首先，云计算用户通常可以划分如下几种角色：市民、居民、政府公务员、雇员和其他。针对一个特定的应用，一个角色可能需要完成的任务有：旁观者、操作员、开发者、研究人员或系统管理员。根据这些角色与任务，表 2-1 描述了一些基本的云应用案例，其中表格的颜色深浅代表相应用户的角色。具体来说，白色代表相应用户的角色是市民或居民，浅灰色代表用户的角色是政府公务员或雇员，而深灰色则代表相应的角色为其他。表中的 n/a 代表该案例对相应角色不可见。同时，该表也说明相应的案例的部署方式：公有云或私有云，其中公有云代表了相应的混合云和社区云的物理特性。

表 2-1 初步应用案例分类

任务	服务模型			
	SaaS	PaaS	IaaS	中介（Broker）
旁观者	1.（公有）浏览 App；查询信息或文档	n/a	n/a	n/a
	2.（私有）机构信息查询	n/a	n/a	n/a
	同 1	n/a	n/a	n/a
操作员	3．事务性 App，如申请（延期）护照、港澳通行证、报税等	n/a	n/a	n/a
	4．机构应用如签/续发护照/港澳通行证、税收、电子邮件等	n/a	n/a	n/a
	同 3	n/a	n/a	n/a
开发者	n/a	5.（公有）可编程应用，使用工具、插件或脚本	n/a	n/a

续表

任务	服务模型			
	SaaS	PaaS	IaaS	中介（Broker）
开发者	n/a	6.（私有）机关开发者制作应用 1，2，3，4，5	如果它们使用云 API 重构应用，同 6，如果它们采用虚拟服务器/存储重新部署应用，同 12	7.（私有）机构开发者将采用中介来访问其他机构的资源（隐/显式，开放性问题）
	n/a	同 5	n/a	n/a
研究人员	n/a	8.（公有）免费接入编程平台、授权或付费接入教育或其他公共研究设施	如果它们使用云 API 重构应用，同 8，如果它们采用虚拟服务器/存储重新部署应用，同 11	9.（私有）开发者将采用中介来访问其他机构的资源（隐/显式，开放性问题）
	n/a	10.（私有）机构研究设施，用于计算	如果它们使用云 API 重构应用，同 6，如果它们采用虚拟服务器/存储重新部署应用，同 12	同 7
	n/a	同 8	n/a	同 9
系统管理员	n/a	n/a	11.（公有）服务器和存储-免费接入，教育，授权或付费，或其他公共研究设施	n/a
	n/a	n/a	12.（私有）机构服务器和存储，典型的 IaaS	同 7
	n/a	n/a	同 11	同 9

事实上，表 2-1 中的应用案例都有现实生活中的真实云应用，相对应，获联合国 2012 年电子政府调查特别奖的新加坡政府云 eGOV 服务就是一个实例。其中，图 2-1 中（1）图描述 eGOV 云策略概览，（2）～（6）是几个 eGOV 的典型用例，包括统一认证（singpass）、中央公积金管理、税务、教育、住房与建设管理。签证、永久居民证件的续期等都可通过浏览器访问远程办理。据统计，2011 年 93%的新加坡民众使用网络办理超过 120 项的政府业务，极大地方便着人民的生活。

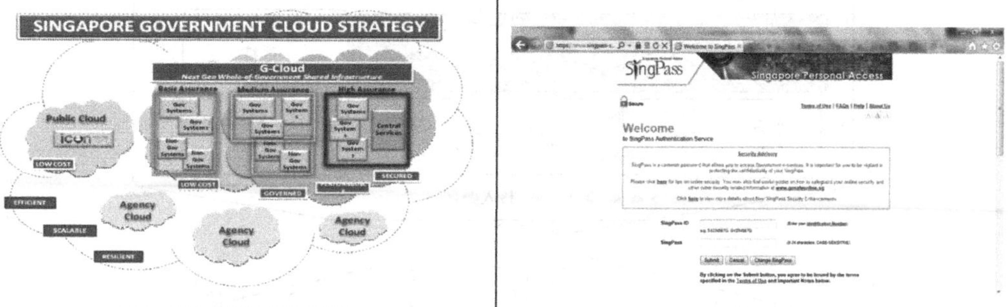

（1）新加坡政府云策略　　（2）统一认证

图 2-1　新加坡 eGOV 服务

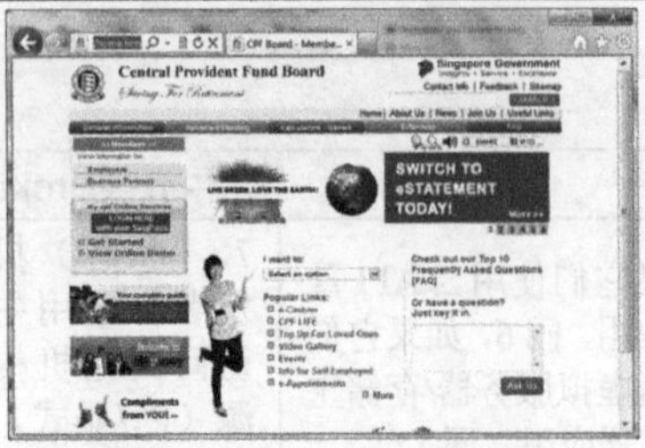

（3）中央公积金管理

（4）税务

（5）教育

（6）住房与建设管理

图 2-1 新加坡 eGOV 服务（续）

2.2 云计算解决方案组合

实施云服务愿景的第一步是进行基于云计算体系结构的 IT 建设与转型。为方便大家了解一个成功的云平台架构的基本要素及其相互关系，我们采用已广为应用的华为融合云（FusionCloud）解决方案来展开介绍，同时参考了 Amazon、IBM、Oracle、VMware、H3C、浪潮、Citrix、Microsoft、Redhat、中兴通讯、3T cloud 和 Intel 等 10 多家国内外大型云服务供应商的解决方案及其相应的产品。如图 2-2 所示，华为融合云的核心特征是“融合”，对各种 IT 物理资源的水平融合、垂直融合、数据融合和接入融合等。

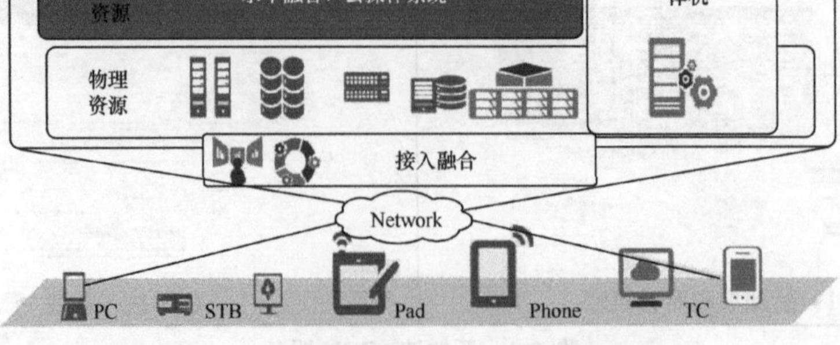

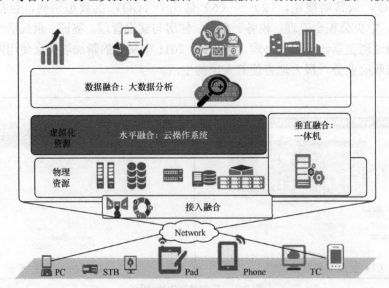

图 2-2 华为融合云（FusionCloud）系统

2.2.1　物理资源

成功的云平台离不开必要的物理资源的支持，图 2-3 描绘了一个典型的云物理资源拓扑，从左到右，先是客户端设备（包括普通台式机、机顶盒、瘦客户端或手机等），然后是客户端路由、接入网络、出口路由，通过局域网交换设备（包括网关、防火墙、接入/汇聚/核心层交换机等）接入数据中心，访问相应的服务器或存储资源。

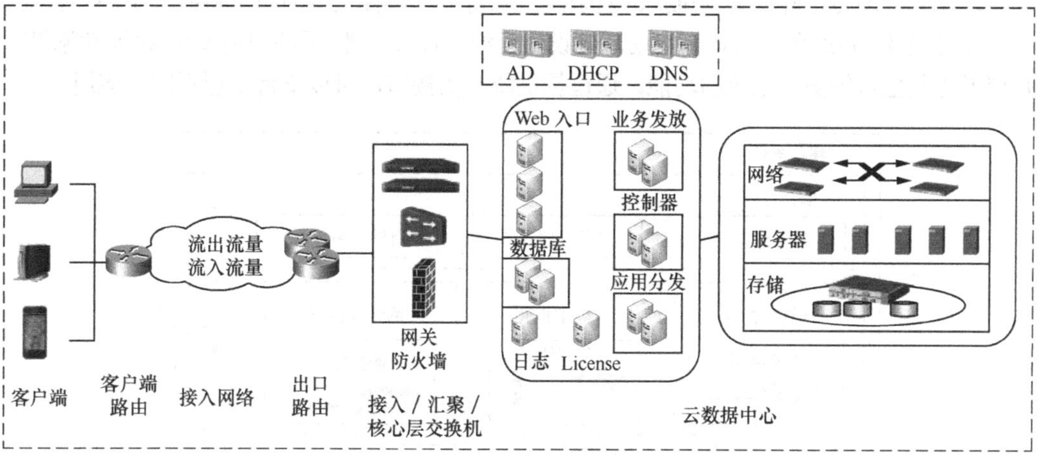

图 2-3　云物理资源拓扑

其中，服务器可用普通主机或高性能服务器，包括计算服务器和管理服务器，计算服务器提供虚拟机资源，管理服务器用于负责整个数据中心的资源管理和调度。存储设备可用服务器的存储，也可采用各种存储设备提供存储资源。接入层交换机负责本机柜内部的服务器接入，汇聚层交换机完成本数据中心各接入层交换机的流量汇聚，与核心层交换机通过三层互通，对接入层交换机提供二层接入功能，从而完成各数据中心之间的通信连接，同时提供对外网络出口。特别要说明的是，在网络规模不大的情况下，核心层交换机和汇聚层交换机可以合一设置，减少网络层级，便于维护和管理，降低运维成本。

综上所述，云计算基础物理设备支持用户从中小规模到大规模的新建或扩容，可运行从入门级到企业级的各种企业应用。设备类型丰富，可为客户提供灵活的部署选择。

2.2.2　水平融合

“水平融合”战略主要贯彻 IT 基础设施的横向融合、统一运营与管理的发展趋势。针对 IT 组件与产品极为多样化、高度分散和资源利用率低的现状，云操作系统软件是水平融合策略的实施者，通过在服务器上部署虚拟化软件，将硬件资源虚拟化，从而使一台物理服务器可以承担多台服务器的工作。通过整合现有的工作负载并利用剩余的服务器以部署新的应用程序和解决方案，可以实现较高的资源利用率。

如图 2-4 所示，云操作系统主要包含四大组件：计算虚拟化、存储虚拟化、网络虚级化和融合管理。首先云操作系统采用虚拟计算、虚拟存储、虚拟网络等技术，完成计算资源、存储资源、网络资源的虚拟化，为计算、存储、网络以及其他资源提供了一个逻辑视图，形成资源池。虚拟计算方面的软件产品有 Xen、VMware、FusionCompute 等。虚拟存储方面的软件产品有 FusionStorage、VMware Virtual SAN（Vsan）、H3C vStor 等。虚拟网络方面的产品包括纵向虚拟化和横向虚拟化两类，其中纵向虚拟化指不同层次设备之间通过虚拟化合多为一，代表产品有 Cisco 的 Fabric Extender；而横向虚拟化多是将同一层次上的同类型交换机设备虚拟合一，代表技术有 Cisco 的 VSS/vPC、H3C 的 IRF 等。这些虚拟化资源软件的共同点是以分布式和软件定义为理念，采用了分布式、高可用、高性能、自动化管理等四大核心设计技术提高相应节点的容错和处理能力，提升 IT 基础架构的弹性和自动化管理能力，降低管理维护的复杂度。融合管理组件主要负责提供统一资源池管理、自动资源发放、自助服务管理和自动基础设施运维管理等功能，同时集中管理业务资源和用户资源等其他传统操作系统的功能，通过提供统一的接口，可以支持上层不同的应用。

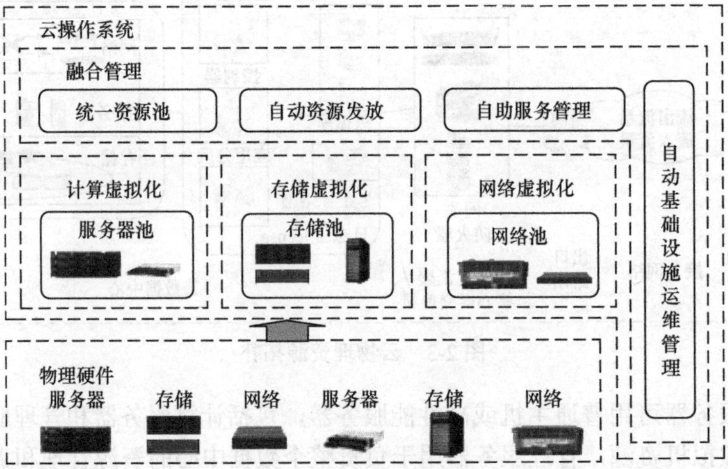

图 2-4 云操作系统

云操作系统实现用户按需对底层物理资源的虚拟和弹性调度。同时通过对这些虚拟资源进行集中调度和管理，降低业务的运行成本，保证系统的安全性和可靠性，协助运营商和企业构筑安全、绿色和节能的云数据中心。目前，许多代表性企业都推出了自己的云操作系统，如华为云操作系统 FusionSphere、浪潮云数据中心操作系统（云海 OS）、Oracle Solaris 11、微软的 Hyper-V、Citrix 的 XenServer、RedHat 的 KVM 以及 Oracle 的 Oracle VM 等。

2.2.3 垂直融合

过去的单一采购的优势在于不被某一特定厂商“绑架”，在产品选择上有更大的灵活性。但随着业务的发展，IT 基础设施规模日益扩大，系统日益复杂，导致 IT 系统难以管理。于是，有业界和研究界人士开始认为，融合架构将是未来数据中心架构的发展趋势。

“垂直融合”战略针对企业对 IT 系统性价比不断优化的需求，从底层各类硬件到顶层各种应用进行垂直的端到端整合，如图 2-5 所示。垂直融合架构基于厂家最佳实践经验，内置云操作系统、弹性计算、容灾备份、弹性负载均衡、虚拟私有云等云计算基础服务，软硬件经过端到端调优，避免兼容性问题。同时该解决方案简化采购流程，无需安装，开箱即用，确保云服务的高可用、安全和可靠，实现最优性价比。目前，多家企业推出自己的垂直融合一体机产品，如华为的 FusionCube 融合一体机和 IBM 的

PureSystems 专家集成系统等，特别是，Oracle 推出系列一体机，包括 Exadata 数据库云服务器、Exalogic 中间件云服务器和 Exalytics 商务智能云服务器等。

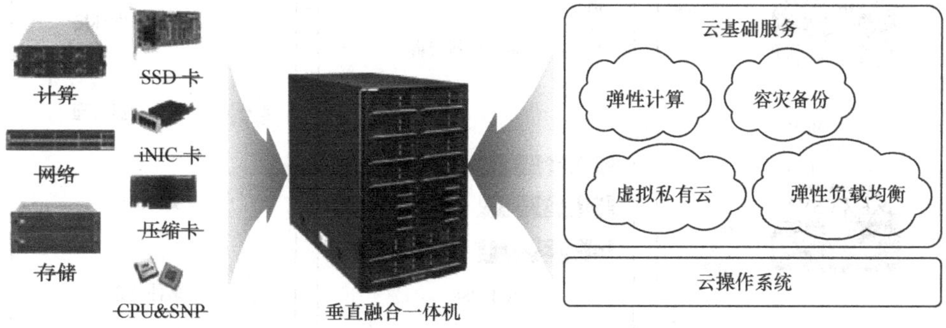

图 2-5　垂直融合一体机

2.2.4　数据融合

用户在使用云服务的过程中产生大量数据，“数据融合”战略主要针对分析大数据获取更多价值增长空间的需求，架构在“水平融合”和“垂直融合”之上，通过应用、平台、基础设施的多维支撑，巧妙组合不同数据源和数据类型，从而揭示极具价值的未知模式与关系，真正发挥大数据的商业价值。

互联网大数据分析和服务系统汇聚融合门户、论坛、微博、社交网络、搜索、购物、阅读、点评等互联网数据，提供用户细分、个性化推荐、行业报告、竞争分析、商业洞察、定价策略等互联网营销服务，实现以效果计费的创新营销商业模式。但一般来说，大数据具有产业链长、涉及技术多、应用场景多样化的特点，客户需根据实际应用场景来采纳关键技术和对应的解决方案。特别地，云应用具有行业专用属性明显、不同行业间应用差异性大的特点，这需要各应用间数据保持开放合作。另外，据 2012 年 Intel 针对 200 位大型企业 IT 经理的调查发现，大数据的分析需求正从批处理转向实时处理。云计算改变了 IT，而大数据则改变了业务。然而大数据必须有云作为基础架构，才能得以顺畅运营。基于云计算的大数据融合与处理需要增强商用化，提升平台安全性、可靠性、性能以及持续的技术更新和服务能力。

目前，在这一战略方向推出的产品有华为的 FusionInsight 大数据平台产品、Splunk 的 Storm 服务和 Intel 的分析即服务(AaaS)洞察架构等。图 2-6 描绘了华为分布式数据处理系统 FusionInsight Hadoop 的系统模型，其主要构件是由 Apache 基金会开发的 Hadoop 分布式系统基础架构，包含 MapReduce 编程模型和 HDFS 文件系统。其中，MapReduce 被广泛应用于大规模数据集（大于 1TB）的并行和分布式数据处理运算，概念“Map”（映射）和“Reduce”（化简）是其主要思想，极大地方便了编程人员将自己的程序运行在分布式系统上。HDFS 是适合运行在廉价的通用硬件上的 Hadoop 分布式文件系统，流式读取文件系统数据，具有高度容错性和高吞吐量等特点，非常适合大规模数据集上的应用。基于 Hadoop, 用户可以在不了解分布式底层细节的情况下，开发分布式业务应用程序，充分利用集群高速运算和存储。华为 FusionInsight Hadoop 在开源 Hadoop 版本的基础上对其关键组件如 HDFS 和 MapReduce 等增加了 HA、查询和分析功能，并进行了性能优化。

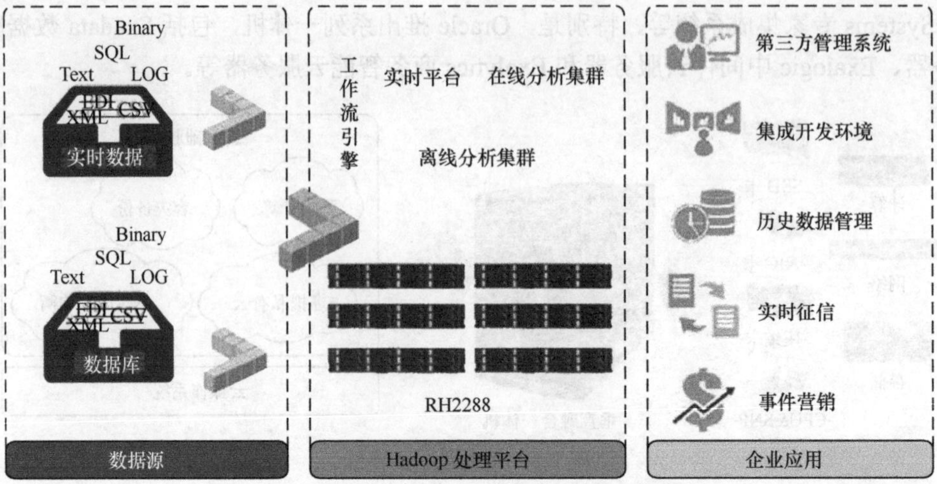

图 2-6 FusionInsight Hadoop 系统模型

图 2-7 描述的是 Splunk 的 Storm 服务，实时索引和存储来自任何源、格式、平台或云提供商的机器数据，无需定制解析器或连接器。同时，其使用强大的 Splunk 搜索语言来搜索实时和历史机器数据、过滤事件、关联各种数据类型的信息、链接跨多个应用组件的交易并对关键运营参数进行趋势分析，并以动态和迭代的方式生成报告和跨功能视图。基于其分析结果，用户可以与机构内其他用户分享数据、即时诊断应用故障、快速了解云应用和监测关键业务指标等，从而获得更有效的运营信息。

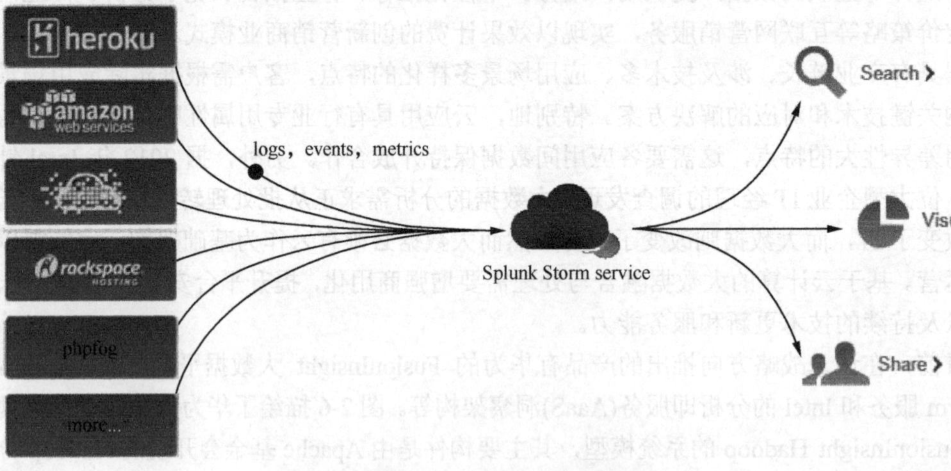

图 2-7 Splunk Storm 服务

2.2.5 接入融合

为确保企业或个人用户在任何时间任何地点任何终端接入云环境的安全和体验，“接入融合”战略采用协同效率提升思想实现“用户接入”“资产管理”和“云服务传送”等功能，如图 2-8 所示。

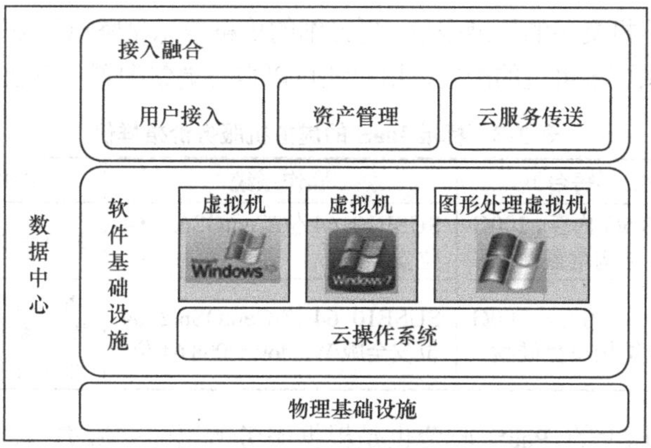

图 2-8　接入融合

首先，“用户接入”允许用户通过各种不同的设备接入自己的虚拟资源，包含用户身份验证、会话建立与管理、安全性等问题，简化以前在提供用户接入时普遍存在的安装部署和服务支持等问题。用户访问云计算的终端设备只完成接入和显示的工作。在用户身份验证方面，云用户接入往往提供多种认证方式组合，除了传统密码认证方式之外，还支持指纹、USB Key 和动态口令、无 AD 域认证的认证方式。同时，通过安全网关实现加密传输，确保信息不泄露，数据不丢失，从而增强从数据中心接入公网的安全性。另外，在接入管理层面，通过对管理员角色和权限的划分、日志审计等多种方法确保管理的安全性，防止管理员越权，确保对企业规范的遵从。其次，“资产管理”管理用户与虚拟资源之间的关系。最后，“云服务传送”则是实现远程服务如桌面或应用的高质量交付和泛在接入，代表性传送协议包括 Citrix 独立计算结构（Independent Computing Architecture，ICA）协议等。

通过接入融合，用户的设备可随时随地接入和使用云服务，相应的云服务提供商负责对数据安全性、业务性能和用户体验进行全面监控，同时负责自动更新客户端和插件，简化用户的使用。目前，在这一战略方向推出的产品有华为的 FusionAccess 桌面云产品、3T cloud Receiver、中兴通讯的 ZXUN uMAC 统一移动接入控制器等。

2.2.6　计费管理

2.2.1～2.2.5 小节是华为融合云解决方案几个核心要素，这些要素也是一般公有云的核心要素。除此以外，公有云还有一个核心要素，就是计费管理。目前云计算服务的收费方式大致分为三种：按固定期限收费（如年、月、日、小时）、按使用量收费（如按带宽收费）、按计算资源收费等。固定期限收费方式目前常用于企业流量大或带宽使用稳定的用户的电信带宽服务收费。按实际使用量收费多见于网络运营商中，特别是应对有突发流量需求的客户，如电讯盈科在香港的 WiFi 运营收费中就有按用量收费一项。按照计算资源收费目前广泛应用在 IaaS 收费中，根据用户申请的资源，如计算单元、存储容量（包括内存和硬盘）等收费。

首先看 IaaS 收费，腾讯 IaaS 云服务收费分为标准类和灵活类。标准类指的是腾讯给定相应的服务标准配置，如虚拟机资源的 CPU 核数、内存和硬盘容量、操作系统等，表 2-2

给出了其中两类虚拟机资源的标准报价。更详细的价格信息见腾讯开放平台网站。相对标准配置，灵活类将提供更多可选的配置，用户还可以自行调整配置，以获得更好的性价比。

表 2-2 标准 IaaS 的虚拟机服务价格样例

规格	配置说明（每台）	操作系统	单价（人民币，元）
VC2	4 核 CPU，3.5G 内存，200G SATA raid0 结构单盘硬盘	SUSE10 64 位/CentOS6.2 64 位安全版	9.40/台日
VC3	8 核 CPU，7G 内存，300G SATA raid0 结构单盘硬盘	SUSE10 64 位/CentOS6.2 64 位安全版/Windows2008 64 位	18.70/台日（如果是 Windows 操作系统，则操作系统需另外计费）

其次，目前市场上的 PaaS 收费也是根据服务所用的资源类型、数量等进行收费。这里我们用腾讯 CEE 弹性云引擎[1]V2 版提供的资源类型及其服务收费来说明 PaaS 收费的情况。CEE V2 版本提供的资源类型及其服务计费标准见表 2-3。

表 2-3 腾讯 PaaS 的弹性云引擎 CEE v2 价格样例。

规格	配置说明（每实例）	单价（人民币，元）	适用场景
微型	1/4 核 CPU，250M 内存	0.8/实例日	适用于日活跃用户在 10 万以下的工具类应用，或用于搭建应用测试环境
小型	1 核 CPU，1G 内存	3.2/实例日	适用于日活跃用户在 10 万以下的小型游戏类应用，或日活跃用户在 100 万以下的工具类应用
标准型	2 核 CPU，2G 内存	6.4/实例日	适用于日活跃用户在 10 万～100 万的中型游戏类应用
大型	4 核 CPU，4G 内存	12.8/实例日	适用于日活跃用户在 100 万以上的大型游戏类应用

最后，我们看一个 SaaS 收费的例子。友商网是金蝶国际软件集团旗下企业云计算公司，推出中国最大的在线会计应用平台，为客户提供在线会计、在线进销存相关产品与服务，这两项服务的收费见表 2-4。

表 2-4 金蝶友商网 SaaS 的在线会计和在线进销存服务价格样例

服务	版本	单价（人民币，元）	目标客户	用户数
在线会计	企业版	365 元/年 起	中小企业财务人员	按需购买
	代账个人版	498 元/年 起	专职代账人员，兼职会计	1 个
	代账公司版	988 元/年 起	代理记账业务的会计服务公司、会计事务所、代账记账公司、财务公司等	10 用户起
在线进销存	在线进销存	365 元/年 起	小型批发企业，简单加工企业多仓库、连锁门店、分支机构	按需购买

按实际使用量付费是云计算追求目标，综合表 2-2～表 2-4，我们可以看到，目前只有 SaaS 可以基本实现按实际使用量付费，由于 PaaS 和 IaaS 管理的复杂性让相应按需调度的资源的使用和最终的成本变得难以跟踪，所以目前 PaaS 和 IaaS 的计费基本是按预配置付费，相应的按使用量付费机制还在研究阶段。

1 详见 1.2.3 节相应的描述。

2.3 体系结构

必要的硬件资源、云操作系统、垂直融合一体机、企业级大数据平台、接入融合、计费管理等产品共同组成云计算整体解决方案，通过物理、虚拟资源的水平和垂直融合统一管理实现高效办公、高效运维和高效的资源利用。基于这个基本参考方案和相应的可用产品，可以为客户制定并构建与自身业务驱动因素相吻合的整体云计算平台。然后，在平台之上部署用来支持核心业务流程和业务运营的各种应用程序，如销售、营销、财务、人力资本管理和供应链管理等。

因此，云计算环境中所涉及的基本角色除了第 1.2.2 小节所介绍的三个与部署模式相关的角色：平台创建者、服务提供者和用户。平台构建者以服务方式构建和运营云基础架构和平台，通过承担并运营场地设施（包括机房及其内机柜、供电、制冷、消防、防雷接地等）和物理基础设施（包括软硬件）成本以实现规模经济，云服务提供者开发云计算应用程序，然后将这些应用程序部署到云平台上并以服务的方式提供给用户。一个云构建者构建的平台可以支持多个云服务提供者构建的多种服务,同理，一个云服务提供者构建的服务可以被多个云计算用户所用。多种多样的云服务提供者和服务在给云用户的选择带来灵活的同时也给用户带来了困难，如选哪个云服务商和哪个云服务等。这个选择由云中介角色承担，其作用包括服务中转（Intermediation）、汇聚（Aggregation）、仲裁（Arbitrary）和适配（Adaptation）。服务中转指的是云服务的接入、认证、身份管理或增值服务等。服务汇聚指的是将多个云服务聚合起来，统一管理，单点接入，方便用户。服务仲裁指的是根据用户的需求自动为用户选择或者推荐服务商和服务。最后，由于云计算环境的高度动态性，当运行期服务质量发生意外改变时，如难以接受的响应时间等，服务适配将自动从候选服务集中选择一个替换有问题的正在工作的服务，从而确保供给用户的服务的连续性和服务质量。

云计算中的虚拟化资源以服务的方式提供给用户，因此，相应的云创建者（或云提供商）、云中介和云计算用户需要遵循一定的服务协议，任何违背协议的情况都必须明确规定。通常来说，云服务协议可能包含以下部分要素或更多：负载规范、订购条款、服务水平协议（Service Level Agreement，SLA）、软件包管理规范和接口规范等。其中，负载规范明确定义在云平台上将运行哪些负载以及不能运行哪些负载。订购条款包括定价、计费和收入等款项。服务水平协议是合同的重要组成部分，包含服务级别规范和非功能性规范等款项，明确给出服务的定义、相关的度量、报告指标和相关约定，如服务何时可用、何时允许中断以及发生服务中断时如何对用户进行赔偿等。因此，云平台应该对创建者、中介和用户所要求的各种资源的各个方面的使用情况进行监控，确保云服务提供商所承诺的任何功能性和非功能性（如可靠性、可用性、安全性等）都是可以核查的。软件包管理规范指的是对服务供给过程中用到的工具和标准进行打包和组装必须遵循的规范，以确保平台及其上部署的软件兼容。这是实现自动操作，将用户的业务流程服务和平台服务运行时所需的手动操作减小到最少的必不可少的规范。最后，接口规范包括用户接口规范和编程接口 API 规范等，确保其格式必须符合相关行业标准。

与传统的体系结构一样，云计算体系结构设计在云计算应用开发中上承服务目标，下接技术决策、组织开发和控制质量等。图 2-9 从技术层次描绘了云计算的体系结构，同时汇集了云计算中的三个主要角色：云创建者、用户和中介。传统的应用在开发时就有了先入为主的经济预算和体系结构设计，云计算的按需供给服务的特点要求云计算在强化一些传统的面向服务的架构原则的同时，改变应用实施的一些过程、模式和设计理念，充分利用或展现云基础设施的可扩展性、数据备份和恢复的自动化和连贯性、自助服务供给的自适应性等。接下来，我们将从硬件架构、软件架构和服务案例深入分析和了解云软硬件基础设施架构、管理和服务细节。

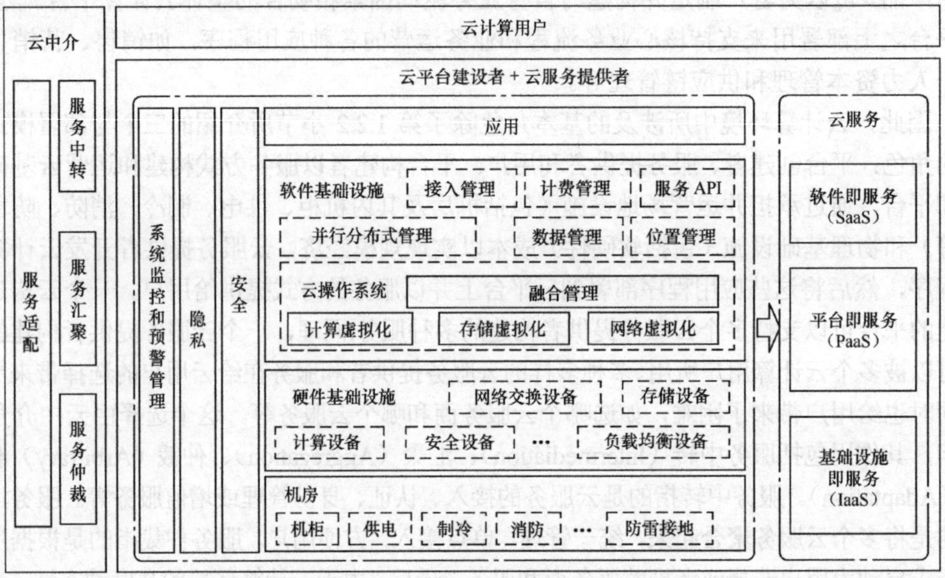

图 2-9 云计算体系结构

第3章 网络设备

云计算利用高速互联网的传输能力，将数据处理过程从个人计算机或服务器转移到一个大型的计算中心，通过互联网提供软硬件服务。基于云计算，用户由浏览器或轻量级终端接入网络，向“云”提出服务请求。“云”接收到请求后，组织相应的资源，通过网络为用户提供服务。网络是云计算各种基础设施的黏合剂，网络设备承载了将提供云服务的服务器、存储、安全和软件等设备和技术连接在一起的任务。

虚拟机迁移是云计算资源能够按需扩展、弹性伸缩、灵活调度和部署的关键支撑技术之一，但为避免虚拟机在物理服务器间迁移时造成路由振荡和修改网络规划，虚拟机迁移只能在接入同一二层网络的物理服务器间进行。这给传统的数据中心网络带来了新的挑战：①扩展性，传统数据中心网络拓扑设计和维护比较复杂，阻碍其二层网络的扩大。②可用性，如果传统的组网的链路出现故障，其收敛时间都在秒级，增加了基于虚拟机迁移的应用系统的迁移的限制；同时，环境的复杂性造成业务峰值及其出现的时间都难以预测，服务器和存储设备的虚拟化带来同一物理设备上应用叠加，加大突发流量衡量和控制的难度，造成网络拥塞甚至业务中断。另外，服务器虚拟化后，如何在网络层实现对虚拟机的管理和控制也是云计算对传统网络技术提出的新挑战。

针对以上挑战，本章将介绍云计算数据中心常用的组网基础知识和设备，包括网络基础知识、VLAN 模式、网络 QoS、集群和堆叠等。

3.1 网络基础知识

3.1.1 网络基本概念

计算机网络系统将分布在不同地点且具有独立功能的多个计算机、外部设备和数据库通过通信设备和线路连接起来，在功能完善的软件和协议的管理下实现网络中资源共享。计算机网络的分类通常按照系统功能的不同或通信距离的大小来划分。如果按照系统功能划分，计算机网络可以分为通信子网和资源子网两大类。通信子网由网络结点和通信线路组成，完成网络通信中数据的存储转发、差错控制、流量控制、路由选择和网络安全等问题。资源子网由主机系统（包括硬件和软件）构成，其功能在于提供网络服务，进行资源共享和数据处理。

如果按照通信距离的大小来划分，由小到大，可以分为局域网（Local Area Network，LAN）、城域网（Metropolitan Area Network，MAN）、广域网（Wide Area Network，WAN）和互联网（Internet，也叫因特网）。其中，局域网覆盖的通信距离在方圆几千米以内，如一个学校、工厂和机关。局域网可以实现文件管理、应用软件、设备（如打印机、扫描仪等）、工作组内的日程安排、电子邮件和传真通信服务共享等功能。局域网严格意义上是封闭型的，它可以由办公室内几台甚至成千上万台计算机组成。局域网的特点是距离短、延迟小、数据速率高和传输可靠。其常用设备包括集线器（HUB）、交换机和路由器等。局域网可以通过数据通信网或专用数据电路，与远方的局域网、数据库或数据中心相连接，构成一个较大范围的信息处理系统。广域网也称远程网，所覆盖的范围从几十千米到几千千米，能连接多个城市或国家，甚至横跨几个洲。广域网能提供远距离通信，形成国际性的远程网络。常用设备包括调制解调器（Modem）、路由器和交换机。而城域网是一种界于局域网与广域网之间，覆盖一个城市的地理范围，用来将同一区域内的多个局域网互连起来的中等范围的计算机网络。最后，互联网是由那些使用公用语言互相通信的计算机连接而成的全球网络，即广域网、局域网及单机按照一定的通信协议组成的国际计算机网络。

综上所述，各种计算机网络性能各异，使用的场合和方式也不同。网络体系结构的设计必须包容这些差异性，同时实现不同系统尤其是异构计算机系统之间的相互通信。为此，现代网络都采用层次化体系结构和网络传输协议，前者把较为复杂的系统分解为若干个容易处理的子系统，然后逐个加以解决。后者简称传送协议（Communication Protocol），是连接不同操作系统和不同硬件体系结构的计算机或网络设备的通用语言。

开放系统互联（Open System Interconnection，OSI）参考模型是由国际标准化组织（International Organization for Standardization，ISO）于 1984 年制定的国际标准，旨在克服众多私有网络模型带来的互联困难和低效性，并成为一个所有厂商都能实现的开放网络模型。特别地，“开放”的含义是：任一遵循 OSI 标准的系统可与世界上另一遵循 OSI 标准的系统进行通信。OSI 参考模型定义了开放系统的层次结构、层次之间的相互关系及各层可所包含的服务。如图 3-1 所示，OSI 参考模型，俗称 7 层模型，包含物理层、数据链路层、网络层、传输层、会话层、表示层和应用层。

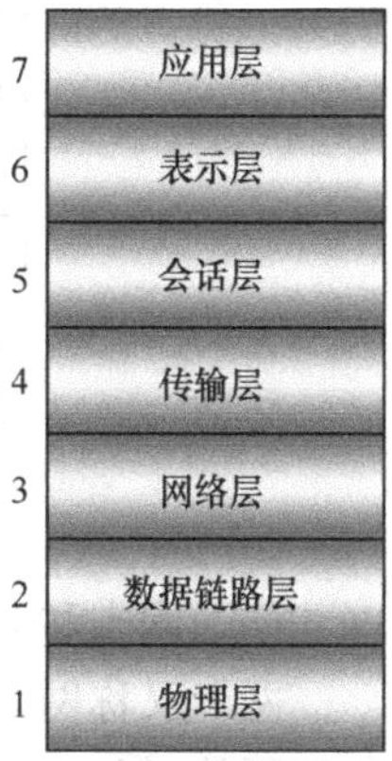

图 3-1 OSI 参考模型

第一层物理层，规定了激活、维持、关闭通信端点之间的机械特性、电气特性、功能特性以及过程特性。物理层为上层协议提供了传输数据的物理媒体，数据单位为比特（bit）。属于物理层定义的典型规范代表包括 EIA/TIA RS-232、EIA/TIA RS-449、RJ-45 等。

第二层数据链路层，在不可靠的物理介质上提供可靠的传输。数据链路层的作用包括物理地址寻址、数据封装成帧、流量控制、差错控制等，数据单位为帧（frame）。数据链路层协议的代表包括 SDLC、HDLC、PPP、STP、帧中继等。

第三层网络层，负责子网间的数据包的路由选择。网络层还可以实现拥塞控制、网际互连等功能，数据的单位为数据包（packet）。网络层协议的代表包括 IP、IPX、RIP、OSPF、ARP、RARP、ICMP、IGMP 等。

第四层传输层，负责将上层数据分段，是第一个提供端到端（即主机到主机层次）的、可靠的或不可靠的传输的层次。此外，传输层还处理相应的差错控制和流量控制等，数据单位为数据段（segment）。传输层协议的代表包括 TCP 和 UDP 等。

第五层会话层，管理主机之间的会话进程，即负责建立、管理和终止进程之间的会话。会话层还利用在数据中插入校验点来实现数据的同步。

第六层表示层，处理两个通信系统间交换信息的表示方式，为上层用户解决用户信息的语法问题。它包括数据格式交换、数据加密与解密、数据压缩与终端类型的转换等。

第七层应用层，是 OSI 中的最高层，为特定类型的网络应用提供访问 OSI 环境的接口和服务，如信息交换、远程操作等，同时提供用户接口和服务。常见的协议有 HTTP、HTTPS、FTP、TELNET、SSH、SMTP 和 POP3 等。

3.1.2　数据传输与交换

在 OSI 参考模型中，网络互联可以发生在不同的层次，包括物理层互联、数据链路层互联、网络层互联和高层互联，每层有相应的互联设备。其中，物理层互联和数据链路层互联组成网内互联，主要用于局域网间计算机系统、网段之间的连接，相应设备包括网卡、中继器、集线器、网桥和交换机等。网卡、中继器和集线器工作在物理层，网桥和交换机工作在第二层，也称二层交换机，相应的数据交换协议也叫二层交换协议。网络层互联及其上的高层互联组成网间互联（或网际互联），主要用于广域网间互联，相应设备包括路由器和网关等。路由器工作在网络层即第三层，相应的数据交换协议也叫三层交换协议。传输层以上的数据交换协议为高层交换协议。图 3-2 总结了网络互联与 OSI 参考模型的关系。

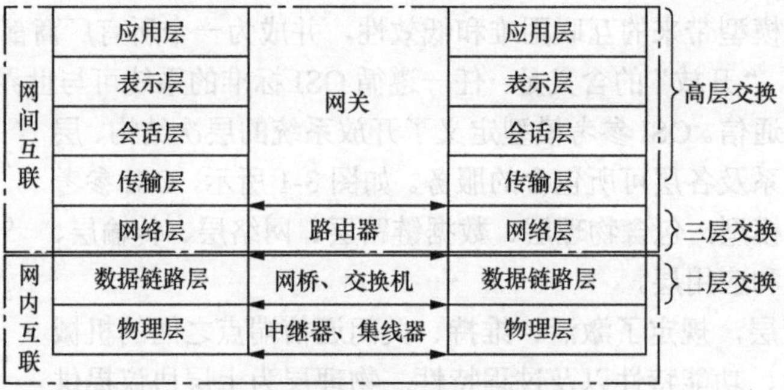

图 3-2　网络互联设备与 OSI 参考模型的关系

一、网卡和 MAC 地址

网卡又称网络接口卡（Network Interface Card），是一块允许计算机在网络上进行通信的硬件。每一个网卡都有一个独一无二的 48 位物理地址（Media Access Control，MAC），唯一标识互联网上的每一个站点。MAC 地址采用十六进制数表示，共六个字节，前三个字节是由 IEEE 注册管理机构给不同厂家分配的代码，称为“编制上唯一的标识符”（Organizationally Unique Identifier），后三个字节是由各厂家自行分配给生产的每个适配器接口的唯一代码，称为扩展标识符或序列号。图 3-3（a）描绘了配置一个网卡的机器的 MAC 地址，图 3-3（b）特别描绘了相应的厂商编号和序列号。

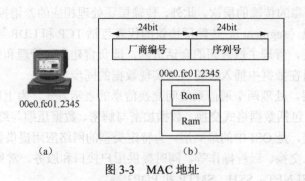

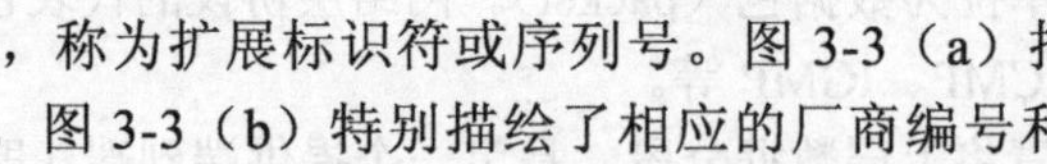

图 3-3　MAC 地址

二、交换机/二层交换设备

交换（Switching）是按照通信两端传输信息的需要，把要传输的信息送到符合要求的链路上的技术的统称，可用人工或设备自动完成。交换机（Switch）是一种在通信系统中完成信息交换功能的设备，它工作在数据链路层。图 3-4（a）描绘的是一个交换机，一般来说，交换机有多个端口，每个端口都具有桥接功能，可以连接一个工作站、一台高性能服务器或一个局域网。因此，交换机有时被称为多端口网桥。同时，又因为它工作在 OSI 参考模型的第二层（数据链路层），因此也称为二层交换设备。二层交换设备通过识别数据帧中的 MAC 地址信息，在数据链路层完成同一网段内数据帧的快速转发任务。

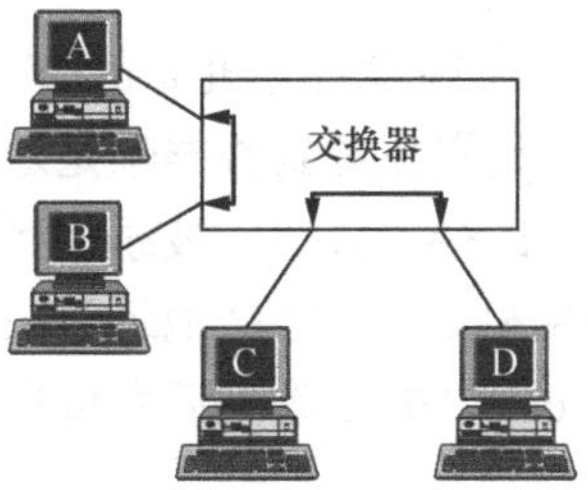

（a）交换机

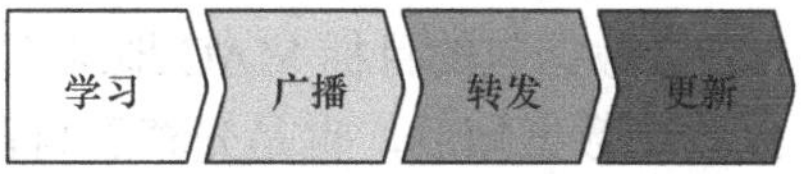

1）学习：将端口发送和接收的数据帧的源地址对（源 MAC 地址、端口号）存储到交换机地址表

2）广播：如果目标地址没有存在地址表中，向除接收该数据帧的端口外的其他端口广播该数据帧

3）转发：交换机根据 MAC 地址表转发数据帧

4）更新：删除过时记录；如果一个帧的入端口和 MAC 地址表中记录不一致，更改 MAC 表项内容

（b）二层交换设备的工作流程

图 3-4　二层交换设备及其工作流程

二层交换设备具备寻址功能，只对符合要求的目的地址发送数据帧。为此，每台交换机都有一个 MAC 地址表，表项主要有 MAC 地址、端口号、老化时间和寻址方式。其中老化时间从一个表项加入地址表后开始计时，如果在约定的老化时间内该端口未收到来自该 MAC 地址的数据帧，则删除该表项。

寻址方式包括静态和动态两种。当使用静态寻址方式时，MAC 地址与端口通过静态配置地址表绑定，意味着每个 MAC 地址的数据流只能从绑定端口进入，不能从其他端口进入。当然，该种方式不影响未绑定的其他 MAC 的数据流从特定端口进入。静态寻址方式主要用于特定的安全和便于管理的场合。通常交换机都支持动态寻址方式。此时，交换机接收到数据帧后，首先查看地址表，如果相应的 MAC 表项不存在，交换机将利用接收数据帧中的源 MAC 地址来建立相应的 MAC 地址表项，然后根据学习到的 MAC 地址进行数据帧的转发。如果发现一个数据帧的入端口和地址表中对应的源 MAC 地址所在端口不同，交换机将更改相应的地址表项，也叫端口移动。然后交换机将用新的端口进行数据转发。另外，当 MAC 地址老化后，交换机对接收到的数据帧将进行广播处理，即在本子网内向入端口以外的其他所有端口转发该报文。图 3-4（b）总结了二层交换设备的工作流程，包括学习、广播、转发和更新四步。

为方便大家理解，图 3-5 采用一个例子描述一个二层数据交换的过程。图 3-5（a）描述了子网的初始状态，两台交换机，标记为交换机 A 和 B，每台交换机连接两台主机，分别是交换机 A 连接主机 a 和 b，交换机 B 连接主机 c 和 d，其中，主机 a 与交换机 A

通过端口 1 连接，主机 c 与交换机 B 也是通过端口 1 连接。同时，两台交换机之间通过各自的端口 3 连接。假设主机 a 的 MAC 地址是 00:0C:29:7E:8A:05，主机 c 的 MAC 地址是 FC:4D:D4:36:86:36。为简单起见，交换机的地址表项我们只考虑两项内容（源 MAC 地址和端口号）。假设开始时交换机 A 的地址表是空的，交换机 B 的地址表里有一条记录，记录了主机 c 的地址和端口映射关系（FC:4D:D4:36:86:36，1）。

主机 a 给主机 b 发送一个数据帧，该数据帧首先发给与主机 a 相连的交换机 A。交换机 A 收到数据帧后查找其地址表，发现当前地址表没有对应源 MAC 地址 00:0C:29:7E:8A:05 的记录。那么交换机 A 马上学习主机 a 的 MAC 地址，一个新的地址记录（00:0C:29:7E:8A:05，1）将被加入到地址表，如图 3-5（b）所示。由于当前地址表中没有主机 c 的地址记录，该数据帧将向其他端口广播，包括端口 2 和 3。主机 b 接收到数据帧后，查看数据包的目标 MAC 地址不是自己的，丢弃数据包。

交换机 B 收到数据帧后，也是先查看自己的地址表。地址表中没有主机 a 的 MAC 地址记录，则主机 a 的地址信息将被学习并添加到地址表中。我们注意到数据帧是通过交换机 B 的端口 3 进入的，因此，一条新的表项（00:0C:29:7E:8A:05，3）被添加到地址表中，如图 3-5（c）所示。同时，交换机 B 注意到已经有主机 c 的 MAC 地址记录，对应的是端口 1。因此 B 将该数据帧转向端口 1 发送给主机 c。主机 c 收到后发现目的地址是自己，接受该数据帧。于是一个数据交换就完成了。

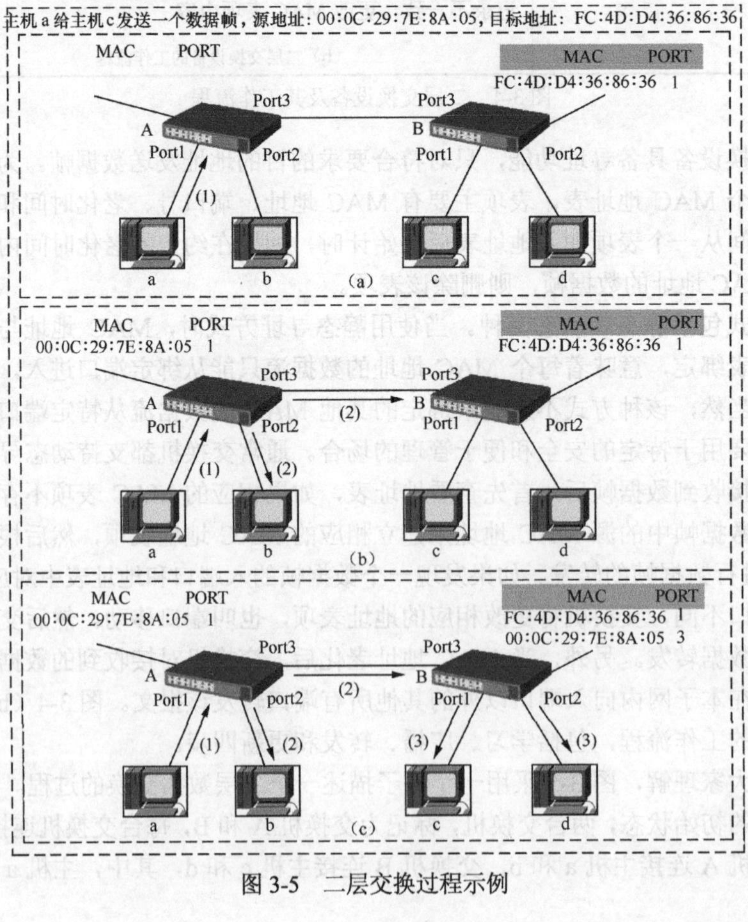

图 3-5 二层交换过程示例

由上面的数据交换过程，我们可以看出二层交换是根据物理地址转发数据帧，同时根据物理地址对数据帧进行过滤、实现网络分段以及转发跨网段数据帧。过滤物理地址可以有效地阻止各自子网内的通信不会流到别的网络，有效降低网络的信息流量，减少广播风暴问题。这里的广播风暴指的是一种在网上广播的消息导致大量响应、每个响应又导致大量的广播和响应的状态。网络长时间被大量广播数据包所占用，影响正常的通信。另外，过滤物理地址可将一个负载过重的网络分割成若干个小的子网，每个子网各自享用自己独立的带宽，缩小冲突，从而提高网络的效率。

三、路由器

二层交换机提高了数据交换的效率，但是交换机有两个明显的缺点：（1）只能连接两个不同的网段；（2）交换机的寻址是通过学习记录网络上各个计算机的 MAC 地址，查询交换机上的地址表中的信息，然后将数据包传送给指定的计算机，导致传输的路径单一。这不能满足互联网的海量网络并存的需求。将数据包通过一个个网络传送至目的地，即选择数据的传输路径的过程称为路由。路由器工作在 OSI 第三层，连接两个以上网络。每个路由器除了有数据交换的功能外，还有路由表的功能，在传送数据包时可在多个路径中选择最佳的路径。

TCP/IP 是互联网实现网络互联的通信协议，其中，IP 是网际协议，定义数据分组格式和确定传送路径。互联网数据分组称为 IP 数据报（Datagram），简称 IP 包。每台利用互联网通信的计算机或设备都必须把数据打成一个个 IP 包进行传送。连接到互联网的计算机或设备都由互联网管理机构分配唯一的地址，称为 IP 地址（即互联网协议地址，又称网际协议地址），它出现在 IP 数据报的报头，以便能够准确地识别发出该数据报的计算机或设备。

IP 地址由网络地址和主机地址组成，网络地址（网络号）标识互联网上的一个物理网络，主机地址标识该物理网络中的一台主机。按照 TCP/IP 规定，IP 地址用 32 位二进制数即 4 个字节来表示。为了方便人们的使用，IP 地址经常被写成点分十进制的形式，即中间使用符号“.”分开不同的字节，形式为 XXX.XXX.XXX.XXX，每组 XXX 代表小于或等于 255 的十进制数。例如，IP 地址“10.0.0.1”。

互联网协议规定了五类网络地址，分别为 A、B、C、D、E 五类，如图 3-6 所示。其中 A、B、C 三类地址用于不同规模的物理网络，D 类为多播（Multicast）地址，E 类为保留地址。在 A 类、B 类、C 类 IP 地址中，如果主机号是全 1，那么这个地址为直接广播地址，它是用来使路由器将一个分组以广播形式发送给特定网络上的所有主机。32 位全为 1 的 IP 地址“255.255.255.255”为受限广播地址（“limited broadcast”destination address），用来将一个分组以广播方式发送给本网络中的所有主机，路由器则阻挡该分组通过，使其广播功能限制在本网络内部。

IP 地址以网络号和主机号来标示网络上的主机，相同网络号的主机在同一物理网段内，通常是用同一网络媒介串在一起，因此它们之间能相互“直接”通信，而不同网络号的计算机要通过路由器或网关（Gateway）才能互通。A 类网络有 126 个，每个 A 类网络可能有 16 777 214 台主机，它们处于同一广播域，网络会因为广播通信而饱和。为避免这种情况，可把每类 IP 网络进一步分成更小的网络，每个子网由路由器界定并分配一个新的子网网络地址。子网地址是借用每类网络地址的主机部分创建的。划分子网后，通过掩码把子网隐藏起来，使得从外部看网络没有变化。换句话来说，子网掩码的作用就是用来判断任意两个 IP 地址是否属于同一子网络，只有在同一子网的计算机才能“直接”互通。

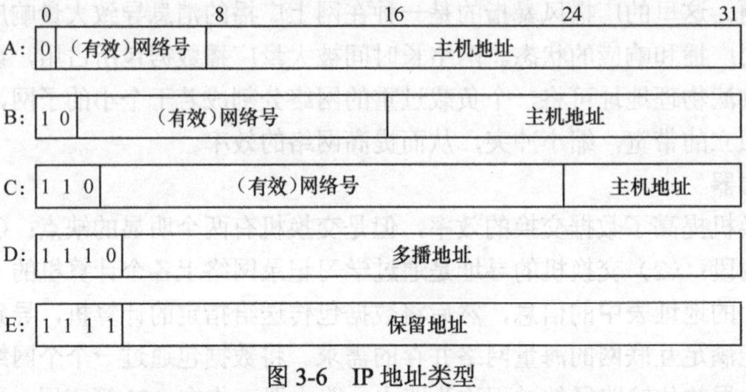

图 3-6 IP 地址类型

那么怎样确定子网掩码呢？举个例子来说，对于一个 C 类地址，它用 21 位来标识网络号，要将其划分为 2 个子网则需要占用 1 位原来的主机标识位。此时网络号位变为 22 位，而主机号变为 7 位。同理借用 2 个主机位则可以将一个 C 类网络划分为 4 个子网，而此时主机号变为 6 位。那计算机是怎样才知道这一网络是否划分了子网呢？这就可以从子网掩码中看出。子网掩码和 IP 地址有同样的数据长度，标识网络号的所有对应位值都为“1”，而与主机号对应的位都是“0”。如分为 2 个子网的 C 类 IP 地址用 22 位来标识网络号，则其子网掩码为：11111111 11111111 11111111 10000000 即 255.255.255.128。于是我们可以知道，A 类地址的默认子网掩码为 255.0.0.0，B 类为 255.255.0.0，C 类为 255.255.255.0。

理解了 IP 地址后，我们回到三层数据交换。每个路由器内部有一个路由表，标明了如果要去某个地方，下一步应该往哪走。路由器从某个端口收到一个数据包，它首先把链路层的包头去掉（拆包），读取目的 IP 地址，然后查找路由表，若能确定下一步往哪送，则再加上相应链路层的包头（打包），把该数据包转发出去；如果不能确定下一步的地址，则向源地址返回一个信息，并把这个数据包丢掉。路由技术其实是由两项最基本的活动组成：（1）确定最优路径；（2）传输数据包。其中，数据包的传输相对简单和直接，而路由的确定则较为复杂。路由器会根据数据包的目的地选择最佳路径，把数据包发送到可以到达该目的地的下一台路由器处。当下一台路由器接收到该数据包时，也会查看其目标地址，并使用合适的路径继续传送给后面的路由器。依次类推，直到数据包到达最终目的地。

路由器之间可以进行通信，通过传送不同类型的信息维护各自的路由表。其中路由更新信息一般是由部分或全部路由表组成。通过分析其他路由器发出的路由更新信息，路由器可以掌握整个或部分网络的拓扑结构。链路状态广播是另外一种在路由器之间传递的信息，它将信息发送方的链路状态通知给其他路由器。

四、三层交换

路由器配置复杂，造价昂贵，其转发速度容易成为网络的瓶颈。如图 3-7 所示，一个路由器往往连接多个交换机，传统路由器 64 字节包转发能力通常小于 10^5pps，局域网交换机单个 100M 端口 64 字节包转发能力为 148 810pps，即路由器转发速度低于交换机的转发速度，这个矛盾限制了数据的交换速度。三层交换机在交换机中引入路由模块，取代传统路由器实现交换与路由相结合的网络技术。三层交换就是将二层交换和三层转发技术合二为一的技术，同时支持二三层转发和三层路由。三层交换机依据收到数据报文的目的 MAC 和目的 IP 决定是二层转发、三层转发、路由还是上传本机。可以说，三层交换机是一个带有第三层路由功能的第二层交换机。不过，它不是简单地把路由器设备的硬件及软件叠加在局域网交换机上。首先，从硬件构成看，其二层交换的接口模块通过高速背板/总线以高达几十 Gbit/s 的速率交换数据的，同时，与路由器有关的三层路由硬件模块也插接在高速背板/总线上，实现路由模块与其他模块间高速的交换数据，从而突破了传统的外接路由器接口速率的限制。在软件构成方面，与传统的基于软件的路由实现不同，三层交换机将固定的规律的过程如数据包的转发通过专用集成电路 ASIC（Application Specific Integrated Circuit）建立流转发表（源 IP、目的 IP、下一跳 MAC、数据转发出口 MAC 地址）实现其高速处理。而相对较为复杂的路由软件如路由信息的更新、路由表维护、路由计算、路由的确定等则用优化、高效的软件实现。图 3-8 描绘了三层交换机的系统结构。

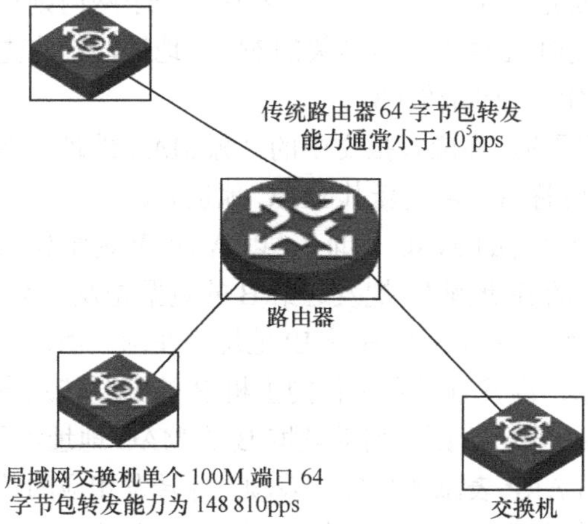

图 3-7　路由器转发速度瓶颈

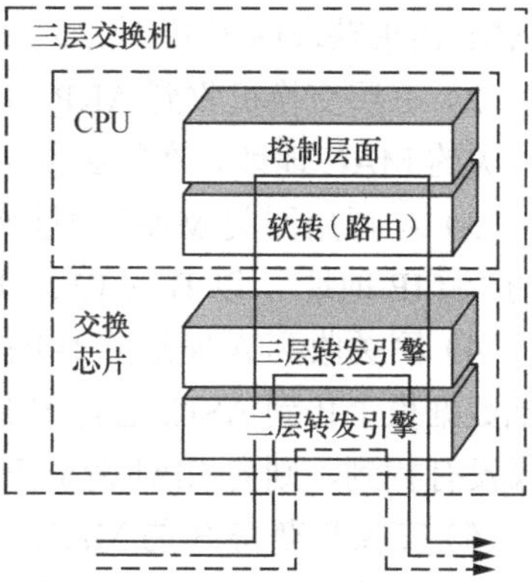

图 3-8　三层交换机系统结构

在三层交换中，主机由 IP 地址标识，根据 IP 地址确定路由，但数据交换根据 MAC 地址来确定数据帧的转发。IP 地址与 MAC 地址之间的相互解释通过地址解释协议（Address Resolution Protocol，ARP）来实现。ARP 的基本功能为通过目标设备的 IP 地址，查询目标设备的 MAC 地址，以保证通信的顺利进行。在每台安装有 TCP/IP 的计算机或路由器里都有一个 ARP 缓存表，表项最基本内容有 IP 地址和 MAC 地址。以主机 a（IP 地址是 192.168.38.10，MAC 地址是 00:0C:29:7E:8A:05）向主机 c（IP 地址是 192.168.38.11，MAC 地址是 FC:4D:D4:36:86:36）发送数据为例。主机 a 会在自己的 ARP 缓存表中寻找是否有目标 IP 地址。如果找到了，也就知道了目标 MAC 地址，直接把目标 MAC 地址写入帧里面发送就可以了。如果在 ARP 缓存表中没有找到相对应的 IP 地址，主机 a 就会在网络上发送一个广播（ARP request），目标 MAC 地址是“FF：FF：FF：FF：FF：FF”，这表示向同一网段内的所有主机发出这样的询问：“192.168.38.11 的 MAC 地址是什么？”网络上其他主机并不响应该 ARP 询问，只有主机 c 接收到这个帧时，才向主机 a 做出这样的回应（ARP response）：“192.168.38.11 的 MAC 地址是（FC:4D:D4:36:86:36）”。这样，主机 a 就知道了主机 c 的 MAC 地址，它就可以向主机 c 发送数据帧了。同时它还更新了自己的 ARP 缓存表，下次再向主机 c 发送信息时，直接从 ARP 缓存表里查找就可以了。ARP 缓存表采用了老化机制，在一段时间内如果表中的某一行没有使用，就会被删除，这样可以大大减少 ARP 缓存表的长度，加快查询速度。这样配置的 ARP 表项为动态 ARP 表。另外，ARP 表项也可以通过手工配置和维护，不会被老化，不会被动态 ARP 表项覆盖。通过手工配置的 ARP 表项为静态 ARP 表项，它可以增加通信的安全性。静态 ARP 表项可以限制和指定 IP 地址的设备通信时只使用指定的 MAC 地址，此时攻击报文无法修改此表项的 IP 地址和 MAC 地址的映射关系，从而保护了本设备和指定设备间的正常通信。

了解了 ARP 后，我们回到三层交换过程。为方便描述，这里采用一个直接连接在一台三层交换机上的两个不同网段主机的数据交换流程来解释三层数据交换的步骤。假设两个使用 IP 的服务器 A、B 分别属于两个不同的子网，通过第三层交换机进行通信，其主要步骤解释如下。

（1）A 比对自己和 B 的 IP 地址，判断是否在一个子网内，若在一个子网内则直接进行二层转发。若不在一个子网内，如果此时 A 也不知道网关的 MAC 地址，它将先发送 ARP 请求获取网关 IP 地址对的 MAC 地址，否则转（3）。

（2）三层交换机收到 ARP 请求并进行回应，在应答报文中的“源 MAC 地址”将包含网关的 MAC 地址。在得到网关的 ARP 应答后，A 更新其 MAC 地址表。

（3）A 再用网关 MAC 地址作为报文的“目的 MAC 地址”，以 A 的 IP 地址作为报文的“源 IP 地址”，以 B 的 IP 地址作为“目的 IP 地址”，把发送给 B 的数据先发给网关。

（4）网关收到 A 发送给 B 的数据后，查看得知 A 与 B 的 IP 地址不在同一网段，于是把数据报上传到 ASIC 芯片中的三层引擎，由其查看有无目的主机 B 的三层转发表。如果没有找到，则向 CPU 请求查看软件路由表。否则，启动获取 B 的 MAC 地址流程。

（5）交换机获得 B 的 MAC 地址后，向 ARP 表添加相应的表项，并转发相应的数据包。同时，交换机的三层引擎会结合路由表生成目地主机 B 的三层硬件转发表。

在这之后，通过与该交换机相连接的其他主机发往 B 数据包就可以直接利用三层硬件转发表中的转发表项来进行数据交换，不用再通过 CPU 查看路由了。综上所述，三层交换支持“一次路由、多次交换”功能。它解决了局域网中网段划分之后，网段中子网必须依赖路由器进行管理的局面，解决了传统路由器低速、复杂所造成的网络瓶颈问题。

更一般来说，以上三层交换过程支持两种基本类型的数据交换技术：报文到报文（PxP）和流交换（FS）。当采用 PxP 技术时，每一个报文都要经过第三层处理（至少路由处理），并且业务转发是基于第三层地址的。而不在第三层处理所有报文的方法称之为流交换（FS）。通常数据流指的是具有相同数据特征的数据包集合，在三层交换技术中指具有相同源/目的 IP 地址的数据包的集合。当交换开始时，数据流的第一个包通过 CPU 软件实现三层路由，然后专用集成电路（Application Specific Integrated Circuit，ASIC）建立流转发表（源 IP、目的 IP、下一跳 MAC、数据转发出口 MAC 地址）。该流后续包通过专用集成电路（ASIC）精准匹配发送。图 3-9 的实线描绘了报文到报文的交换过程，虚线描绘了流交换过程。

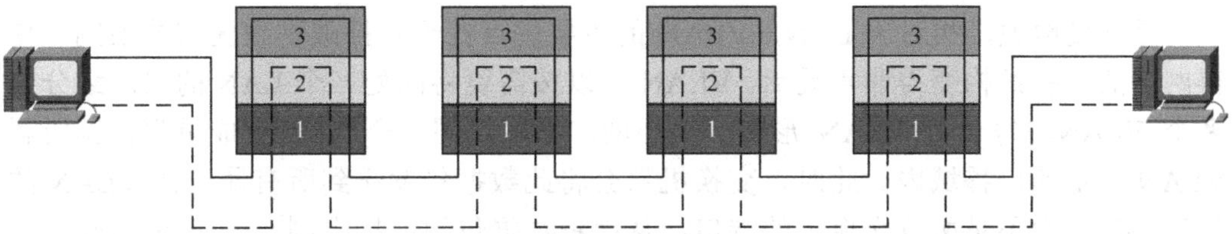

图 3-9 三层交换过程

3.2 VLAN 技术原理

云计算平台托管着诸多各种各样的第三方应用，为保障业务的连续可用性和数据的安全隐私性，业务隔离是首当其冲要解决的问题。虚拟局域网（Virtual Local Area Network，VLAN）是从接入层将各业务服务器分开的数据链路层解决方案。VLAN 是一种将局域网资源和用户按照一定的原则划分成多个小的逻辑网络，这些小的逻辑网络形成各自的广播域，也就是虚拟局域网，从而实现虚拟工作组的数据交换技术。VLAN 主要应用于交换机和路由器中，特别地，只有遵循 VLAN 协议的第二层以上交换机才具有此功能，这一点可以查看相应交换机的说明书获知。这里将学习 VLAN 的基础知识、网络功能、应用场景和配置。

3.2.1 VLAN 基本概念

一、VLAN vs LAN

我们前面学习了网段和子网的概念，有人可能会问："划分子网可实现同一网段直接通信，不同网段形成各自的广播域。那要 VLAN 干什么呢？"在回答这一问题之前，我们先看个应用场景。一个公司租用某写字楼一楼层，员工混坐，所有员工的计算机通过一台 CISCO 交换机连接起来。员工分属三个办公部门：研发部、财务部和市场部。一般来说，进入财务部的数据含有敏感信息。为增强局域网的安全性，财务部用户应与其他部门的用户隔离，从而降低泄露机密信息的可能性。事实上，每个部门都有其敏感信息，我们通过交换机用三个 VLAN 把这三个部门的人区隔开，如图 3-10 所示。然后可对不同 VLAN 的员工授予不同的网络安全策略，如限制研发部的机器上不了外网等。一个 VLAN 内部的广播和单播流量都不会转发到其他 VLAN 中，从而有助于控制流量和提高网络的安全性。

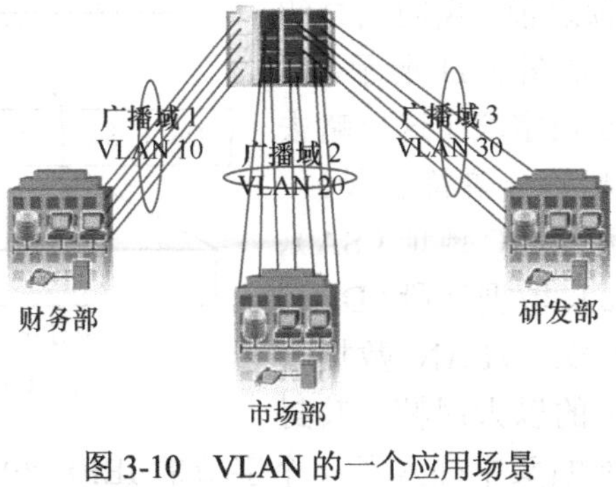

图 3-10 VLAN 的一个应用场景

更一般地说，相对于 LAN，VLAN 的主要优点在于其打破物理区域的限制，使得网络的拓扑结构变得非常灵活。VLAN 可以按需要将同处一个 LAN 的用户划分为多个 VLAN，每一个 VLAN 形成一个小的广播域，同一个 VLAN 成员都在其所属 VLAN 确定的广播域内。此时，交换机只会将此数据包发送到所有属于该 VLAN 的其他端口，而不是所有交换机的端口，从而将数据包的广播限制在一个 VLAN 内。这在一定程度上节省了带宽，有效地解决了广播风暴带来的性能下降问题。而将同一 VLAN 的用户集中在一起，与其他用户隔离，一个 VLAN 的数据包不会发送到另一个 VLAN，这可以带来多方面的好处：（1）确保了该 VLAN 的信息不会被其他 VLAN 的用户窃听，从而实现了信息的保密。同时，通过安全策略，控制网络中不同部门、不同站点之间的相互访问，进一步增强通信的安全性。（2）当网络规模增大时，部分网络出现问题往往会影响整个网络，引入 VLAN 之后，可以将网络故障限制在一个 VLAN 之内，增强了网络的健壮性。另外，VLAN 也可将一组位于不同物理网段上的用户在逻辑上划分成一个局域网，在功能和操作上与传统 LAN 基本相同，可以提供一定范围内终端系统的互联。这样在企业网络中，分散在不同办公地点的同一个部门的用户就好像在同一个 LAN 上一样，很容易地互相访问、交流信息。最后，由于 VLAN 是对网络的逻辑划分，组网方案灵活，配置管理简单，降低了管理维护的成本。动态网络指的是当用户从一个位置移动到另一个位置时将引起网络属性变化，网络配置需要做相应的更新才能让其接入网络。在 VLAN 中，同一个部门的用户就好像在同一个 LAN 上一样。用户从一个办公地点换到另外一个地点，他仍然在该部门，那么，该用户的配置无须改变。进一步来说，一个用户，无论他到哪里，他都能不做任何修改地接入他所属的 VLAN，其相应的应用将不受影响。反之，如果用户办公地点没有变，但他更换了部门，那么，网络管理员只需更改一下该用户的配置即可。由此可见，VLAN 的引入简化了动态网络环境的维护管理工作，而这特别适用于动态的云计算环境。

二、VLAN 的帧格式

要使网络设备能够分辨不同 VLAN 的报文，需要在报文中添加标识 VLAN 的字段。由于普通交换机工作在 OSI 模型的数据链路层，只能对报文的数据链路层封装进行识别。因此，如果添加识别字段，也需要添加到数据链路层封装中。IEEE 于 1999 年颁布了标准化 VLAN 实现方案的 IEEE 802.1Q 协议标准草案，对带有 VLAN 标识的报文结构进行了统一规定。

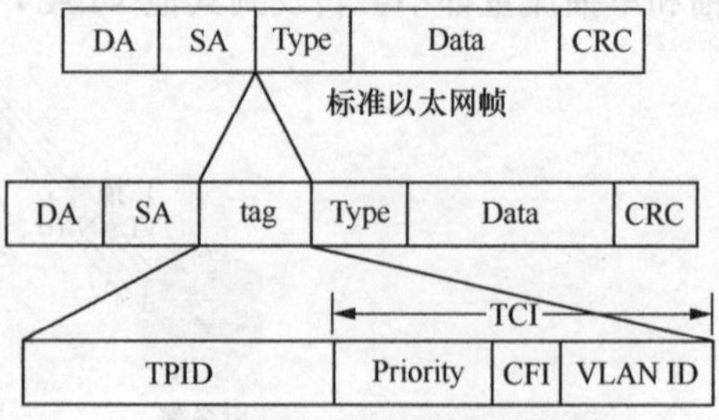

图 3-11 VLAN 帧格式

在介绍 VLAN 数据帧之前，我们先介绍标准以太网数据帧格式。如图 3-11 所示，标准以太网络数据帧包含 5 项字段（这里略去最前面的前导字段和帧起始分隔符字段）：目的 MAC 地址（DA）、源 MAC 地址（SA）、报文所属协议类型（Type）、数据字段（Data）和帧校验序列字段（CRC）。VLAN 数据帧是带有 IEEE 802.1Q 标记的以太网帧，其封装格式就是在标准以太网帧头中插入了 4 个字节的 IEEE 802.1Q 标签头，包含 2 个字节的标签协议标识（Tag Protocol Identifier，TPID）和 2 个字节的标签控制信息（Tag Control Information，TCI）。首先，TPID 是 IEEE 定义的新类型，表明这是一个加了 IEEE 802.1Q 标签的帧。TPID 包含了一个固定的值 0x8100。其次，TCI 包含帧的控制信息。

- 帧优先级（Priority）占 3bit，表示 8 种优先级。
- 规范标识位（Canonical Format Indicator，CFI）占 1bit，0 为规范格式，1 为非规范格式。它被用在令牌环中指示封装帧中所带地址的比特次序。
- VLAN 标识符（VLAN Identifier，VLAN ID）占 12 位，指明自己属于哪一个 VLAN。VLAN ID 一共有 4096 个，有效范围是 1～4094，0 和 4095 都为协议保留值。VLAN ID 为 0 表示不属于任何 VLAN，因其携带 IEEE 802.1Q 的优先级标签，一般称为 Priority-only frame，为系统使用，用户不可使用和删除。1 为系统默认 VLAN，即 Native VLAN，2～1001 是普通的 VLAN，1006～1024 保留为系统使用，用户不能查看和使用，1002～1005 是支持光纤分布式数据接口（Fiber Distributed Data Interface，FDDI）和令牌环的 VLAN，1025～4095 是扩展的 VLAN。

综上可见，根据帧有没有加上 4 个字节的 IEEE 802.1Q 标签头，以太网的帧可以分为带有标记的帧（tagged frame）和未标记的帧（untagged frame）两种格式。交换机根据报文是否携带 VLAN Tag 以及携带的 VLAN Tag 值来对报文进行处理。

三、VLAN 的划分方法

每台交换机配有一个 VLAN 表，用以配置 VLAN 的信息，存储交换机的各个端口所属的 VLAN ID，当交换机进行交换数据时，首先根据报文的 VLAN ID 识别报文所属的 VLAN，然后查看 VLAN 表进行报文转发。VLAN 表的容量一般支持 1～32 个 VLAN ID。特别地，每台交换机的端口都配置缺省的 VLAN ID（Port VLAN ID，PVID），该值可以更改。PVID 主要有两个作用：转发功能，对接收到未标记的帧，则添加本端口的 PVID 再进行转发；接收过滤功能，如只接收 VLAN ID 等于 PVID 的带有标记的帧。根据 VLAN 在交换机上的实现方法，大致可以分为 4 类，包括基于端口的 VLAN、基于 MAC 地址的 VLAN、基于协议的 VLAN 以及基于子网的 VLAN。

（一）基于端口的 VLAN

基于端口划分 VLAN 的方法是根据以太网交换机的端口来划分，比如交换机的 1～4 端口为 VLAN A，5～17 为 VLAN B，18～24 为 VLAN C。当然，属于同一 VLAN 的端口可以不连续。图 3-12 中端口 1 和端口 7 被指定属于 VLAN 5，端口 2 和端口 10 被指定属于 VLAN 10。主机 A 和主机 C 连接在端口 1、端口 7 上，它们属于 VLAN5；同理，主机 B 和主机 D 属于 VLAN 10。

基于端口的 VLAN 可以在多台交换机上划分。例如，可以指定交换机 1 的 1～6 端口和交换机 2 的 1～4 端口为同一 VLAN，即同一 VLAN 可以跨越数台以太网交换机，根据端口划分是目前定义 VLAN 最常用的方法。这种划分方法的优点是定义 VLAN 时非常简单，缺点是如果 VLAN 用户离开了原来的端口，到了一个新的交换机的某个端口，就必须重新定义。

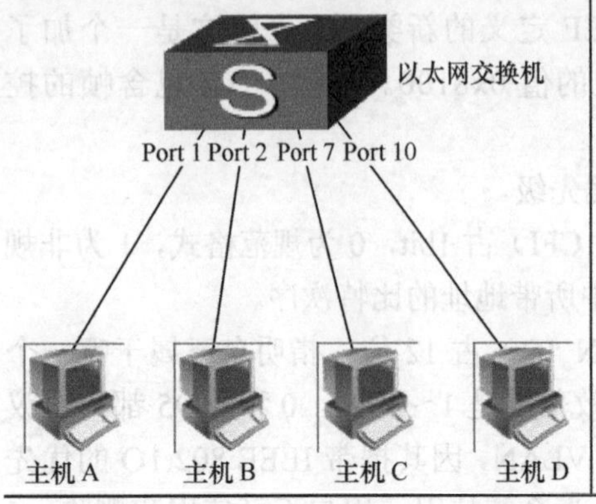

VLAN 表

端口	所属 VLAN
Port 1	VLAN 5
Port 2	VLAN 10
……	……
Port 7	VLAN 5
……	……
Port 10	VLAN 10

图 3-12　基于端口的 VLAN

（二）基于 MAC 地址的 VLAN

基于 MAC 地址划分 VLAN 的方法是根据每个主机的 MAC 地址来划分，即对所有主机都根据它的 MAC 地址配置主机属于哪个 VLAN；交换机维护一个 VLAN 映射表，如图 3-13 所示，这个 VLAN 表记录 MAC 地址和 VLAN 的对应关系。这种划分 VLAN 的方法的最大优点是当用户物理位置移动时，即从一个交换机换到其他交换机时，VLAN 不用重新配置，所以，可以认为根据 MAC 地址的划分方法是基于用户的 VLAN。

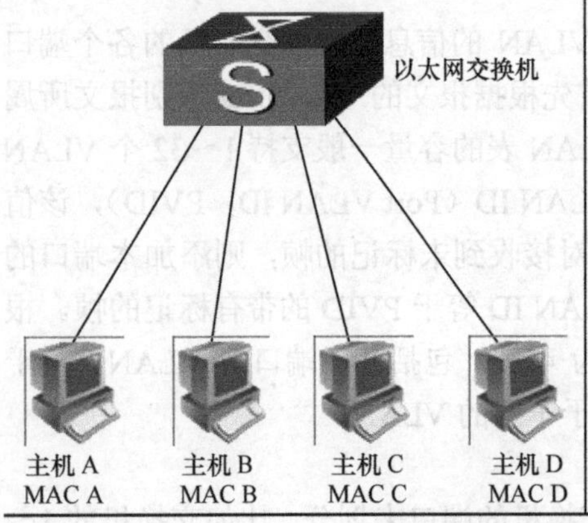

VLAN 表

MAC 地址	所属 VLAN
MAC A	VLAN 5
MAC B	VLAN 10
……	……
MAC C	VLAN 5
……	……
MAC D	VLAN 10

图 3-13　基于 MAC 地址的 VLAN

这种方法的缺点是初始化时，所有用户都必须进行配置，如果用户很多，配置的工作量很大。此外这种划分方法也导致了交换机执行效率的降低，因为在每一个交换机的端口都可能存在很多个 VLAN 组的成员，这样就无法限制广播包。

（三）基于协议的 VLAN

基于协议划分 VLAN 的方法是根据二层数据帧中标前协议标识（TPID）字段进行 VLAN 的划分。交换机维护一个 VLAN 映射表，如图 3-14 所示，这个 VLAN 表记录协议类型和所属 VLAN 的对应关系。通过二层数据中 TPID 字段，可以判断出上层运行的网络协议，如 IP 或者是 IPX 协议。如果一个物理网络中既有 IP 网络又有 IPX 等多种协议运行的时候，可以采用这种 VLAN 的划分方法。

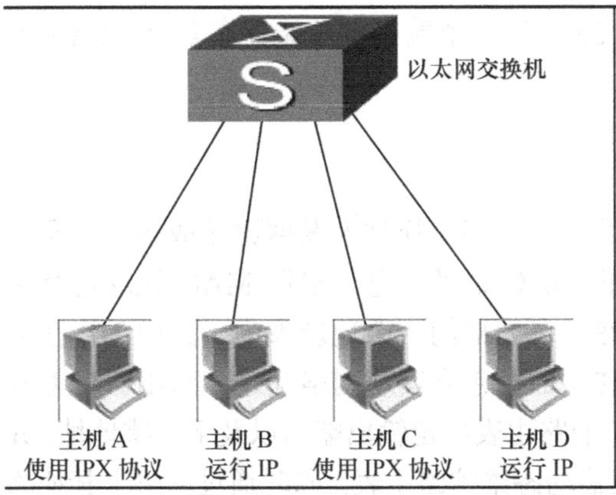

VLAN 表

协议类型	所属 VLAN
IPX 协议	VLAN 5
IP	VLAN 10
……	……

图 3-14　基于协议的 VLAN

这种方法的优点有两方面。首先，用户的物理位置改变了，不需要重新配置所属的 VLAN，而且可以根据协议类型来划分 VLAN。其次，无需附加帧标签识别 VLAN，这样可减少网络通信量。这种方法的缺点是效率低，因为检查每一个数据包的 IP 报文头是需要消耗处理时间的。这种类型的 VLAN 在实际应用中用得很少。

（四）基于子网的 VLAN

基于 IP 子网的 VLAN 根据报文中的 IP 地址决定报文属于哪个 VLAN，同一个 IP 子网的所有报文属于同一个 VLAN。这样，可以将同一个 IP 子网中的用户划分在一个 VLAN 内。图 3-15 描述了交换机如何根据 IP 地址来划分 VLAN，主机 A、主机 C 都属于 IP 子网 1.1.1.xxx，根据 VLAN 表的定义，它们因此属于 VLAN 5；同理，主机 B、主机 D 属于 VLAN 10。如果主机 C 修改自己的 IP 地址，变成 1.1.1.9，那么主机 C 就不再属于 VLAN 10，而是属于 VLAN 5 了。

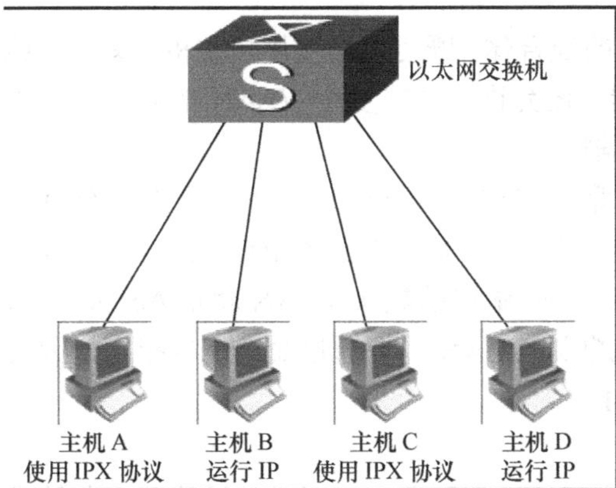

VLAN 表

IP 网络	所属 VLAN
IP 1.1.1.0/24	VLAN 5
IP 1.1.2.0/24	VLAN 10
……	……

图 3-15　基于子网的 VLAN

利用 IP 子网定义 VLAN 有以下三大优势：（1）这种方式可以按传输协议划分网段，这对于希望针对具体应用的服务来组织用户的网络管理者来说是非常有诱惑力的；（2）无需附加帧标签识别 VLAN，这样可减少网络通信量；（3）用户的物理位置改变了，不需要重新配置所属的 VLAN，即用户可以在网络内部自由移动而不用重新配置自己的工作站，尤其是使用 TCP/IP 的用户。但这种方法的缺点效率低，表现在两方面：（1）检查每一个数据包的网络层地址是很费时的；（2）由于一个端口也可能存在多个 VLAN 的成员，对广播报文也无法有效抑制。

3.2.2 VLAN 的网络功能

VLAN 的网络功能包括二层交换和三层路由。二层交换技术发展比较成熟，二层交换机属数据链路层设备，可以识别数据包中的 MAC 地址信息，根据 MAC 地址进行转发，并将这些 MAC 地址与对应的端口记录在自己内部的一个地址表中。路由工作在网络层，一般由路由器进行转发。路由器通过转发数据包来实现网络互连，路由器根据收到数据包中的网络层地址以及路由器内部维护的路由表决定输出端口以及下一跳地址，并且重写链路层数据帧头实现转发数据包。路由器动态维护路由表，同时通过网络上其他路由器交换路由和链路信息来维护路由表。二层交换和三层路由的主要区别有两方面：（1）二层交换发生在数据链路层，而路由发生在网络层；（2）二层交换以 MAC 进行转发，路由以 IP 地址进行转发。本节介绍二层以太网端口类型的基本特性和数据帧收、发规则。

一、二层以太网端口

交换机一般包括 Access（访问）、Trunk（干道）和 Hybrid（混合）这三种二层以太网端口[1]。上节介绍的基于端口 VLAN 划分方式中可以把前三种二层交换机以太网端口加入特定的 VLAN 中，但是其他 VLAN 划分方式都只能添加 Hybrid 类型端口。

Access 端口主要是用来连接用户主机的二层以太网端口。它有一种最主要的特性是仅允许一个 VLAN 的帧通过，反过来也就是 Access 端口仅可以加入一个 VLAN 中，且 Access 端口发送的以太网帧永远是不带标签的。

Trunk 端口用来连接其他交换机的二层以太网端口。其最主要的特性是允许多个 VLAN 的帧通过，并且所发送的以太网帧都是带标签的，除了发送 VLAN ID 与 PVID 一致的 VLAN 帧。

Hybrid 端口是 Access 端口和 Trunk 端口的混合体，既可以连接用户主机，又可以连接其他交换机、路由器设备。同时 Hybrid 端口还允许一个或多个 VLAN 的帧通过，并可选择以带标签或者不带标签的方式发送数据帧。

以上 Access、Trunk 和 Hybrid 三种类型的二层以太网端口都可以配置一个默认 VLAN，对应的 VLAN ID 为 PVID。但端口类型不同，其默认 VLAN 的含义也有所不同。因为 Aceess 端口只能加入一个 VLAN，因此 Aceess 端口的默认 VLAN 就是 Access 端口所加入的 VLAN。但 Trunk 和 Hybrid 端口的默认 VLAN 需要通过命令配置指定，因为它们都可加入多个 VLAN，默认都是 VLAN 1。

二、二层以太网链路

由上节介绍的 Access、Trunk 和 Hybrid 这三种以太网端口所形成的链路又可归纳成两种以太网链路：接入链路（Access Link）和干道链路（Trunk Link），如图 3-16 所示。接入链路指的是用于连接主机和交换机的链路。通常情况下主机并不需要知道自己属于哪些 VLAN，主机的硬件也不一定支持带有 VLAN 标记的帧，主机要求发送和接收的帧

1 华为交换机中主要包括 Access（访问）、Trunk（干道）和 Hybrid（混合）、QinQ 这 4 种二层以太网端口。其中，QinQ 端口仅用于支持 QinQ 协议，不能用于 VLAN 划分。

都是没有打上标记的帧。接入链路属于某一个特定的端口，这个端口属于且仅属于一个 VLAN。这个端口不能直接接收其他 VLAN 的信息，也不能直接向其他 VLAN 发送信息。不同 VLAN 的信息必须通过三层路由处理才能转发到这个端口上。

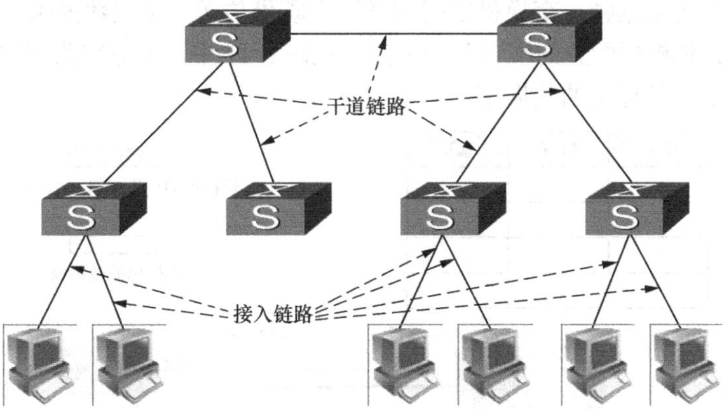

图 3-16 二层以太网的接入链路和干道链路

干道链路可承载多个不同 VLAN 的数据，通常用于交换机间的互连或者交换机和路由器之间的连接。数据帧在干道链路上传输的时候，交换机必须用一种方法来识别数据帧是属于哪个 VLAN 的。所有在干道链路上传输的帧都是打上标记的帧，交换机可通过这些标记确定数据帧属于哪个 VLAN。

和接入链路不同，干道链路是用来在不同的设备之间（如交换机和路由器之间、交换机和交换机之间）承载 VLAN 数据的，因此干道链路不属于任何一个具体的 VLAN。通过配置，干道链路可以承载所有的 VLAN 数据，也可以配置为只能传输指定的 VLAN 的数据。

干道链路虽然不属于任何一个具体的 VLAN，但是可以给干道链路配置一个 PVID。不论什么原因，当干道链路出现了没有带标记的帧，交换机就给这个帧增加带有 PVID 的 VLAN 标记，然后进行处理。

三、基于 VLAN 的二层交换

引入 VLAN 概念后，一个交换机被虚拟出了多个逻辑交换机，每一个 VLAN 内的端口都是一个逻辑上的交换机，也即一个交换机被划分了多个不同的广播域，每一个 VLAN 内的端口都在同一个广播域内。支持 VLAN 的交换机将数据帧限制在同一个 VLAN 中进行交换，如果收到的数据帧携带了 VLAN 信息，该帧为带有标记的数据帧，交换机可利用标记中的 VLAN ID 来识别报文所属的 VLAN。如果收到的数据帧为未标记的数据帧，则收到该帧的端口的 PVID 就是其 VLAN ID。

基于 VLAN 的数据帧交换所遵循的交换原理与前面的二层交换原理遵循同样的基本原则："源 MAC 地址学习，目的 MAC 地址转发。"不同的地方有两个，首先，学习和转发都只能在同一个 VLAN 中进行，数据帧不能跨 VLAN 交换或转发；其次，MAC 地址的学习也在相应的 VLAN 中进行。一台交换机可有多张 MAC 地址表，每个 VLAN 一张表，在交换数据帧进行查表时，只需要在相应的 VLAN 表中进行查找。相应的 MAC 地址表项中增加了 VLAN TAG 属性，除了原有的 MAC 地址、端口号（PORT）、老化时间、寻址方式外，还增加一个属性即 VLAN ID。

为了保证设备之间的互联互通，基于VLAN的交换机既要支持带有标记的数据帧的交换，又要支持未标记的数据帧的交换。VLAN跨越交换机进行二层交换是通过干道链路来实现不同交换机相同VLAN内的终端互通的。如图3-17所示，主机与交换机之间传送的是未标记的数据帧，交换机之间的链路上既可传送未标记数据帧，也可传送带标记的数据帧，具体根据配置的端口类型来定。在图3-17中，干道链路两端都是Trunk端口，其中传送的是带标记的数据帧。

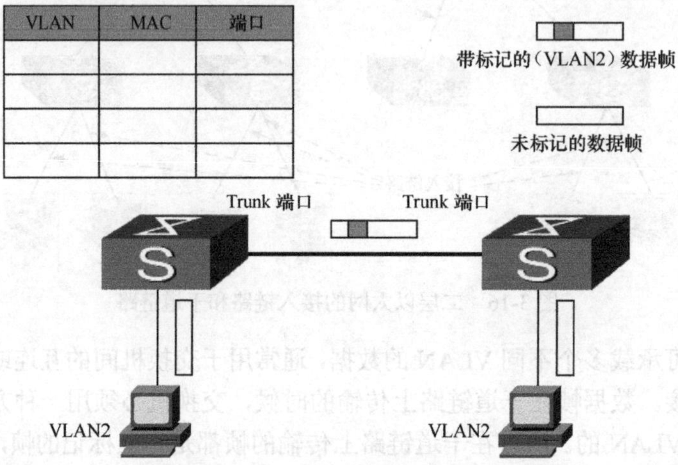

图3-17 基于VLAN的二层交换

既然未标记和带标记的数据帧都可以在交换机之间的链路上传送，那么什么时候应为数据帧添加VLAN标记，什么时候不应添加，什么时候又将丢弃该数据帧呢？VLAN标记的添加和移除跟参与通信的网络设备是否支持VLAN协议有关。几个典型的支持VLAN协议的设备包括普通PC、路由器、以太网交换机等。首先，大部分的PC（除了部分专用的或用于测试的）工作在应用层，缺省情况不支持（其实也不需要）VLAN协议。因此，PC发出的都是未标记的帧。其次，路由器是支持VLAN协议的。也就是说，路由器既可发带标记的数据帧，也可发未标记的数据帧。需要说明的是，路由器处理的是数据包的三层信息，对于二层信息（包括VLAN信息），路由器只是检查其有效性，去除VLAN标记后进行三层转发或其他处理。转发出去的报文是否带标记由接口决定。最后，VLAN技术是针对以太网交换机提出的，交换机既可收发带标记的数据帧，也可收发未标记的数据帧。

由于网络设备的多样性，为确保数据帧在各种网络设备上互通，交换机需要遵循一定的添加和移除VLAN标记的原则。考虑到一个VLAN可包含多个端口，而一个端口也可属于多个VLAN，一个端口在一个VLAN中可有两种属性：TAGGED（带标记的）和UNTAGGED（未标记的）。给定一个VLAN和一个在该VLAN中交换的数据帧，如果一个端口在该VLAN中的属性是带标记的，则从该端口转发出去的数据帧就是带标记的。而如果一个端口在该VLAN中的属性是未标记的，则从该端口转发出去的数据帧就是未标记的。

综上，交换机收发数据帧的处理过程可以总结见图3-18。基于该流程，我们总结交换机连接不同类型设备时的常用配置。首先，通常PC只支持未标记的数据帧的收发，因此，连接PC的端口只需要加入一个VLAN且该端口在VLAN中的属性为未标记的。路由器既支持收发带标记的数据帧，也支持收发未标记的数据帧。不同VLAN

的数据帧都能通过该端口与路由器互通，所以连接路由器的端口可以属于多个VLAN，但只能在一个VLAN中的属性是未标记的。交换机相应的端口配置跟连接路由器的情况基本相同。

端口接收到数据帧

1. 如果是带标记的数据帧，检查VLAN表，如果有该接收端口和标记中VLAN ID对应的记录，说明该端口在相应的VLAN中，则交换机遵循“源MAC地址学习，目的MAC地址转发”的原理交换数据包，否则丢弃数据帧

2. 如果是未标记的数据帧，检查该接收端口是否在某个VLAN中的属性是未标记的。如果是，则在该VLAN中根据交换原理交换数据帧，否则丢弃该数据帧

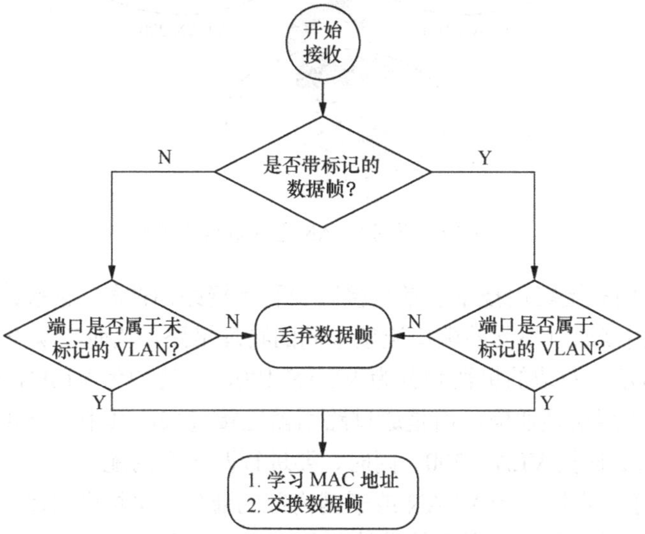

端口发送数据帧

1. 如果该端口在交换数据帧的VLAN中的属性是带标记的，发送带标记的数据帧，未标记的数据帧将被丢弃

2. 如果该端口在交换数据帧的VLAN中的属性是未标记的，发送未标记的数据帧，带标记的数据帧将被丢弃

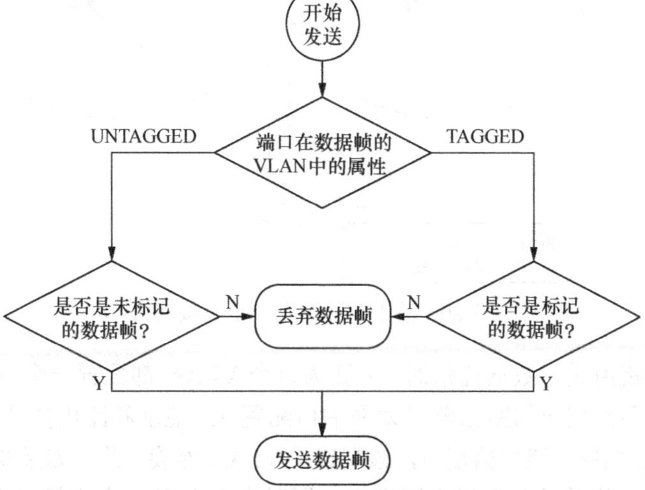

图3-18 交换机收发数据帧的处理过程

四、基于 VLAN 的三层路由

VLAN 在隔离广播的同时也限制了各个 VLAN 之间的数据流，如图 3-19 所示，分属不同 VLAN 的用户间不能通过二层数据交换通信，它们间的通信需要使用三层路由，通过路由将报文从一个 VLAN 转发到另外一个 VLAN。三层路由实现 VLAN 互访的原理是利用路由功能，通过识别数据包的 IP 地址，查找路由表进行选路转发。

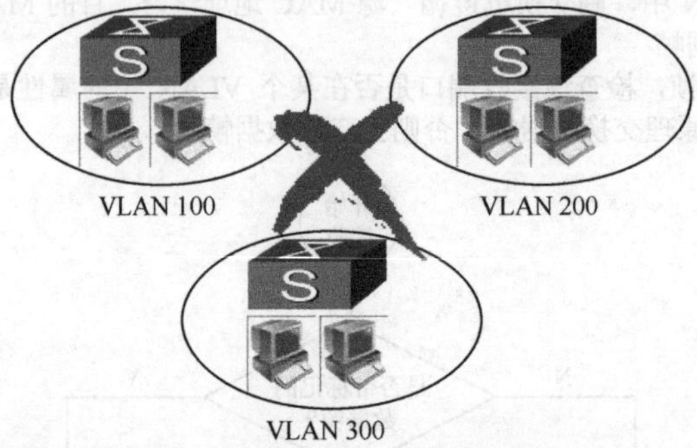

图 3-19　不同 VLAN 之间数据流隔离

基于 VLAN 的三层路由技术包括直接路由和单臂路由两种。直接路由通过传统路由方式，即一个路由器通过不同的端口连接不同的物理链路，从而实现不同 VLAN 间的互通。如图 3-20 所示，左边的机器划分为 VLAN 100，右边的为 VLAN 200。两个 VLAN 不能通过它们的二层交换通信，而是通过路由器连接起来。其中，路由器的端口 1 连接 VLAN 100，端口 2 连接 VLAN 200。同时，要进行两方面的配置：（1）需要在主机上配置默认网关，对于不在同一个 VLAN 或子网内部的通信，主机会自动寻找默认网关，并把报文交给默认网关转发而不是直接发给目的主机，原则上一个 VLAN 对应一个子网。（2）需要为三层设备的端口配置 IP 地址，并且激活该端口，三层设备会自动产生该端口 IP 所在网段的直连路由信息。

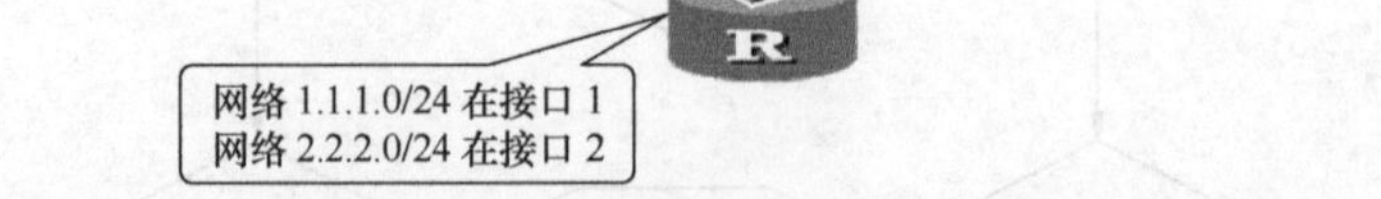

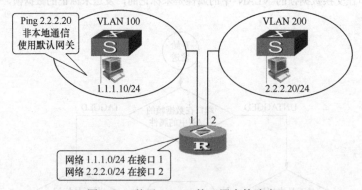

图 3-20　基于 VLAN 的三层直接路由

当采用直接路由进行数据通信时，需要为每个 VLAN 都配置一个以太网端口和路由器相连，同时需要给相应的路由器以太网端口配置 IP 地址和路由协议等，同一 VLAN 的计算机的网关指向同一路由器端口，该端口与 VLAN 连接。此时如果要实现 *N* 个 VLAN 间的通信，则路由器需要 *N* 个以太网端口，同时也会占用 *N* 个交换机上的以太网端口，这在实际使用中限制了 VLAN 的个数，也即限制了系统的可扩展性。单臂路由可以提高系统的可扩展性。单臂路由通过子接口（subinterface）和 IEEE 802.1Q 协议实现 VLAN 间的通信。其中，子接口通过协议和技术将一个物理端口（interface）虚拟出来多个逻辑端口。相对子接口而言，这个物理端口称为主端口。每个子接口在功能上与每个物理端口是没有任何区别的，它的出现打破了每个设备物理端口数量有限这一局限性。在路由器中，一个子接口的取值范围是 0～4096 个，当然子接口的性能受主端口物理性能限制，实际中并无法完全达到 4096 个，数量越多，各子接口性能越差。

当采用单臂路由进行数据通信时，路由器首先在三层进行路由，找到出端口后，负责更换标签，从出端口发送出去。这种情况下，要求路由器支持 VLAN 属性，而采用直接路由的路由器不要求支持 VLAN 属性。图 3-21 描绘了一个基于 VLAN 的三层单臂路由例子。首先，假设数据帧的源 IP 地址和目的 IP 地址在不同的 VLAN，在路由器上分别属于不同的子接口，共享一条物理链路。路由器通过以太网接口与交换机相连，交换机的这个端口为 Trunk 型端口。当交换机收到 VLAN 2 的机器发送的数据帧时候，从它的 Trunk 端口发送数据给路由器。由于该链路是 Trunk 链路，帧中带有 VLAN 2 的标签，帧到了路由器后，路由器查询路由表，如果数据要转发到 VLAN 3 上，路由器把数据帧重新用 VLAN 3 的标签进行封装，通过 Trunk 链路发送到交换机上的 Trunk 端口。交换机收到该帧，去掉 VLAN 3 的标签，然后发送到 VLAN 3 上的计算机，从而实现了 VLAN 间的通信。反过来，如果从 VLAN 3 的机器发往 VLAN 2，过程也相类似。

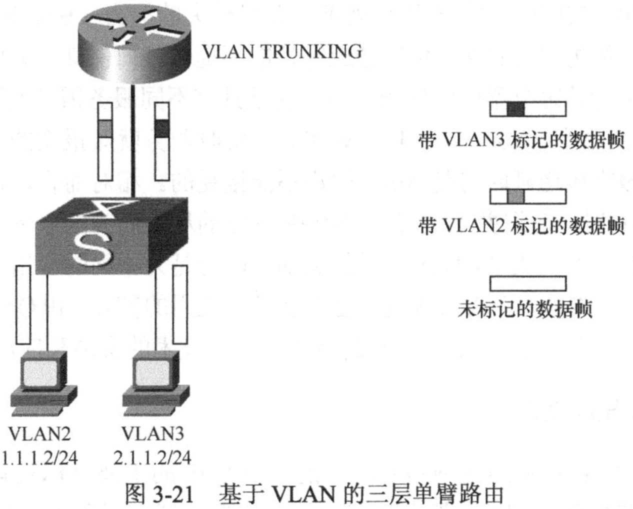

图 3-21 基于 VLAN 的三层单臂路由

基于以上描述，支持 VLAN 间三层路由的设备包括三类：（1）二层交换机加普通路由支持直接路由。（2）二层交换机加支持以太网子接口的路由器实现单臂路由，路由器要启动子接口，并且要和交换机之间形成 Trunk 链路。（3）三层交换机。二层交换机和路由器在功能上的集成构成了三层交换机，其在功能上实现了 VLAN 的划分、VLAN 内部的二层交换和 VLAN 间路由的功能，如图 3-22 所示。三层交换机的出现主要有以下两大原因：（1）传统路由器路由算法复杂、成本高、维护和配置困难；（2）路由器对任何数据包都要有一个“拆打”过程，导致其不可能具有很高的吞吐量，在转发数据方面成为网络瓶颈。

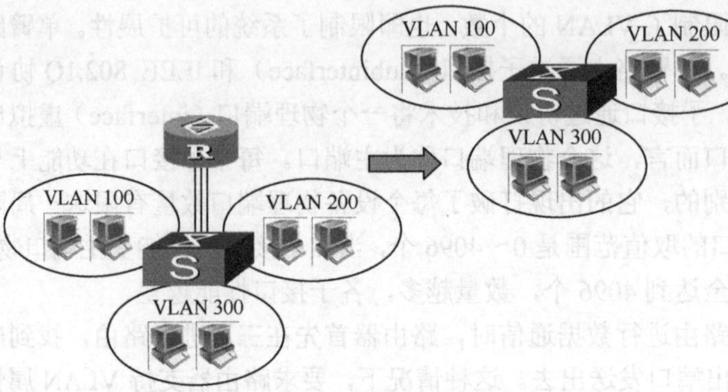

图 3-22 二层交换和路由集成构成三层交换机

3.3 IP QoS 技术

云服务多种多样，包括 SaaS、PaaS 和 IaaS 等，同时各类服务还可以进一步细分为多种服务，如 SaaS 包含社区、搜索和商务等。而社区服务又可进一步细分为教育云、医疗云、娱乐云和生活云等。同时新的云服务仍不断增加，大规模多种多样的云服务对 IP 网络的服务质量（IP Quality of Service，IP QoS）提出了新的要求。

在传统的 IP 网络中，所有的报文都被无区别地同等对待，每个转发设备对所有的报文均采用先入先出（FIFO）的策略进行处理，并尽最大的努力（Best-Effort）将报文送到目的地，但对报文传送的可靠性、传送延迟等性能不提供任何保证。大规模的多样化的云服务环境要求网络能够区分不同的应用，同时满足具有不同服务需求的语音、视频以及数据等业务。例如 IP 语音（Voice over IP，VoIP）等实时业务就对报文的传输延迟提出了较高要求，太长的报文传送延时将是 VoIP 用户不能接受的。相对而言，传统互联网服务如 E-Mail 和 FTP 等对时间延迟并不敏感。传统 IP 网络的尽力而为的服务模式不可能识别和区分出网络中的各种通信类别，而区分通信类别的能力是为不同的应用提供不同服务的前提，因此，传统网络的尽力而为服务模式已不能满足应用的需要。IP QoS 技术的出现致力于解决这个问题。本节主要介绍 IP QoS 的概念、相关技术的实现和应用。

3.3.1 IP QoS 的概念

IP QoS 是指 IP 数据流通过网络时的性能。IP QoS 的主要目标是有效控制网络资源及其使用，向用户提供端到端的服务质量保证。主要体现在以下五方面：避免并管理 IP 网络拥塞，减少 IP 报文的丢包率，调控 IP 网络的流量，为特定用户或特定业务提供专用带宽，以及支撑 IP 网络上的实时业务等。其中，IP QoS 技术针对各种应用的不同需求为其提供不同的服务质量，这里给出几个例子：（1）可限制骨干网上 FTP 使用的带宽，也可给数据库访问以较高优先级；（2）互联网服务提供商（Internet Service Provider，ISP）的用户可能传送语音、视频或其他实时业务，IP QoS 技术能帮助 ISP 区分这些不同的报文并提供不同的服务质量；（3）可为时间敏感的多媒体业务提供高带宽和低时延保证，而其他业务在使用网络时，也不会影响这些时间敏感的业务。通常有 4 个评估业务的 IP

QoS 的重要参数——丢包率、延迟（也称为时延，Latency）、抖动和带宽，其相关定义和图例见表 3-1。

表 3-1　IP QoS 的四要素

要素	描　述	图　例
丢包率	这指的是在网络中传输数据包时丢弃数据包的最高比率，数据包丢失一般是由网络拥塞和转发策略引起的	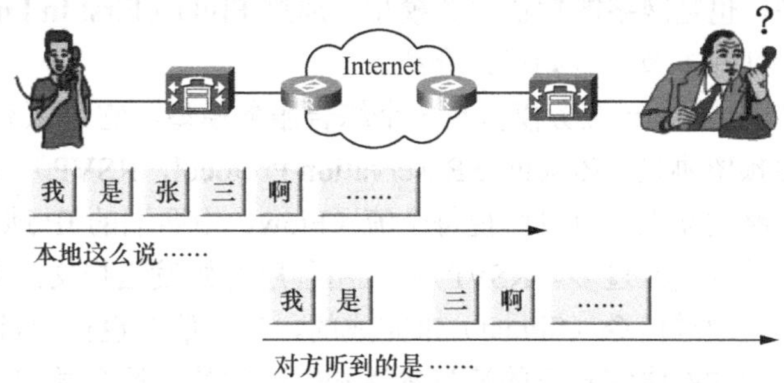
延迟	这指的是端到端的延时，即两个参照点之间发送和接收数据包的时间间隔，从发送数据包的第一个 bit 开始，到接收的最后一个 bit 结束。一般包含发送处理延时、网络传输延时和接收处理延时等	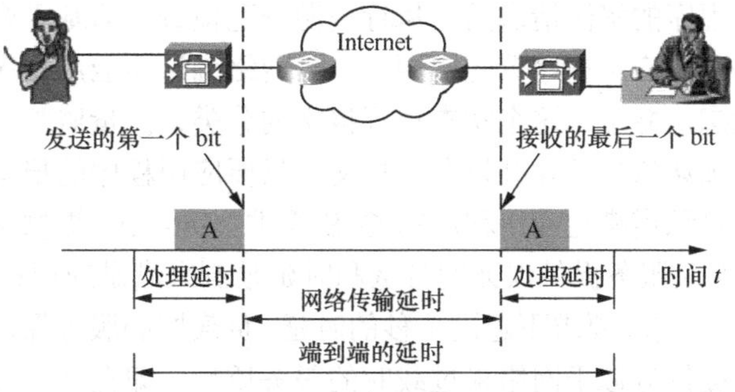
抖动	这也称为可变延迟，指的是在同一条路径上发送的一组数据流中数据包之间的时间差异。如右图所示，如果 $D3=D2=D1$，则没有抖动，如果 $D3$ 与 $D2$、$D1$ 都不相等，则产生了抖动	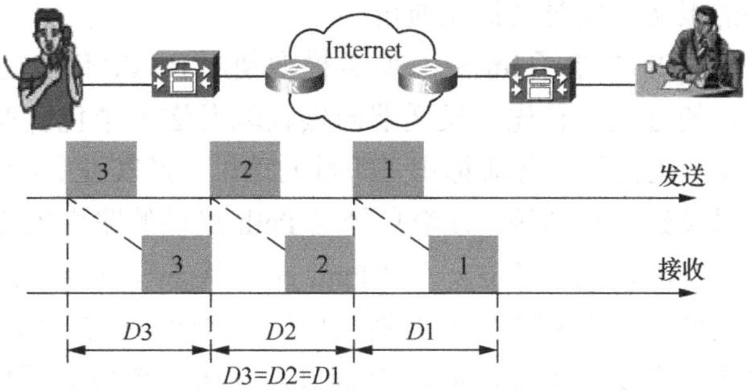
带宽限制	这指的是对带宽资源进行分配和限制，使得网络带宽资源得到更有效合理的利用，从而解决因带宽分配不足带来的问题	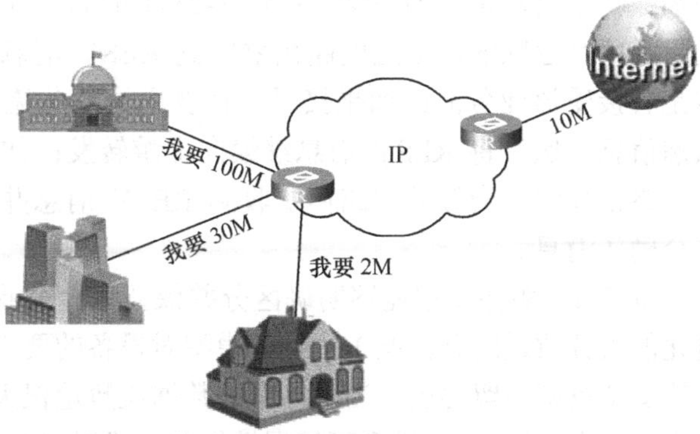

3.3.2 IP QoS服务模型

IP QoS服务指一组端到端的QoS功能，通常提供3种服务模型：尽力而为服务模型（Best-Effort service，Best-Effort）、综合服务模型（Integrated Service，Int-Serv）、区分服务模型（Differentiated Service，Diff-Serv）。其中Best-Effort服务模型是一个单一服务模型，也是网络的默认服务模型，通过FIFO（First In First Out先入先出）队列来实现，其特征在本节一开始已经介绍。

Int-Serv服务模型是一个综合服务模型，它可以满足多种QoS需求。该模型使用资源预留协议（Resource Reservation Protocol，RSVP），RSVP运行在从源端到目的端的每个路由器上，可以监视每个流（Flow，由两端的IP地址、端口号、协议号确定）以防止其消耗资源过多。RSVP在应用程序开始发送报文之前为该应用申请网络资源，这个请求是通过信令（Signal）来完成的，相应信令也称为带外（Out-bind）信令。应用程序首先通知网络它自己的流量参数和需要的特定服务质量请求，包括带宽和时延等。网络在收到应用程序的资源请求后，执行资源分配检查，即基于资源申请和网络现有的资源情况判断是否为应用程序分配资源。一旦网络确认为应用程序分配资源，其将为每个流维护一个状态，并基于这个状态执行报文的分类、流量监管、排队及调度。应用程序在收到网络的确认信息后才开始发送报文。只要应用程序的报文控制在流量参数描述的范围内，网络将承诺满足应用程序的QoS需求。Int-Serv提供两种服务：保证服务和负载控制服务。保证服务提供保证的带宽和时延限制来满足应用程序的要求，如VoIP应用可以预留10M带宽和要求不超过1秒的时延。负载控制服务保证即使在网络过载的情况下也能对报文提供近似于网络未过载时的服务质量。即在网络拥塞的情况下，保证某些应用程序的报文以低时延优先通过。

图3-23描绘了Int-Serv服务模型使用RSVP信令建立数据发送路径以及为业务流预留资源的过程。首先，发送端向接收端发送一个包含业务流规格说明的路径（Path）消息，其中包含了业务流标识（即目的地址）及其业务特征，包括所需要的带宽的上下限、延迟以及延迟抖动等。该消息经沿Path路径的路由器逐跳传送，并且每个路由器都被告知预留资源，从而建立一个“Path路径状态”，该状态信息包含Path路径消息中的前一跳源地址，如图3-23中向右箭头所示。接收方收到此消息后从业务特征和所要求的QoS计算出所需要的资源，向其上游节点发送一个资源预留请求RESV消息，其主要包含的参数就是要求预留的带宽。如图3-23中的向左箭头所示，RESV是沿Path路径的发送路径原路返回的，沿途的路由器收到RESV消息后，调用自己的接入控制程序以决定是否接受该业务流：如果接受，按要求为业务流分配带宽和缓存空间，并记录该流状态信息，然后将RESV消息继续向上游转发；如果拒绝，向接收端返回一个错误信息以终止呼叫。当最后的路由器收到RESV消息并且接受该请求时，它向接收端发回一个确认消息。

Int-Serv服务模型能够明确区分并保证每一个业务流的服务质量，为网络提供细粒度化的服务质量区分。但Int-Serv模型对设备的要求很高，而且要求路径上的所有路由器皆支持资源预留协议，当网络中的数据流数量很大时，设备的存储和处理能力会遇到很大的压力。Int-Serv模型可扩展性很差，难以在Internet核心网络实施。

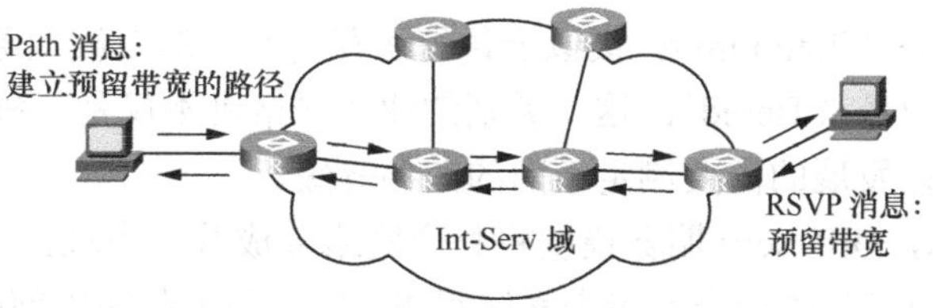

图 3-23 Int-Serv 服务模型工作示意图

Diff-Serv 是一个多服务模型，它可以满足不同的 QoS 需求，也适合用于大型 IP 网络（如 Internet）中为一些重要的应用提供端到端的 QoS。与 Int-Serv 不同，它不需要使用 RSVP，即应用程序在发出报文前，不需要通知网络为其预留资源。同时，网络不需要为每个流维护状态，它根据每个报文指定的 QoS 来提供特定的服务。可以用不同的方法来指定报文的 QoS，如 IP 报文的优先级（IP Precedence）、报文的源地址和目的地址等。网络通过这些信息来实现差分服务，相关关键技术实现将在下一节描述。

3.3.3 IP QoS 技术实现

图 3-24 描述了区分服务模型 QoS 的整体运作流程，包括报文分类及标记、进入令牌桶、流量监管或者流量整形、拥塞管理、入队列（FIFO，PQ，CQ，WFQ 中的一种）以及出队列发送等。

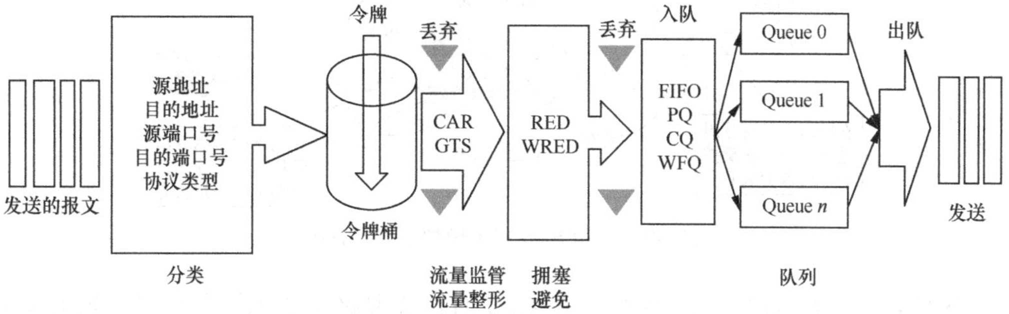

图 3-24 QoS 整体流程一览

1．报文分类及标记

在采用 Diff-Serv 模型实施 QoS 时，需要路由器识别各种流，因此需要对报文进行流分类。IETF 的 Diff-Serv 工作组在 RFC 2474 和 RFC 2475 中发布了区分服务标准草案，其中 RFC 2474 定义了 IP 报头中的区分服务（DS）字段及其支持机制，RFC 2475 定义了区分服务体系结构。其中，DS 字段共 8 位，而对每个 IP 包指定一个类型以标志差分服务代码点（Diff-Serv Code Point，DSCP）占 6 位，当前暂时不用（Currently Unused，CU）占 2 位，为系统保留，支持 DS 的节点将忽略 CU 值。DSCP 包含 IETF 于 1998 年 12 月发布的 Diff-Serv 的 QoS 分类标准，在 IPv4 报头中，重新定义了服务类别（Type of Service，ToS）字段。该字段利用已使用的 6 比特和未使用的 2 比特通过编码值来区分优先级。Diff-Serv 定义了以下三种 ToS。

（1）尽力而为的业务（Best Effort）：类似目前 Internet 中尽力而为的业务。

（2）最优的业务（Premium）：类似于传统运营商网络的专线业务。

（3）分等级的业务（Tiered）：这一类别的业务严格讲不仅是一种业务，而且是一个大的类别，可以根据发展的需要制定不同的业务等级。

如图 3-25 所示，Diff-Serv 服务模型将整个网络分成若干个域，每个简称 DS 域。一个 DS 域由相同管理部门的一个或多个网络组成，如一个企业的内部网或一个 ISP。对域的管理主要表现在为满足该域提出的服务级合同（SLA）而提供和保留适当的网络资源。一个DS 域由一系列支持 Diff-Serv 机制的节点构成。这些节点实现 Diff-Serv 的基本功能，包括一个逐跳行为（Per-Hop Behavior，PHB）组、报文分组的分类以及网络流量的调节等功能。一个 PHB 是一个节点为一个特定的 DS 行为集而采取的转发行为（如吞吐量、丢失率、延迟及抖动等），一个 DS 行为集占用一个连接，其转发行为将取决于该连接上的负荷。当多个 DS 行为集竞争一个节点上的缓冲区和带宽资源时，该节点将根据不同的 PHB 来分配网络资源。区分服务采用基于逐跳（Hop-by-hop）的资源分配机制。在 DS 域中，节点大致分为以下两类：边界节点（也称为边缘路由器）和内部节点（也称为内部路由器）。其中边界节点根据数据流的方向分为入口边界节点和出口边界节点。边界节点对进入网络的流量进行分类和调节，从该域内部支持的 PHB 组中选择一个 PHB 来标记该流量的每个报文分组。内部节点将根据 IP 报头所定义的 PHB 来选择该报文分组的转发行为、分配缓冲区和带宽资源。

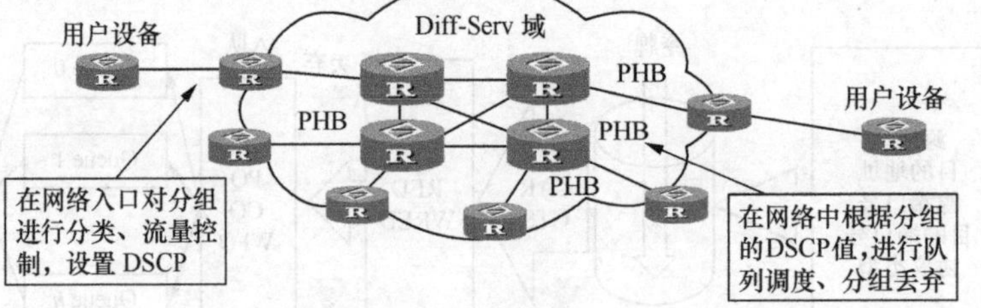

图 3-25 Diff-Serv 服务模型工作示意图

因此，在采用 Diff-Serv 模型实施 QoS 时，需要路由器识别各种流，也即需要对报文进行流分类。有两种流分类的方法：复杂流分类和简单流分类。复杂流分类是根据 IP 协议域、IP 源地址、IP 目的地址、DSCP、IP 优先级、源端口、目的端口、ICMP 协议的类型和 IGMP 协议的类型进行的。简单流分类是根据报文所携带的 IP 优先级（IP Precedence）、DSCP、多协议标签交换（Multi-Protocol Label Switch，MPLS）EXP、802.1P 优先级识别出各种报文流等。通常，在 DS 域的核心路由器上仅需进行简单流分类。具体实现步骤主要分为以下三大步：（1）将网络的流量按照应用需求进行分类，如语音、Web 浏览和电子商务等，见表 3-26（a）；（2）将分类的流量按照级别进行标记（对报文着色），见图 3-26（b）；（3）每个级别实现一种策略满足各级别的需求，如最小保证带宽、最大带宽限制和优先级等。其中，报文分类及标记是 QoS 执行服务的基础，报文分类使用技术包括访问控制表（Access Control List，ACL）和 IP 优先级。根据分类结果交给其他模块处理或打标记（着色）供核心网络分类使用。

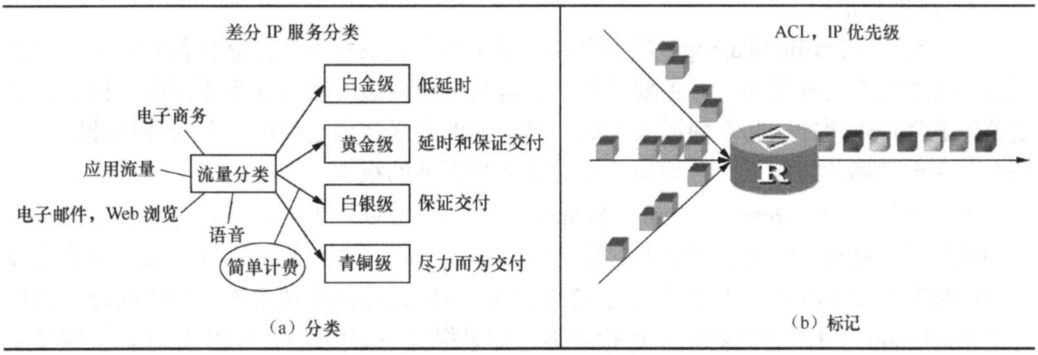

图 3-26　报文分类与标记

2．流量监管

流量监管（Traffic Policing）是监督进入网络的某一流量的规格，把它限制在一个合理的范围之内，或对超出的部分流量进行“惩罚”，以保护网络资源和运营商的利益。通常的用法是使用约定访问速率（Committed Access Rate，CAR）来限制某类报文的流量，它根据 3 层报文的 ToS 或 2 层报文的服务类别（Class of Service，CoS），如 IP 报文的 IP 优先级、MPLS 报文的 EXP 域、IP 报文的五元组等，进行报文分类，完成报文的标记和流量监管。例如可限制 HTTP 报文不能占用超过 50%的网络带宽，如发现某个连接的流量超标，流量监管可以选择丢弃报文，或重新设置报文的优先级。

图 3-27 描绘了用 CAR 进行流量监管的工作流程。首先，根据预先设置的匹配规则来对报文进行分类，如果是符合流量规定的报文就直接继续发送，如果是超出流量规定的报文则会被丢弃或重新标记。然后，流量监管依据不同的评估结果，实施预先设定好的监管动作，包括转发、丢弃、改变优先级并转发。其中，CAR 利用令牌桶实现流量监管。令牌桶按用户设定的速度向桶中放置令牌，同时，用户可以设置令牌桶的容量。当桶中令牌的量超出桶的容量的时候，令牌的量不再增加。当报文被令牌桶处理的时候，如果令牌桶中有足够的令牌可以用来发送报文，则报文可以通过并被继续发送下去，同时，令牌桶中的令牌量按报文的长度做相应的减少。当令牌桶中的令牌少到报文不能再发送时，报文被丢弃。

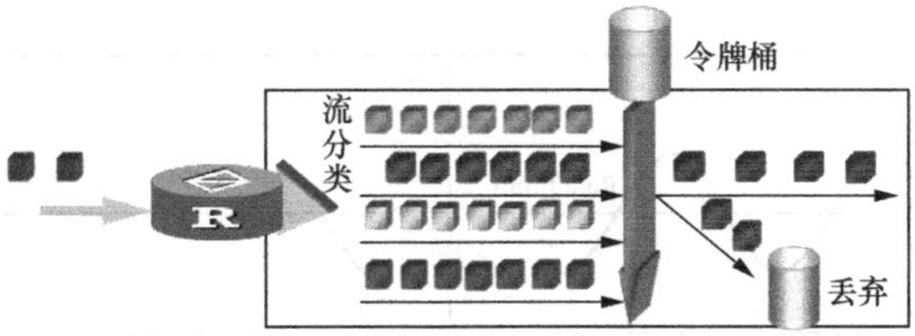

图 3-27　基于约定访问速率（CAR）的流量监管

令牌桶是一个很好的控制数据流量的工具。当令牌桶中充满令牌的时候，桶中所有令牌代表的报文都可被发送，实现数据的突发性传输。当令牌桶中没有令牌的时候，报文将不能被发送，只有等到桶中生成了新的令牌，报文才可以发送，从而限制报文的流量只能是小于或等于令牌生成的速度，达到限制流量的目的。

3．流量整形

流量整形（Traffic Shaping）的典型作用是限制流出网络某一连接的流量，使其报文以较均匀的速度向外发送。其主要目的在于解决链路两边的接口速率不匹配的问题。流量整形通常使用缓冲区和令牌桶来完成，当报文的发送速度过快时，首先在缓冲区进行缓存，在令牌桶的控制下，再均匀地发送这些被缓冲的报文。

通用流量整形（Generic Traffic Shaping，GTS）可以对不规则或不符合预定流量特性的流量进行整形，以利于网络上下游之间的带宽匹配。如图 3-28 所示，某一网络连接上游的带宽是 256kbit/s，下游带宽是 128kbit/s。为解决这两个速率不匹配的问题，当报文到来的时候，GTS 首先对报文进行分类，如果报文不需要进行 GTS 处理，就继续发送，不需要经过令牌桶的处理，如图 3-28 中的长数据流所示。如果报文需要进行 GTS 处理，则与令牌桶中的令牌进行比较。令牌桶按用户设定的速度，如 128kbit/s，向桶中放置令牌，如果令牌桶中有足够的令牌可以用来发送报文，则报文直接被继续发送下去，同时，令牌桶中的令牌量按报文的长度做相应的减少。当令牌桶中的令牌少到报文不能再发送时，报文将被缓存入 GTS 队列中。当 GTS 队列中有报文的时候，GTS 按一定的周期从队列中取出报文进行发送，每次发送都会与令牌桶中的令牌数做比较，直到令牌桶中的令牌数减少到队列中的报文不能再发送或是队列中的报文全部发送完毕为止。

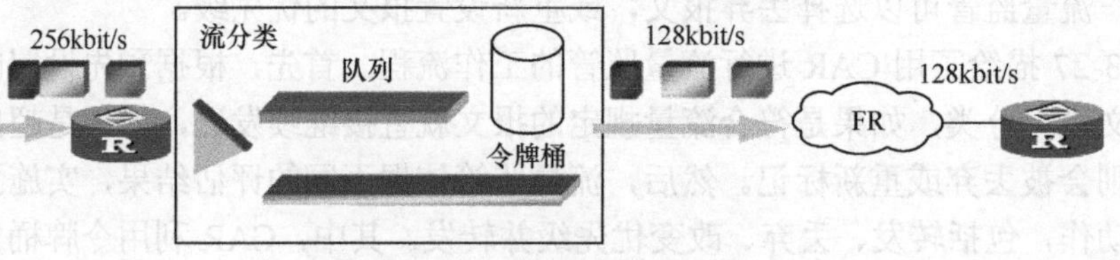

图 3-28 通用流量整形系统模型

GTS 与 CAR 一样，均采用了令牌桶技术来控制流量。它们的主要区别在利用 CAR 进行报文流量控制时，对不符合流量特性的报文进行丢弃；而 GTS 对于不符合流量特性的报文则是进行缓冲。这也是所谓的“削峰填谷”技术，减少了报文的丢弃，同时满足报文的流量特性。没有使用 GTS 整形的报文流量见图 3-29（a），而使用 GTS 整形的报文流量见图 3-29（b）。

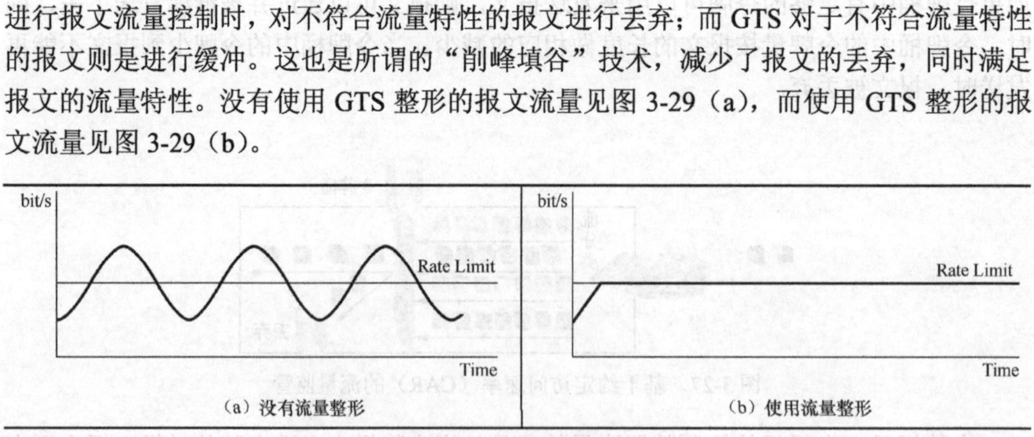

图 3-29 流量整形示例

4．接口限速

利用接口限速 LR（Limit Rate）可以在一个物理接口或 Tunnel 接口上限制发送报

文的总速率。LR 也是采用令牌桶进行流量控制。图 3-30 描绘了 LR 的处理过程，如果在路由器的某个接口上配置了 LR，所有经由该接口发送的报文首先要经过 LR 的令牌桶进行处理。如果令牌桶中有足够的令牌，则报文可以发送；否则，报文进入 QoS 队列进行拥塞管理。这就限制了报文的流量不能大于令牌生成的速度，达到了限制流量，同时允许突发流量通过的目的。另外，LR 流程也利用 QoS 丰富的队列来缓存报文。

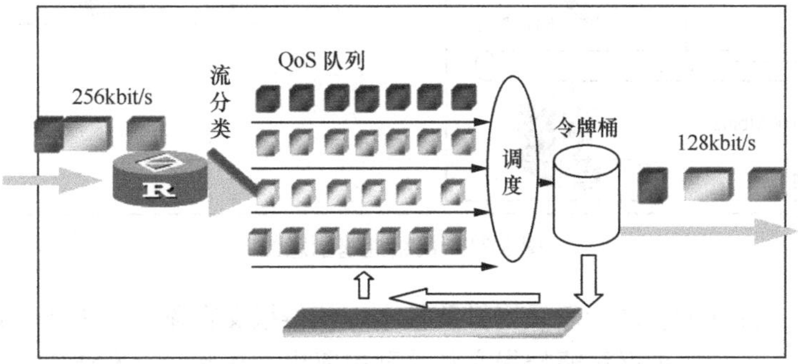

图 3-30　接口限速（LR）处理过程示意图

相比较于 CAR，LR 能够限制在物理接口上通过的所有报文。CAR 由于在 IP 层实现，对于不经过 IP 层处理的报文不起作用。相比较于 GTS，LR 不但能够对超过流量限制的报文进行缓存，而且其 QoS 队列调度机制更灵活。由于 CAR 和 GTS 是在 IP 层实现的，所以对于不经过 IP 层处理的报文不起作用。在用户只要求对所有报文限速时，使用 LR 所需的配置操作简单。对于网络建设投资者，LR 可对客户隐藏实际带宽，客户只能严格按所购买的带宽来使用。

5．拥塞管理

在计算机数据通信中，通信信道是被多个计算机共享的，并且，广域网的带宽通常要比局域网的带宽小，这样，当一个局域网的计算机向另一个局域网的计算机发送数据时，由于广域网的带宽小于局域网的带宽，数据将不可能按局域网发送的速度在广域网上传输。此时，处在局域网和广域网之间的路由器将不能发送一些报文，即网络发生了拥塞。

如图 3-31 所示，当公司局域网 1 向局域网 2 以 100Mbit/s 的速度发送数据时，将会使路由器 1 的串口 s1 发生拥塞。拥塞管理是指网络在发生拥塞时，如何管理和控制网络报文，保证不同优先级的报文得到不同的 QoS 待遇，包括时延、带宽等。处理的方法是使用队列技术，不同优先级的报文进入不同的队列，得到不同的调度优先级、概率或带宽保证。

拥塞管理的处理包括队列的创建、报文的分类、将报文送入不同的队列、队列调度等。当一个接口没有发生拥塞的时候，报文到达接口后被立即发送出去；当报文到达的速度超过接口发送的速度时，接口就发生了拥塞。拥塞管理就会对报文进行分类，送入不同的队列；而队列调度对不同优先级的报文进行分别处理，优先级高的报文会得到优先处理。

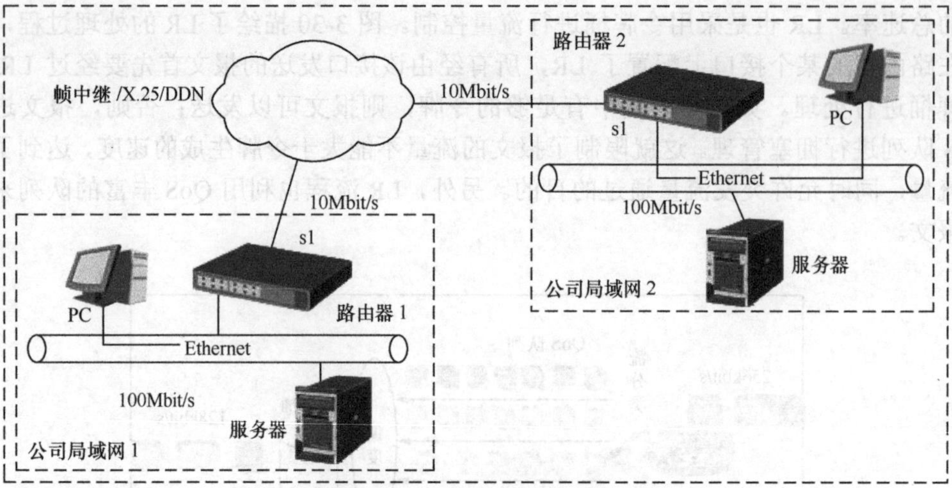

图 3-31 网络拥塞示意图

如上所述，拥塞的管理一般采用排队技术，使得报文在路由器中按一定的策略暂时排队，然后再按一定的调度策略把报文从队列中取出，在接口上发送出去。根据排队和出队策略的不同，拥塞管理目前使用的队列技术包括先进先出（First In First Out，FIFO）、优先队列（Priority Queuing，PQ）、定制队列（Custom Queuing，CQ）和加权公平队列（Weighted Fair Queuing，WFQ）等。

FIFO 队列技术不对报文进行分类，当报文进入接口的速度大于接口能发送的速度时，FIFO 按报文到达接口的先后顺序让报文进入队列，同时，FIFO 在队列的出口让报文按进队的顺序出队，先进的报文将先出队，后进的报文将后出队，如图 3-32 所示。该种技术的特点可总结为以下三点：（1）算法简单，转发速度快；（2）所有报文统一对待，先进先出，没有区别；（3）这是 Internet 的默认服务模式，也是 Best-Effort 采用的队列策略。

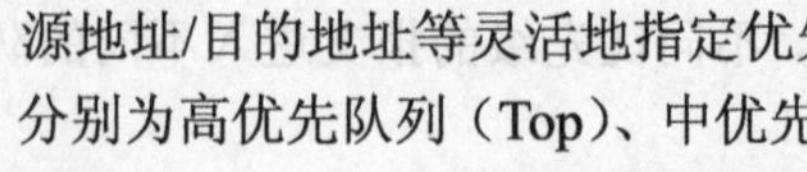

图 3-32 基于先进先出队列的拥塞管理过程示意图

PQ 队列技术是针对关键业务应用设计的。关键业务有一个重要的特点，即在拥塞发生时要求优先获得服务以减小响应的延迟。PQ 可以根据网络协议（如 IP，MPLS）、数据流入接口、报文长短、源地址/目的地址等灵活地指定优先次序。如图 3-33 所示，优先队列将报文分成 4 类，分别为高优先队列（Top）、中优先队列（Middle）、正常优先队列（Normal）和低优先队列（Bottom），它们的优先级依次降低。默认情况下，数据流进入 Normal 队列。

在队列调度时，PQ 严格按照优先级从高到低的次序，优先发送较高优先级队列中的报文，当较高优先级队列为空时，再发送较低优先级队列中的报文。这样，将关键业务的报文放入较高优先级的队列，将非关键业务的报文放入较低优先级的队列，可以保证关键业务（如 ERP）的报文被优先传送，非关键业务（如 E-mail）的报文在处理关键业务数据的空闲间隙被传送。既保证了关键业务的优先，又充分利用了网络资源。PQ 的缺点是如果较高优先级队列中长时间有报文存在，那么低优先级队列中的报文将一直得不到服务。

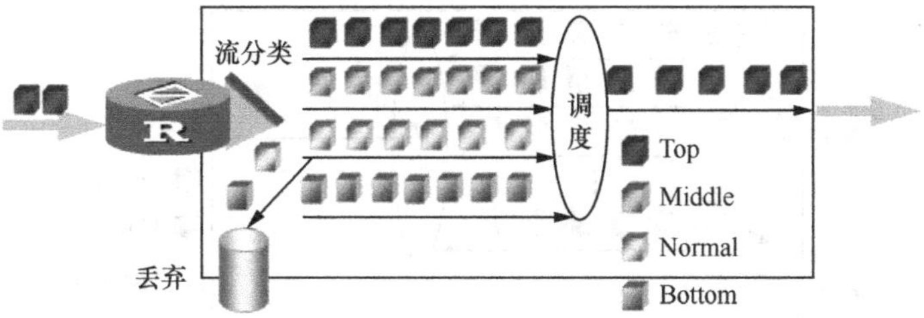

图 3-33　基于优先队列（PQ）的拥塞管理过程示意图

CQ 队列技术按照一定的规则将分组分成 17 类（对应于 17 个队列），分组根据自己的类别按照先进先出的策略进入相应的 CQ。如图 3-34 所示，在 CQ 的 17 个队列中，0 号队列是系统队列，不可配置；1～16 号队列是用户队列。用户可以配置流分类的规则，指定 16 个用户队列占用接口带宽的比例关系。在队列调度时，系统队列中的分组被优先发送。直到系统队列为空，再采用轮询的方式按照预先配置的带宽比例依次从 1～16 号用户队列中取出一定数量的分组发送出去。这样，就可以使不同业务的分组获得不同的带宽，既可以保证关键业务能获得较多的带宽，又不至于使非关键业务得不到带宽。默认情况下，数据流进入 1 号队列。

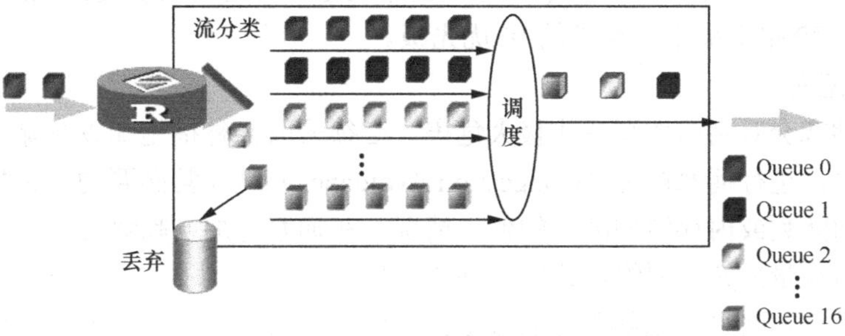

图 3-34　基于定制队列（CQ）的拥塞管理过程示意图

综上所述，相对于 CQ，PQ 赋予较高优先级的报文绝对的优先权，这样虽然可以保证关键业务的优先，但在较高优先级的报文的速度总是大于接口的速度时，将会使较低优先级的报文始终得不到发送的机会。采用 CQ，则可以避免这种情况的发生。定制队列可根据业务的繁忙程度分配带宽，设定队列中的报文所占接口带宽的比例。同时把报文分类，然后按类别将报文分配到 CQ 的一个队列中去，这样，就可以让不同业务的报文获得合理的带宽，从而既保证关键业务能获得较多的带宽，又不至于使非关键业务得不到带宽。特别地，当没有某些类别的报文时，CQ 调度机制能自动增加现存类别的报文可使用的带宽。

最后，图 3-35 描述了 WFQ 队列技术的拥塞管理过程。首先，其对报文按流进行分类，对于 IP 网络，相同源 IP 地址、目的 IP 地址、源端口号、目的端口号、协议号和 IP 优先级的报文属于同一个流；而对于 MPLS 网络，具有相同的标签和 EXP 域值的报文属于同一个流。每一个流被分配到一个队列，该过程称为散列，采用 Hash 算法来自动完成，尽量将不同的流分入不同的队列。在出队的时候，WFQ 按流的优先级来分配每个流应占有出口的带宽。优先级的数值越小，所得的带宽越少；优先级的数值越大，所得的带宽越多。这样就保证了相同优先级业务之间的公平，体现了不同优先级业务之间的权值。

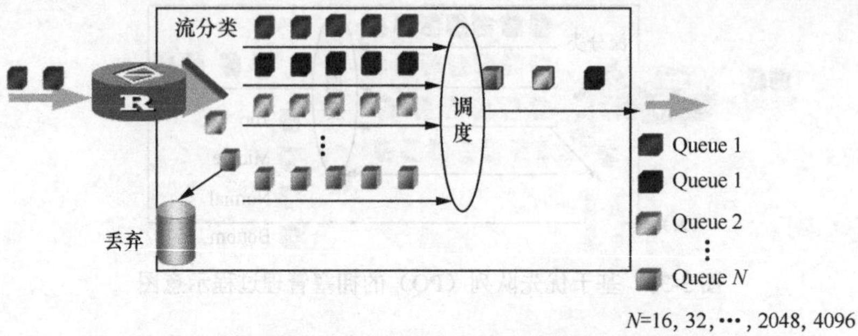

图 3-35 基于加权公平（WFQ）的拥塞管理过程示意图

用个例子来说明，接口中当前有 8 个流，它们的优先级分别为 0，1，2，3，4，5，6，7。则带宽的总配额将是所有流的优先级加上 1 之后的和，即

$$1+2+3+4+5+6+7+8=36$$

每个流所占带宽比例的计算如下所示：

（自己的优先级数 +1）/（所有流的优先级加 1 之和）

那么针对上面的例子，每个流可得的带宽比例分别为：1/36、2/36、3/36、4/36、5/36、6/36、7/36、8/36。由此可见，WFQ 在保证公平的基础上对不同优先级的业务体现权值，而权值依赖于 IP 报文头中所携带的 IP 优先级。

6．拥塞避免

过度的拥塞会对网络资源造成极大危害，必须采取某种措施加以解除。为了避免这种情况的发生，进行拥塞避免（Congestion Avoidance）是非常必要的，它是指通过监视网络资源（如队列或内存缓冲区）的使用情况，在拥塞有加剧趋势时，主动丢弃报文，通过调整网络流量来解除网络过载的一种流控机制。

传统的丢包策略采用尾部丢弃的方法。当队列的长度达到某一最大值后，所有新到来的报文都将被丢弃。这种丢弃策略会引发 TCP 全局同步现象——当队列同时丢弃多个 TCP 连接的报文时，将造成多个 TCP 连接同时进入拥塞避免和慢启动状态以降低并调整流量，而后又会在某个时间同时出现流量高峰，如此反复，使网络流量忽大忽小，如图 3-36 所示。

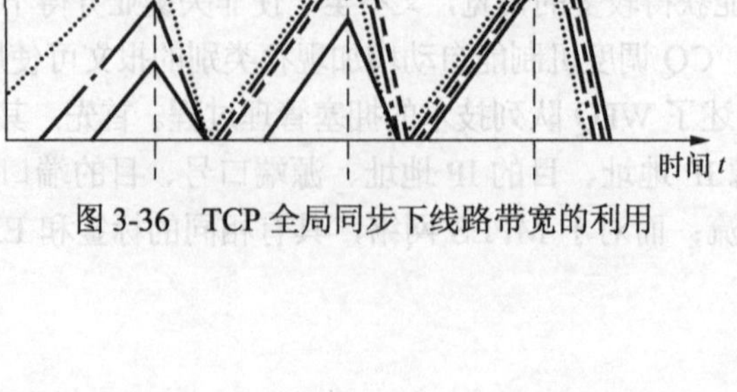

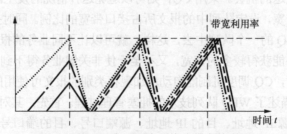

图 3-36 TCP 全局同步下线路带宽的利用

为避免 TCP 全局同步现象，可使用随机早期检测（Random Early Detection，RED）或加权随机早期检测（Weighted Random Early Detection，WRED）。在 RED 算法中，为每个队列都设定一对低限和高限值。当队列的长度小于低限时，不丢弃报文。当队列的长度超过高限时，丢弃所有到来的报文。当队列的长度在低限和高限之间时，开始随机丢弃到来的报文。随机丢弃的方法是为每个到来的报文赋予一随机数，并用该随机数与当前队列的丢弃概率比较，如果大于丢弃概率则被丢弃。队列越长，丢弃概率越高，但有一个最大丢弃概率。

与 RED 不同，WRED 生成的随机数是基于优先权的，它引入 IP 优先权丢弃策略，考虑了高优先权报文的利益并使其被丢弃的概率相对较小。RED 和 WRED 通过随机丢弃报文，将避免使多个 TCP 连接同时降低发送速度，从而避免了 TCP 的全局同步现象。当某个 TCP 连接的报文被丢弃，开始减速发送的时候，其他的 TCP 连接仍然有较高的发送速度。这样，无论什么时候，总有 TCP 连接在进行较快的发送，提高了线路带宽的利用率。

特别地，直接采用队列的长度和低限、高限比较并进行丢弃（这是设置队列门限的绝对长度），将会对突发性的数据流造成不公正的待遇，不利于数据流的传输。所以，在和低限、高限比较并进行丢弃时，采用队列的平均长度（这是设置队列门限与平均长度比较的相对值）。队列的平均长度是队列长度被低通滤波后的结果。它既反映了队列的变化趋势，又对队列长度的突发变化不敏感，避免了对突发性数据流的不公正待遇。

3.4 堆叠和集群

虚拟化技术是云计算的关键支撑技术，这里介绍两种网络虚拟化实现技术：堆叠和集群。

3.4.1 堆叠概念

云计算为我们提供了多种多样的网络服务，包括强大的计算能力、无限多的存储空间、多种多样的应用等，这都需要强大的网络来支撑。作为网络承载的重要设备以太网交换机的交换技术从纯二层存储转发发展到三层交换，再到多层交换，从纯物理局域网发展到虚拟局域网，各种 QoS 技术保障网络服务的质量等。然而承载多种多样网络服务的云计算中心往往需要成百上千的服务器，大型数据中心如腾讯、谷歌等的服务器数量更是 6 位数以上。而交换机设备的端口数往往是两位数范围内，单一交换机所能够提供的端口数量不足以满足云计算的需求。

两台以上的交换机的级联和堆叠是实现数据中心大数据量转发和网络高可靠性的两个主要技术。首先，级联是最常见最简单的连接交换机的方法。级联技术可以实现多台交换机之间的互连，互连方式按照性能和用途一般形成总线型、树形或星形的级联结构。采用级联方式形成的网络中，各个交换机相互独立，各自工作。级联包括使用普通端口级联和使用级联端口（uplink）级联。普通端口指的是常用的交换机端口，如 RJ-45 端口。如图 3-37（a）所示。使用普通端口级联的交换机之间通过普通端口连接，相应的连接双绞线用反线，即双绞线的两端要跳线，第 1～3 与 4～6 线脚对调。而使用级联端口连接的交换机都配有支持上行连接的端口，即 uplink 端口。连接时只需通过直通双绞线将该端口连接至其他交换机上除“uplink 端口”外的任意端口即可，如图 3-37（b）所示。交换机不能无限制级联，超过一定数量的交换机进行级联，最终会引起广播风暴，导致网络性能严重下降。

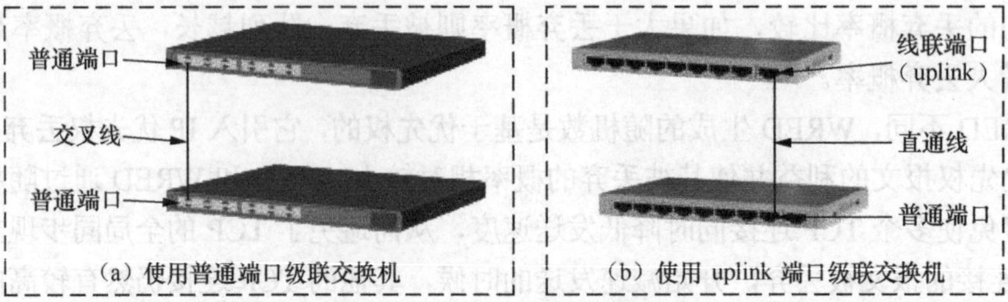

图 3-37 交换机级联方式

堆叠技术通过堆叠线缆将多台物理交换机连接，构建一台逻辑上的堆叠交换机。其目的在于简化管理和配置，加快故障收敛，提高带宽利用率，方便扩容。具体来说，堆叠有三个典型特征：交换机多虚一、转发平台合一和跨设备链路聚合。首先，实现交换机多虚一是通过厂家提供的一条专用连接电缆，从一台交换机的“UP”级联端口直接连接到另一台交换机的“DOWN”堆叠端口，从而将多台交换价连接起来并视为一个整体的交换机进行管理，连接示意图如图 3-38（a）所示。显然，多台交换机堆叠后，可用端口的数量增加了。同时，堆叠在一起的多台物理交换机可当作一台逻辑设备进行管理，如图 3-38（b）所示。此时，多个堆叠的交换机中存在一个可管理交换机，利用它可对堆叠式交换机中其他交换机进行管理。

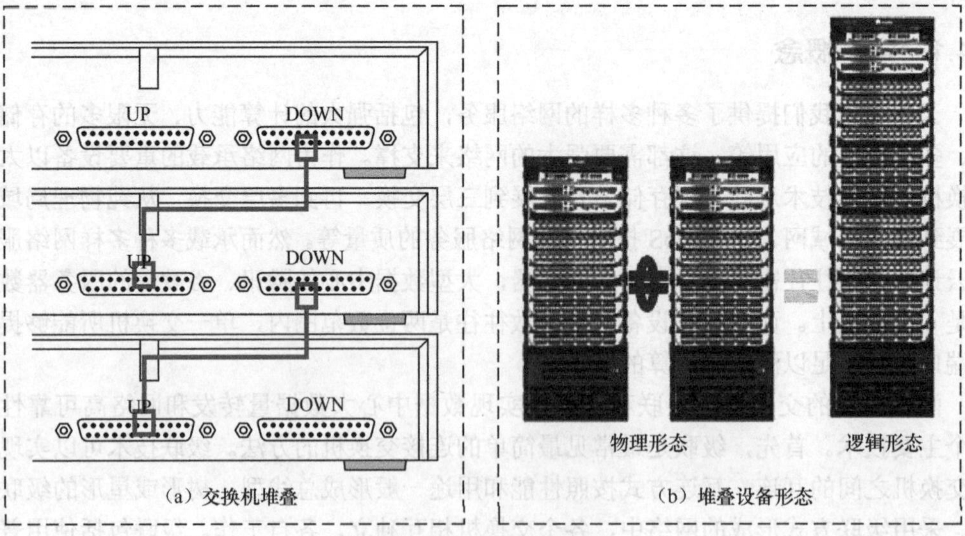

图 3-38 交换机的堆叠

将一台交换机的多个接口捆绑，形成一个 Eth-Trunk 接口，如图 3-39（a）所示。Eth-Trunk 接口连接的链路可以看成一条点到点的直接链路。形成堆叠的两台交换机逻辑上可以看作一台交换机，因此它们之间的链路聚合可通过 Eth-Trunk 实现[1]，相当于同一台交换机的链路聚合。其优势有 4 点：（1）负载分担，一个 Eth-Trunk 接口包含多条链路和多个端口，可以实现流量负载分担；（2）本地流量优先转发，提高交换效率，如图 3-39（b）所示，从下游交换机发送的数据从 Eth-Trunk 接口进入堆叠系统以后，优先选择本框的上行 Eth-Trunk 成员端口发送到上游交换机；（3）提高可靠性，当某个成员端口连接的物理链路出现故障时，流量会切换到其他可用的链路上，从而提高了整个 Eth-Trunk 链路的可靠性，如图 3-39（c）所示；（4）增加带宽，Eth-Trunk 接口的总带宽等于各成员接口带宽之和，使得每个实际使用的用户带宽更宽。例如，将两台物理的 Cisco catalyst 6500 系列交换机整合成为一台单一逻辑上的虚拟交换机，可将系统带宽容量扩展到 1.4Tbit/s。综上所述，交换机堆叠的优点见表 3-2。

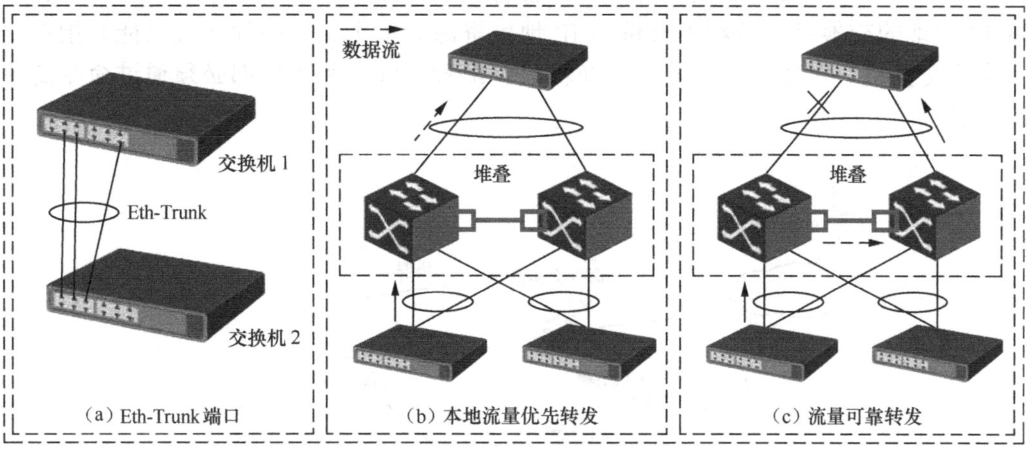

图 3-39 堆叠交换机的链路聚合

表 3-2 交换机堆叠的优点一览

序号	优点	描述
1	高可靠性	堆叠系统多台成员设备之间冗余备份，同时，堆叠支持跨设备的链路聚合功能，实现跨设备的链路冗余备份
2	高可扩展性	通过增加成员设备，可以轻松地扩展堆叠系统的端口数、带宽和处理能力，同时支持成员设备热插拔，新加入的成员设备自动同步主设备的配置
3	简化配置与管理	堆叠形成后，多台物理设备虚拟成为一台设备，用户可以通过任何一台成员设备登录堆叠系统，对堆叠系统所有成员设备进行统一配置和管理

交换机堆叠能带来许多优点，也可以应用于多种场合。但是，并不是所有的交换机都支持堆叠，这取决于交换机的品牌、型号是否支持堆叠。并且还需要使用专门的堆叠电缆和堆叠模块。支持堆叠的设备有华为网络设备 iStack，对应的接入设备包括 S5700、S3000 系列等。当前最多可支持 9 台合一。最后还要注意同一堆叠中的交换机必须是同一品牌。

1 跨交换机的链路聚合机制一般采用 Eth-Trunk (Enhanced Trunk)。

3.4.2 集群的使用

云计算环境需要大规模网络的支撑，网络边缘需要使用大量的接入设备，对它们的管理工作非常繁琐，同时要为这些设备逐一配置 IP 地址，对日益紧张的 IP 地址资源是一种浪费。集群管理的主要目的是集中管理大量分散的网络设备。

集群技术将多台互相连接（级联或堆叠）的交换机作为一台逻辑设备进行管理。华为集群交换机系统（Cluster Switch System，CSS）把多台支持集群的交换机连接起来，从而组成一台更大的交换机，是网络虚拟化的一种形态。CSS 核心设备有 S9300、S9700、CE12800，一般是两台合并为一台，CE12800 未来可扩展到 4 台合一。如图 3-40 所示，集群一般由一台命令交换机、多台成员交换机以及一些候选交换机组成。其中，命令交换机对整个集群管理发挥接口作用，是集群中唯一配置公网 IP 地址的交换机，节约了宝贵的 IP 地址资源。每个集群必须（且只能）指定一个命令交换机。对集群中的其他交换机进行配置、管理和监控都必须通过命令交换机来进行。

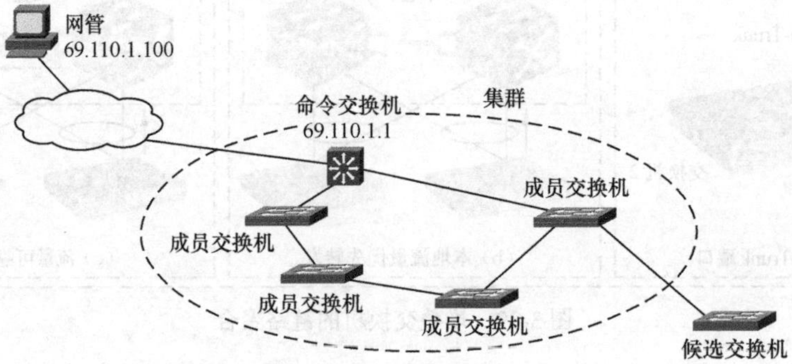

图 3-40 集群

成员交换机是在集群中处于被管理状态的交换机，在命令交换机统一管理下，多台成员交换机协同工作，大大降低管理强度。例如，管理员只需要通过命令交换机就可以对集群中成批甚至所有交换机进行批量配置和版本升级等管理工作。同时，成员交换机的组成不受网络拓扑和距离的限制。管理员只需要通过命令交换机发现网络拓扑并进行管理，有助于故障定位。

候选交换机指的是未加入任何集群，但具备集群能力、能够成为集群成员的设备。它与成员设备的区别在于其拓扑信息已被命令交换机收集到但尚未加入集群。

集群技术给网络管理工作带来的好处是毋庸置疑的，但不同厂家对集群有不同的实现方案，一般厂家都是采用专有协议实现集群的，这就决定了集群技术有其局限性。不同厂家的交换机可以级联，但不能集群。即使同一厂家的交换机，也只有指定的型号能实现集群。如 CISCO 3500XL 系列就只能与 1900、2800、2900XL 系列实现集群。

3.4.3　堆叠和集群的应用

交换机的级联、堆叠、集群这 3 种技术既有区别又有联系。级联和堆叠是实现集群的前提，集群是级联和堆叠的目的；级联和堆叠是基于硬件实现的；集群是基于软件实现的；级联和堆叠有时很相似（尤其是级联和虚拟堆叠），有时则差别很大（级联和真正的堆叠）。随着局域网和城域网的发展，上述 3 种技术正得到越来越广泛的应用。

堆叠常用于以下 3 个应用情景：扩展端口数量、扩展带宽和简化组网。首先，当原交换机端口数量不能满足接入的用户数量时，可以通过增加新交换机与原交换机组成堆叠系统而得到满足，如图 3-41 所示。其次，当交换机上行带宽增加时，可以增加新交换机与原交换机组成堆叠系统，将成员交换机的多条物理链路配置成一个链路聚合来提高交换机的上行带宽，如图 3-42 所示。最后，网络中的多台设备组成堆叠，虚拟成单一的逻辑设备。简化后的组网不再需要使用多业务传送平台（Multi-Service Transfer Platform，MSTP）或虚拟路由器冗余（Virtual Router Redundancy Protocol，VRRP）等协议，如图 3-43 所示，简化了网络配置。同时依靠跨设备的链路聚合实现快速收敛，提高了可靠性。

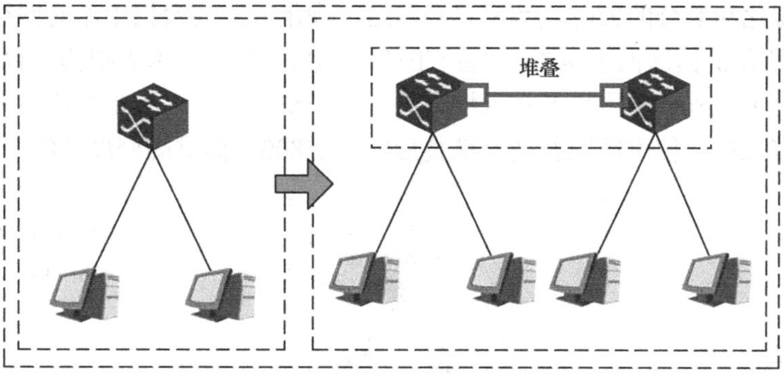

图 3-41　堆叠应用之扩充端口数量

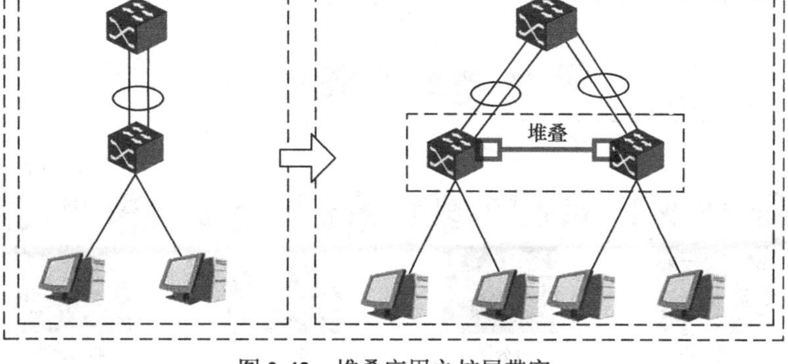

图 3-42　堆叠应用之扩展带宽

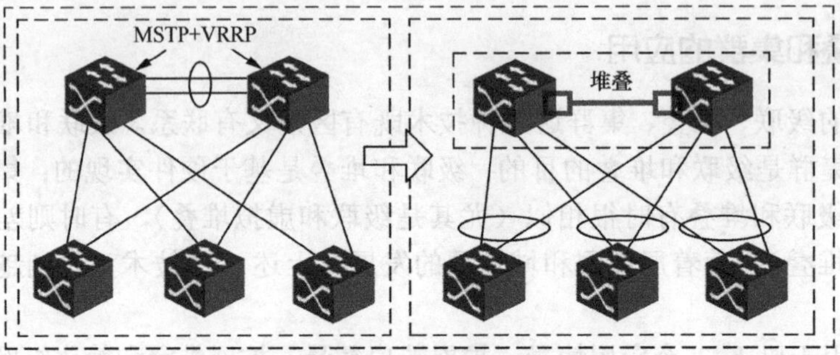

图 3-43 堆叠应用之简化组网

集群常用于数据中心和园区组网场景，满足云计算环境网络带宽需求日益增长和业务特性日益丰富等需求特性。我们用一个典型的园区网组网来说明集群的应用。首先，组网设备选用华为交换机 CloudEngine 5800（简称 CE5800）、CloudEngine 6800（简称 CE6800）和 CloudEngine 12800（简称 CE12800）。其中，CE5800 系列是面向数据中心推出的新一代高密度千兆以太网交换机，是业界第一款支持 40GE 上行接口的千兆接入交换机，首创业界最高性能 16 台堆叠。CE6800 是面向数据中心和高端园区推出的新一代高性能、高密度、低时延万兆以太网交换机，支持 10GE 端口接入和 40GE 上行端口，支持丰富的数据中心特性和高性能的堆叠。CE5800 和 CE6800 可以与 CE12800 配合构建弹性、虚拟化和融合的云时代数据中心网络，满足云时代数据中心对网络的需求。

图 3-44 所示的园区网组网中，两台 CE12800 使用 CSS 技术虚拟为一台核心交换机，在汇聚层多台 CE6800 使用堆叠技术堆叠为一台逻辑交换机，增加网络可靠性的同时简化管理。在接入层，使用经堆叠技术堆叠后的 CE5800，提供高密度的线速端口。

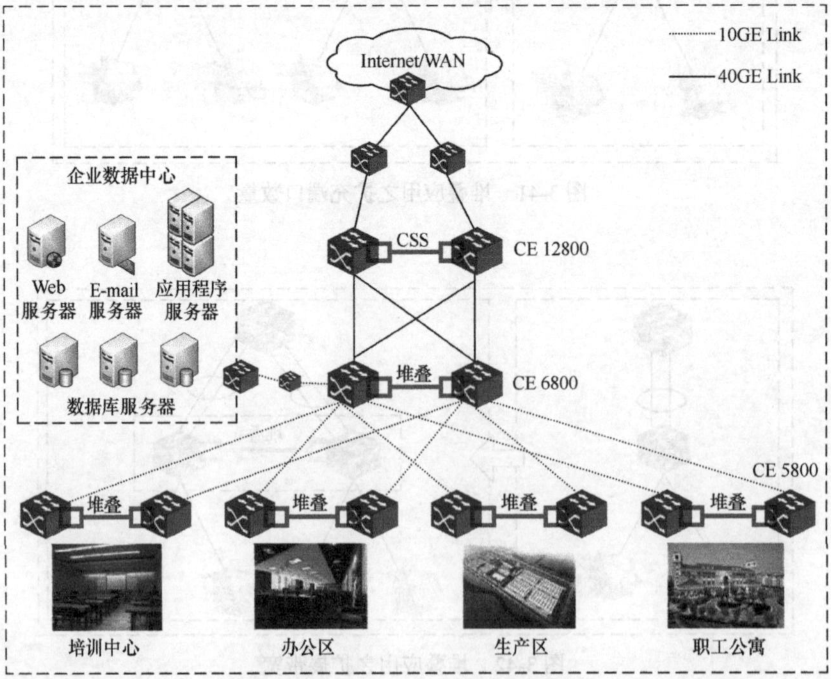

图 3-44 集群应用之园区网组网

第4章 存储设备

存储设备用于存储计算或数据处理过程中需要的或产生的数据。云计算通过集群应用、网格技术或分布式文件系统等功能将网络中大量不同类型的存储设备通过应用软件集合起来协同工作，共同对外提供数据存储和业务访问功能，即云存储服务。换句话来说，云存储对用户来说不是某一个具体的设备，而是由许多存储设备和服务器构成的集合。用户使用云存储也不是使用某一个存储设备，而是使用整个云存储系统提供的数据访问服务。

本章将介绍存储的基础知识，云计算环境中实现大容量存储、更快的读写速度、更高的可靠性和容错性的常用技术及其应用场景。

4.1 存储基础知识

传统的以服务器为中心的存储网络架构面对云计算环境中源源不断的数据流已显得力不从心。近年来，为满足快速增长的数据存储需求，涌现了不少新的数据存储模式及独立的存储设备，同时具有良好的扩展性、可用性和可靠性。以服务器为中心的数据存储模式逐渐向以数据为中心的数据存储模式转化。

图 4-1 描绘了存储系统的分类。根据服务器类型存储设备可分为封闭系统存储和开放系统存储，封闭系统存储设备主要包括大型机，如 IBM AS/400 等服务器。开放系统存储设备包括基于 Windows、UNIX、Linux 等操作系统的服务器，该类存储设备可进一步划分为内置存储和外挂存储。外挂存储根据连接的方式分为直连式存储（Direct-Attached Storage，DAS）和网络存储（Fabric-Attached Storage，FAS）。其中，直连式存储采用小型计算机系统接口（Small Computer System Interface，SCSI），带宽受到限制，扩容时要停机。网络存储根据采用的实现方案又可进一步细分为存储区域网络（Storage Area Network，SAN）和网络接入存储（Network-Attached Storage，NAS）。DAS、SAN 和 NAS 是工业界常采用的存储系统模型。本节将详细介绍这三种存储系统模型及简单介绍几种常见的存储接口技术。

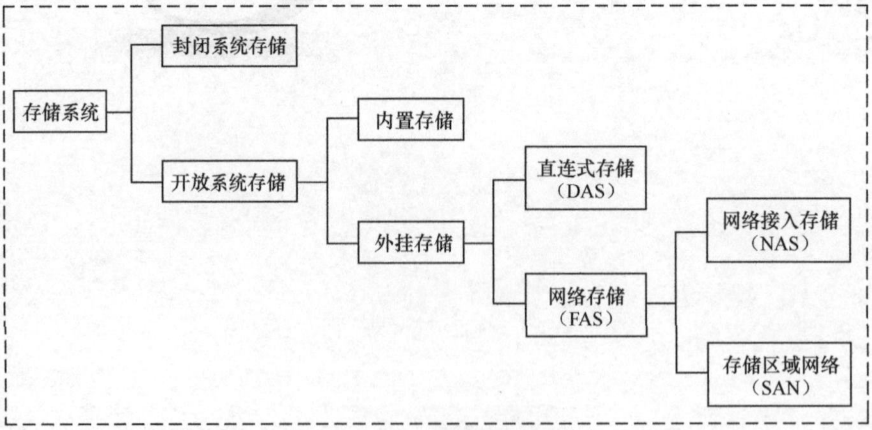

图 4-1 存储的分类

4.1.1　直连式存储

直连式存储（DAS）是传统的和最常见的存储系统模型，如图 4-2 所示，DAS 的连接方式是存储设备直接连接到服务器，连接通道通常采用 SCSI 协议，总线成本低。同时，连接集成在服务器内部，采用点到点的连接方式，距离短。应用程序可通过两种方式访问存储设备，可以调用文件 I/O，然后文件 I/O 发起 Block I/O 到磁盘；也可以直接发起 Block I/O 到磁盘。

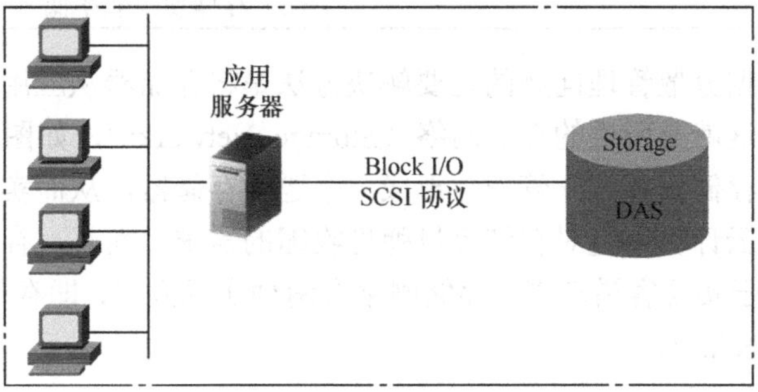

图 4-2　直连式存储（DAS）

DAS 投资低，安装技术要求不高，容易理解、规划和实施，可被绝大多数应用接受，已经有近 40 年的使用历史。然而，随着云计算用户数据不断增长，当数据量到达数百 GB 以上时，DAS 数据备份、恢复、扩展和灾备等给系统管理带来挑战：①DAS 依靠服务器主机操作系统进行数据的 I/O 读写和存储维护，数据备份和恢复对服务器主机资源包括 CPU 和系统 I/O 等的占用通常高达 20%～30%。数据量越大，备份和恢复的时间就越长。同时，数据流需要经过主机再到与服务器相连的存储设备，进一步加大 DAS 对服务器硬件的依赖性和性能的影响。因此许多企业用户的日常数据备份经常在深夜或业务系统不繁忙时进行，以免影响正常业务系统的运行。②服务器主机与存储设备之间的连接通道通常采用 SCSI 协议，带宽可为 10Mbit/s、20Mbit/s、40Mbit/s 和 80Mbit/s 等。随着服务器 CPU 的处理能力越来越强，存储硬盘空间越来越大，硬盘数量越来越多，服务器主机 SCSI ID 资源有限，能够建立的 SCSI 通道连接有限，SCSI 通道将会成为系统的 I/O 瓶颈。③每个应用服务器都要有它自己的存储器，如图 4-3（a）所示，这将造成各 DAS 系统之间没有连接，数据分散管理。另外，没有独立操作系统，不能提供跨平台的文件共享，不同平台的数据需分别存储，造成数据共享和处理复杂，随着应用服务器的不断增加，网络系统效率会急剧下降。④无论存储设备容量还是服务器主机规模的扩展，都会造成业务系统的停机，这与云存储服务的持续可靠供给的需求是相矛盾的。而且相应存储设备或服务器主机的升级扩展，只能由原设备厂商提供，不够灵活。综上所述，DAS 的优缺点汇总见表 4-1。

表 4-1　直连式存储（DAS）优缺点一览

优　势	劣　势
连接简单 （1）集成在服务器内部，点到点的连接，距离短 （2）安装技术要求不高	有限的扩展性 （1）SCSI 总线的距离最大 25 米 （2）最多 15 个设备

续表

优　　势	劣　　势
低成本需求：SCSI 总线成本低	专属连接：资源无法与其他服务器共享
较好的性能	备份和数据保护 （1）备份到与服务器直连的存储设备 （2）硬件失败将导致更高的恢复成本
通用的解决方案：投资低，绝大多数应用可接受	TCO（总拥有成本）高 （1）存储容量的加大导致管理成本上升 （2）存储使用效率低

解决 DAS 数据分散管理问题的主要解决方法是将存储器从应用服务器中分离出来并进行集中管理，这就是所说的存储网络（Storage Networks），如图 4-3（b）所示。存储网络将多个物理存储设备统一管理并形成一个逻辑存储器，从而实现对数据存储的集中管理，便于实现云计算环境对存储容量弹性收缩的需求。而且，存储网络避免了存储单点故障问题，易于实现容错功能。存储网络有两种实现方案，即存储区域网络（SAN）和网络接入存储（NAS）。

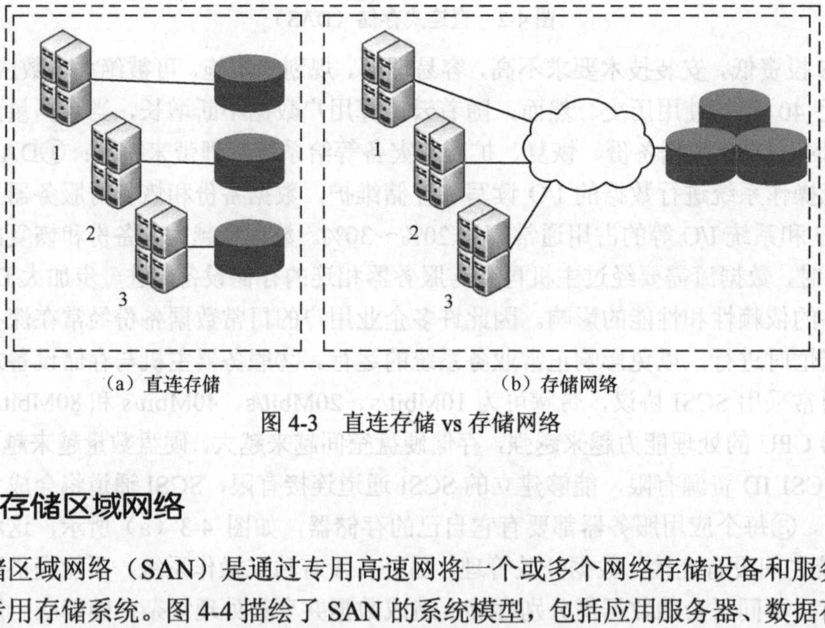

图 4-3　直连存储 vs 存储网络

4.1.2　存储区域网络

存储区域网络（SAN）是通过专用高速网将一个或多个网络存储设备和服务器连接起来的专用存储系统。图 4-4 描绘了 SAN 的系统模型，包括应用服务器、数据存储网络和存储设备。其中，数据存储网络是一种高速网络或子网络，通过专用光纤通道（Fiber Channel，FC）或高速千兆以太网访问数据，相应带宽从 100Mbit/s 或 200Mbit/s 发展到目前的 1Gbit/s 或 2Gbit/s，向应用服务器提供非常安全的快速传输、存储、保护、共享、备份和恢复数据等服务。

应用服务器通过两种方式访问数据存储网络：应用程序调用文件 I/O，文件 I/O 发起 Block I/O 到磁盘；应用程序发起 Block I/O 到磁盘。根据传输介质的不同，SAN 可以细分为 FC-SAN 和 IP-SAN。其中，FC-SAN 在链路中使用光纤介质，不仅可完全避免传输过程中各种电磁的干扰，而且可到达更远距离的 I/O 通道连接。所使用的典型协议组包括 SCSI 和 FC，即 SCSI-FCP。此时，SAN 可看成是 SCSI 协议在长距离应用上的扩展。

而 IP-SAN 在链路中使用通用的 IP 网络及设备如铜缆、双绞线和光纤等介质进行信号传输。其中，铜缆和双绞线等廉价介质存在信号衰减严重等缺点，而光纤需要特有的光电转换设备。在 IP 网络中，可借助 IP 路由器进行传输，但根据其距离远近会产生相应的传输延迟。

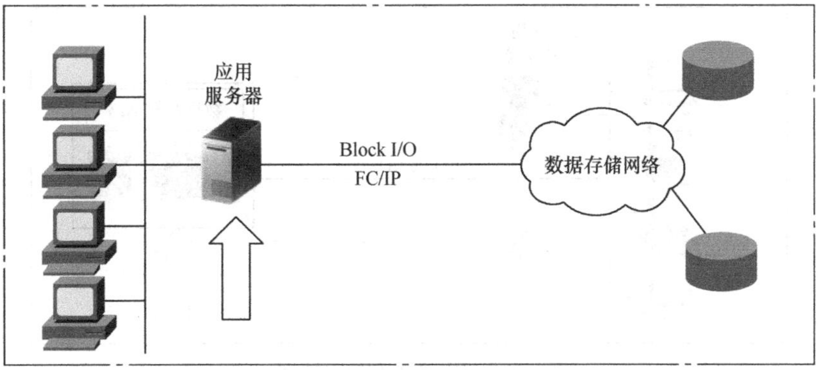

图 4-4　存储区域网络（SAN）

SAN 技术经过十多年的发展已相当成熟，成为业界的事实标准。但 SAN 存储模型有两个问题，一是操作系统仍停留在服务器端，用户不直接访问 SAN 的网络，而是通过应用服务器访问；二是各个厂商的光纤交换技术不完全相同，造成服务器和 SAN 存储有兼容性的要求。综上所述，SAN 存储的优缺点汇总见表 4-2。

表 4-2　存储区域网络（SAN）优缺点一览

优　势	劣　势
实现存储介质的共享，扩展性非常好	成本较高：需要专用的连接设备如 FC 交换机
低 TCO	SAN 孤岛
易于数据备份和恢复 （1）实现备份存储设备共享 （2）容灾手段	技术较为复杂：需要专业的技术人员维护
高性能：支持服务器集群技术	兼容性差：各厂家的设备无法兼容

4.1.3　网络接入存储

网络接入存储（NAS）是一种将分布的、独立的数据整合为大型的、集中化管理的数据中心，便于不同应用服务器进行数据访问的存储模型。从组成来说，NAS 的系统模型与 SAN 的系统模型很相似，如图 4-5 所示，都包括应用服务器、数据存储网络和存储设备。不同的地方首先表现在 NAS 的存储设备增加了存储操作系统。NAS 内每个应用服务器采用 TCP/IP 通过交换机连接存储设备及其服务器，从而建立专用于数据存储的网络。由于 TCP/IP 是 IT 工业界的标准协议，不同厂商的产品包括服务器、交换机和存储系统只要满足协议标准就能够实现互连互通，从而实现完全跨平台共享，支持 Windows、Linux 和 UNIX 等系统共享同一存储分区。其次，NAS 数据存储网络拥有自己的文件服务器，无需应用服务器的干预，允许用户在网络上存取数据。在这种配置下，NAS 可集中管理和处理网络上的所有数据，将相应的管理负载如备份容灾等从应用或企业服务器上卸载下来，有效降低总拥有成本，保护用户投资。最后，NAS 内每个应用服务器可通过网络共享协议如 NFS 和 CIFS 等使用同一个文件管理系统，直接把文件 I/O 请求通过 LAN 传给远端数据存储网络中的文件系统，由其发起 Block I/O 到与数据存储网络直接相连的存储设备。

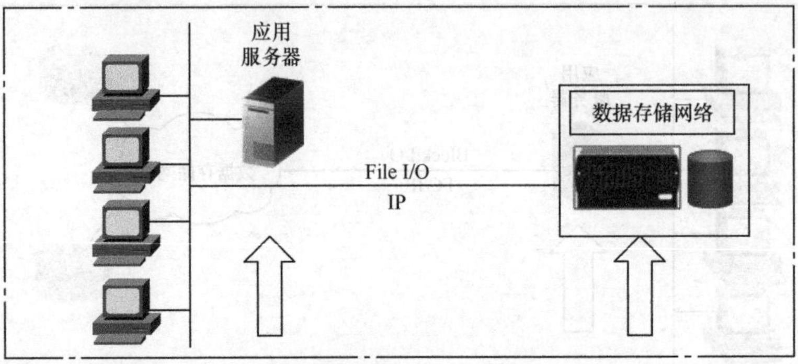

图 4-5 网络接入存储（NAS）

由于局域网技术的广泛应用，多个文件服务器之间的互联已实现，NAS 采用局域网加工作站集群构建统一的文件共享框架，达到提高互操作性和节约成本的目的。同时，NAS 可将存储设备通过标准的网络拓扑结构连接，满足企业数据量飞速增长的低成本存储需求。另外，DAS、SAN、大型磁带库或磁盘柜等存储模型的系统维护如安装和升级等比 NAS 复杂。因此，NAS 自然成为多数企业尤其是大中小型企业的最佳选择。NAS 的缺点是系统前期投入相对较高，另外，磁盘 I/O 会占用业务网络带宽。NAS 的优缺点见表 4-3。

表 4-3 网络接入存储优缺点一览

优　　势	劣　　势
（1）异构环境下的资源共享 （2）构架于 IP 网络之上 （3）较好的扩展性 （4）部署简单，易于管理，备份方案简单 （5）总的拥有成本低	（1）一些应用会占用带宽资源 （2）不适应某些数据库的应用

4.1.4 DAS/SAN/NAS 存储模型的比较

图 4-6 描绘了直连式存储（DAS）、存储区域网络（SAN）和网络接入存储（NAS）三种存储模型的区别，DAS 依赖服务器主机操作系统进行数据的 I/O 读写和存储维护管理，存储设备主要采用磁盘簇（Just a Bunch Of Drives，JBOD）。JBOD 中的磁盘控制器把每个物理磁盘都看作独立的磁盘且不提供数据冗余。这导致数据备份、恢复以及数据流都需占用服务器主机资源，数据量越大，花费的时间就越长，对服务器硬件的依赖性和性能的影响就越大。

存储网络将存储器从应用服务器中分离出来，进行集中管理，所用的存储设备为冗余磁盘阵列（或称磁盘阵列，Redundant Array of Independent Disks，RAID）。NAS 和 SAN 是两种不同的存储网络实现手段。NAS 和 SAN 最本质的不同就是文件管理系统在哪里，

SAN 结构中的文件管理系统配置在每一台应用服务器上，而 NAS 中的每个应用服务器则是通过网络共享协议使用同一个文件管理系统。换句话说，NAS 和 SAN 存储系统的区别是 NAS 有自己的文件系统管理。另外，SAN 根据其传输介质的不同又可以细分为 FC-SAN 和 IP-SAN。在信号传输中 FC-SAN 在链路中使用光纤介质和 SCSI-FCP 协议，而 IP-SAN 在链路中则使用铜缆、双绞线和光纤等介质和通用的 IP。这三种存储模型存储各有优缺点，相应传输协议、数据类型、典型应用和优缺点的比较汇总见表 4-4。

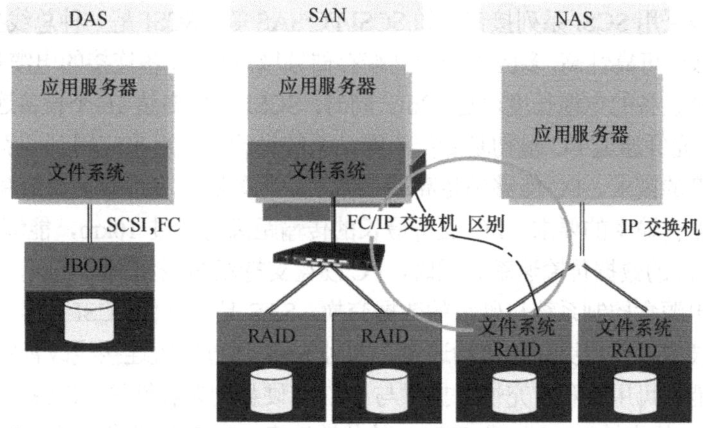

图 4-6 DAS/SAN/NAS 存储模型的比较

表 4-4 DAS/NAS/SAN 三种存储模型的比较

存储模型	DAS	NAS	FC-SAN	IP-SAN
传输协议	SCSI、FC	IP	SCSI-FCP	IP
数据类型	块级	文件级	块级	块级
典型应用	任何	文件服务器	数据库应用	视频监控
优点	易于理解 兼容性好	易于安装 成本低	高扩展性 高性能 高可用性	高扩展性 成本低
缺点	难以管理 扩展性有限 存储空间利用率不高	性能较低 对某些应用不适合	比较昂贵 配置复杂 互操作性问题	性能较低

总地来说，NAS 关注应用、用户和文件及它们共享的数据，SAN 关注磁盘、磁带以及连接它们的可靠的基础结构，各有优缺点，将来从桌面系统、数据集中管理到存储设备的全面解决方案将采用 NAS 加 SAN，结合两者的优点。

4.1.5 存储接口技术

硬盘是主要存储介质之一，硬盘按照用途可以分为桌面级硬盘和企业级硬盘两大类。桌面级硬盘倾向于通过较低的成本提供更大的容量，一般采用 IDE/SATA 等系列接口。电子集成驱动器（Integrated Drive Electronics，IDE）把硬盘控制器与盘体集成在一起。通常 IDE 仅代表第一代的 IDE 标准，随着接口技术的飞速发展以及许多新技术的引入，IDE 接口标准有了新的改进，更名为高级技术附加装置（Advanced Technology

Attachment，ATA），而串行 ATA（Serial ATA，SATA）采用连续串行的方式传输数据。在某一时间点内只传输 1 位数据。SATA 采用 7 针的细线缆，长度可达 1m，容易弯曲，易于散热。硬盘之间的连接采用点对点方式，每个通道 1 个硬盘，传输速率有 3Gb/s 和 6Gb/s 两种。

企业级硬盘通过采用较好的器件和更加严格的工艺保证较高的可靠性和稳定性，确保硬盘为关键应用提供每周 7×24 小时的持续服务。同时，企业级硬盘更倾向于提供更高的性能，特别每秒进行 I/O 读写的操作次数（Input/Output Operations Per Second，IOPS）性能。企业级硬盘一般采用 SCSI 系列接口，如 SCSI/FC/SAS 等。SCSI 是一种总线型的系统接口，SCSI 硬盘性能好，可靠性高，多应用于中高端存储领域。单个设备连接的电缆长度可达 25m，用于两个或多个设备的电缆长度可达 12m。同时，SCSI 支持多达 16 个设备连接，双通道可达 32 个设备。光纤通道 FC 最初是专门为网站系统设计的，后来应用到硬盘系统中以满足存储系统对速度的需求。FC 能够满足高端工作站、服务器、串行数据通信系统等多硬盘系统环境对高数据传输率的要求。FC 支持最长的传输距离可超过 10km，能够支持 1Gbit/s、2Gbit/s 或 4Gbit/s 的数据传输速率。同时，FC 硬盘支持双 FC 接口同时工作，可互为备份，并为硬盘提供电源盒控制系统与硬盘的数据交换。SAS 是新一代 SCSI 技术，和 SATA 技术一样采用串行技术以获得更高的传输速度。同时 SAS 通过缩短连接线改善内部空间，改善存储系统的效能、可用性和扩充性，提供与 SATA 硬盘的兼容性等。SAS 接口连接的传输距离最长为 6m，能支持 3Gbit/s 或 6Gbit/s 的传输速率。SAS 有四路通道，按 3Gbit/s 的速率在单工模式下可以达到 4×3Gbit/s 的带宽，这也是 SAS 的宽带宽模式。

总地来说，SCSI 系列接口智能化程度较高，同样的 I/O 操作对 CPU 的占用较低。综上所述，表 4-5 汇总几种常用的硬盘类型参数，表 4-6 汇总几种主要接口的类型参数。

表 4-5　主要硬盘类型参数

硬盘类型	容量/速度	特性	应用
FC	300GB/15k r/min 450GB/15k r/min 600GB/15k r/min	在线 高可用性随机读取	适用于大型企业中的关键任务资料的存储，例如 SAN，最多支持 1600 万个位址，线缆最长可达 10km，相当昂贵
SAS	300GB/15k r/min 450GB/15k r/min 600GB/15k r/min	在线 高可用性随机读取	适用于大、中型企业关键任务资料的存储，效能高而且在本端层次上的扩充性极高，比 FC 便宜，与 SATA 兼容
SATA	1TB/7200 r/min 2TB/7200 r/min	在线，近线作业 高可用性 随机读取，循序读取	容量高、成本低，与 SAS 兼容

表 4-6　主要接口类型参数

接口类型	传输速率	应　用
SCSI	80MB/s、160MB/s、320MB/s	小型计算机接口
SATA	3Gbit/s、6Gbit/s	串行 IDE 接口
SAS	3Gbit/s、6Gbit/s	串行连接 SCSI（Serial Attached SCSI）
FC	1Gbit/s、2Gbit/s、4Gbit/s	光纤通道

4.2　冗余磁盘阵列

单个磁盘的容量和性能非常有限，也不具备容错性，为了能够实现大规模存储设备的并行读写，在提高性能的同时增强系统的容错能力，一种专用于磁盘资源整合和冗余保护的技术应运而生，这就是冗余磁盘阵列（RAID）。随着云计算和大数据技术的飞速发展，具有高性能和高可靠性的 RAID 在大规模的数据中心中已得到越来越广泛的应用。

RAID 既可单独使用，也可通过集成的方式将整个阵列中的磁盘组合起来，形成一个虚拟的"大容量磁盘"。应用服务器将此 RAID 视作一个磁盘来进行操作，而数据究竟存储在该阵列的哪一个磁盘上，则交给阵列控制器去负责管理，这就是 RAID 等高级存储系统功能的基础。本章将从 RAID 的基本概念与技术原理、RAID 级别、RAID 中的数据保护技术、RAID 与逻辑结构（Logical Unit Number，LUN）以及云计算和大数据时代 RAID 的发展趋势几个方面对 RAID 技术及应用进行介绍。

4.2.1　RAID 概述

在早期的服务器中，单个存储设备被广泛使用，但是单个存储设备无法满足对数据读写性能较高的系统的需求。单个存储设备的磁盘容量有限，无法实现容量动态扩展。另外，单个存储设备不具备容错性，而且只能对数据块进行逐一的读写，无法实现数据的并行读写，因此无法满足对数据读写性能要求较高的系统的需求。为了能够实现存储容量的动态扩展，同时增强系统的容错能力，提高存储系统的读写性能，一种专用的，在服务器和磁盘之间实现磁盘资源整合和磁盘冗余功能的设备出现，这就是磁盘阵列 RAID。

RAID 的概念于 1987 年由美国加州大学伯克利分校的 D.A.Patterson 教授提出，初次出现是"Redundant Arrays of Inexpensive Disks"的缩写，意为"廉价磁盘冗余阵列"，是在高容量、高可靠性磁盘价格极为昂贵的背景下提出的，其主要目的是采用价格低廉的磁盘通过某种算法为服务器提供高可靠性的大容量存储空间。随着技术的发展和磁盘价格的降低，人们更看重的是系统的冗余性，逐渐演变为"Redundant Arrays of Independent Disks"，即"独立磁盘冗余阵列"，主要是指多个独立磁盘通过一定的算法组成一个高可靠性的存储系统。它比单个存储设备在速度、稳定性和存储能力上都有很大的提高，并且具备一定的数据安全保护能力。由于 RAID 组需要多个磁盘驱动器协同工作，所以在一个 RAID 内的磁盘驱动器的性能（容量和转速）需要保持一致，通常在同一个 RAID 组内，建议使用同一厂商同一型号的磁盘驱动器。

目前 RAID 的实现方式分为硬件 RAID 方式和软件 RAID 方式。基于硬件的 RAID 是采用集成了处理器的 RAID 适配卡（简称 RAID 卡）来实现的。它拥有自己的控制处理器、I/O 处理芯片和存储器，减少对主机 CPU 运算时间的占用，提高数据传输速度。RAID 控制器负责数据路由、缓冲以及主机和磁盘阵列之间的数据流管理。硬件 RAID 又分为基于 I/O 处理器和基于 I/O 控制器两种类型。由于自带的处理器或控制器能够分担 RAID 的资源分配和相关的系统 CPU 计算等任务，对系统造成的额外负荷比较轻，具有较好的读写性能。但是价格较为高昂，适用于对性能和可靠性要求较高的系统，如Web应用和电子交易等。

基于软件的RAID功能的实现完全依赖于主机的CPU，没有额外的处理器和I/O芯片，所以低速CPU很难满足这个需求。软件RAID又分为基于驱动程序和基于操作系统两种类型。软件RAID需要占用CPU的处理周期，并且依赖于操作系统，不能提供硬件热插拔、硬件热备份、远程阵列管理和自监测分析报告硬件支持等功能。基于软件的RAID价格低廉，但是会造成较大的系统CPU的负荷，读写性能不如基于硬件的RAID，适用于对性能要求不高的系统，例如中小型数据库等。

4.2.2 RAID种类

根据RAID中磁盘的组织方式、连接方式以及数据访问方式，可以将RAID分为磁盘簇（也有资料称之为盘堆，Just a Bunch Of Disks，JBOD）和交换式磁盘捆绑（Switched Bunches Of Disks，SBOD）两类。

JBOD是磁盘阵列的雏形，可以看作是扩展计算机总线来提供磁盘扩展槽位的设备，它内部没有控制软件提供协调控制，不具备磁盘资源整合和RAID冗余功能。最早的JBOD多采用SCSI总线接口，随着时间的推移，现在的JBOD多指没有磁盘管理和RAID冗余功能的磁盘柜，连接形式有SAS、FC和IP等多种形式。不管采用何种接口，JBOD的实现如图4-7所示。

JBOD的目的纯粹是增加磁盘的容量，通常又被称为Span。Span在逻辑上把多个物理磁盘连接起来构成一个阵列，其中的每个磁盘驱动器都是一个可寻址的单元，从而为主机系统提供一个容量更大的逻辑磁盘。Span上的数据存储方式非常简单，从第一个磁盘开始存储，当第一个磁盘的存储空间用完后，再依次从后面的磁盘开始存储数据。Span不提供数据安全保障，也不提供容错能力。

从逻辑结构上来看，JBOD使用的是光纤仲裁环路（Fiber Channel Arbitrated Loop，FC-AL）结构作为其连接到系统的方式，简单易行，而且可将多个磁盘合并到共享电源和风扇的盒子里，成本较低。但光纤冲裁环路上连接的众多设备共享其带宽，性能难以提高。同时，诊断和隔离故障磁盘的困难也大大地影响系统的可靠性、可用性和服务能力（Reliability，Availability and Serviceability，RAS）。另外，系统的延时也会随着环路上设备的增加而增大，因此，JBOD目前已几乎失去了应用价值。

SBOD采用交换式光纤架构来改善传输性能和链路稳定性。如图4-8所示，SBOD使用内置的交换式光纤架构来连接阵列内的众多磁盘驱动器，可避免因单个磁盘失效而影响数据可用性。RAID控制器到所有的磁盘间的路径大为缩短，阵列内的磁盘驱动器、SBOD阵列与控制器之间的链路均实现无阻塞的交换式光纤交换，直接的数据路径提高了可扩展性和服务能力。以上实现使得SBOD在智能监视每个磁盘的同时获得2～3倍的性能提升。

相较于JBOD而言，SBOD采用的全交换架构使得其性能基本上可以随磁盘数量的增加而上升，而共享带宽的环路架构在磁盘数量达到30～40个时就显露出性能增势减缓的迹象，并随着磁盘数量的进一步增加而渐趋停滞不前，两者的差距显而易见。

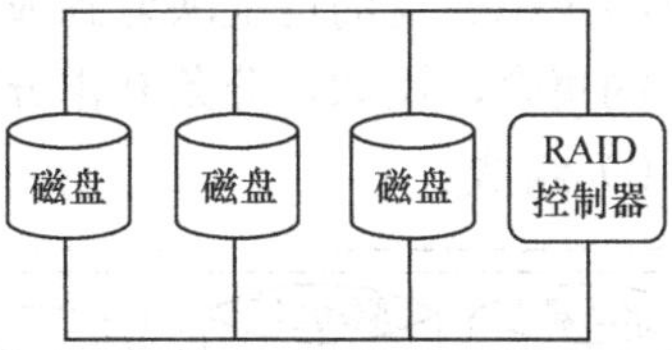

图 4-7　JBOD 的实现

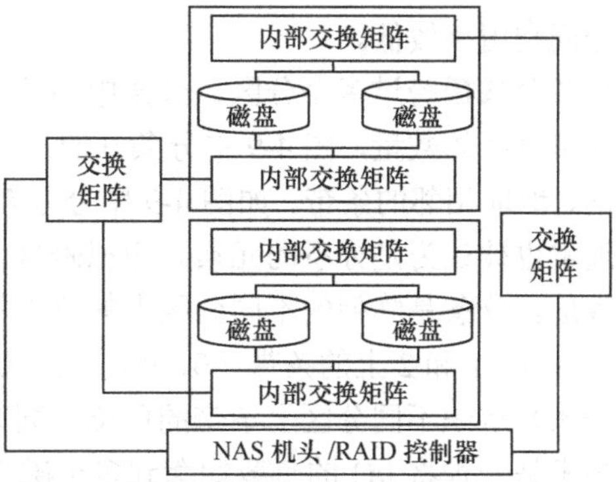

图 4-8　SBOD 的实现

4.2.3　RAID 原理

本节将从 RAID 的数据组织方式、存取方式和冗余方式介绍 RAID 的技术原理。

一、数据组织方式

RAID 的数据组织方式有三种：分区（Extent）、条带（Strip）和分条（Stripe）。我们用 3 块磁盘组成一个 RAID 作为例子来介绍这三种方式。如图 4-9 所示，每个磁盘将被竖向划分为 *N* 个大小相等或不等的分区，本例中 *N*=1。每个分区是磁盘上的地址连续的存储块。然后再在磁盘相同偏移的分区上横向分割，形成分条。

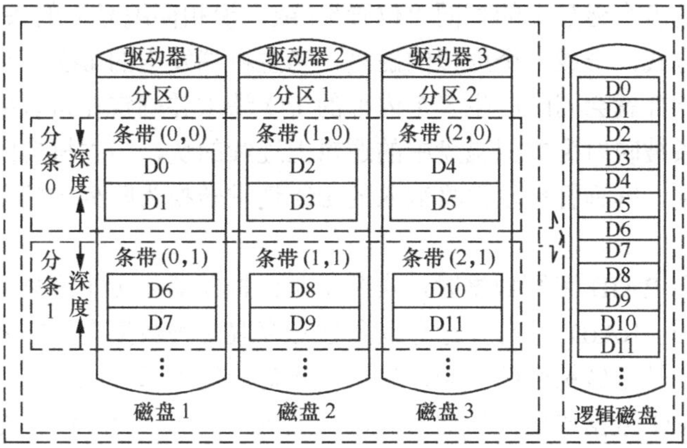

图 4-9　RAID 的数据分区与条带分布示意图

每条分条和分区交叉形成一块条带。每个条带由多个连续编址的数据块或磁盘块（Block）组成，块是磁盘中存储数据的最小单位。每个条带所包含的数据块个数称为分条深度（Stripe Depth）。如图 4-9 中的条带（0，0）由 2 个数据块组成，包括数据块 D0 和 D1，相应的分条深度为 2。分条深度的大小直接影响应用效果，应根据任务进行配置，总的原则是如果是大的数据流/块的任务，则分条深度可以大些，反之则可以设置小些。如果任务数据流/块较大而分条深度设置较小，则会导致数据流/块跨越多个分块，读取多个分块需要更多的操作与时间，使得系统开销增大，降低了系统性能；如果数据流/块较小而分条深度设置较大，由于块是 RAID 中最小的存储单元，则会使得每个分块的实际空间利用率较低。

一条分条横跨过多个分区，分条中块的数量即分条尺寸（Stripe Size），是分条深度乘以成员分区的数量，图 4-9 中分条 0 的尺寸为 2×3=6。分条将一个分区分成多个大小相等的、地址相邻的条带。如图 4-9 中分区 0 分成 2 条条带，即条带（0，0）和（0，1）。条带通常也被认为是分条的元素。虚拟磁盘以它为单位将虚拟磁盘的地址映射到成员磁盘的地址。分条是阵列的不同分区上的位置相关的条带的集合，比如，分条 0 由分别分散在分区 0、1 和 2 上的条带（0，0）、（1，0）和（2，0）组成。

分条是组织不同分区上条带的单位。同时，分条技术是一种将 I/O 的负载均衡到多个磁盘的技术。分条技术通过将一块连续的数据分成多个小部分，如 D0、D1、D2、D3、D4 和 D5，把它们分别存储到 3 个不同的磁盘上，使得多个进程可同时访问数据的多个部分，实现在需要对这种数据进行顺序访问的时候可以获得最大程度上的 I/O 并行能力，从而获得非常好的性能数据镜像，如图 4-10 所示。

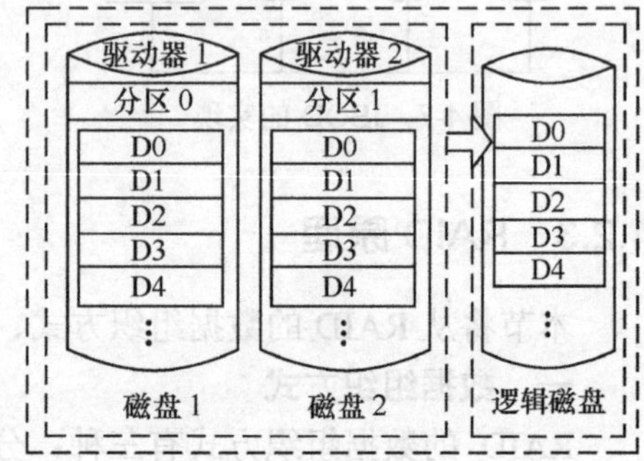

图 4-10 数据镜像示意图

二、存取方式

在 RAID 的数据存储中，数据不是被连续地存储到某一块磁盘上，而是被分成若干段，每一段分散存储在各块磁盘上。每块磁盘上用来存储数据段的空间叫做条带，而在同一磁盘阵列中的多个磁盘上的相同“位置”（或者说相同编号）的条带就构成了分条。通过这样的构建方式，形成一个虚拟的磁盘，当主机端发送的 I/O 请求被传送到磁盘阵列时，阵列管理软件就会同时产生多个内部的 I/O 请求并确定在每块磁盘上的对应的地址。阵列中的分条被映射为虚拟磁盘中的逻辑上连续的块，当主机向阵列也就是从虚拟磁盘写数据的时候，阵列管理软件将输入的 I/O 请求转换为阵列中的分条，逐块向磁盘写入数据。

当主机系统向 RAID 读写数据时，实际上是由控制器将 I/O 流分给 RAID 中各成员磁盘进行读写操作。RAID 具有并行存取和独立存取两种数据存取方式。并行存取是把所有的磁盘的主轴马达做精密的控制，使每个磁盘的位置都彼此同步，然后对每一个磁盘做一个很短的 I/O 数据传送，如此一来，从主机来的每一个 I/O 指令被平均地分布到每一个磁盘。为了达到并行存取的功能，RAID 中的每一块磁盘都必须具备几乎完全相同的规格：一致的转速、相同的磁头搜寻速度、一致的缓存容量和存取速度、相同的 CPU 处理指令速度以及一样的 I/O Channel 速度。实际上，要实现并行存取方式，RAID 的所有磁盘应该使用同一厂商相同型号的产品。并行存取的 RAID 架构利用精细的马达控制和分散的数据传输将阵列中的每一个磁盘的性能发挥到最大，同时充分利用存储总线的带宽，因此特别适合应用在大型的、数据连续的档案存取任务，如影像、实训档案服务器，数据仓储系统，多媒体数据库，电子图书馆等。但并行存取的 RAID 控制器一次只能处理一个 I/O 请求，无法执行多个任务，这将带来两个问题：（1）不适合应用于 I/O 操作频繁、数据随机存取且每次数据传输量小的应用；（2）无法避免磁盘的寻道时间，而且每个 I/O 的第一次数据传输都要等待第一个磁盘驱动器的旋转寻道延迟，平均为磁盘旋转半圈的时间。磁盘驱动器的机械延迟时间是并行存取架构面临的最大问题。

独立存取指对每块磁盘的存取都是独立且没有顺序和时间间隔的限制，也不需对成员磁盘做同步转动的控制。因此，独立存取可以尽量地利用多任务来避免磁盘驱动器的机械时间延迟，包括寻道时间和旋转延迟。由于独立存取可以执行多任务，可同时处理来自多个主机的不同 I/O 请求，在多主机环境如集群中能发挥更好的性能，也适合应用在数据存取频繁、每次数据量较小的应用中，如在线交易或电子商务应用、多用户数据库以及以小文件传输和存储为主的文件服务器等。

三、冗余方式

RAID 不仅提供更大的容量和更高的读写性能，还能提供更好的数据安全可靠性。RAID 可采用镜像冗余或校验冗余方式对数据进行不同级别的保护。

（一）镜像冗余

镜像冗余方式是指使用磁盘镜像技术来实现冗余，以提高数据的可靠性和可用性。镜像冗余的实质就是将保存在磁盘驱动器中的数据做一份另外的完整的副本，然后存储在另外一个磁盘中。当其中一个磁盘发生故障以后，数据仍然能够从另一个磁盘中被读出，因此，数据的安全性和可靠性得到极大的保证。数据镜像如图 4-10 所示。

当使用镜像冗余方式时，由于每个磁盘上都保存有完整的数据，所以当有数据读操作的时候，多个读操作可以被分散到各个磁盘以分担工作负荷，使得数据读取速度得到提高。在进行数据写入的时候，同时将数据写入两个磁盘，这两个磁盘上的数据完全相同，互为镜像。这两个磁盘写满后，再写入其他磁盘，总之，总是有两个磁盘互为镜像，存储的内容完全相同。从以上过程可以看出，此时的数据写入速度相对没有镜像冗余的方式将有所下降，时间将以最慢的那个磁盘的写操作为准。另外，由图 4-10 可见，镜像冗余的磁盘空间利用率就相对比较低，最高只有 50%。镜像冗余方式使用与对数据安全性和可靠性要求极高的场合，例如金融、保险和证券行业等。

（二）校验冗余

校验冗余是通过计算保存在阵列中磁盘上的数据的校验值，并将计算出来的校验值保存在另外的磁盘上的方法。当数据出错或者是某个阵列中的磁盘发生故障以后，通过剩余数据和校验信息计算出丢失的数据来提供数据的安全性和可靠性。同理，当要用新的磁盘替代阵列中失效的磁盘时，运行校验恢复进程，读出所有其他磁盘上的数据（包括校验数据）使用校验算法恢复数据并存到新加入的磁盘。

相较于镜像冗余而言，校验冗余为保证数据可用性而占用的磁盘资源要远远少于镜像冗余。但是，对于磁盘故障或者数据出错的恢复而言，校验冗余需要占用额外 CPU 资源或者需要专用硬件来对剩余数据和校验信息一起计算出丢失的数据，而镜像冗余方式只需要读取备份盘中的数据即可。同时，对于数据的写入操作，镜像冗余方式可以同时将数据写入主用盘和备用盘，数据写入效率由它们中效率差的那个决定。如果两者效率一致则影响不大。但是如果使用校验冗余，对阵列中的任何一块磁盘的写操作都会涉及校验信息的重新计算，因此会对存储系统的写性能带来一定的影响。

RAID 使用的校验算法主要包括海明码（Hamming Code）校验算法和 XOR 异或算法。海明码是一种可以纠正一位差错的编码，它为 k 位信息位增加 r 位冗余位，构成一个 $n=k+r$ 位的码字，其中，n、k 和 r 必须满足以下关系式：

$$2^r \geqslant n+1 \text{ 或 } 2^r \geqslant k+r+1$$

海明码用 r 个监督关系式产生的 r 个校正因子来区分无错和在码字中的 n 个不同位置的一位错。因此，海明码的编码效率为：$R=k/(k+r)$。要构建海明码，首先把所有 2 的幂次方的数据位标记为奇偶校验位，即编号为 1，2，4，8，16，32，64 等的位置，非奇偶校验位为数据位，即编号为 3，5，6，7，9，10，11，12，13，14，15，17 等的位置，用于存储待编码数据。每个奇偶校验位的值代表了码字中部分数据位的奇偶性，其所在的位置决定了要校验和跳过的位顺序。如果全部校验的位置中有奇数个 1，将该奇偶检验位置为 1，否则置为 0。增加码位为：_ _1_001_0111，生成海明码为 101000110111。

异或是一个数学运算符，可被应用于逻辑运算。XOR 检校的算法为：相同为假，相异为真。部分计算机系统用 1 表示真，用 0 表示假，两个位按位异或结果如下：$0 \oplus 0=0$，$0 \oplus 1=1$，$1 \oplus 0=1$，$1 \oplus 1=0$。XOR 的逆运算仍为 XOR。所以 XOR 运算具备以下两个特征：（1）结果与运算顺序无关；（2）各个参加运算的数字与结果循环对称。相对于 XOR 异或算法，海明码能够提供更好的冗余，提升数据的可靠性，但其复杂的计算过程极大地降低了系统的读写性能，同时冗余磁盘数较多。比起性能的巨大亏损与空间利用率的降低，安全性的提升并不显著，因此目前应用较多的检校算法是 XOR 异或算法。

4.2.4 RAID 级别

RAID 技术经过不断的发展，现已拥有了从 RAID-0～RAID-6 七种基本级别。另外，还有一些基本 RAID 级别的组合形式，如 RAID-10（RAID-0 与 RAID-1 的组合），RAID-50（RAID-0 与 RAID-5 的组合）等。不同 RAID 级别代表不同的存储性能、数据安全性和存储成本。以下将介绍几个常用 RAID 级别的工作原理。

一、RAID-0

RAID-0 代表了所有 RAID 级别中最高的存储性能，它又称为条带化（英文为 Stripe 或 Striping），顾名思义，RAID-0 使用条带技术把数据分布到各个磁盘上，在那里每个条带被分散到连续块上。RAID-0 至少使用两个磁盘驱动器，并将数据分成从 512 字节到数兆字节（一般是 512Byte 的整数倍）的若干块，这些数据块可以并行写到不同的磁盘中，并以条带形式将数据均匀分布到 RAID 组的各个硬盘中。

具体来说，RAID-0 的数据是按照条带进行写入的，即一条分条的所有条带写满后，再开始在下一条分条上进行数据写入。如图 4-11 所示，现有数据 D0、D1、D2、D3、D4、D5、D6、D7、D8、D9、D10、和 D11 需要在 RAID-0 中进行写入，第 1 组数据 D0 和 D1，第 2 组数据 D2 和 D3，以及第 3 组数据 D4 和 D5 将分别写入第 1、2 和 3 块硬盘第 1 条分条（分条 0）的条带，即条带（0，0）、条带（1，0）和条带（2，0）。当分条 0 的各个条带写满了数据，才能对下一条分条即分条 1 进行数据写入。即数据 D6 的写入需要等待 D0～D5 的完成。

由以上存储过程可以看出，RAID-0 数据存储具有“局部连续”的特性，因数据在一个条带中是物理连续的，而逻辑连续就需要跨物理磁盘了。对应用或用户来说，RAID-0 的各个物理盘组成一个逻辑上连续的虚拟磁盘，如图 4-11 所示。磁盘控制器对这个虚拟磁盘发出的指令，都被 RAID 控制器截获，分析，然后根据数据块的映射关系公式，转换成对组成 RAID-0 的各个物理盘的真实物理 I/O 请求指令。读的过程与写的过程类似。

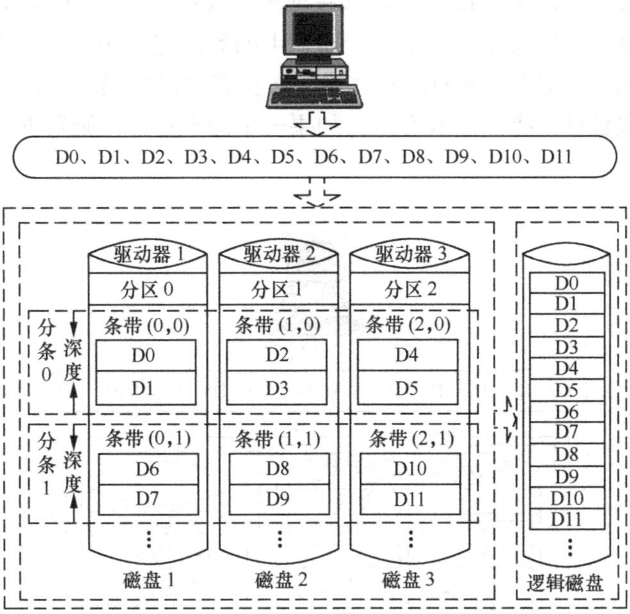

图 4-11　RAID-0 的数据组织与存储

RAID-0 同一分条上的数据块可以实现并行读取，不具有冗余，存取性能最好。理论上组成磁盘数目越多，RAID-0 的性能越高。理论上 RAID-0 的性能等于[单一磁盘性能]×[磁盘数]，即 RAID-0 性能和磁盘个数呈倍数关系，但实际上受限于总线 I/O 瓶颈及其他因素的影响，RAID-0 性能会随边际递减，也就是说，假设一个磁盘的性能是 50MB/s，两个磁盘的 RAID-0 性能约是 96MB/s，三个磁盘的 RAID-0 也许是 130MB/s，而不是 150MB/s。所以，两个磁盘的 RAID-0 最能明显感受到性能的提升。

但 RAID-0 没有在各个磁盘的数据块之间提供数据安全性保护，所以一旦阵列中有某一个驱动器发生故障，整个阵列将失效。图 4-11 中任一磁盘失效，则读取数据 D0～D11 的指令将无法完成。RAID-0 的读写性能较好，但是没有数据冗余，因此 RAID-0 本身适用于对数据访问具有容错能力的应用，以及能够通过其他途径重新形成数据的应用，如 Web 应用以及流媒体应用等。

二、RAID-1

RAID-1 也被称为磁盘镜像（Mirror 或 Mirroring），其目的是最大限度地保证用户数据的可用性和可修复性。RAID-1 的原理是使用两组相同的磁盘系统互作镜像，把用户或应用写入磁盘的数据同时百分之百地自动地复制到另一个磁盘上。也就是说同样的数据将有两份存储在不同的磁盘上。如果其中一个磁盘毁坏，RAID-1 将自动切换到镜像磁盘继续使用。对用户而言，数据并没有丢失。同时，故障磁盘将被正常磁盘替换，并将镜像磁盘的数据复制到新替换的磁盘上，从而实现了数据的恢复。因为有镜像硬盘做数据备份，RAID-1 的数据安全性在所有 RAID 级别中是最好的。但是无论用多少磁盘组成 RAID-1，真正能够存储的数据的容量仅是一半磁盘的容量，因此 RAID-1 的磁盘利用率是所有 RAID 级别中最低的。

RAID-1 在进行数据写入的时候，并不像 RAID-0 那样将数据划分为条带存储，而是将数据写入两个磁盘。如图 4-12 所示，如果应用需要将 D0～D11 写入磁盘，RAID-1 将数据同时存入磁盘 1 和磁盘 2 上，这两个磁盘上的数据完全相同，互为镜像。这两个磁盘写满后，再写入其他磁盘。RAID-1 在进行数据读取的时候，正常情况下将从数据盘和镜像盘同时读取数据，提高读取性能。如果一个磁盘损坏，则数据读取将自动切换到另一个磁盘。

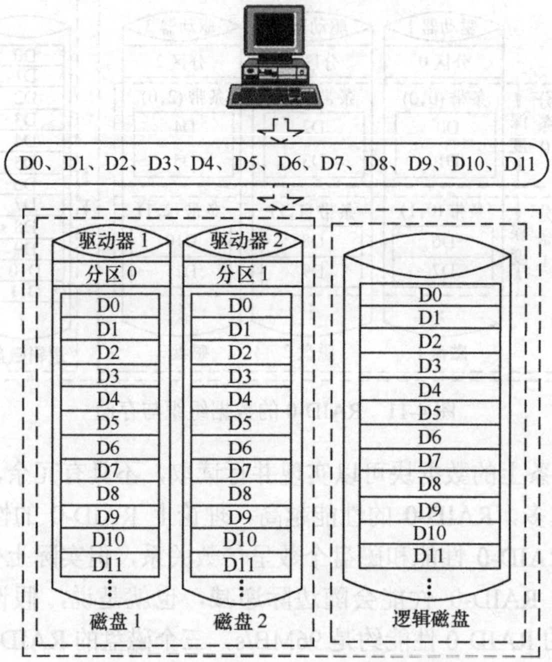

图 4-12 RAID-1 的数据组织与存储

从以上过程可以看出，RAID-1 的数据写入速度相对 RAID-0 将有所下降，这是由于数据写入需要同时写镜像，时间将以最慢的那个磁盘的写操作为准。不过，RAID-1 的数据读取请求，尤其是顺序 I/O 数据读取时，磁盘控制器可从两块磁盘上并行读取数据，提升速度。RAID-1 是所有 RAID 级别中单位存储成本最高的，但是其提供了几乎最高的数据安全性和可用性，所以 RAID-1 适用于读操作密集的联机事务处理系统（On-Line Transaction Processing，OLTP）和其他要求数据具有较高读写性能和可靠性的应用。例如电子邮件、操作系统、应用程序文件和随机存取环境等。

三、RAID-2

RAID-2 是一种用于大型机和超级计算机存储的带海明码校验的磁盘阵列 。RAID-2 有一部分磁盘驱动器是专门的校验盘，用于校验和纠错。由于有校验盘的存在，数据占用的空间比原始数据大。

图 4-13 例示 RAID-2 的实现原理，左边的磁盘 1、2、3 和 4 为数据阵列，阵列中的每个硬盘一次只存储一个位的数据。右边的磁盘 5、6 和 7 组成校验阵列，存储相应的海明码，也是一位一个硬盘。RAID-2 中的硬盘数量取决于所设定的数据存储宽度。图 4-13

中的例子是 4 位的数据宽度，所以使用 4 个数据硬盘。根据海明码的计算方法，$2r \geqslant n+1$ 或 $2r \geqslant k+r+1$，取 $r=3$，即 3 个海明码校验硬盘。如果是 64 位的位宽，数据阵列需要 64 块硬盘，校验阵列需要 7 块硬盘。由以上计算过程可知数据宽度越大，RAID-2 所需要的校验矩阵数的要求增长相对小得多。因此，RAID-2 适合大数据存储而不适合一般的数据存储。

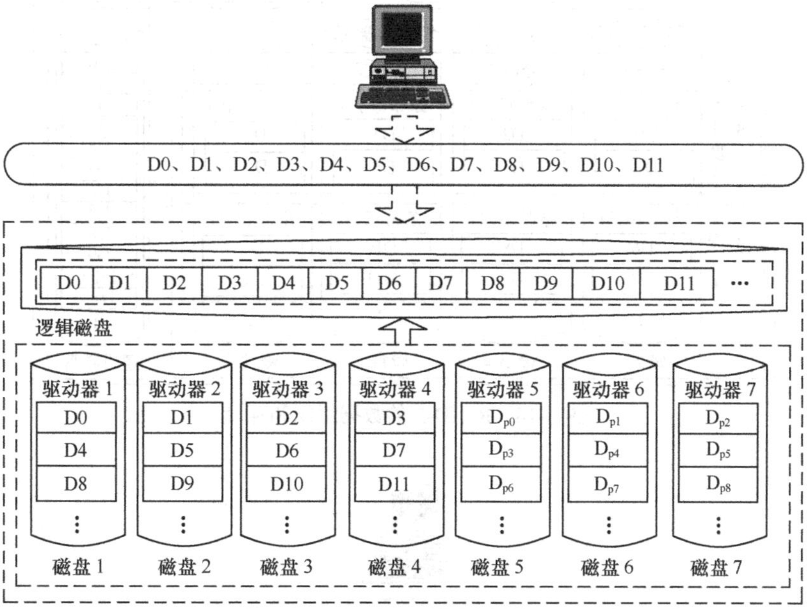

图 4-13 RAID-2 的数据组织和存储

四、RAID-3

RAID-3 为带有专用奇偶位效验码的 RAID，利用异或逻辑运算原理来进行效验，和 RAID-2 比较起来，异或逻辑运算比汉明码简单实用，并且能大量降低成本。A 与 B 代表两个值，当 A=B 时，异或结果为 0，当 A≠B 时，异或结果为 1。因此知道其中 A、B 或它们的异或结果中的任意两个值就可以得到第三个值，所以可以达到校验和恢复数据的目的。

如图 4-14 所示，RAID-3 采用和 RAID-0 一样的分条带存储数据，除了原数据外，还采用额外的磁盘，如图中的磁盘 4，来存储校验码信息，其中 Dp_1 为 D0、D2 和 D4 的奇偶效验信息，其他依次类推。由于存储方式和 RAID-0 类似，因此 RAID-3 拥有很高的数据传输效率。

五、RAID-10

RAID-10 集 RAID-0 和 RAID-1 的优点于一身，适合应用在速度和容错要求都比较高的场合。先进行镜像，再进行条带化。如图 4-15 所示，磁盘 1 和 2，磁盘 3 和 4，以及磁盘 5 和 6 分别组成 3 个 RAID-1，然后 3 个 RAID-1 再组成 1 个 RAID-0。当不同 RAID-1 中的磁盘，如磁盘 2 和磁盘 4 同时发生故障导致数据失效时，整个阵列的数据读取不会受到影响，因为磁盘 1 和磁盘 3 上面已经保存了一份完整的数据。只有组成 RAID-1 的磁盘（如磁盘 1 和磁盘 2）同时故障，数据才不能正常读取，这种情况发生的概率要低很多。

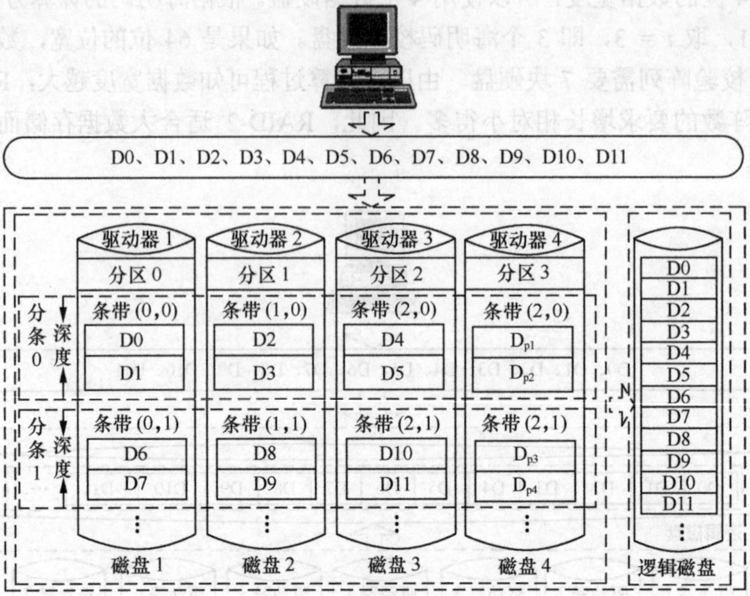

图 4-14 RAID-3 的数据组织和存储

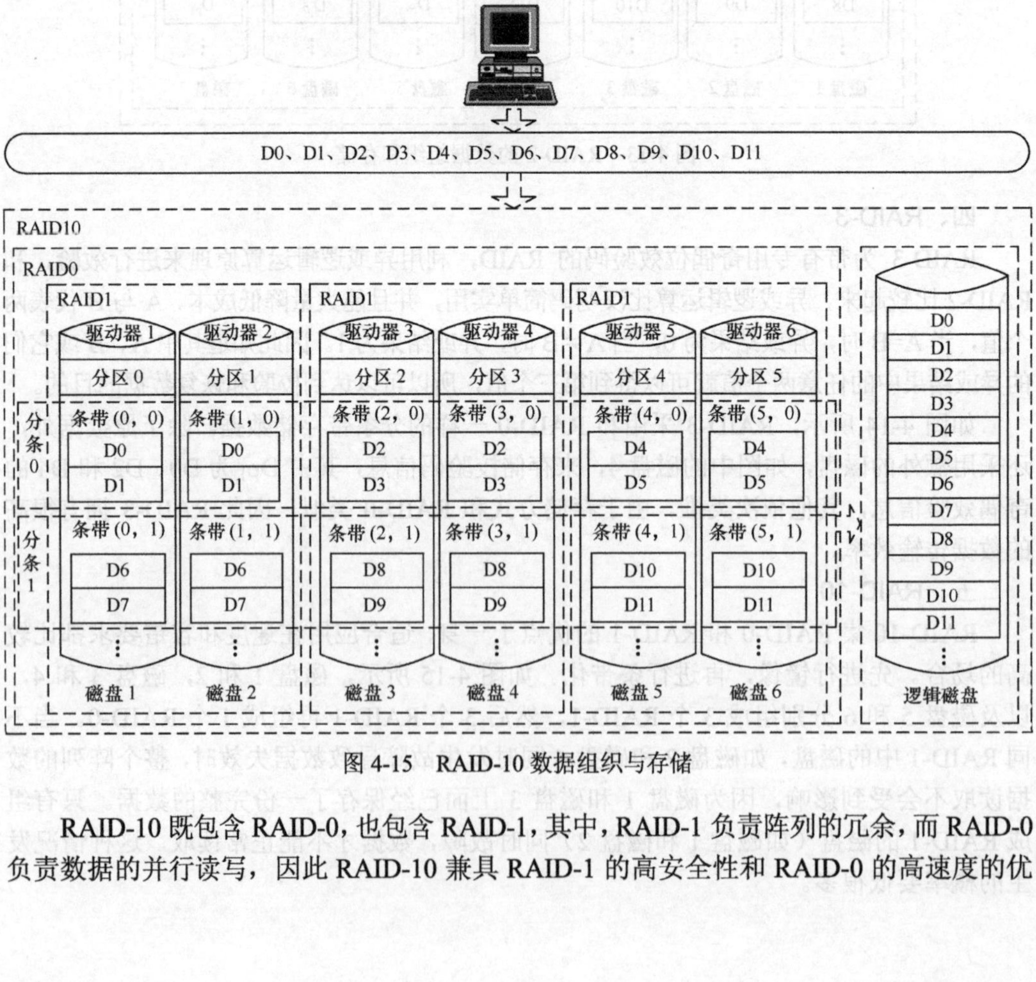

图 4-15 RAID-10 数据组织与存储

RAID-10 既包含 RAID-0，也包含 RAID-1，其中，RAID-1 负责阵列的冗余，而 RAID-0 负责数据的并行读写，因此 RAID-10 兼具 RAID-1 的高安全性和 RAID-0 的高速度的优点，但是它需要至少 4 个磁盘，成本较高，而且磁盘容量利用率也只有 50%，目前 RAID-10 多用于既要求高性能又要求安全性的金融、保险、政府和军队等行业中。

六、RAID-5

RAID-10 保证较高的数据传输率，同时又保证了较高的容错性。但是其存在磁盘空间利用率比较低（50%）的问题。RAID-5 是一种旋转奇偶校验和独立存取的阵列方式，兼有数据相对安全、存储性能相对高和存储成本相对低的优点。同 RAID-0，RAID-5 也是将数据条带化地分布于不同的磁盘上以提高数据传输率。同时，使用简单的奇偶校验代码来提供错误检查及恢复。RAID-5 按一定的规则把数据的奇偶校验信息分散在阵列所属的硬盘上。

RAID-5 的数据写入也是按条带进行的，各个磁盘上既存储数据块，又存储校验信息。假设当前数据的奇偶校验信息存储规则是循环存储，如图 4-16 所示，分条 0 上的数据块（D0～D5）的写入同 RAID-0，写入完毕后，RAID-5 将产生的校验信息写入剩余的磁盘驱动器 3 中，即 D_{p1} 和 D_{p2} 将写入分区 3 的条带（3，0）中。分条 0 的数据写完后，开始写分条 1 的数据，即（D6～D11），其中 D6～D9 分别写入磁盘 1 和 2，按照循环规则，磁盘 3 的条带（2，1）将用于存储数据 D6～D11 所产生的校验信息。然后 D10 和 D11 将被写入磁盘 4。由于 RAID-5 的数据是按照数据块分布存储的，所以在读取的过程中只要找到相应的驱动器，将所需数据块读出即可。如果一块磁盘失效，如磁盘 1 失效。那么 RAID-5 可以根据同一条带上正常磁盘数据块和校验信息的异或运算而得到原有数据。

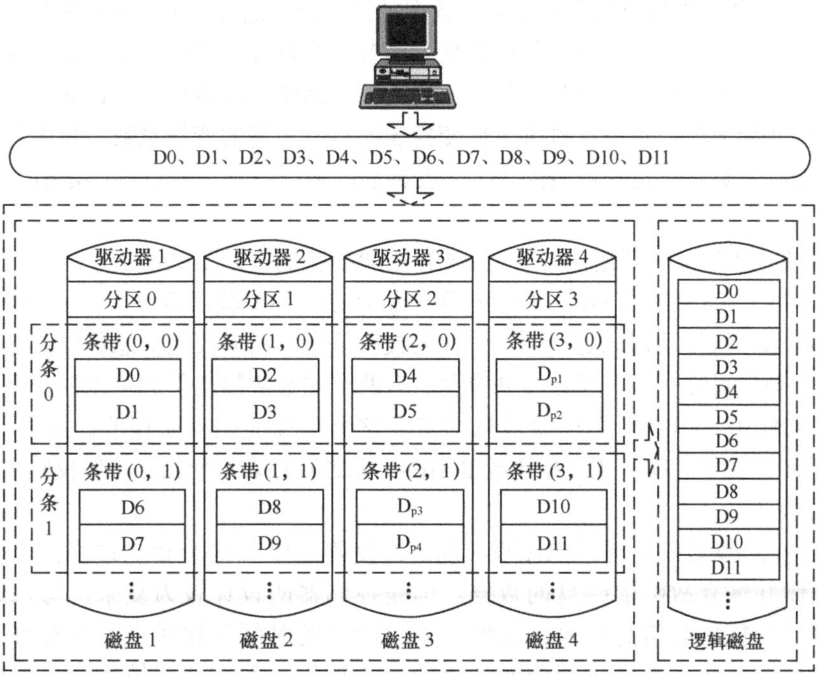

图 4-16　RAID-5 数据组织与存储

从上面可以看出，RAID-5 没有固定的奇偶校验盘，每块硬盘上既有数据信息也有校验信息，是一种快速、大容量和容错分布合理的磁盘阵列。这一设计解决了争用校验盘的问题，可以实现同一条带并发进行多个写操作。同时，相对于 RAID-10，RAID-5 的存储空间利用率更高，当有 N 块阵列盘时，用户空间为 N-1 块盘容量。如图 4-16 所示，RAID-5 有 4 块磁盘阵列，用户空间为 3，其利用率为 3/4 = 75%，比 RAID-10 的 50%的磁盘利用率高。

七、RAID-6

RAID-6 是为了进一步加强数据保护而设计的一种 RAID 方式，与 RAID-5 相比，RAID-6 增加了第二种独立的奇偶校验信息块。这样一来，等于每个数据块有了两个校验保护屏障，一个分层校验，另一个是总体校验，因此 RAID-6 的数据冗余性能相当好。但是，由于增加了一个校验，所以写入的效率较 RAID-5 还差，而且控制系统的设计也更为复杂，第二块的校验区也减少了有效存储空间。

常见的 RAID-6 技术有 P+Q 和 DP（Double Parity，两次奇偶校验），两种技术获取校验信息的方法不同，但是都可以允许整个阵列中两块磁盘数据丢失。P+Q 需要计算出两个校验数据 P 和 Q，当有两个数据丢失时，根据 P 和 Q 恢复出丢失的数据。校验数据 P 和 Q 是由以下公式计算得来的：

$$P=D0 \oplus D1 \oplus D2$$

$$Q=(\alpha \oplus D0) \oplus (\beta \oplus D1) \oplus (\gamma \oplus D2)$$

在 P+Q 中，P 和 Q 是两个相互独立的校验值，它们的计算互不影响，都是由同一条带上其他数据磁盘上的数据依据不同的算法计算而来的。其中 P 值的获得是通过同一条带上除 P 和 Q 之外的其他所有数据盘上数据的简单异或运算得到。Q 值的获得过程就相对复杂一些，它首先对同一条带其他磁盘上的各个数据分别进行一个变换，然后再将这些变换结果进行异或操作而得到校验盘上的数据。这个变换被称为 GF 变换，它是一种常用的数学变换方法，可以通过查 GF 变换表而得到相应的变换系数，再将各个磁盘上的数据与变换系数进行运算就得到了 GF 变换后的数据，这个变换过程是由 RAID 控制器来完成的。

DP 是在 RAID-4 所使用的一个行 XOR 校验磁盘的基础上又增加了一个磁盘用于存放斜向的 XOR 校验信息。DP 同样也有两个相互独立的校验信息块，但是与 P+Q 不同的是，它的第二块校验信息是斜向的。横向校验信息和斜向校验信息都使用异或校验算法而得到，数据可靠性高，即使阵列中同时有两个磁盘故障也仍然可以恢复出数据，不影响数据的使用，但是两个校验信息都需要整个单独的磁盘来存放。如图 4-17 所示 RAID-6 的示意图中，D_{q1}～D_{q4} 相比较 RAID-5 新增加的第二个独立奇偶校验信息块，其他原理相同。

RAID-6 的数据安全性比 RAID-5 高，即使阵列中有两个磁盘故障，阵列依然能够继续工作并恢复故障的磁盘的数据。但是控制器的设计较为复杂，写入速度不是很高，而且计算校验信息和验证数据正确性所花的时间也比较多，当对每个数据块进行写操作的时候，都要进行两次独立的校验计算，系统负载较重，而且磁盘利用率相对 RAID-5 低一些，配置也更为复杂，适合用在对数据准确性和完整性要求更高的环境中。

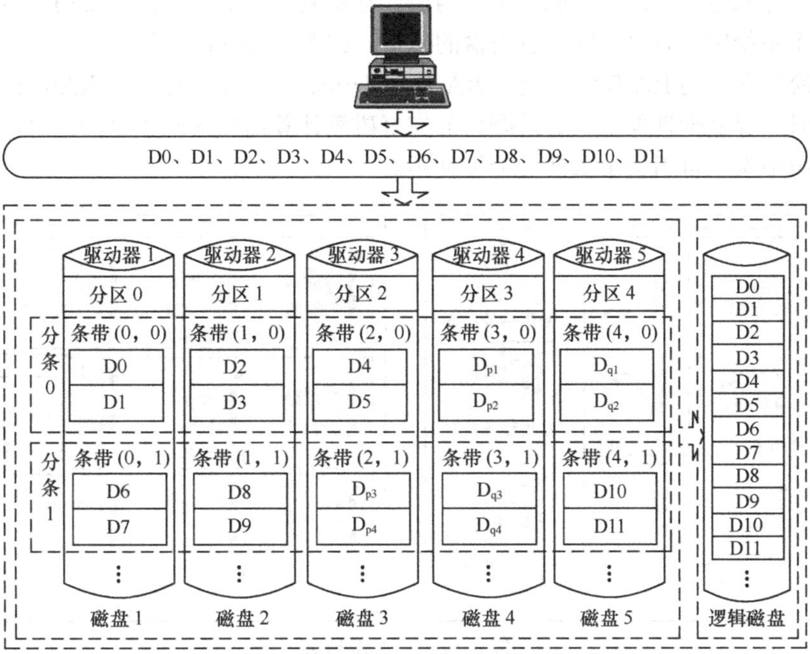

图4-17 RAID-6数据组织与存储

4.2.5 RAID 数据保护

云平台数据丢失尤其是用户核心数据的丢失或者损坏等事故将给云服务提供商以及用户带来难以估量的经济损失，同时也会损害云服务提供商的声誉。2009年10月微软Sidekick手机服务故障导致用户数据完全丢失，使得用户无法访问联系人名单、日程表和其他个人信息。该事故对当时急于在移动市场上抢得份额的微软无疑是个不小的麻烦。2011年3月，谷歌Gmail邮箱出现故障，导致15万用户邮件、标签和联系人信息丢失。数据的安全保障影响用户使用云计算的信心。常用的RAID数据保护技术包含热备盘（Hot Spare）、预复制和重构（Re-generation）。

一、热备盘

热备盘技术通过替代失效RAID组的硬盘提高RAID数据可靠性。热备盘是一块备用磁盘，在RAID系统启动时同时启动，当具备冗余能力的RAID阵列中某个磁盘失效时，在不干扰当前RAID系统正常使用的情况下，将RAID系统中一个正常的备用磁盘切换到运转状态，并将数据恢复和存储在这块备用盘上，顶替失效磁盘，作为RAID组成员盘继续工作，这样的备用磁盘，称为热备盘。当失效的磁盘被管理员更换后，存储阵列会将热备盘内的数据复制到已经更换的磁盘中，热备盘恢复为备用状态。

热备盘有两种主要的工作模式：专用热备盘（Dedicatged Spare）和全局热备盘（Global Spare）。专用热备盘只能用于特定RAID的成员磁盘，如图4-18（a）所示，专用热备盘A只能用于RAID组A，专用热备盘B只能用于RAID组B，而专用热备盘C只能用于RAID组C。当预先配置了专用热备盘的RAID发生故障，存储管理器可以通过剩余的完好磁盘计算出损坏磁盘里的内容，存储到热备盘上供前端使用。全局热备盘则是为整个系统中所有 RAID 作备用盘的磁盘。如图 4-18（b）所示，全局热备盘 1…*m* 服务于系统中所有的 RAID 组，包括 RAID 组 1…*k*。当系统中任一个 RAID 的成员磁盘发生失效时，存储管理器可以通过剩余的完好磁盘计算出损坏磁盘里的内容，存储到全局热备盘组中选一可用盘中供前端继续使用。

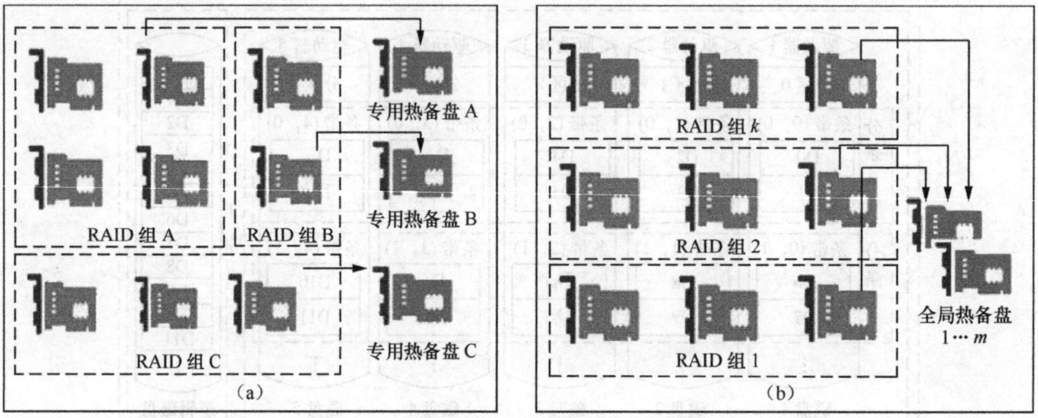

图 4-18 热备盘技术

不管是何种实现方式，当数据重建好后，该热备盘就成为相应 RAID 的组成成员。当再有数据重建需求时，就不能再采用该热备盘了。当故障排除后或者故障硬盘被更换后，热备盘上的数据将会被重新复制回修复的 RAID 成员磁盘中，而该热备盘又可以继续提供热备服务。当采用了热备盘策略之后，RAID 组内损坏的第一个磁盘会被热备盘替换，这样即使损坏了第二块磁盘，RAID 组也可以安全工作。事实上，同一 RAID 组中连续损坏多块磁盘的概率微乎其微，因此采用热备技术，可以使整个 RAID 组的安全性大大提升。

二、预复制

预复制技术提前复制疑似故障盘的数据到热备盘以预防数据丢失的风险，属于一种系统主动保护数据可靠性的技术。如图 4-19 所示，在阵列运行的过程中，系统通过自动检测磁盘状态得出一系列参数，然后综合分析该磁盘的实时健康状态，一旦发现某成员盘将发生故障时，马上启动预复制过程，将故障成员盘中的数据提前迁移到热备盘中，有效降低数据丢失风险。预复制过程依赖磁盘监控数据的有效性与决策的及时性和准确性。

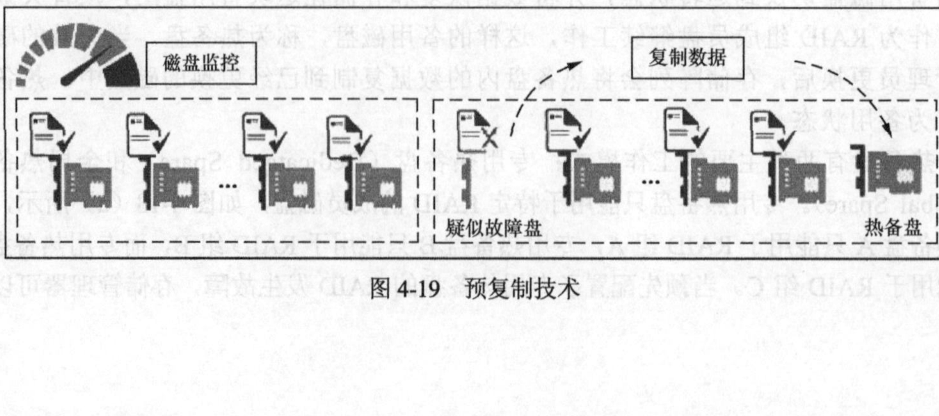

图 4-19 预复制技术

三、重构

具有冗余数据的磁盘阵列中的磁盘发生故障时，该磁盘上所有的用户数据或校验数据重新生成的过程，或者将这些数据写到一块或多块备用磁盘上的过程被称为重构。RAID 中的冗余数据包括镜像冗余和校验冗余两类。

具有镜像冗余数据的磁盘阵列如 RAID-1 的数据重构过程较为简单，当这类 RAID 中一块成员磁盘故障后，由于备份盘上保存有相同的数据，磁盘管理器将直接从存有相同数据的磁盘上读取我们所需要的数据，然后将数据写入备用的磁盘中，从而实现阵列的重构。当发生故障的磁盘是备份盘时，过程也一样。

具有镜像冗余数据的阵列的重构过程仅仅包含数据的读取与写入，没有涉及数据的运算操作，因此重构的过程较为简单。而校验冗余数据是将用户的数据进行运算获得的校验数据，当磁盘出现故障时的数据的重构过程复杂多了。校验冗余的重构是校验冗余计算校验数据的逆过程，即根据校验数据和剩余的成员盘数据恢复出故障磁盘上的数据。当发生故障的是存放校验数据的磁盘或者同时存放了用户数据和校验数据的磁盘时，重构过程同时包含部分校验数据生成的过程。

使用海明码生成校验数据的阵列，可以进行简单的逆运算来进行恢复。例如海明码为 101000110111，其中第 3 位由于磁盘故障而丢失了数据，变为了 10_000110111，那么由于第 1 位是第 3、5、7、9、11 位的异或运算的结果，那么可以知道只需要将第 1、5、7、9、11 位异或便可以知道第 3 位为 1。别的位的数据的缺失可以根据类似的方法进行恢复。

使用 XOR 算法生成校验数据的阵列的重构，以 RAID-5 为例，当一个磁盘故障后，可以从剩余所有的磁盘中读取数据并恢复出故障磁盘中的数据，由于校验数据是用户数据的异或结果，因此根据异或的运算法则和规律，将剩余的数据异或便可以得到丢失的数据，从而进行恢复。

总地来说，比起镜像冗余，校验冗余由于拥有较少的冗余数据而使得自身的重构能力较弱，当较多的磁盘故障时，例如 RAID-5 中超过一块磁盘故障，则无法重构。而且由于需要进行额外的计算来获得丢失的数据，重构的过程较之镜像冗余更加复杂。

4.2.6 RAID 与 LUN

一个 RAID 由多个硬盘组成，从整体上看相当于有多个硬盘组成的一个大的逻辑卷或逻辑单元（Logical Unit），如图 4-20（a）所示。而在物理卷的基础上可以按照指定容量创建一个或多个逻辑单元，如图 4-20（b）所示，单个 RAID 上创建了 4 个逻辑单元。当单个 RAID 上要创建多个逻辑单元的时候，其操作过程是首先形成一个逻辑单元，然后根据指定的容量将单个逻辑单元分割为多个，每个形成一个独立的逻辑单元。

为便于我们使用和描述设备对象，逻辑单元号（Logical Unit Number，LUN）是一个用来标识一个逻辑单元的数字。一个 LUN 对应的既可能是磁盘空间，也可能是磁盘机或其他存储设备，这类设备是通常通过 SCSI 协议或封装的 SCSI 协议（如 iSCSI 协议）寻址的设备。LUN 主要用作映射给主机的基本块设备，基于该映射，主机可以对其进行分区、格式化等常规磁盘的操作，而不必关心这个 LUN 的磁盘组成或 RAID 类型等。

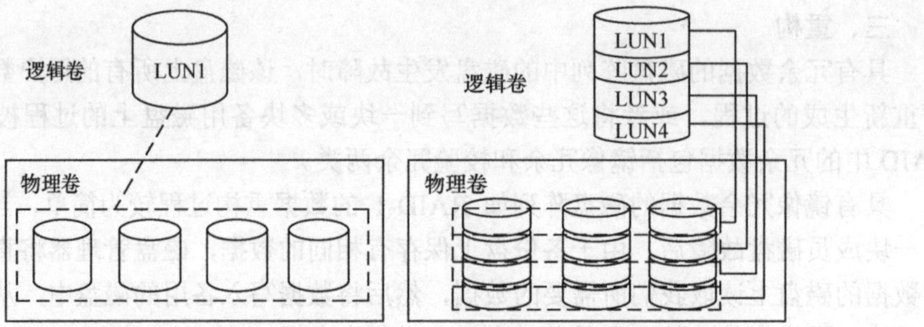

（a）单个物理卷上创建 1 个逻辑卷　（b）单个物理卷上创建多个逻辑卷

图 4-20 RAID 与 LUN

4.2.7 云计算和大数据时代 RAID 的发展趋势

如今已进入大数据时代，而 RAID 是各大数据中心经常采用的一种存储方式。云计算或大数据应用都对现有的 RAID 方式在可靠性、性能和可扩展性等方面提出挑战。首先，随着数据规模的扩大，故障发生的概率也会提高，使得人们对存储方式可靠性的需求愈加迫切。其次，在数据流量迅速增加的现在，阵列性能已成为限制数据流通的一大因素。性能包括很多方面，除了磁盘阵列的读写性能之外，RAID 阵列的恢复性能也十分重要。最后，为了满足如今云计算时代越来越多在线应用的需求，RAID 阵列也需要具备较好的可扩展性。

在上述的三个方面中，同时追求可靠性和性能是矛盾的。同等条件下，性能最好的 RAID-0 完全不具备容错能力。而为了追求容错能力，RAID-5、RAID-6 计算校验的过程中不仅使用了更多的磁盘空间，而且还牺牲了写性能。所以在实际应用中，从 RAID 的可靠性和性能中找到一个合适的平衡点，也是十分重要的。

这里举几个案例说明云计算和大数据时代 RAID 发展的实践案例。首先，RAID-5 作为一种单盘容错方法，当一个盘发生故障时可以通过其他盘来恢复。但是，若同时有两个盘失效，或者在恢复过程中发生故障，则整个阵列中的数据都会失效。RAID-6 采用了纠删码，能够双盘容错，大大地提升了磁盘的安全性。现如今，能够多盘容错的 RAID 也被纷纷使用到了存储领域。

1	0	0	0	0	0
0	1	0	0	0	0
0	0	1	0	0	0
0	0	0	1	0	0
0	0	0	0	1	0
0	0	0	0	0	1
$a_{0,0}$	$a_{0,1}$	$a_{0,2}$	$a_{0,3}$	$a_{0,4}$	$a_{0,5}$
$a_{1,0}$	$a_{1,1}$	$a_{1,2}$	$a_{1,3}$	$a_{1,4}$	$a_{1,5}$
$a_{2,0}$	$a_{2,1}$	$a_{2,2}$	$a_{2,3}$	$a_{2,4}$	$a_{2,5}$

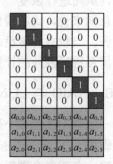

图 4-21 Reed-Solomon（RS）码的生成矩阵

一种实现多盘容错的 RAID 阵列是使用 Reed-Solomon（RS）编码。RS 码的生成矩阵如图 4-21 所示，可以看出，调整参数即可生成不同的 RS 编码。这个方法的优点在于对于任意的规模，RS 码都可以保证其正确性。另外，由于在 RS 码的编码过程中只采用了水平校验，它也具有比较优越的恢复性能和扩展性。RS 码的缺点在于其中使用的伽罗华域运算速度较慢，限制了它的性能。比起其他的纠删码（如 RDP、X-Code）来说，同等条件下它的性能更差。特别地，前面 RAID-6 中使用的 P+Q 编码就是一种基于 RS 的编码。

除了多盘容错外，有些学者正试图寻找新的发展方向。例如，2013 年提出的多层未压缩标清（Multilayer Uncompressed Standard Definition）编码（简称 SD 编码），如图 4-22 所示。可以容忍 *r* 个磁盘和另外任意 *s* 个块发生错误。这是一种全新的解决多个数据块同时失效问题的方案。

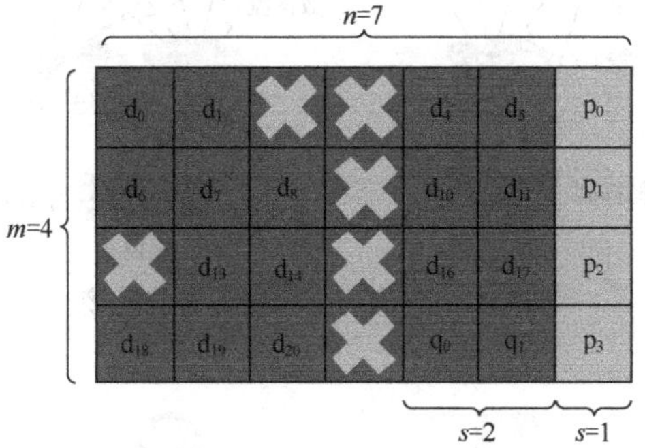

图 4-22　SD 编码

4.3　多路径技术

用户数据从主机侧到磁盘阵列，经历的典型路径依次为：主机、SAN、存储系统机头、存储系统磁盘。如图 4-23（a）所示，连接主机和存储阵列只有一个交换机，从主机到存储阵列的可见路径有 1 条，即（1，3）。此时，如果交换机故障，则主机无法访问数据。所谓多路径技术，即在一台主机和存储阵列端使用多条路径连接，使主机到阵列的可见路径大于一条，其间可以跨过多个交换机，避免在交换机处形成单点故障。如图 4-23（b）所示，从主机到存储阵列有两台交换机，因此从主机到存储阵列的可见路径有两条，即（1，3）（2，4）。此时，当左侧交换机失效即路径 1 断开时，数据流会在主机多路径软件的导引下选择路径（2，4）到达存储阵列侧。在路径 1 恢复的情况下，I/O 流会自动切回原有路径下发。同样在右侧交换机失效时，也会自动导引到左侧交换机到达存储阵列。整个切换和恢复过程对主机应用透明，完全避免了由于主机和阵列间的路径故障导致 I/O 中断。

存储系统冗余保护方案涉及从主机到磁盘路径上的所有领域，在主机侧和 SAN 领域，通过结合多路径软件，保证了前端路径没有单点故障；在存储机头侧，使用了全冗余硬件及热插拔技术实现了双控双活的冗余保护；在磁盘侧，利用磁盘双端口技术及磁盘多路径技术，实现了磁盘侧冗余保护。

基于 SAN 的存储与应用服务器连接有两种方式：基于 FC-HBA 卡式以及基于 iSCSI-HBA 启动器模式。无论采用哪种连接方式，主机端如果没有多路径软件会有以下问题存在：①混淆，操作系统看到几倍真实数量的磁盘；如图 4-24（a）所示，如果不安装多路径软件，当主机与阵列之间的路径有多条时，主机将会有多条路径可以访问阵列上的 LUN，这样，同一个 LUN 将会映射多份（数量与路径数相同）给操作系统，使得服务器会看到多个相同的物理 LUN。②没有冗余，没有多路径切换软件，操作系统将不知道何时它该使用多余的路径。③危险，没有多路径导致操作系统认为看到的多份磁盘是独立的，这将导致数据毁坏或 I/O 错误。

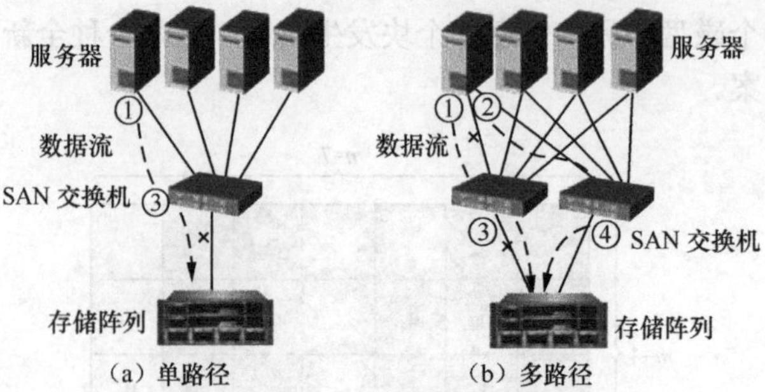

图 4-23　存储与应用服务器的连接

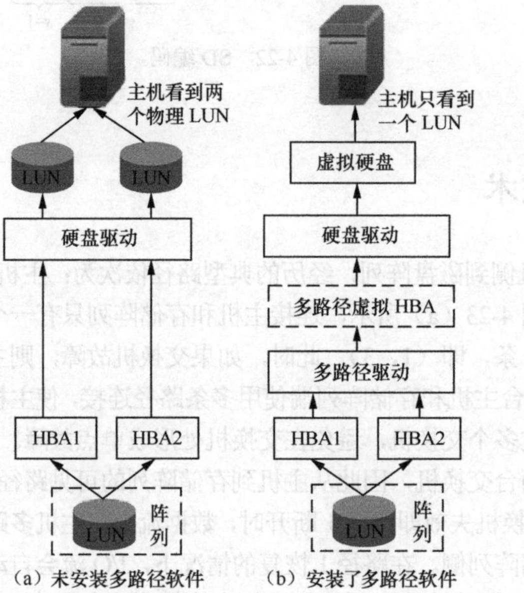

图 4-24　多路径软件避免操作系统看到多倍真实的硬盘

因此，为确保多路径的可靠性，应用服务器端都应该安装多路径软件（如 UltraPath、Microsoft Multipathing）和相应的主机总线适配器（Host Bus Adapter，HBA）驱动程序（如 Qlogic、Emulex）。如果是采用 iSCSI-HBA 方式，还要安装相应的启动器软件（如 Microsoft iSCSI Initiator、Open-iSCSI）。如果应用服务器组成集群，还需要安装相应的集群软件（如 MSCS、RHCS、VCS 和 Heartbeat）。图 4-25 汇总了应用服务器侧应该安装的软件。

总地来说，多路径软件的作用可以汇总如下：①避免操作系统看到多份真实的硬盘；多路径软件允许在有多个 HBA 和一个虚拟磁盘的服务器之间存在多个路径并对操作系统隐藏掉多余的路径。如图 4-24（b）所示，安装多路径软件后，多路径软件会在硬盘驱动和两个 HBA 卡之间虚拟一个 HBA，使得硬盘驱动只看到一个虚拟硬盘，然后映射给主机使用。②故障切换（failover）功能和功能恢复（failback）功能；路径冗余，若主路径故障则业务自动切换到备份路径，避免了因单点故障而造成业务中断。在路径恢复期间，存储系统、服务器和应用程序都保持可用。同时，更换出错设备之后，多路径软件定期测试每个出错的路径以查看路径是否已恢复。如果已经恢复，多路径软件会自动将 I/O 传输路径恢复到原主路径上。③负载均衡，多路径软件可以多条路径之间智能分摊 I/O 操作，均衡主机的负载。用于改善性能的动态多路径负载平衡，多路径可以提高服务器的功能以通过不断平衡所有路径之间的负载来管理繁重的 I/O 操作。④高可用性集群支持，在两个节点（每一节点有两个 HBA）上安装时，多路径软件会增加集群的固有冗余。如果路径出现故障，路径故障切换功能可以消除对集群节点切换功能的需求并维护活动节点的正常运行。

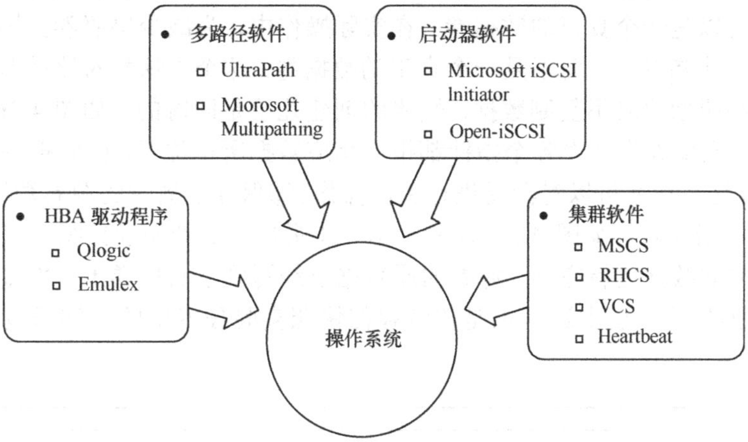

图 4-25　应用服务器侧软件

4.4　快照技术

云存储是云计算关键基础设施之一，用户通过云业务使用存储资源池。同时，云存储也可以作为一种在线服务：通过网络为用户提供在线存储服务，如网络硬盘等；通过互联网开放接口提供的在线存储服务如内容缓冲等。为保障在线存储服务的可靠性和可用性，当存储设备发生故障或者文件由于某些操作不当原因遭到损坏时，系统需要能够恢复到某个可用的时间点的状态。存储快照技术是满足这个需求的一个广泛使用的在线数据保护技术。根据存储网络行业协会（StorageNetworking Industry Association，SNIA）的定义，存储快照指的是一个指定数据集合在备份点的完全可用备份（或称静态映像），主要用于在线数据的瞬时备份、快速恢复、应用测试、资源消耗大业务的分离、降低数据备份对系统系能的影响等。大多数 RAID 的软件系统都有快照功能，这里简单介绍一下逻辑卷的快照与复制过程[1]。

1　传统的存储快照技术实现包含复制写（Copy On Write，COW）、重定向写（Redirect On Write，ROW）、首次写入变更（Copy On First Write，COFW）、克隆或镜像（Clone or Split Mirror）、基于后台备份的复制写（Copy on write with background copy）、增量快照（Incremental snapshot）、持续数据保护（Continuous data protection）等，感兴趣的同学可以找相关参考书参阅。

为方便后面的描述，首先介绍几个相关的基本概念。被指定进行快照的数据卷 LUN 为快照源卷（Base Volume），快照将相应的数据副本复制到指定的目标数据卷 LUN 成为快照卷（Snapshot Volume），保存快照源卷在快照过程中被修改以前的数据的数据卷叫快照仓储卷（Repository Volume）。某一个时间点的逻辑卷映像逻辑上相当于整个快照源卷的备份，可将快照卷分配给任何一台主机读取、写入或复制。图 4-26 描绘了一个逻辑卷快照的过程。假设源卷数据为“HUAWEI-SZU”，拟将源卷数据改为“HuaWei-SZU”。逻辑卷快照过程主要包含如下几步：①首先保证我们的源卷和阵列的运行是正常的，在快照完成之前控制器是禁止对源卷进行写操作，并且我们的卷有足够的空间来创建快照，即有空间创建仓储卷，仓储卷默认是快照源卷的 20%。②快照开始，建立快照卷。快照卷可以是一个真正的数据卷。在实际操作中，为减少快照卷占用的空间，快照卷常常是一个指针表，而不是一个真正的数据卷。这个方法相对比较节省空间，同时，因为在快照创建时不复制数据，快照的创建几乎是即时的。如图 4-26（b）所示，快照完成后，仓储卷指针表各个指针都指向相应数据所在位置，同时控制器释放对源卷的写权限，这之后才可以对源卷进行更新操作。③保存要更新的源卷数据到仓储卷，并更新快照卷指针表，如图 4-26（c）所示。④最后，更新源卷数据。从以上过程可见，当所有源卷数据更新完毕，源卷的原数据已经写到了仓储卷上，快照卷的指针指到了新的数据位置。以上过程也是传统存储快照实验技术中的复制写技术实现（即 COW 技术）。

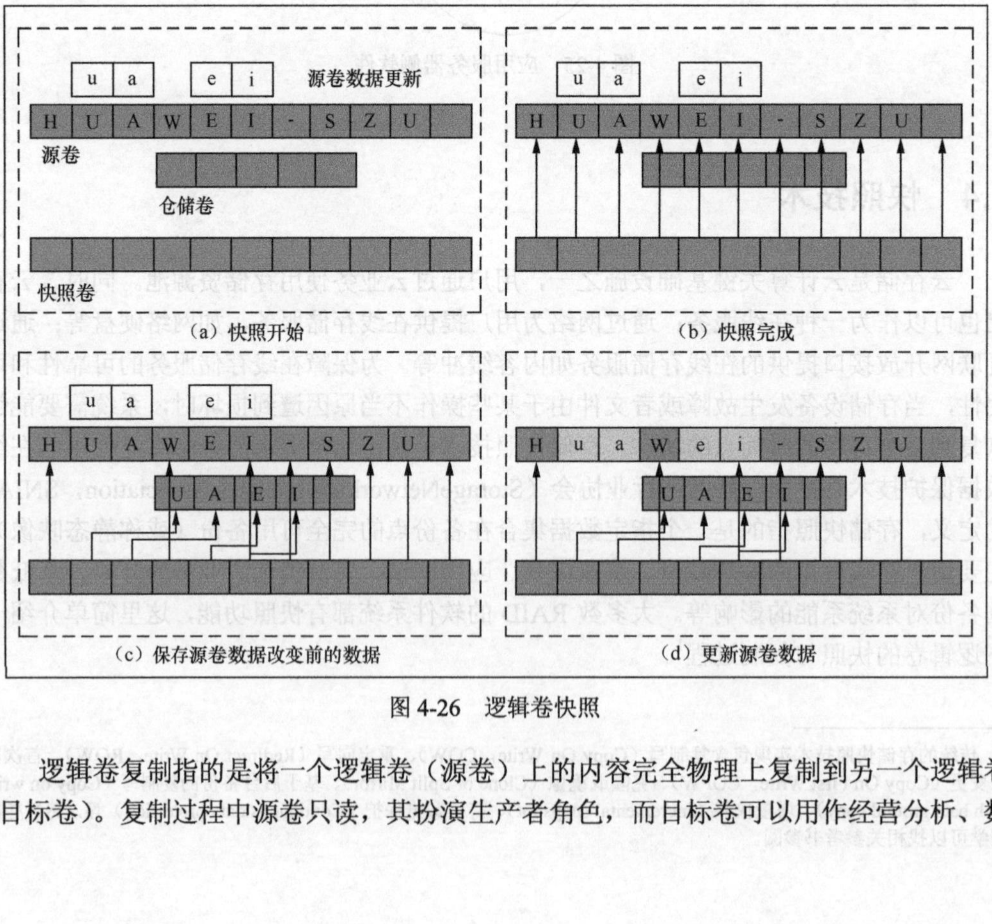

图 4-26 逻辑卷快照

逻辑卷复制指的是将一个逻辑卷（源卷）上的内容完全物理上复制到另一个逻辑卷（目标卷）。复制过程中源卷只读，其扮演生产者角色，而目标卷可以用作经营分析、数据挖掘、测试、备份等。这些操作常常比较耗时耗资源，但对目标卷的操作不影响源卷的性能。另外，对两份数据的并行操作将可以提高许多应用的读写性能。考虑到逻辑卷快照中在快照完成之前需要禁止对源卷的写操作。也就意味着有写操作的应用在快照过程中必须暂停。这与云服务的持续性供给要求相矛盾。结合逻辑卷快照与复制技术可以确保这个过程中对源卷的正常访问。

第5章 计算与辅助设备

云计算数据中心对计算设备的要求比传统数据中心更高，要求计算设备不仅支持计算，还要能够实现计算、存储、网络的融合，以支撑运营商、企业高端核心应用。计算设备的系统架构，从逻辑上可分为计算系统、交换系统以及管理与机电系统。计算系统、交换系统以及管理与机电系统之间既相互独立又相互依存，实现统一的交换架构，并由管理与机电系统提供统一的设备管理界面。

除了应对传统数据中心的安全威胁，云计算还面临新的安全威胁与挑战，基础设施、网络、虚拟化平台、数据与运维 4 个方面都有可能出现安全问题。当前的网络应用中，单台服务器的处理能力已经成为网络中的瓶颈，如果单纯升级服务器的性能，则浪费了前期的投资，且费用昂贵。如果单纯增加服务器的数目，需要进行复杂的控制，容错和热备冗余能力有限，且抗网络攻击能力弱。

针对上述挑战，云计算基础设施都有相应的硬件设备来解决，这就是本章要介绍的计算设备、安全设备以及负载均衡设备。

5.1 计算设备

5.1.1 设备介绍

云计算数据中心对计算设备的要求比传统数据中心更高，要求计算设备不仅支持计算，还要能够实现计算、存储、网络的融合，以支撑运营商、企业高端核心应用。具体来说，计算设备在可用性、计算密度、节能减排、背板带宽、智能管控与服务、计算与存储的弹性配置、网络低时延与加速方面都要比普通的服务器要求更高。

以华为 E9000 服务器为例，它提供了与小型机相当的品质和服务能力，为电信运营商、企业软件业务提供持续的竞争力提升。同时，在运营商的通用业务、互联网业务，华为 E9000 服务器提供与业界通用低成本服务器相同的竞争力。为计算、数据以及媒体融合的业务提供高带宽、低延时的交换能力，支持计算与媒体的融合。

通常来讲，计算设备能够满足任意工作负载需求，是支持计算、存储、网络融合的基础设施，主要有以下四大典型应用场景。

（1）云计算：计算设备可以为云计算提供高性能 CPU 和超大容量内存计算节点，适用于虚拟机灵活部署。有些计算设备内置大容量低功耗存储节点，能提供高吞吐的共享存储，满足弹性计算应用的要求。

（2）传统 IT 应用：可以在计算设备上创建多个虚拟机，在虚拟机上部署 Web 服务器、应用服务器、数据库等服务进程，并外接存储设备，即可实现 OA（Office Automation）、ERP（Enterprise Resource Planning）、BI（Business Intelligence）等传统 IT 应用。

（3）大数据应用：配备存储合一的计算节点，配合超高带宽的交换模块，如 InfiniBand 交换，是大数据处理分析的极佳平台。

（4）高性能计算：计算设备单个节点可以提供超快的计算能力，通过低延时的网络，计算设备能够连接成一个具备更强大计算能力的集群，满足高性能计算的要求。

计算设备要有灵活的扩展架构，在计算、存储、交换、散热、供电均采用模块化设计，能支持小型、中型、整机柜系列化演进，实现业务平滑扩展。此外，还要配置了专门的管理模块，用于监控和管理机箱和各部件，并提供远程和本地维护功能。

5.1.2 主要组件

计算设备的系统架构，从逻辑上可分为计算系统、交换系统以及管理与机电系统。计算系统、交换系统以及管理与机电系统之间既相互独立又相互依存，实现统一的交换架构，并由管理与机电系统提供统一的设备管理界面。系统逻辑架构如图 5-1 所示。

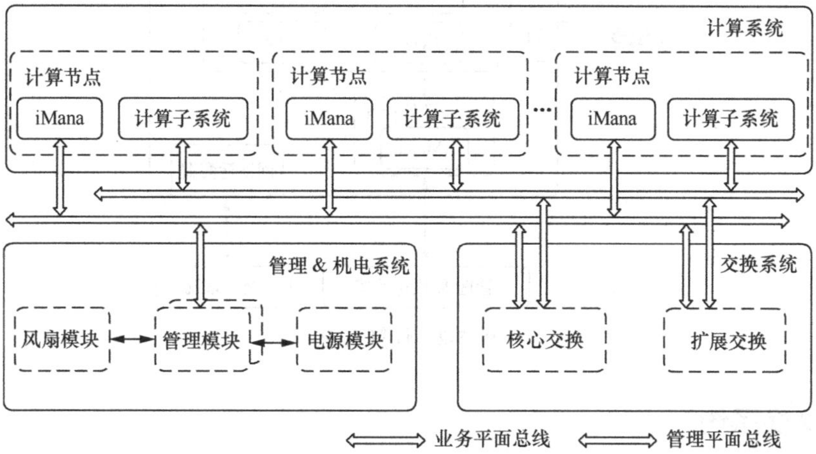

图 5-1 系统逻辑架构

计算系统同时提供计算与存储能力。通过交换系统的 I/O 模块提供外部数据接口，并通过计算系统内部的带外管理子系统实现机框或者更高层级的设备管理。

交换系统包含核心交换和扩展交换，完成机箱内计算子系统之间的交换，并通过 I/O 模块提供外部数据接口。交换系统和管理与机电系统相通，通过配置可组成业务交换和业务管理交换合一的物理网络或者相互隔离的物理网络。

管理与机电系统由风扇、电源、管理模块组成，实现对机箱各部件的管理和系统供电、散热。并连接各槽位计算节点和存储节点的带外管理子系统、交换模块的基板管理控制器。

5.1.3 计算系统

计算系统由带外管理子系统、业务处理器子系统和业务应用子系统组成。如图 5-2 所示，计算系统通过网络适配器连接交换系统，通过 I/O 接口连接高密线缆，外接显示器、键盘、鼠标以及 USB 设备。计算系统的三个子系统详细说明如下。

（1）带外管理子系统：用于和设备管理模块连接，完成对此计算节点的硬件监控和管理功能，包括单板温度和电压等环境监控、业务处理器子系统的上下电控制、远程 SOL、KVM over IP 以及远程虚拟媒体。

（2）业务处理器子系统由 CPU、内存、硬盘和 BIOS 组成，提供计算服务物理资源。

（3）业务应用子系统由操作系统和业务应用进程组成，各槽位计算节点的操作系统可以出厂预装或者现场安装，用户在此基础上部署业务应用进程。

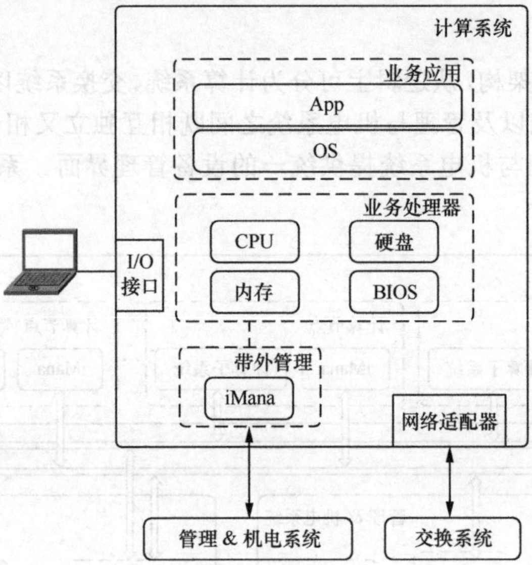

图 5-2 计算系统

5.1.4 交换系统

交换系统提供框内和框外计算节点的交换功能，并提供对接外部网络的接口。交换系统提供统一的以太网交换与存储交换功能，并提供扩展交换。交换系统拥有独立的以太网交换和存储交换平面，其中以太网交换可根据业务需要，划分为多个交换平面，交互系统支持各个交换平面互联互通。交换平面的划分如图 5-3 所示，交换系统物理上可划分核心交换和扩展交换：

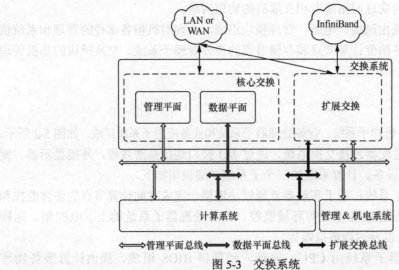

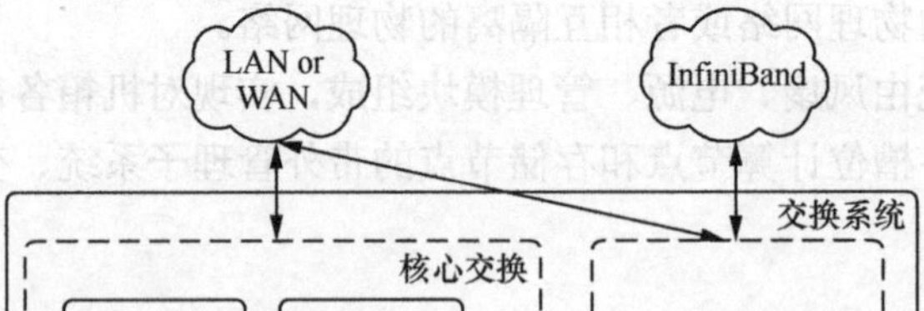

图 5-3 交换系统

（1）核心交换：系统融合交换，支持数据中心以太网及虚拟交换，包含存储（FCoE）、计算。在逻辑上划分为管理平面和数据平面。

（2）扩展交换：扩展交换平面，提供系统的交换扩展，可扩展 InfiniBand 交换、以太网交换等。

5.1.5　管理与机电系统

管理与机电系统提供计算节点、交换节点的带外管理功能，并提供机框的管理。支持资产管理、环境监控、FRU（Field Replaceable Unit）健康监控、带内监测和调测通道、本地 KVM、KVM over IP、SOL 和虚拟媒体功能。

如图 5-4 所示，管理与机电系统的管理模块支持主备以及主备故障的自动倒换，主、备管理模块通过 I^2C（Inter-Integrated Circuit）通道和风扇、电源连接，实现对风扇、电源的管理；风扇模块支持根据风扇分区和机框环境温度、各模块的温度状况自动调速；电源模块支持电源故障的自动保护等功能。

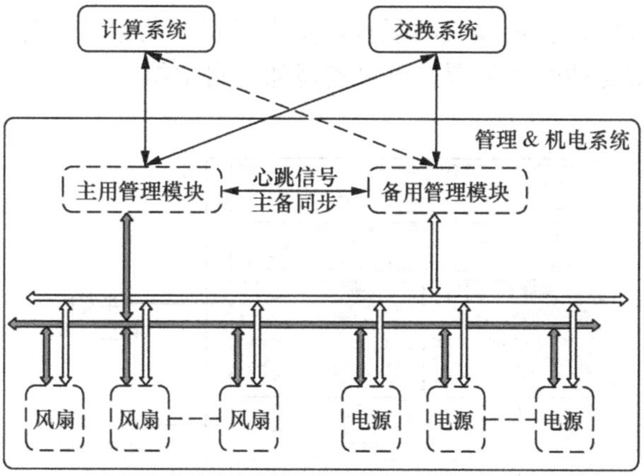

图 5-4　管理与机电系统

机框管理模块和计算节点的带外管理模块通过以太网交换连接，可支持管理模块自身出接口或者通过交换系统统一出接口，对接维护管理网络。默认通过交换系统统一出接口。

5.1.6　功能配置

计算设备作为一个通用的业务处理平台，将计算、存储和网络融合到一个高度为 12U 的机箱内，构筑硬件基础平台。本小节以华为 E9000 服务器为例来介绍计算设备的功能和配置。

E9000 服务器可以作为高性能计算节点，支持全系列的 Intel®x86 CPU，并能匹配未来多代 CPU 的演进。计算节点的规格可以根据半宽或者全宽的槽位灵活配置。为了满足各种高性能需求，计算节点往往还会配备丰富的网络接口以及加速卡。

E9000 服务器配备了半宽存储资源扩展模块，与半宽计算节点配合使用，组成全宽计算节点，实现存储和计算合一。计算设备可以支持 15 个 2.5 英寸 SAS/SATA HDD 或 SSD 硬盘。硬盘以活动抽屉方式排布，且单个硬盘可以在线插拔，内置的写缓存支持掉电保护。

E9000 服务器内置新一代具备数据中心特性的交换模块，既可以作为硬件平台内部模块的交换单元，也可以作为中小容量多框集成的汇聚交换机，有利于简化数据中心组网，降低成本。

在网络交换方面，E9000 服务器支持高密度万兆接入，具备 1.28Tbit/s 交换容量；960Mpps 转发能力。E9000 具有大规模路由网桥的功能，支持 10GE/GE 计算节点的混合接入组网；最大可构建超过 200 个节点的超大规模二层网络，支持用户业务灵活部署和虚拟机大范围迁移。此外，E9000 还支持 FCoE（Fibre Channel over Ethernet）特性，实现存储业务、数据业务和计算业务的融合交换，降低客户建网成本和维护成本，实现融合型增强以太网的功能。

在配置方面，E9000 机箱支持计算、存储和网络资源的灵活配置和弹性扩展，使各种资源配置达到最优，以满足不同业务应用场景下对资源的需求。

机箱的计算、存储槽位可以灵活配置，实现半宽、全宽槽位的自由组合，如图 5-5 所示。计算和存储节点的弹性配置，可以实现如下自由组合：

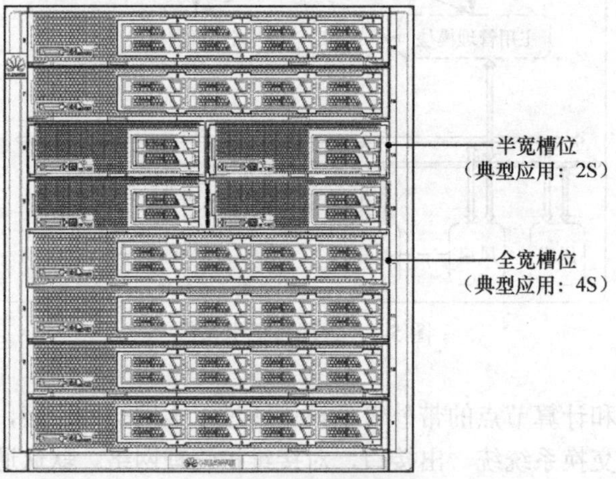

图 5-5　槽位灵活配置

（1）全宽计算节点；
（2）半宽计算节点；
（3）半宽计算节点+半宽存储资源扩展模块；
（4）半宽计算节点+加速部件（如 GPU、SSD、NVDIMM 等）。

各种配置支持根据业务扩展情况进行后续的配置优化、演进，满足各种应用需求。交换槽位还可以支持以太网交换、以太网直出、FC、FCoE、InfiniBand 等灵活配置，能满足不同组网要求。

5.2　桌面云的计算设备

5.2.1　解决方案

华为 FusionCloud 桌面云解决方案是基于华为 FusionCube 或 FusionSphere 的一种虚拟桌面应用，通过在云平台上部署软、硬件，使终端用户通过瘦客户端（Thin Client，TC）或者其他任何与网络相连的设备来访问跨平台的应用程序，以及整个客户桌面。华为 FusionCloud 桌面云解决方案如图 5-6 所示。

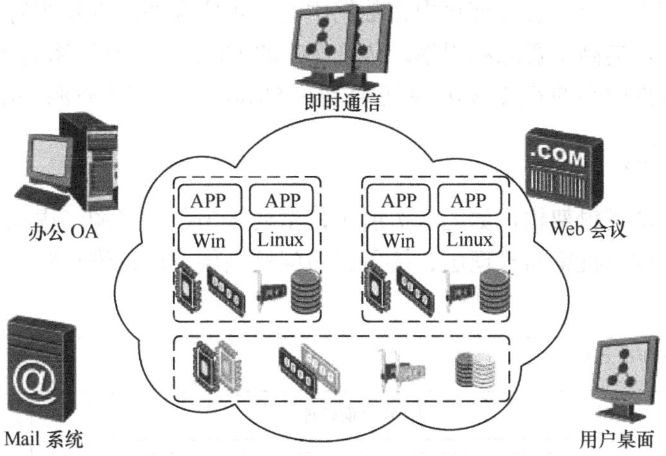

图 5-6　华为桌面云解决方案

华为 FusionCloud 桌面云解决方案重点解决传统 PC 办公模式给客户带来的如：安全、投资、办公效率等方面的诸多挑战，适合金融、大中型企事业单位、政府、呼叫中心、营业厅、医疗机构、军队或其他分散/户外/移动型办公单位。

传统桌面环境下，由于用户数据都保存在本地 PC，因此，内部泄密途径众多，且容易受到各种网络攻击，从而导致数据丢失。桌面云环境下，终端与信息分离，桌面和数据在后台集中存储和处理，无需担心企业的智力资产泄露。除此之外，TC 的认证接入、加密传输等安全机制，保证了桌面云系统的安全可靠。

传统桌面系统故障率高，据统计，平均每 400 台 PC 就需要一名专职 IT 人员进行管理维护，且每台 PC 维护流程（故障申报→安排人员维护→故障定位→进行维护）需要 2～4 个小时。桌面云环境下，资源自动管控，维护方便简单，节省 IT 投资。

（1）维护效率提升：桌面云不需要前端维护，强大的一键式维护工具让自助维护更加方便，提高了企业运营效率。使用桌面云后，每位 IT 人员可管理超过 2000 台虚拟桌面，维护效率提高 4 倍以上。

（2）资源自动管控：白天可自动监控资源负载情况，保证物理服务器负载均衡；夜间可根据虚拟机资源占用情况，关闭不使用的物理机，节能降耗。

传统桌面环境下，所有的业务和应用都在本地 PC 上进行处理，稳定性为 99.5%，年宕机时间约 21 个小时。在桌面云中，所有的业务和应用都在数据中心进行处理，强大的机房保障系统能保持 99.9%的业务稳定性，充分保障业务的连续性。各类应用的稳定运行，有效降低了办公环境的管理维护成本。

传统桌面环境下，用户只能通过单一的专用设备访问其个性化桌面，这极大地限制了用户办公的灵活性。采用桌面云，无论在办公室还是旅途中，用户都可以方便地通过桌面云接入个人计算机桌面，随时随地实现移动办公。由于数据和桌面都集中运行和保存在数据中心，用户可以不中断应用运行，实现无缝切换办公地点。

节能、无噪的 TC 部署，有效解决密集办公环境的温度和噪声问题。TC 让办公室噪声从 50 分贝降低到 10 分贝，办公环境变得更加安静。TC 和液晶显示器的总功耗为 60W 左右，相比传统 PC，能有效减少 70%的电费，低能耗可以有效减少降温费用。

桌面云环境下，所有资源都集中在数据中心，可实现资源的集中管控，弹性调度。资源的集中共享，提高了资源利用率。传统 PC 的 CPU 平均利用率为 5%～20%。桌面云环境下，云数据中心的 CPU 利用率可控制在 60%左右，整体资源利用率提升。

5.2.2 逻辑架构

华为桌面云的逻辑架构，如图 5-7 所示，主要分为硬件资源、虚拟化基础平台、云计算基础平台、虚拟机桌面管理层、接入和访问控制层、运营维护管理系统以及云终端这七大部分。

图 5-7 华为桌面云解决方案逻辑架构

（1）硬件资源：提供部署桌面云系统相关的硬件基础设施，包括服务器、存储设备、交换设备、机柜、安全设备、配电设备等。

（2）虚拟化基础平台：负责对基础设施进行虚拟化，具体来说包括服务器虚拟化、存储虚拟化以及网络虚拟化。

（3）云计算基础平台：包含云资源管理和云资源调度两部分：云资源管理指桌面云系统对用户虚拟桌面资源的管理，可管理的资源包括计算、存储和网络资源等；云资源调度指桌面云系统根据运行情况，将虚拟桌面从高负载物理资源迁移到低负载物理资源的过程。

（4）虚拟机桌面管理层：负责对虚拟机桌面使用者的权限进行认证，保证虚拟机桌面的使用安全，并对系统中所有虚拟机桌面的会话进行管理。

（5）接入和访问控制层：用于对终端的接入访问进行有效控制，包括接入网关、防火墙、负载均衡器等设备。

（6）运营维护管理系统：运营维护管理系统可由一套或多套软件系统组成，主要包含桌面管理和 OM 管理两部分：桌面管理完成桌面云的开户、销户等业务办理过程；OM 管理完成对桌面云系统各种资源的操作维护功能。

（7）云终端：用于访问虚拟桌面的特定的终端设备，包括瘦客户端、软终端、移动终端等。

5.2.3 硬件架构

针对不同的应用场景，FusionCloud 桌面云一体机提供了不同的产品形态。不同形态的 FusionCloud 桌面云一体机对应的应用场景如表 5-1 所示。

表 5-1　不同形态的 FusionCloud 桌面云一体机适用的场景

序号	产品形态	适用场景	说明
1	E9000 服务器+FusionStorage 存储（推荐）	适用于高性能应用 FusionCloud 桌面云一体机需求场景	成本较高、产品形态简单、维护简单
2	RH2288H V2 服务器+FusionStorage 存储	适用于高性能应用 FusionCloud 桌面云一体机需求场景	成本较低、产品形态、维护较第 1 种稍复杂

数据中心通过对应用程序进行集中控制和管理，向处于不同地域、使用不同终端设备的用户提供虚拟化应用服务。终端用户不需安装应用程序，通过访问应用虚拟化平台，就可以使用应用程序或存储用户数据。在一个客户端上支持多任务，可同时打开多个应用。

运营商通过数据中心对应用服务进行集中管理和控制，提高了企业 IT 管理员向企业用户交付应用的响应速度，简化了 IT 管理，降低了企业管理成本，加强了应用和数据的安全性。对特定用户、特定应用的操作进行安全审计，更一步保证了信息数据的安全，提高了客户满意度，增加了品牌竞争力。

企业通过数据中心对应用服务进行集中管理和控制，提高了企业 IT 管理员向企业用户交付应用的响应速度，简化了 IT 管理，降低了企业管理成本，加强了应用和数据的安全性。对特定用户、特定应用的操作进行安全审计，更一步保证了信息数据的安全。

用户不需要在本地安装应用程序，即可使用应用程序，不受时间和空间的限制，且访问应用程序的体验效果良好。通过进行安全审计，更一步保证了信息数据的安全。

E9000 服务器+FusionStorage 形态的 FusionCube，其逻辑架构如图 5-8 所示，其中：

（1）E9000 服务器：硬件设备，主要包括服务器刀片、交换模块、管理模块等组件，向 FusionCube 提供物理的计算、存储、网络资源。

（2）FusionCompute：软件组件，主要包括 VRM、主机软件，用于虚拟化物理资源，向 FusionCube 提供虚拟机服务。

（3）FusionStorage：软件组件，主要包括 OSD、MDC、Manager、Agent 等组件。FusionStorage Manager 是两台主备关系的虚拟机，分别运行在两个 MCNA 节点上；MDC 是运行在两个 MCNA 节点和 LCNA 节点系统上程序；OSD 和 Agent 是运行在所有向 FusionStorage 提供磁盘资源的主机系统上的程序。管理 E9000 服务器刀片上的存储资源，向 FusionCompute 提供存储资源。

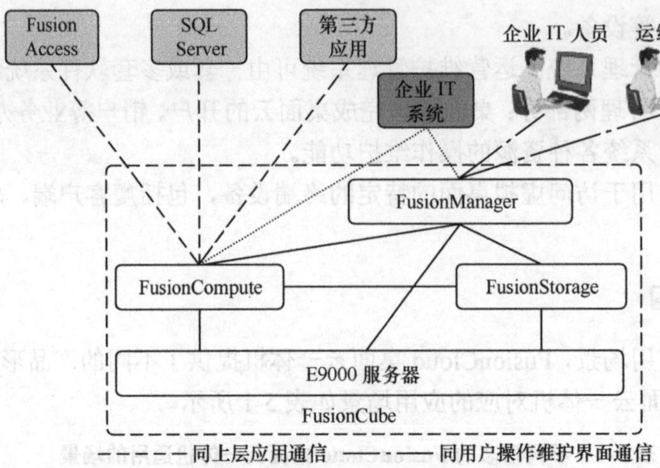

图 5-8 FusionCube 逻辑架构

（4）FusionManager：软件组件，主要包括 IRM、SSP、AME、IAM、Report、IDB、CSB、UHM 等组件。作为 FusionCube 的管理软件，管理其中的虚拟化资源、硬件资源，提供系统监控管理、运维管理和服务目录管理等功能。

5.2.4 部署方案

FusionCloud 桌面云一体机硬件采用整柜发货的形式，机柜内硬件组件，包括服务器和网络设备，机柜内信号线缆均已完成连接。现场安装时，仅需要完成机柜、机柜间信号线缆和电源线的安装，安装流程如图 5-9 所示。

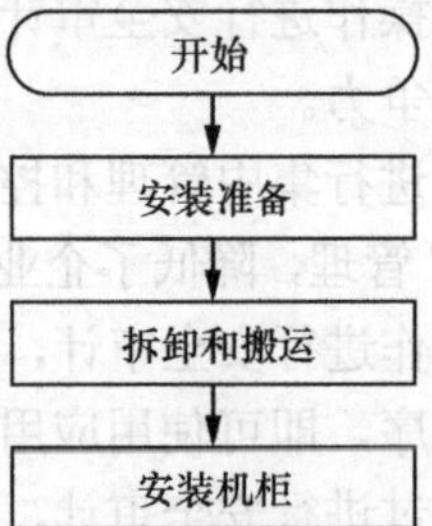

图 5-9 桌面云一体机硬件安装流程

5.2.5　应用场景

华为 FusionCloud 桌面云解决方案的一个典型应用就是呼叫中心桌面云。呼叫中心桌面云是指呼叫中心人员使用桌面云自动灵活地处理大量各种不同的电话呼入和呼出业务以及服务。客户端采用定制化的瘦客户端或传统 PC 桌面后，客户端硬件维护成本降低。而且云呼叫中心既可以支持局域网本地呼叫座席，也可以支持居家客服的远程工作模式，客户端远程登录速度和可用性大幅提高，确保了业务连续性。

与此同时，应用系统的集中部署和管理安全高效，杜绝信息流失隐患，员工无法随意带走客户信息。从而为用户打造一个绿色、高效、可盈利的呼叫中心。华为呼叫中心桌面云解决方案，可以在普通桌面云系统中部署 UAP/AIP，同时兼容 TDM、IP 方式。华为呼叫中心桌面云解决方案如图 5-10 所示，其主要特点如下。

（1）支持平滑迁移：完善的呼叫中心平台和桌面云的集成方案，平滑迁移客户原有呼叫中心。

（2）快速应用，优质语音：华为桌面云系统整合华为数据通信、电信设备设计制造的优势，专门针对座席使用的客户管理类应用（C/S 类型或者 B/S 类型应用）以及语音数据流优化传输 QoS 和传输时延，提供了桌面应用的快速响应特点和优质的语音体验。华为桌面云系统支持端到端的 HDA 连接扩展 HDX 特性，由支持 HDX 的 TC 配合，能够提供专业级桌面影音体验。

（3）运维成本降低：华为桌面云支持同类应用的共享部署模式，节省了虚拟桌面实际的资源占用，方便维护、升级。采用 TC 终端替代传统 PC，降低呼叫中心的噪声、电力消耗，为客户打造绿色呼叫中心。

（4）方案丰富：针对呼叫中心桌面云解决方案，华为提供了三种具体方案：硬电话方案、TC 嵌入语音软件方案、虚拟桌面嵌入语音软件方案。

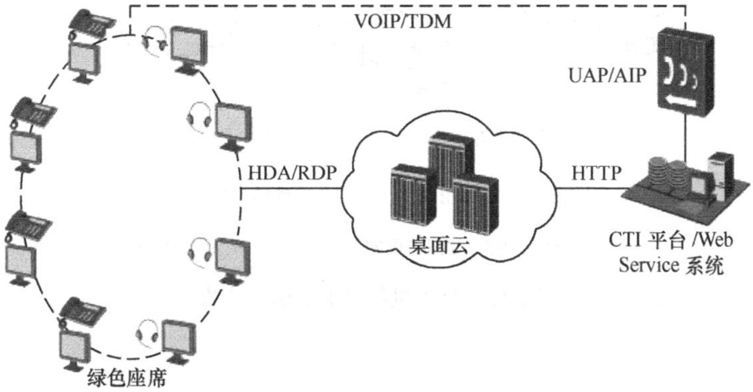

图 5-10　华为呼叫中心桌面云解决方案

企业中除了总部机构需要使用桌面云外，很多分支机构也需要使用桌面云，所以部署分支机构特性可以满足分支机构对桌面云业务的需求。

为了提高分支机构桌面云的用户体验，系统将分支机构桌面云部署在分支机构本地，以保证网络延时和带宽能够满足系统性能要求，降低分支机构和总部间对网络带宽和网络质量的要求。华为分支机构桌面云解决方案如图 5-11 所示，其主要特点为：

（1）降低网络使用成本：分支机构业务资源部署在本地，虚拟机远程桌面流量也被限制在本地，因此分支机构到总部之间的网络仅用于传输管理数据，对网络带宽要求较低（带宽≥2M，时延<50ms）。而传统的集中部署桌面云的方式，对远程接入桌面云的网络带宽和延时要求都比较高，如果有播放音频、视频的需求，则要求更高。部署分支机构后不但节省了远程专线网络的成本，而且保障了流畅的虚拟机用户体验。

（2）业务连续不中断：分支机构本地也部署了一套桌面管理软件，如果总部数据中心故障或与分支机构的网络中断，分支机构本地的用户仍然可以访问本地虚拟桌面。广域网连接中断不影响已登录的虚拟桌面正常运行，确保分支机构业务连续不中断。

（3）集中运维和管理：在总部部署一套集中运维管理系统，集中运维和管理总部和各分支机构的桌面云业务。

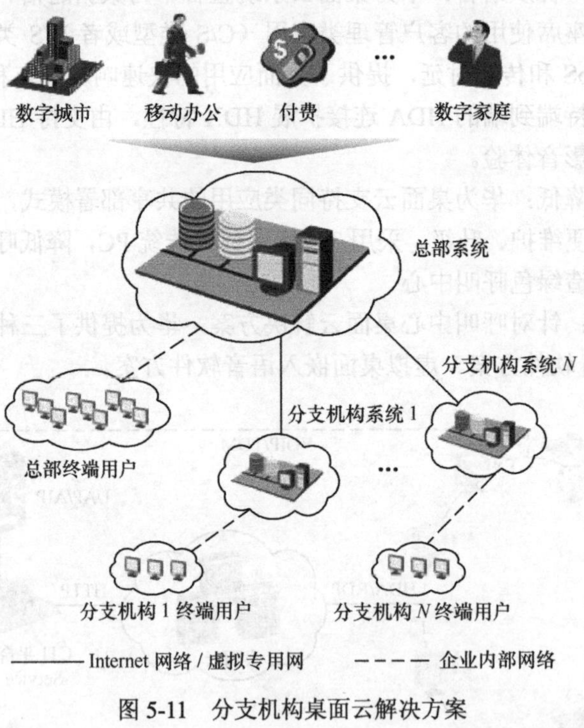

图 5-11 分支机构桌面云解决方案

5.3 计算应用案例

5.3.1 云计算

为了说明计算设备在云计算中的应用，下面介绍 E9000 在华为云计算解决方案 Desktop

Cloud 应用场景下的组网和配置。

Desktop Cloud 提供虚拟机桌面云，是华为的 VDI（Virtual Desktop Infrastructure）一体机解决方案，属于 IaaS（Infrastructure as a Service）层产品。E9000 具有计算、存储、网络融合的特点。因此，可以通过一个 E9000 机箱部署全部 VDI 应用，实现 Desktop Cloud 解决方案。E9000 应用于 Desktop Cloud 解决方案的组网如图 5-12 所示。

在本应用实例中，E9000 提供全宽的计算节点，可配置硬盘组或者专业的 GPU 卡。一个配置了硬盘组的计算节点可支撑的 Desktop Cloud 虚拟机数量大于 40，因此，一个 E9000 机箱即可支持数百个虚拟机，能满足大部分企业的应用需求，其详细说明如下。

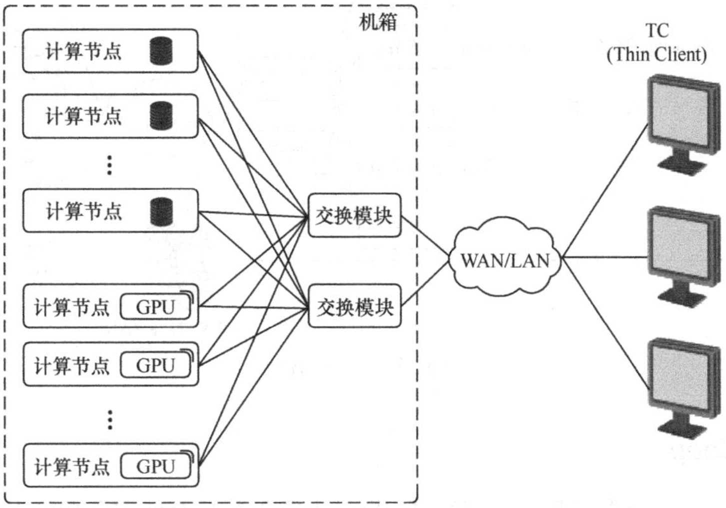

图 5-12　Desktop Cloud

（1）配置了硬盘组的计算节点，提供高达数十 TB 级别的高可靠性分布式存储。另外，还通过计算节点上配置的 NVRAM（Non Volatile Random Access Memory）实现高速缓存，提供高速存储吞吐能力。

（2）配置了 GPU 卡的计算节点，用于支撑专业图形工作站的虚拟机应用。

（3）E9000 内置了交换模块，提供多个业务交换平面。Desktop Cloud 应用场景下一般配置 GE 交换模块，即能满足机箱内计算节点的数据交换需要，并支持多个机箱级联扩展。

Desktop Cloud 提供的分布式存储软件充分利用了 E9000 的存储硬件能力，节省了外置 IP SAN、FC SAN 的购置和维护成本，且内置的交换模块节省了外置以太网交换机的购置和维护成本。

5.3.2　传统 IT 应用

本小节以 OA 一体机为例，介绍 E9000 在传统 IT 应用场景下的组网和配置。E9000 能够支持传统的 IT 应用，例如 OA、ERP、BI 等。通过在 E9000 的计算模块上创建多个虚拟机，并在虚拟机中部署 Web 服务器、应用服务器（中间件）和数据库等服务进程，即可实现传统的IT应用。

例如，E9000应用于OA一体机的组网如图5-13所示。OA一体机，即将Exchange Mail系统、Sharepoint协作办公系统以及后台的MS SQL等MicroSoft的办公系统，统一部署到一套设备上。在OA一体机场景下：

（1）数据全部存储在FC SAN或者IP SAN；

（2）半宽计算模块上部署多个虚拟机，在虚拟机中部署MS Sharepoint、Exchange、SQL Server等服务进程，即可部署大规格邮件和办公协作环境。

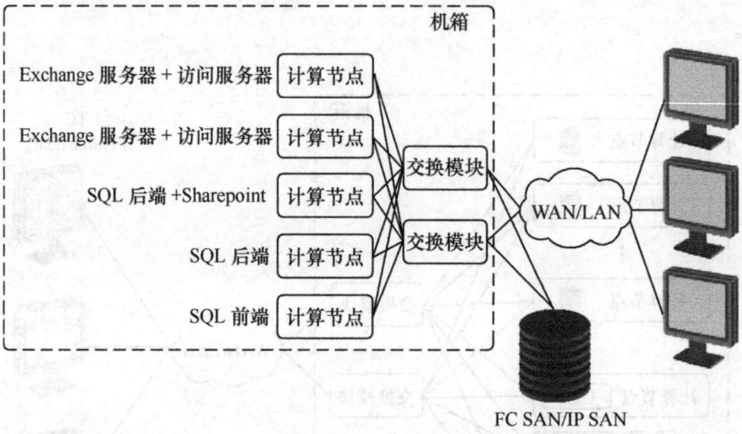

图5-13　OA一体机

5.3.3　Hadoop

Hadoop是一个分布式数据处理系统。提供大容量数据存储和分析能力，为用户提供高可靠、可扩展、廉价的数据存储和分析服务。

Hadoop实现了一个分布式文件系统（Hadoop Distributed File System，HDFS）。HDFS有高容错性的特点，并且设计用来部署在低廉的硬件上。而且，它提供高吞吐量来访问应用程序的数据，适合那些有着超大数据集的应用程序。HDFS放宽了POSIX的要求，可以以流的形式访问文件系统中的数据。

Hadoop得以在大数据处理应用中广泛应用得益于其自身在数据提取、变形和加载（ETL）方面上的天然优势。Hadoop的分布式架构，将大数据处理引擎尽可能地靠近存储，对ETL这样的批处理操作相对合适，因为类似这样操作的批处理结果可以直接走向存储。Hadoop的MapReduce功能实现了将单个任务打碎，并将碎片任务通过Map操作发送到多个节点上，之后再通过Reduce操作以单个数据集的形式将结果加载到数据仓库里。

本小节介绍E9000在Hadoop应用场景下的组网和配置。E9000应用于Hadoop的组网如图5-14所示，其中：

（1）NameNode：用于管理文件系统的命名空间、目录结构、元数据信息以及提供备份机制等；

（2）DataNode：用于存储每个文件的“数据块”数据，并且会周期性地向NameNode报告该DataNode的存放情况；

（3）JobTracker：MapReduce 的任务调度进程；

（4）TaskTracker：负责执行由 JobTracker 指派的任务。

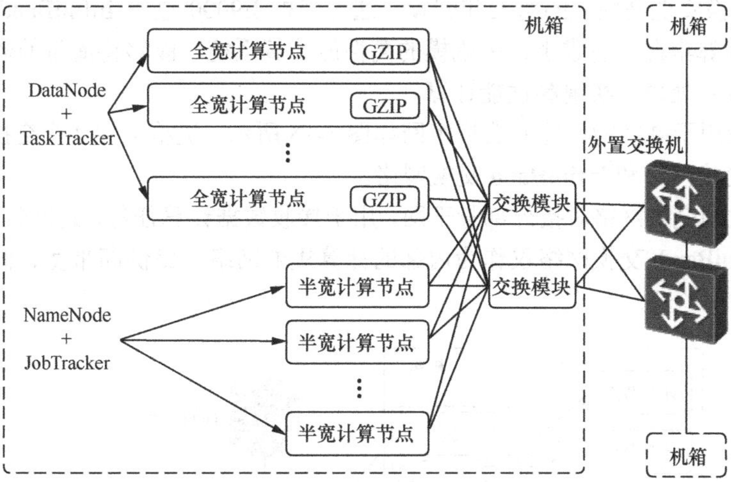

图 5-14　Hadoop 大数据挖掘

Hadoop 框架的核心设计就是 HDFS 和 MapReduce。HDFS 为海量的数据提供了存储，则 MapReduce 为海量的数据提供了计算。为了充分发挥 Hadoop 海量数据处理的技术优势，E9000 在 Hadoop 计算应用场景下的技术说明如下。

（1）在半宽计算节点上部署主、备 NameNode 和主、备 JobTracker 服务。

（2）在全宽计算节点上部署 DataNode 和 TaskTracker 服务，有以下特点：

① 全宽计算节点可内置 15 个 2.5 英寸硬盘，完全满足 HDFS 的海量存储需求。

② 全宽计算节点配置华为自研 GZIP 压缩卡，对 HDFS 存储的数据进行压缩加速。有效减少 CPU 的占用率和提升 HDFS 的数据存储容量。

③ 每个计算节点配置 2 个 8 核 CPU 和 768 GB 的内存，提供强劲的计算分析能力。

（3）E9000 机箱内置 10GE 交换模块，单个交换模块可提供 2×10GE 互联出口，框间提供 40GE 互联，为 Hadoop 应用各节点之间提供了高带宽低时延的数据传输通道，满足大规模数据挖掘的吞吐要求。

（4）随着海量数据分析规模的增长，可以逐个添加 E9000 机箱，组成多达数百节点规模的计算集群，以满足超大规模数据挖掘的要求。

5.3.4 高性能计算

高性能计算指通常使用很多处理器（作为单个机器的一部分）或者某一集群中组织的几台计算机（作为单个计算资源操作）的计算系统和环境。有许多类型的高性能计算系统，其范围从标准计算机的大型集群，到高度专用的硬件。大多数基于集群的高性能计算系统使用高性能网络互连，比如那些来自 InfiniBand 或 Myrinet 的网络互连。基本的网络拓扑和组织可以使用一个简单的总线拓扑，在性能很高的环境中，网状网络系统在主机之间提供较短的潜伏期，所以可改善总体网络性能和传输速率。

高性能计算用于解决计算难题，如流体动力学、碰撞模拟、地震处理、图形比对以及复杂的价格建模都需要大量计算资源。E9000 可应用在高性能计算场景，通过扩展 InfiniBand 交换实现高性能的组网和配置。通过多框 E9000 进行 InfiniBand 互联，将计算节点组成计算集群，现成小、中规模的高性能计算系统，能够将海量的数据分解到多个计算节点并行处理，实现高性能计算。

E9000 应用于高性能计算的典型组网如图 5-15 所示。机箱上的 4 个交换模块，两两组成以太网交换网络和 InfiniBand 交换网络。

（1）以太网交换网络对接外部骨干网，用于接收数据计算任务，返回数据计算结果。

（2）InfiniBand 交换网络仅作为内部的计算集群网络，提供高带宽、低时延的并行计算网络。

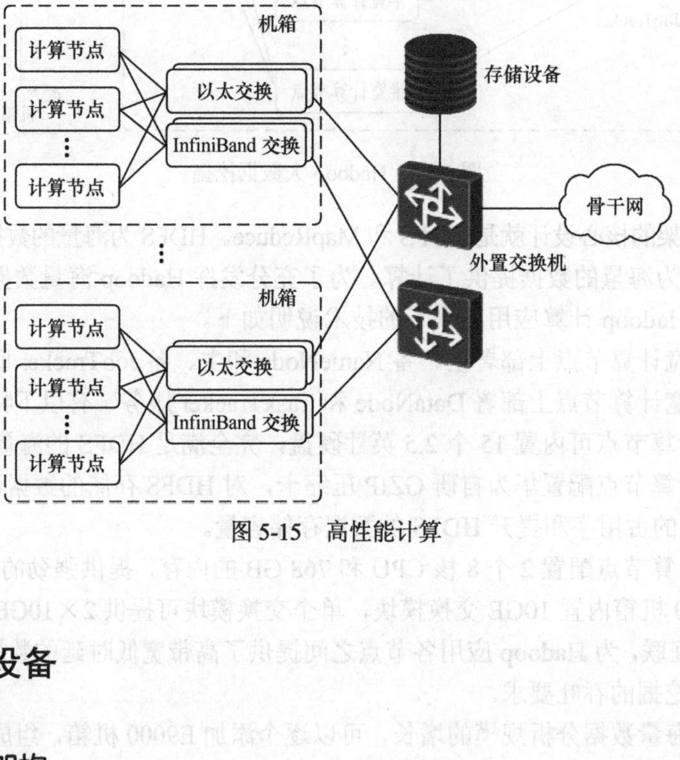

图 5-15 高性能计算

5.4 安全设备

5.4.1 安全架构

除了应对传统数据中心的安全威胁，云计算还面临新的安全威胁与挑战，需要从基础设施安全、网络安全、虚拟化平台安全、数据安全四个方面来系统地讨论云计算的安全架构。

（一）基础设施安全

基础设施作为云计算架构的基础，其安全性关系到整个云平台。基础设施安全主要包括两个方面：Hypervisor 的安全威胁、虚拟机的安全威胁。

Hypervisor 是虚拟化的核心，可以捕获 CPU 指令，为指令访问硬件控制器和外设充当中介，协调所有的资源分配，运行在比操作系统特权还高的最高优先级上。一旦 Hypervisor 被攻击破解，在 Hypervisor 上的所有虚拟机将无任何安全保障，直接处于攻击之下。

虚拟机动态地被创建、被迁移，虚拟机的安全措施必须相应地自动创建、自动迁移。虚拟机没有安全措施或安全措施没有自动创建时，容易导致接入和管理虚拟机的密钥被盗、未及时打补丁的服务（FTP、SSH 等）遭受攻击、弱密码或者无密码的账号被盗用、没有主机防火墙保护的系统遭受攻击。

（二）网络安全

网络安全通过网络平面隔离、引入防火墙、传输加密等手段，保证业务运行和维护安全。因此，网络安全包括网络隔离安全、传输安全。

网络隔离安全又包括 DHCP 隔离、平面隔离。由于虚拟机是云计算基础设施的重要组成部分，因此，云架构中的网络安全必须要支持对虚拟机的 DHCP 隔离。如果用户在某台虚拟机中安装 DHCP 软件，开启端口组的 DHCP 隔离功能，可以防止该虚拟机通过安装的 DHCP 软件，为其他虚拟机分配 IP 地址，影响其他虚拟机的正常运行。

如图 5-16 所示，网络通信平面可以划分为业务平面、存储平面和管理平面。平面隔离指的是这 3 个平面之间是隔离的。保证管理平台操作不影响业务运行，最终用户不破坏基础平台管理。

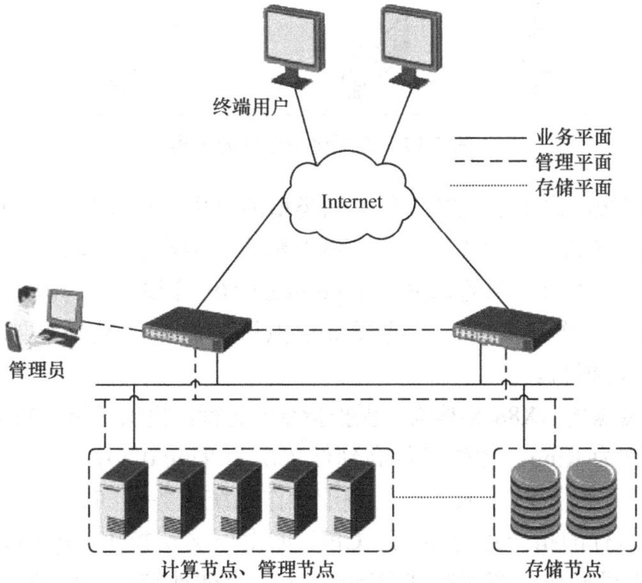

图 5-16　平面隔离示意图

（1）业务平面：为用户提供业务通道，为虚拟机虚拟网卡的通信平面对外提供业务应用。

（2）存储平面：为 iSCSI 存储设备提供通信平面，并为虚拟机提供存储资源，但不直接与虚拟机通信，而通过虚拟化平台转化。

（3）管理平面：负责整个云计算系统的管理、业务部署、系统加载等流量的通信。BMC 平面主要负责服务器的管理，BMC 平面可以和管理平面隔离，也可以不进行隔离。

（三）虚拟化平台安全

虚拟化平台安全实现同一物理机上不同虚拟机之间的资源隔离，避免虚拟机之间的数据窃取或恶意攻击，保证虚拟机的资源使用不受周边虚拟机的影响。终端用户使用虚拟机时，仅能访问属于自己的虚拟机的资源（如硬件、软件和数据），不能访问其他虚拟机的资源，保证虚拟机隔离安全。虚拟化平台的资源隔离如图 5-17 所示。

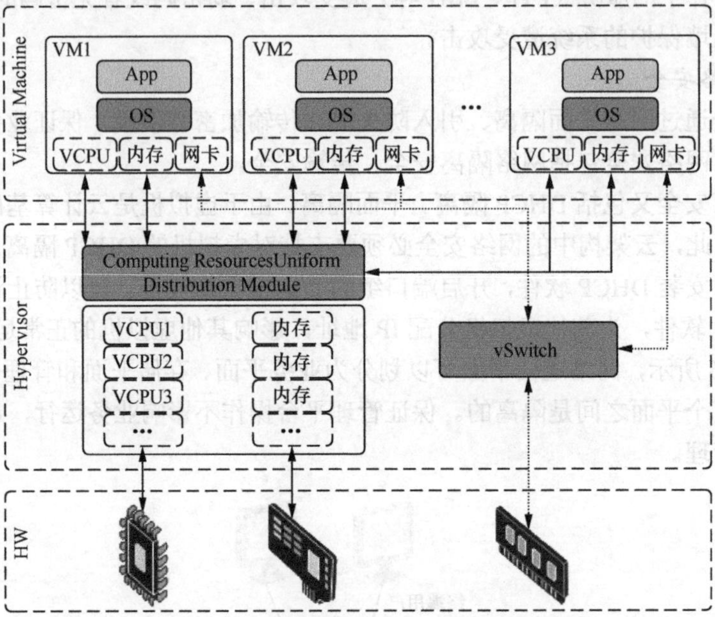

图 5-17　虚拟化平台资源隔离

虚拟化平台资源隔离主要包括五种不同类型的隔离，分别为：物理资源与虚拟资源的隔离、CPU 调度隔离、内存隔离、内部网络隔离、磁盘 I/O 隔离。

（1）物理资源与虚拟资源的隔离：Hypervisor 统一管理物理资源，保证每个虚拟机都能获得相对独立的物理资源；并能屏蔽虚拟资源故障，某个虚拟机崩溃后不影响 Hypervisor 及其他虚拟机。

（2）CPU 调度隔离：X86 架构为了保护指令的运行，提供了指令的 4 个不同 Privilege 特权级别，术语称为 Ring，优先级从高到低依次为 Ring 0（用于运行操作系统内核）、Ring 1（用于操作系统服务）、Ring 2（用于操作系统服务）、Ring 3（用于应用程序），各个级别对可以运行的指令进行限制。CPU 的上下文切换由 Hypervisor 负责调度。Hypervisor 使虚拟机操作系统运行在 Ring 1 上，有效地防止了虚拟机的宿主操作系统直接执行所有特权指令。应用程序运行在 Ring 3 上，保证了操作系统与应用程序之间的隔离。

（3）内存隔离：虚拟机通过内存虚拟化来实现不同虚拟机之间的内存隔离。内存虚拟化技术在客户机已有地址映射（虚拟地址和机器地址）的基础上，引入一层新的地址——“物理地址”。在虚拟化场景下，客户机 OS 将“虚拟地址”映射为“物理地址”；Hypervisor 负责将客户机的“物理地址”映射成“机器地址”，再交由物理处理器来执行。

（4）内部网络隔离：Hypervisor 提供 VRF（VPN Routing and Forwarding）功能，每个客户虚拟机都有一个或者多个在逻辑上附属于 VRF 的网络接口 VIF（Virtual Interface）。从一个虚拟机上发出的数据包，先到达 Domain 0，由 Domain 0 来实现数据过滤和完整性检查，并插入和删除规则；经过认证后携带许可证，由 Domain 0 转发给目的虚拟机；目的虚拟机检查许可证，以决定是否接收数据包。

（5）磁盘 I/O 隔离：虚拟机所有的 I/O 操作都会由 Hypervisor 截获处理，Hypervisor 保证虚拟机只能访问分配给该虚拟机的物理磁盘，实现不同虚拟机硬盘的隔离。

（四）数据安全

数据是企业的核心资产，数据安全是云计算安全非常重要的一个部分。通常需要从隔离用户数据、控制数据访问、保护剩余信息、存储数据的可靠性等方面保证用户数据的安全和完整性。

（1）隔离用户数据：通过虚拟化层实现虚拟机间存储访问隔离，隔离用户数据，防止恶意虚拟机用户盗取其他用户的数据，保证用户数据安全。Hypervisor 采用分离设备驱动模型实现 I/O 的虚拟化，虚拟机所有的 I/O 操作都会由 Hypervisor 截获处理；Hypervisor 保证虚拟机只能访问分配给它的物理磁盘空间，从而实现不同虚拟机硬盘空间的安全隔离。

（2）控制数据访问：系统对每个存储卷定义不同的访问策略，没有访问该卷权限的用户不能访问该卷，只有卷的真正使用者（或者有该卷访问权限的用户）才可以访问该卷，每个卷之间是互相隔离的。

（3）保护剩余信息：

① 存储采用数据增强技术，系统会将存储池空间划分成多个小粒度的数据块，基于数据块来构建 RAID 组，使得数据均匀地分布到存储池的所有硬盘上，然后以数据块为单元来进行资源管理。

② 删除虚拟机或删除数据卷，系统会进行资源回收，小数据块链表将被释放，进入资源池。存储资源重新利用时，再重新组织小数据块。通过这种方式，重新分配的虚拟磁盘恢复原来数据的可能性小，有效做到了剩余信息保护。

③ 系统进行资源回收时，支持对逻辑卷的物理位进行格式化，保证数据的安全。

④ 数据中心的物理硬盘更换后，需要数据中心的系统管理员采用消磁或物理粉碎等措施保证数据彻底清除。

（4）存储数据的可靠性：数据存储采用可靠性机制，每一份数据都可以有一个或者多份副本，即使存储载体（如硬盘）出现了故障，也不会引起数据丢失，则不会影响系统正常使用。

5.4.2　设备介绍

本节以华为的安全接入网关 SVN 为例来介绍安全设备。SVN 采用电信级的可靠硬件平台，安全的实时嵌入式操作系统，传承了华为公司多年来在通信、网络领域的研发设计能力，满足各种严苛的国际认证规范，为企业、政府、运营商的远程接入、移动办公、第三方接入、多媒体隧道接入以及其他安全接入应用提供了整体的安全解决方案。

SVN 产品提供了丰富的特性，包括 SSL VPN、IPSec VPN、GRE VPN、MPLS VPN、防火墙、攻击防范功能以及领先的三层特性，例如 IPv6、MPLS、动态路由、策略路由等，使得企业、政府和运营商用户可以在一台设备中部署各种所需的安全服务，能够有效降低安全方案的部署成本。基于这些丰富的功能，SVN 能够在多种组网环境下作为远程接入网关和多媒体隧道网关提供服务。

SVN 可以应用到多种典型场景，例如，远程接入网关。通过在企业内网的入口处部署 SVN，移动办公用户、客户、企业分部员工只要可以上 Internet，就可以随时随地访问企业内网资源。SVN 也可以部署在运营商机房，由运营商租用给企业，企业租用 SVN 之后，外部用户如出差员工、企业分部员工可以通过专有的门户、专线去访问企业总部的资源。用户还可以通过移动智能终端上的 VPN 客户端软件访问企业内网资源。

在 VoIP 组网应用中，SVN 5000 系列产品作为多媒体隧道网关部署在 VoIP 服务器所在网络的入口处，通过多媒体隧道功能使得 VoIP 客户端与 VoIP 服务器之间的通信不受 NAT 限制，能够穿越防火墙和 HTTP 代理服务器，为语音、视频等多媒体业务提供端到端的私网穿越和安全加密能力。

5.4.3 主要组件

SVN 采用模块化的设计思想，将不同的组件封装到各个模块中，每个模块完成相应的特定功能并协同工作。SVN 的主要组件如图 5-18 所示。

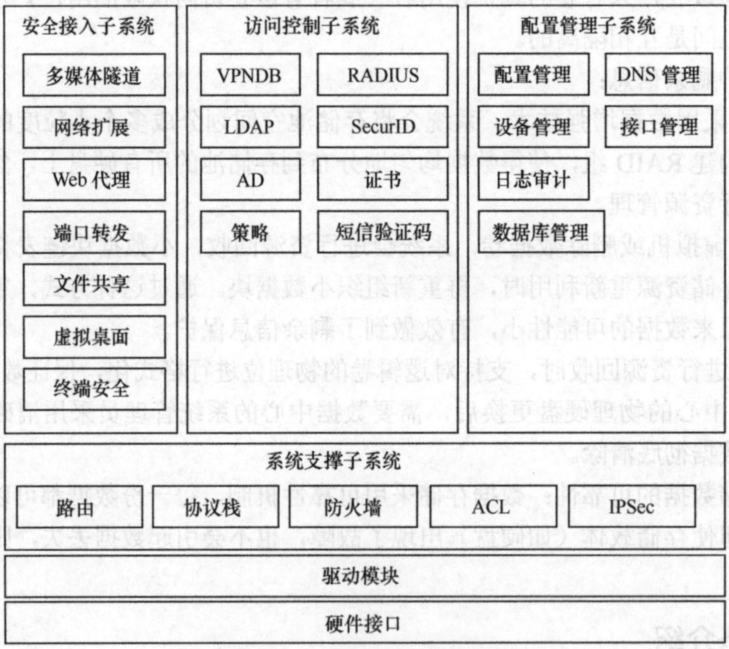

图 5-18 SVN 设备组件结构

安全接入子系统对 PC、智能移动手机等终端的安全接入提供保障。实现的主要功能包括多媒体隧道、网络扩展、Web 代理、端口转发、文件共享、虚拟桌面和终端安全。

访问控制子系统通过多种认证授权方式对访问内网的用户或者客户端进行访问控制，除此之外，还通过策略来过滤用户可以访问的资源和进行流控制。提供的认证授权方式有：VPNDB、RADIUS、LDAP、SecurID、AD、短信验证码和证书等多种认证授权方式。

配置管理子系统实现与用户进行交互并提供了配置、测试、维护等接口。实现了配置管理、设备管理、文件系统管理、信息中心对日志和告警的管理、软件补丁管理和 VPNDB 数据库管理。

系统支撑子系统对整个系统进行支撑。实现的主要功能有：路由功能、协议栈、防火墙功能、ACL 和 IPSec。驱动模块和硬件接口提供软件和硬件进行连接的基本支撑。

5.4.4 功能配置

SVN 具有强大的 SSL VPN 功能、完备的整体安全防护、丰富的用户权限管理方式、强大的定制开发能力、灵活的组网适应能力、卓越的性能、电信级的可靠性设计和增强的易用功能。

SVN 支持 Web 代理、端口转发、文件共享、网络扩展、多媒体隧道和虚拟桌面等 SSL VPN 业务功能。Web 代理提供外部客户端和内部局域网 Web 服务器通信中转功能，避免局域网 Web 服务器直接暴露给外网攻击者，为局域网 Web 服务器提供理想的安全保护。

Web 代理是指通过 SVN 可以安全的访问内网 Web 资源，包括 Webmail 和 Web 服务器，它将来自远端浏览器的页面请求通过 HTTPS 协议转发给内网 Web 服务器，然后将服务器的响应回传给终端用户。Web 代理支持对 Web 页面中的多种元素进行改写，能够满足通常企业办公应用的 Web 服务器的代理。使用该功能，用户可以在固定终端和移动智能终端上使用多种浏览器直接访问内部网络中的 Web 资源，而不需要在浏览器中安装任何浏览器插件。

端口转发业务是提供基于 TCP 的应用程序的安全接入，是一种非 Web 的应用方式。使用端口转发时，通过在客户端安装 ActiveX 控件来监听用户发起的 TCP 服务请求，控件将截获的数据流经 SSL 加密后传送给 SVN，由 SVN 解密并解析后传送给相应的应用服务器。端口转发在应用级对用户访问进行控制，控制是否提供各种应用的服务，如：Telnet、远程桌面、被动模式 FTP（File Transfer Protocol）、E-mail 等服务。

文件共享的主要功能是将不同的文件服务器（如支持 SMB 协议的 Windows 系统、支持 NFS 协议的 Linux 系统）的共享资源以网页的形式提供给用户访问。用户直接通过浏览器就能在内网文件系统上创建和浏览目录，进行下载、上传、改名、删除等文件操作，就像对本机文件系统进行操作一样方便安全。

网络扩展功能通过建立 SSL（Secure Socket Layer）隧道或者 UDPS 隧道，实现了对所有基于 IP 的内网业务的全面访问。用户远程访问内网资源就像访问本地局域网一样方便，适用于各种复杂的业务功能。

多媒体隧道功能支持 TLS 和 TLS+UDPS 两种隧道传输模式。主要为 IMS（IP Multimedia Subsystem）核心网中的语音和视频等业务提供加解密和隧道穿越功能。隧道密钥可以定期更新，防止加密数据被破解，配合客户端安全组件为移动互联网时代的语音和视频业务提供端到端的安全护航。

用户可以在移动智能终端上运行虚拟桌面客户端，通过 SSL VPN 网关远程安全访问自己的计算机处理业务，大大提高工作效率。虚拟桌面基于 RDP（Remote Desktop Protocol）来进行数据的交换和传输。RDP 是一个多通道的协议，可以支持用户与提供微软终端机服务的计算机进行连接。

SVN 提供 Web 登录、Console 登录、Telnet 登录和 SSH 登录对设备进行配置管理，还支持使用网管设备进行管理。Web 配置方式基于 sWeb 平台。SVN 提供基于 GUI（Graphic User Interface）的 Web 管理界面，为用户提供友好的配置和管理界面。SVN 支持通过 HTTP（Hyper Text Transfer Protocol）和 HTTPS（Secure Hyper Text Transfer Protocol）访问 Web 管理界面。

在 Web 管理界面中，可以配置网络区域（包括 LAN、WAN 和 DMZ）、ACL（Access Control List）、NAT（Network Address Translation）、攻击防范、黑名单、SSL VPN、IPSec VPN、策略路由、负载均衡、双机热备等功能和各种统计参数。

Console 配置方式支持配置终端与 Console 口相连后，在配置终端上对设备进行配置和维护。只要有到设备路由可达的配置终端，SVN 支持用 Telnet 方式在终端上对设备进行配置和维护。SVN 还支持 SSH（Secure Shell）维护管理方式，实现在不能保证安全的网络上提供安全信息保障和强大认证功能，以避免受到 IP 地址欺诈等攻击。SVN 提供网管接口，使用 SNMP（Simple Network Management Protocol，简单网络管理协议）与网管系统通信。

5.4.5 桌面云安全

高安全桌面能够为企业的桌面云提供高安全的信息保护，避免因信息丢失或泄密导致的重大损失。高安全桌面基于虚拟桌面基础安全提供，包含以下五个方面。

（1）指纹登录认证：指纹仪是一种能够自动读取指纹图像并通过 USB 接口把数字化的指纹图像传送到计算机的终端工具。指纹登录认证利用自动指纹识别系统通过特殊的光电转换设备和计算机图像处理技术，对用户指纹进行采集、分析和比对，自动、迅速、准确地鉴别出个人身份。

（2）动态口令登录认证：用户登录 WI 时需输入动态口令、域用户名和密码。动态口令由动态口令令牌卡提供。动态口令令牌卡会生成一次性口令 OTP（One-time Password），配合域用户名和密码一起使用，达到双因素认证的目的。双因素认证方式能够为用户登录 WI 提供更强的访问控制能力。

（3）USB Key 登录认证：USB Key 是一种 USB 接口的硬件设备，它内置单片机或智能卡芯片，有一定的存储空间，可以存储用户的私钥以及数字证书。USB Key 登录认证利用 USB Key 内置的公钥算法实现对用户身份的认证。

（4）安全网关：当用户使用虚拟机时，实现对用户数据流的加密，保证用户访问信息的安全性和可靠性。

（5）固定瘦客户端接入：信息安全级别高的场景下，要求办公人员在固定的地点办公，且只能访问固定桌面，保证不在其他地方访问敏感信息，从而保证信息的安全性。系统支持 TC 与用户绑定、用户与虚拟机绑定，用户只能通过与其绑定的 TC 访问绑定的虚拟机。

华为高安全桌面云解决方案如图 5-19 所示，提供两种设计方案：桌面认证方案和 USB 端口管控方案。桌面认证方案是指提供指纹、动态口令、USB Key 三种认证登录方式，用以满足企业不同安全级别的需求。USB 端口管控方案提供两种 USB 存储设备管控方案：

（1）基于 TC 硬件的控制方案：定制 TC，控制 USB 设备的接入，定制后的 TC 不允许用户更改。

（2）基于用户的控制方案：TC 与域用户绑定，限制某个 TC 只能提供给某个用户使用。针对高度保密单位，需要将内网桌面云和外网桌面云进行物理隔离。

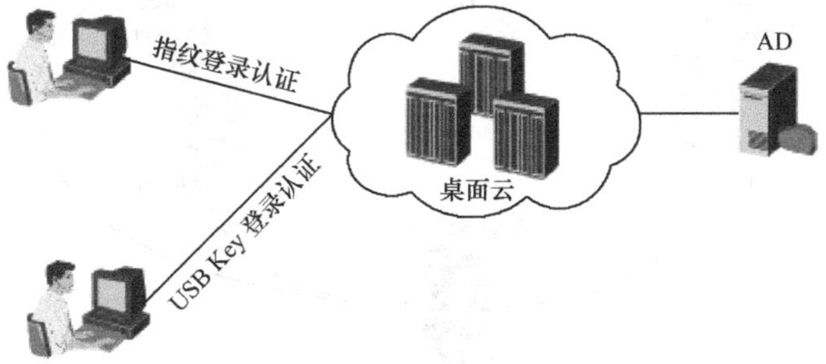

图 5-19　高安全桌面云解决方案

华为高安全桌面云解决方案给用户带来了极大的好处，以较低的投入大大提高了企业信息的安全性。

（1）数据安全性提高：多种安全方案的实施，可以有效避免系统被非法侵入，信息资产丢失和泄密，提高信息资产的安全。

（2）投资成本低：在基本桌面云解决方案基础上，部署相关的软硬件即可实现。

5.5　负载均衡设备

5.5.1　负载均衡算法

当前的网络应用中，单台服务器的处理能力已经成为网络中的瓶颈，尤其是在 IDC（Internet Data Center）、网站等应用场合。单台服务器的平均处理能力仅为 1K TPS（每站终端数），而访问服务器的用户却很多。如果单纯升级服务器的性能，则浪费了前期的投资，且费用昂贵。如果单纯增加服务器的数目，需要进行复杂的控制，容错和热备冗余能力有限，且抗网络 DoS 攻击能力弱。

负载均衡指的是按照配置的算法，将访问同一个 IP 地址的用户流量分配到不同的服务器上。在访问用户看来，他们访问的是同一个服务器，而实际上负载均衡设备将他们的请求分送给了不同的服务器进行处理。这样不但可以分别利用各个服务器的处理能力，达到流量分担的目的，而且保障了服务器的可用性，得到最佳的网络扩展性。

常见的负载均衡算法包括轮询调度算法、比率算法、优先权调度算法、最小连接数调度算法、最快响应时间算法以及观察算法等。这些算法的根本区别在于分配用户请求所依据的标准不同。

轮询调度算法如图 5-20 所示，在资源池中的真实服务器之间进行轮询分发调度。若当前调度的真实服务器不可用，则将会跳过该服务器，并调度到下一个轮询的可用的真实服务器。采用该调度算法，所有的真实服务器都被认为是对等的服务器，不考虑负载、性能等因素。当服务器处理能力一致时，此算法最合适。

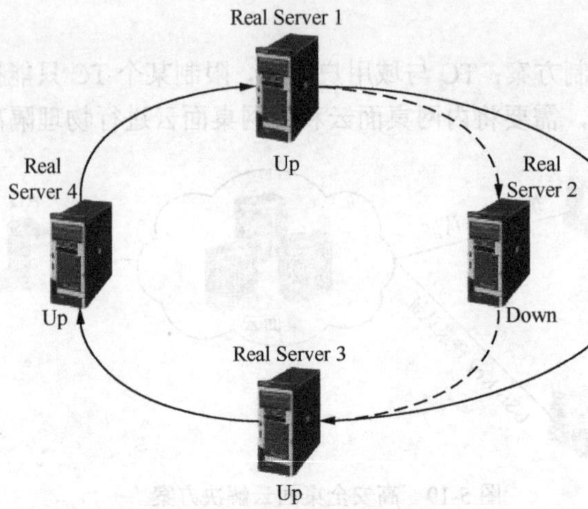

图 5-20　轮询调度算法

比率算法指的是给每个服务器分配一个加权值为比例，根椐这个比例，把用户的请求分配到每个服务器。同样地，当其中某个服务器发生故障时，负载均衡器把其从服务器队列中拿出，不参加下一次的用户请求的分配，直到其恢复正常。

优先权调度算法是基于轮询调度算法，但是将会给权重大的服务器分发更多的连接请求。因此，权重大的服务器较权重小的服务器，需要响应更多的请求。服务器的性能情况可以由用户通过权重来制定。当真实服务器之间的性能相差较大时，推荐使用加权轮询调度算法。该算法适用于 HTTP 业务。

最少连接数调度算法将客户端请求分发至拥有最少连接数的真实服务器。这种调度算法在分发连接之前实时检查真实服务器的连接数，并记录每个服务器的连接数。当新增连接或会话结束时，相应增加或减少该服务器的连接数，如图 5-21 所示。该调度算法非常适用于资源池中的真实服务器都具有相同或相近性能的情况。

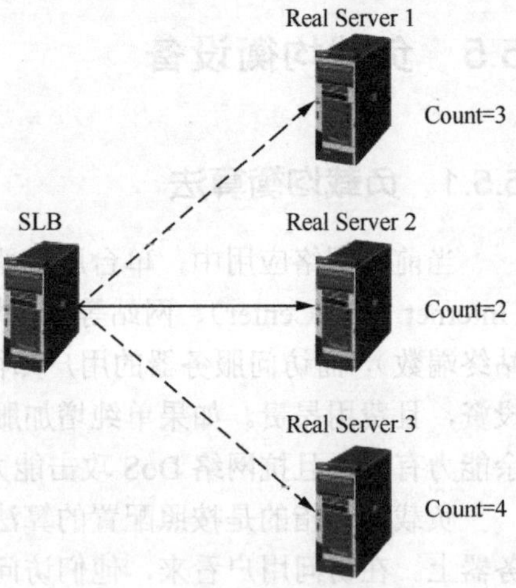

图 5-21　最少连接数调度算法

最快响应时间算法以服务器的响应时间作为参考，把用户的请求分配给那些响应最快的服务器。而观察算法以连接数目和响应时间以这两项的最佳平衡为依据为新的请求选择服务器。

5.5.2　设备介绍

负载均衡建立在现有网络结构之上，它提供了一种廉价、有效、透明的方法扩展网络设备和服务器的带宽、增加吞吐量、加强网络数据处理能力、提高网络的灵活性和可用性。

本节以华为 L2800 为例，来介绍负载均衡设备。L2800 负载均衡器设备基于 Intel 最新一代 Romley-EP 平台设计，各项性能指标相比老平台的负载均衡设备有质的飞跃，并且一些关键的硬件部件都按照电信级标准采用冗余设计，大幅提升系统的可靠性。L2800 采用华为自主研发的 HACS 双机平台和 SLB 负载均衡平台，SLB 采用 Smart LB Engine 高性能电信级负载均衡架构，提供从四层到七层灵活丰富的协议实现及扩展接口，满足各种高性能及复杂业务的需求。L2800 业务的原理如图 5-22 所示。

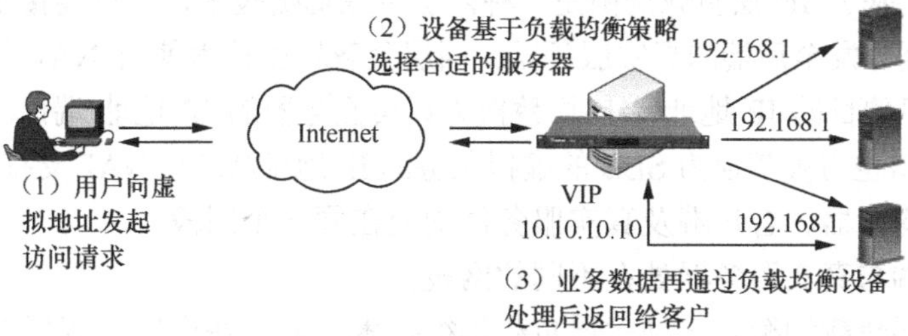

图 5-22　L2800 工作原理

负载均衡的主要目的是将访问同一个 IP 地址的用户流量分配到不同服务器上。负载均衡典型的应用是架设在内部网络出口处。负载均衡器主要特点包括：

（1）提高性能：负载均衡器可实现服务器之间负载平衡，提高系统反应速度与总体性能。

（2）提高可靠性：负载均衡器可对服务器运行状况进行监控，及时发现运行异常的服务器，并将访问请求转移到其他可以正常工作的服务器上，提高服务器组可靠性。

（3）提高可维护性：采用负载均衡器后，可根据业务量发展情况灵活增加服务器，提高系统扩展能力，简化管理。

5.5.3　主要组件

如图 5-23 所示，负载均衡器中通常包括 SLB Server、SLB Admin 和 LBMS 三个功能组件。其中，SLB Server 提供负载均衡功能；SLB Admin 提供对 SLB Server 的配置管理、数据统计和状态查看等功能。LBMS（Load Balance Management System）提供 Webservice 服务的平台，从而提供界面方式配置 SLB 的参数，获取 SLB 状态信息、统计数据和日志等信息。

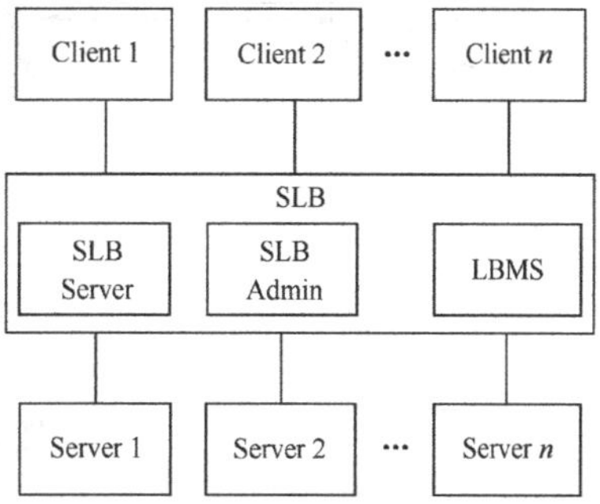

图 5-23　负载均衡器的系统结构

5.5.4　功能配置

负载均衡器提供了基于不同协议的负载均衡，主要包括 HTTP 负载均衡、FTP 负载均衡、Diameter 负载均衡、SMPP 负载均衡、SIP 负载均衡等。

HTTP 负载均衡提供基于 IP 层的负载均衡和基于应用层的负载均衡功能。FTP 负载均衡支持对客户端的 FTP 请求进行负载均衡。Diameter 负载均衡基于 AVP（Attribute Value Pair）节点信息及消息内容，将客户端的 Diameter 请求分发到真实服务器，然后将响应消息透传给客户端。SMPP 负载均衡根据消息内容，将 SMPP 请求服务器消息分发至响应服务器，然后将响应消息透传给请求服务器。SIP 负载均衡将 SIP 客户端请求消息分发至 SIP 服务端，然后将响应消息透传给 SIP 客户端。

本节重点介绍 HTTP 负载均衡，HTTP 负载均衡包括基于 IP 层的负载均衡和基于应用层的负载均衡。基于 IP 层负载均衡是一种四层负载均衡技术，通过连接多路复用，将接收到的请求数据分发至后端的真实服务器。四层负载均衡技术使用 NAT 技术实现，NAT 技术将请求消息的目的 IP 地址/端口均替换为真实服务器的 IP 地址/端口。同时，响应消息的源地址/端口也将被替换为 SLB 的虚拟服务的 IP 地址/端口。NAT 支持以下两种方式。

（1）负载均衡器、客户端及真实服务器均处在同一个网段。

（2）客户端与真实服务器处在不同的网段。

基于应用层负载均衡是一种七层负载均衡技术，通过在应用层解析消息内容，将其分发到合适的真实服务器。七层负载均衡和四层负载均衡一样，也是使用 NAT 技术实现。NAT 转换方法和 NAT 的组网方式请参考基于 IP 层负载均衡中的描述。但基于应用层负载均衡时，SLB 可以对消息内容的解析结果根据设置的规则进行匹配，将匹配相同规则的服务请求分发至同一个资源池中。由该资源池中所包含的真实服务器进行消息请求的处理，如图 5-24 所示。

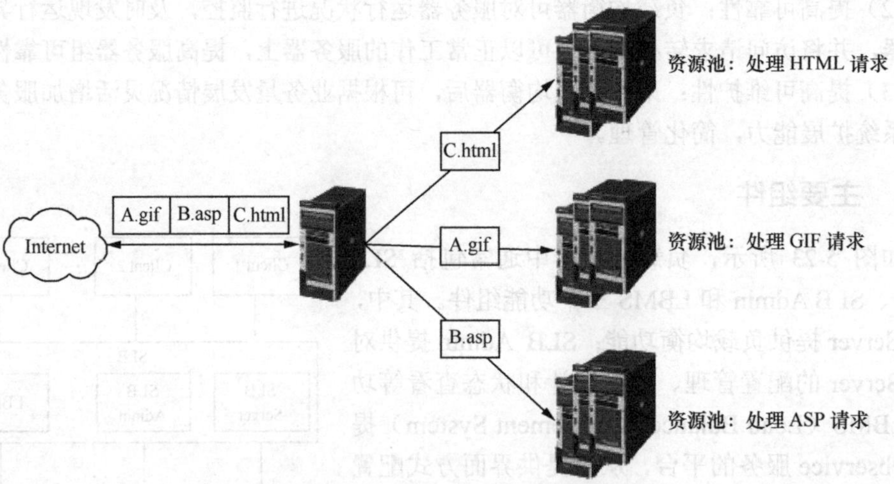

图 5-24 基于应用层负载均衡

负载均衡器必须根据实际的业务需求，在 LBMS 界面上配置真实服务器等资源，以实现 SLB 对客户端发送的请求进行负载均衡，并分发至真实服务器。主要包括下面几个步骤。

（1）配置基本信息：用于配置 SLB 支持的业务，例如 HTTP 或 Diameter。SLB 默认支持 HTTP 业务，如果需要使用其他协议类型的业务（例如：Diameter），或调整 SLB 的高级配置功能（例如：启用主备机会话同步功能），则需要参看本节进行调整。

（2）配置真实服务器：配置后端处理客户端请求的业务的服务器，即真实服务器。所有的真实服务器都必须配置。

（3）配置资源池：将处理相同业务的真实服务器划分到一个资源池中，SLB 通过指定的调度算法将客户端发送的请求分发给资源池中的真实服务器。

（4）配置虚拟服务：虚拟服务的作用是提供外部访问接口，接收来自外部网络的业务请求。SLB 服务器通过启动一个监听服务（包括 IP 地址和端口）来提供虚拟服务。

（5）同步主备 SLB 信息：如果 SLB 采用双机运行模式，则在一台 SLB 服务器上完成虚拟服务、真实服务器等信息的配置后，通过同步功能就可以将配置信息同步到另一台 SLB 服务器上。

（6）配置后验证：完成所有配置后，验证 SLB 的负载均衡功能。

第6章
虚拟化

虚拟化是云计算中最主要的支撑技术，它能够对硬件资源进行抽象，屏蔽物理设备的复杂性，通过增加一个虚拟管理层将物理的硬件设备转化为逻辑的虚拟资源，为用户提供集中管理、统一共享的资源服务。在云计算中，虚拟化技术主要应用于基础设施，两者是密切相关的。

本章主要介绍虚拟化技术，首先说明虚拟化技术的设计思想和分类；接着以计算资源、存储设备、网络设备等硬件为对象，介绍三类硬件资源的虚拟化原理和技术；最后介绍虚拟化平台的参考架构，展现虚拟化技术的系统架构和功能特性。

6.1 虚拟化概述

在计算机技术中，虚拟化（Virtualization）是将计算机物理资源如服务器、网络、内存及存储等予以抽象、转换后呈现出来，使用户可以比原本的组态更好的方式来应用这些资源。这些资源的新虚拟部分不受现有资源的架设方式、地域或物理组态所限制。

虚拟化最基本的思想是把硬件设备和软件系统解耦，实现硬件资源的最大化共享，使得软件系统运行摆脱对硬件环境的依赖。如图 6-1（a）所示，虚拟化前的计算资源有三台服务器，包括 CPU、内存、磁盘、网卡等硬件资源，支持三个操作系统和一系列软件应用，服务器相互独立，每台服务器的软件系统与硬件设备紧密耦合。在虚拟化后，三个服务器的资源整合在一起，在逻辑上抽象成共享资源池，在管理上可以对所有计算硬件资源实现统一分配，如图 6-1（b）所示。虚拟化后，所有的计算资源都是通过资源池来进行分配，能够支持更多的操作系统和应用软件；而各个操作系统的运行相互独立，互不干扰。

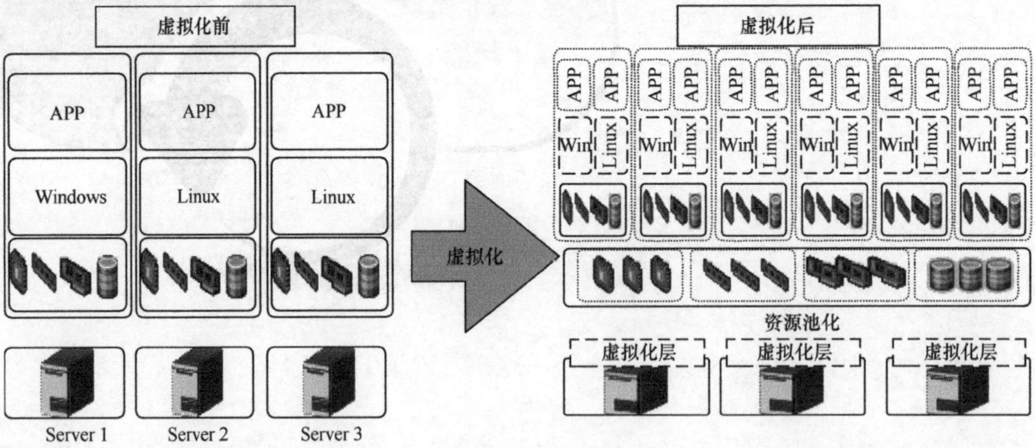

（a）资源虚拟化前　　（b）资源虚拟化后

图 6-1　资源虚拟化示意图

虚拟化技术的最早论述来自于 1959 年克里斯托弗（Christopher Strachey）发表的学术报告，名为“大型高速计算机中的时间共享”（Time Sharing in Large Fast Computers）。在文中，他提出了虚拟化的基本概念，这篇文章也被认为是虚拟化技术的正式提出。虚拟化技术的最早应用出现于 20 世纪 60 年代，由 IBM 公司研发的大型机 IBM7044 支持在一台主机上运行多个操作系统，使得昂贵的大型机资源得到充分利用。

随着计算机硬件的迅猛发展，虚拟化技术开始向小型机、商业服务器、甚至个人计算机领域发展。1999 年，虚拟化技术开始应用于小型机上，2000 年 X86 平台虚拟技术开始出现，2001 年 X86 平台虚拟化技术在服务器上得到应用。2006 年以来，当 CPU 进入多核时代之后，个人计算机具有了前所未有的强大处理能力，虚拟化技术应用也迎来爆发期，使得 VMware、Hyper-V、Xen 等虚拟化系统能够流畅地在个人计算机和商业服务器上运行。当前，虚拟化和云计算已密切相关，云计算的基础设施层基本都是搭建在虚拟化技术之上。

6.1.1 虚拟机结构

由于虚拟机是在传统物理机上进行构建，因此虚拟机的结构比传统物理机复杂，如图 6-2 所示。传统的物理机包含硬件设备和软件操作系统，而且硬件设备和操作系统是紧密耦合的，即一台机器上只能运行一个操作系统，而且操作系统是专门适用于该硬件设备。虚拟化后的物理机包括多个虚拟机和多套操作系统，包含宿主、客户机、主机系统、虚拟化层等多个部分。

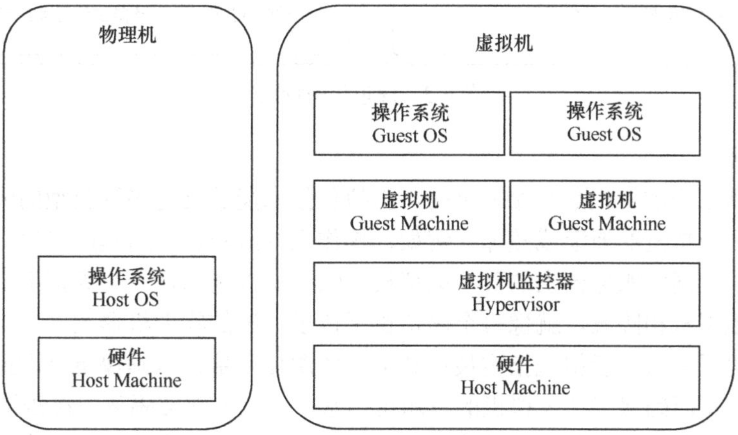

图 6-2 物理机与虚拟机

宿主（Host Machine）又称为主机，是指真实的物理设备，也就是可用的计算资源。客户机（Guest Machine），又称为虚拟机，是客户看到的设备资源，虚拟机上的资源是虚拟出来的。客户机系统（Guest OS）运行在虚拟机上的操作系统；主机系统（Host OS）运行在物理机的操作系统。虚拟机监控器（Hypervisor）又称为虚拟化层是虚拟化技术实施的主要部件，通过虚拟化层的模拟，使得虚拟机在上层软件看来就是一个真实的机器。

6.1.2 虚拟化特征

现代虚拟化技术具有四个特征：分区、隔离、封装、相对于硬件独立，如图 6-3 所示。

一、分区

分区是指虚拟化技术为多个虚拟机划分服务器资源的能力。每个虚拟机可以运行一个单独的操作系统（相同或不同的操作系统），使客户能够在一台服务器上运行多个应用程序；每个操作系统只能看到虚拟化层为其提供的“虚拟硬件”（虚拟网卡、CPU、内存等），使它认为运行在自己的专用服务器上。

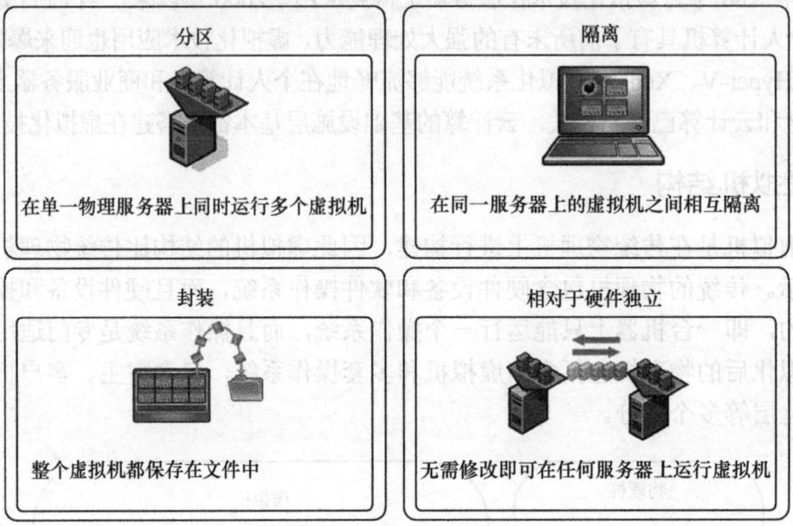

图 6-3　虚拟化的特点

二、隔离

隔离是指多个虚拟机是互相隔离的，虚拟化技术能够支持多种类型的隔离。（1）故障隔离，一个虚拟机的崩溃或故障（例如，操作系统故障、应用程序崩溃、驱动程序故障等）不会影响同一服务器上的其他虚拟机。（2）病毒隔离，一个虚拟机中的病毒、蠕虫等与其他虚拟机相隔离，就像每个虚拟机都位于单独的物理机器上一样。（3）性能隔离，管理员可以为每个虚拟机指定最小和最大资源使用量，以确保单个虚拟机不会占用所有的资源，从而确保多个虚拟机的资源可用水平。（4）冲突隔离，在传统 X86 服务器体系结构中往往会出现应用程序冲突、DLL 冲突等问题，把多个负载或应用分布在不同虚拟机中，可以避免这些冲突的出现。

三、封装

封装是指将整个虚拟机（硬件配置、BIOS 配置、内存状态、磁盘状态、CPU 状态）存储在独立于物理硬件的一小组文件中。由于整个虚拟机都保存在文件中，客户可以通过移动和复制这些文件的操作，随时随地根据需要复制、保存和移动虚拟机。

四、相对于硬件独立

相对于硬件独立是指虚拟机不依赖于硬件，无需修改即可在任何服务器上运行。

6.1.3　虚拟化分类

虚拟化按架构分为四类：寄居虚拟化、裸金属虚拟化、操作系统虚拟化和混合虚拟化。

一、寄居虚拟化

寄居虚拟化是指虚拟化管理软件作为底层操作系统（Windows 或 Linux 等）上的一

个普通应用程序，然后通过其创建相应的虚拟机，共享底层服务器资源，如图6-4所示。虚拟化的实现架构为：首先在硬件设备上安装宿主操作系统，然后在宿主操作系统上安装虚拟化平台，接着在虚拟化平台上再创建虚拟机，最后在虚拟机中再安装客户操作系统和应用。

寄居虚拟化的优点是简单、易于实现；缺点是安装和运行应用程序依赖于主机操作系统对设备的支持，管理开销较大，性能损耗大。

二、裸金属虚拟化

裸金属虚拟化是指虚拟机监控器Hypervisor（即虚拟化层）直接运行于物理硬件之上，无需宿主操作系统，如图6-5所示。该监控器主要实现两个基本功能：（1）识别、捕获和响应虚拟机所发出的CPU特权指令或保护指令；（2）负责处理虚拟机队列和调度，并将物理硬件的处理结果返回给相应的虚拟机。

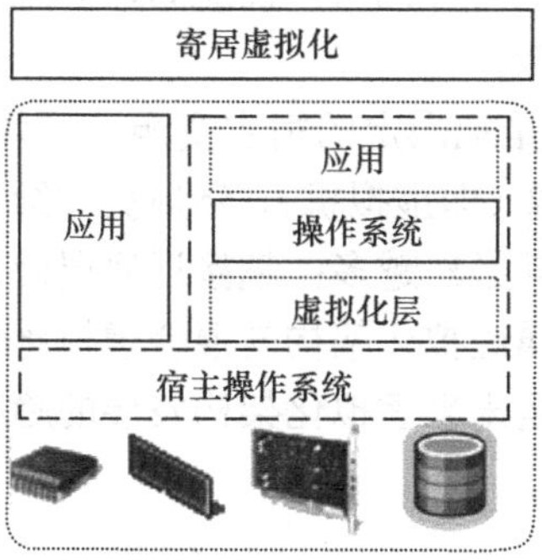

图6-4　寄居虚拟化

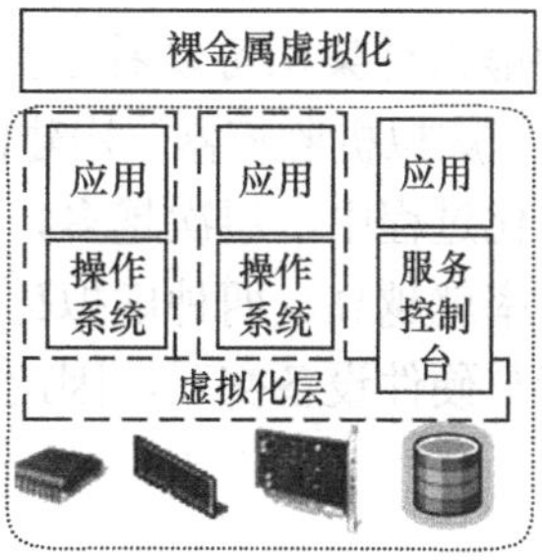

图6-5　裸金属虚拟化

裸金属虚拟化的优点是虚拟机不依赖于操作系统，支持多种操作系统，多种应用；缺点是虚拟层内核开发难度大。

三、操作系统虚拟化

操作系统虚拟化，是指没有独立的虚拟化层（即没有独立的虚拟机监控器）。相反，主机操作系统本身就负责在多个虚拟服务器之间分配硬件资源，并且让这些服务器彼此独立。该虚拟化的明显特征是，如果使用操作系统层虚拟化，所有虚拟服务器必须运行同一操作系统（不过每个实例有各自的应用程序和用户账户），如图6-6所示。

操作系统虚拟化的优点是简单、易于实现，而且管理开销非常低；缺点是隔离性差，多容器共享同一操作系统。

四、混合虚拟化

混合虚拟化，与寄居虚拟化一样使用主机操作系统，但不是将管理程序放在主机操作系统之上，而是将一个内核级驱动器插入到主机操作系统内核。这个驱动器作为虚拟硬件管理器（Virtual Hardware Machine，VHM）协调虚拟机和主机操作系统之间的硬件访问。混合虚拟化模型依赖于内存管理器和现有内核的CPU调度工具。就像裸金属虚拟化和操作系统虚拟化架构，没有冗余的内存管理器和CPU调度工具使这个模式的性能大大提高，如图6-7所示。

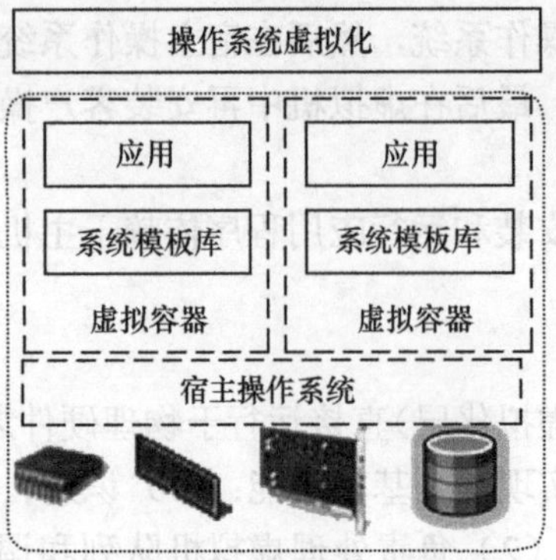

图 6-6 操作系统虚拟化

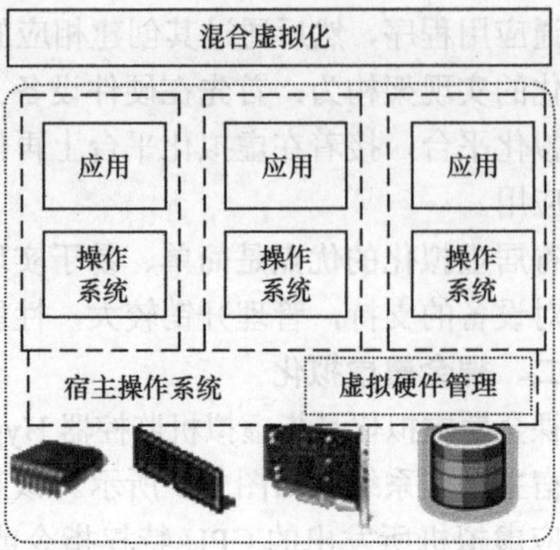

图 6-7 混合虚拟化

混合虚拟化的优点是相对于寄居虚拟化架构，没有冗余，性能高，而且可支持多种操作系统；缺点是需底层硬件支持虚拟化扩展功能。

从四种虚拟化架构可以看出，虚拟化技术就是把固定的宿主资源（硬件设备），通过虚拟化层（虚拟机监控器）构建出多个虚拟资源（即虚拟机），然后提供给多个客户使用。在虚拟化过程中，层次越多，硬件资源的损耗必然越多；越接近底层硬件资源，设备性能使用率就越高。四种虚拟化架构中，裸金属虚拟化架构与混合虚拟化架构都是虚拟化层直接与硬件设备交互，因此这两种架构将是未来虚拟化架构发展的趋势。

6.2 虚拟化技术

虚拟化面向不同的硬件设备采用不同的技术，将设备转化为统一管理的虚拟资源。根据硬件设备类型，虚拟化主要包括计算虚拟化、存储虚拟化和网络虚拟化。

6.2.1 计算虚拟化

计算虚拟化是面向计算机最基本的组成元素进行的虚拟化，包括 CPU 虚拟化、内存虚拟化和 I/O 虚拟化。

一、CPU 虚拟化

CPU 虚拟化是指多个虚拟机共享同一组 CPU 资源。其主要工作是对虚拟机中的各种指令进行截获并模拟执行。

在传统操作系统访问 CPU 时，指令是直接发送给 CPU，在 CPU 虚拟化后，通过定时器中断机制，在中断触发时陷入 VMM（虚拟机监控器），然后根据调度机制进行 CPU 调度。简单来说，CPU 虚拟化后，指令不是直接传给 CPU，而是先传送到 VMM，再传送给硬件 CPU 来执行，如图 6-8 所示。

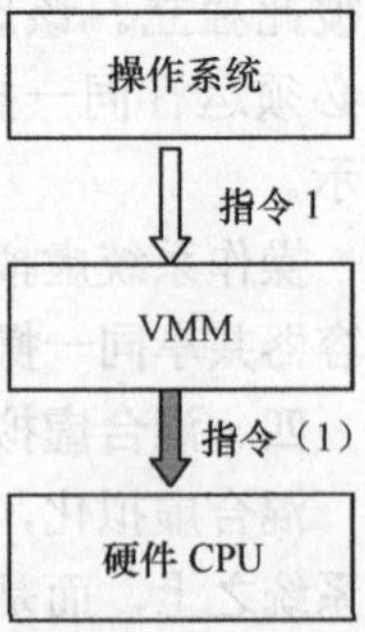

图 6-8 CPU 虚拟化后的指令执行

在传统 X86 处理器上，为了保护指令的执行有 4 种操作模式，对应 4 个优先级，分别从 Ring 0 直到 Ring3。其中 Ring 0 优先级最高，拥有最高的“特权”，往往用于操作系统内核，例如 GDT、IDT、LDT、TSS 等指令都运行于 Ring 0。Ring

1 和 Ring 2 用于操作系统服务，优先级次之。Ring 3 面向用户程序的运行，优先级最低。

CPU 只有运行在 Ring 0～Ring 2 时，才可以访问特权资源或执行特权指令；运行在 Ring 0 级时，处理器可以访问所有的特权状态。X86 平台上的操作系统一般只使用 Ring 0 和 Ring 3 这两个级别，即操作系统进程运行在 Ring 0，用户进程运行在 Ring 3。

在 CPU 虚拟化后，当执行一般指令时，可以直接把指令传送给 VMM，然后再传给物理 CPU 执行。但当执行特权指令或访问特权资源时，虚拟机上的操作系统（Guest OS）需要运行在 Ring 0 级别，但是 Guest OS 是运行在 VMM 之上的，出于系统安全和资源管理的需要，只有 VMM 才能在 Ring 0，因此就会面临 Guest OS 不能运行在 Ring 0 的问题。

面对特权指令的执行，CPU 虚拟化方法使用"特权解除"（Privilege Deprivileging）和"陷入—模拟"（Trap-and-Emulation）的方式来解决问题。VMM 始终运行于最高特权级（Ring0），能够完全控制系统资源，同时 Guest OS 降低自身的运行级别，运行在 Ring 1 或 Ring 3 级，这样可以避免 Guest OS 控制系统资源，因此称为"特权解除"。当 Guest OS 执行普通指令时，指令可以在硬件上直接运行。当客户机要执行特权指令时，则采用陷入—模拟方式，通过中断触发陷入 VMM 中，由 VMM 模拟特权指令的执行。

尽管采用"特权解除" 和"陷入—模拟"的方法能够较好地解决特权指令的执行问题。但 X86 架构仍然存在 CPU 虚拟化漏洞，因为 X86 ISA 中有 19 条敏感指令不是特权指令，但无法被一般 VMM 模拟执行，因此需要对虚拟化技术进行改进。

当前 CPU 虚拟化的改进技术有三种。①半虚拟化技术，通过修改 Guest OS 规避虚拟化漏洞，这种方法需要修改操作系统内核，因此要求操作系统是可修改的，例如 Linux。②全虚拟化技术，在运行时对 Guest OS 的二进制代码进行重新翻译，支持广泛的 OS，但重新翻译是非常复杂的工作。③硬件辅助虚拟化技术，通过改进 CPU 芯片来解决虚拟化漏洞，消除了半虚拟化和二进制翻译，这种方法是最直接有效的，但要求硬件设备商支持。

二、内存虚拟化

内存虚拟化是多个虚拟机共享同一物理内存，工作原理是把真实物理内存统一管理，封装成多个虚拟机的内存给若干虚拟机使用，其重点是物理内存的相互隔离，如图 6-9 所示。

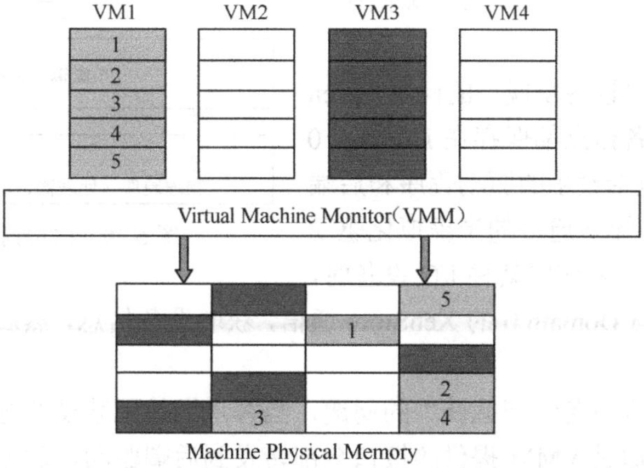

图 6-9 内存虚拟化示意图

传统的操作系统对内存管理有两个默认规则：（1）内存都是从物理地址 0 开始的；内存都是连续的。在引入虚拟化技术后，操作系统的内存管理会出现两个问题：当有多个 Guest OS 存在时，每个 Guest OS 都要求内存从物理地址 0 开始，但内存的物理地址 0 只有一个，无法同时满足所有 Guest OS 从 0 开始的要求；（2）对于多个 Guest OS 都要求内存分配连续的物理地址，虽然可以满足要求，但会导致内存使用效率不高，缺乏灵活性。

内存虚拟化的核心技术就是引入一层新的地址空间——客户机物理地址空间。Guest OS（虚拟机上的操作系统）以为自己运行在真实的物理地址空间中，实际上它是通过 VMM 访问真实的物理地址的。VMM 维护一个虚拟机内存管理数据结构——镜像页表（Shadow Page Table），它是客户机地址空间和物理机地址空间之间的映射表。VMM 通过镜像页表给不同的虚拟机分配物理内存页。此外，VMM 同样支持虚拟内存管理，如传统操作系统管理虚拟内存一样，VMM 按照分页管理机制，将虚拟机内存通过页面置换机制交换到磁盘中。因此，客户机申请的内存可以超过物理机的真实内存大小。VMM 可以根据每个虚拟机的要求，动态地分配相应的内存。

三、I/O 虚拟化

I/O 虚拟化是多个虚拟机共享同一个物理设备，例如磁盘、网卡等设备。为了满足多个虚拟机上的操作系统（Guest OS）需求，VMM 必须通过 I/O 虚拟化的方式来复用有限的外设资源。VMM 通过截获客户机对设备的访问请求，然后通过软件方式来模拟真实设备的效果。

I/O 虚拟化需要解决两个问题：（1）设备发现，需要控制各虚拟机能够访问的设备；（2）访问截获，截获客户机通过 I/O 端口对设备的访问。

为了实现 I/O 虚拟化，一般采用前后端驱动模型，VMM 对所有客户机划分区域（Domain），以确保相互之间的资源隔离，设定了一个特权域用于辅助管理其他域，提供虚拟的资源服务，该特权域称为 Domain 0，其他域称为 Domain U，如图 6-10 所示。

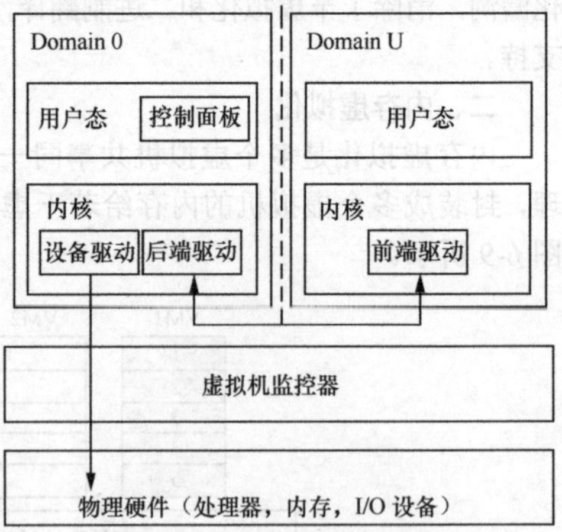

图 6-10 I/O 虚拟化的域划分

下面以 Xen 平台为例来说明 I/O 虚拟化两个问题的解决方法。

对于“如何实现设备发现”的问题，Xen 把所有客户机的设备信息都保存在 Domain 0 的 XenStore 中，包括设备的驱动程序和后端驱动。还开发了用于设备通信的半虚拟化驱动 XenBus。当客户机需要使用某种 I/O 设备时，可以通过 XenBus 与 Domain 0 的 XenStore 通信，获取设备信息，然后加载设备对应的前端驱动程序。

对于“如何实现设备访问截获”的问题，当客户机使用某设备进行数据访问时，前端设备驱动将数据通过 VMM 提供的接口全部转发到后端驱动。后端驱动对客户机的数据进行分时分通道的处理。

6.2.2　存储虚拟化

存储虚拟化是对存储设备资源进行抽象化的表现，通过标准接口提供统一全面的功能服务，从体系结构来看，是在存储设备上加入一个逻辑层，系统通过逻辑层访问存储资源。从功能服务角度来看，存储虚拟化屏蔽了存储设备的硬件复杂性，仿真、整合或分解已有的存储服务功能，甚至可以增加或集成新的存储功能服务。

存储虚拟化最大的优势就是把零散的存储资源整合起来，虚拟成一个存储池，提高了存储资源的整体利用率，降低了存储系统管理成本。对于用户来说，存储池拥有大量的存储空间，而用户无需关心具体包含哪些硬盘、磁带等硬件设备，也无需关心自己的数据具体存储在哪个设备上，只需要知道存储空间能够满足自己的需求就可以了。对于系统管理者来说，存储虚拟化把资源的逻辑映像与物理存储分离，存储池是一个存储资源虚拟视图，管理员可以根据各类不同应用在性能和容量等方面的需求，很方便地进行存储资源分割和分配，实现了资源利用低成本、高效率，提升了存储设备的可用性、可靠性和扩展性。

存储虚拟化的实现技术主要有 3 种：裸设备+逻辑卷、存储设备虚拟化、主机存储虚拟化+文件系统。

一、裸设备+逻辑卷

裸设备+逻辑卷的方式是最直接的存储控制方式，它直接对存储设备进行分割，并以逻辑卷的方式进行管理。如图 6-11 所示，主机挂载存储设备［存储区域网络（SAN）、本地磁盘等］，通过设备驱动层对存储设备进行访问控制；主机系统在通用块层（Generic Block Layer）创建物理卷，将存储空间划分成固定大小的存储块；然后再使用逻辑卷（Logical Volume）进行卷划分管理。主机通过资源分割和分配向客户机（Guest Machine）提供不同的卷，如图 6-11 所示。

客户机要访问存储空间时，通过前端驱动与主机的后端卷挂载驱动通信，使用不同的卷，然后通过主机的设备驱动层与存储设备进行通信。在图 6-11 中可以看到设备驱动层、通用块层、后端卷挂载驱动等都是运行在主机内核空间中，即 Domain 0 特权域空间。

使用裸设备+逻辑卷来实现存储虚拟化，优点是 I/O 路径简单，读写性能最好；缺点是不支持高级业务。

二、存储设备虚拟化

存储设备虚拟化是指通过存储设备自带的能力实现卷的维护操作，并且存储设备还可以提供一些存储高级业务，例如精简置备、快照和链接克隆等。

存储设备本身已经具备虚拟化功能，它可以对设备内部的存储空间进行创建和管理存储单元，也可以向外提供创建和管理存储单元等服务。存储设备将划分好的存储单元对外提供，主机通过设备驱动层挂载存储设备的存储单元，然后通过通用块层进行逻辑卷管理，最终向用户虚拟机提供存储服务。

存储设备虚拟化是由存储设备制造商将虚拟化技术封存在设备的相关功能模块中，只要了解模块功能接口就可以通信访问，因此虚拟化的存储设备不仅面向主机，也可以向计算节点、管理节点的存储管理模块提供服务，如图 6-12 所示。

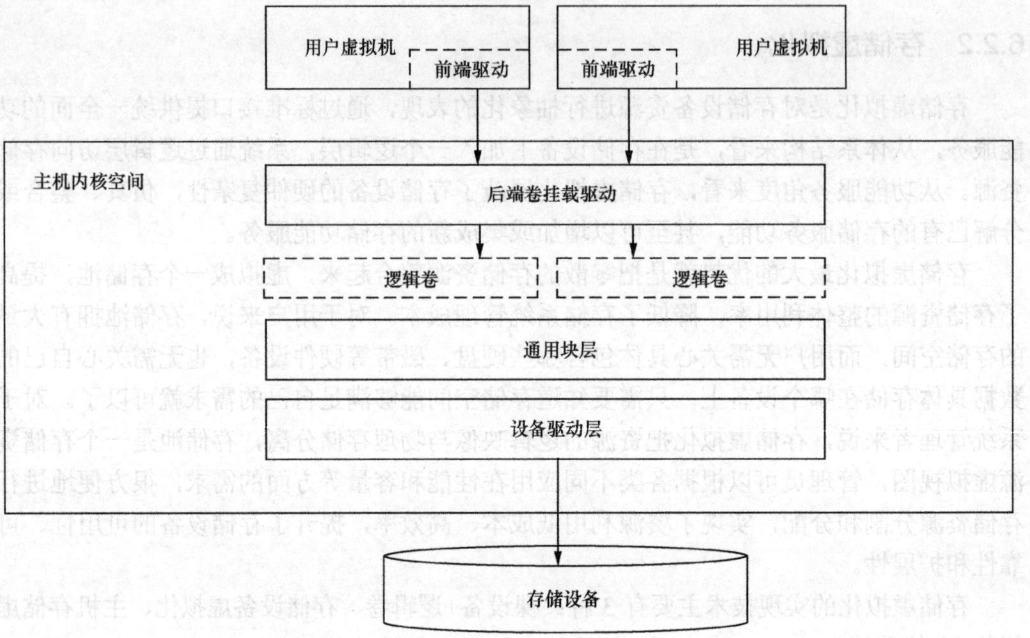

图 6-11 裸设备+逻辑卷的存储虚拟化示意图

存储设备虚拟化的优点是容易实现，方便管理；缺点是依赖于存储设备的功能模块，也就是依赖设备制造商，不一定能满足客户定制。

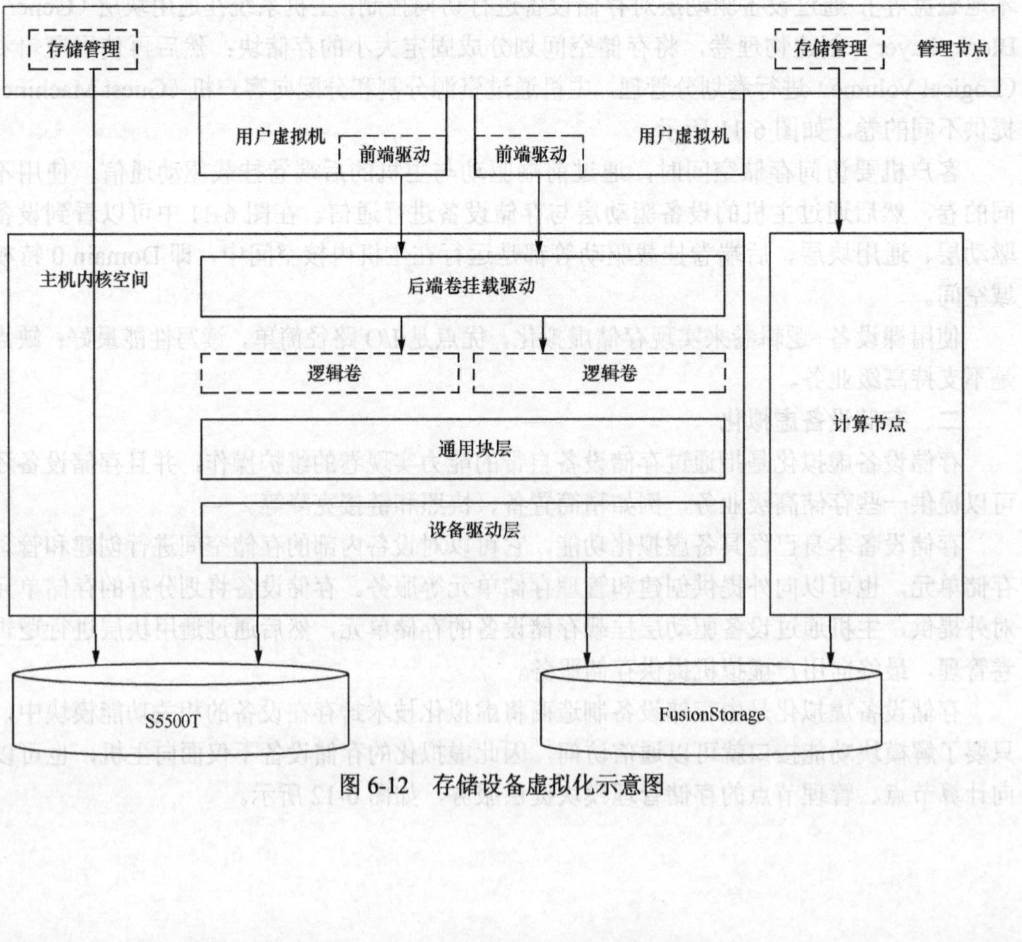

图 6-12 存储设备虚拟化示意图

三、主机存储虚拟化+文件系统

主机存储虚拟化是指主机通过文件系统管理虚拟机磁盘文件，并通过虚拟化层提供很多高级业务，业务能力不依赖存储设备。

基于主机的存储虚拟化主要是把存储管理的文件系统安装在一个或多个主机上，通过文件系统来实现存储虚拟化的控制和管理。如图 6-13 所示，存储管理是在文件系统层面进行管理，即在操作系统级别，因此文件系统和存储虚拟层都集中在主机上，两者紧密结合，实现存储容量的灵活管理，而且稳定性高。

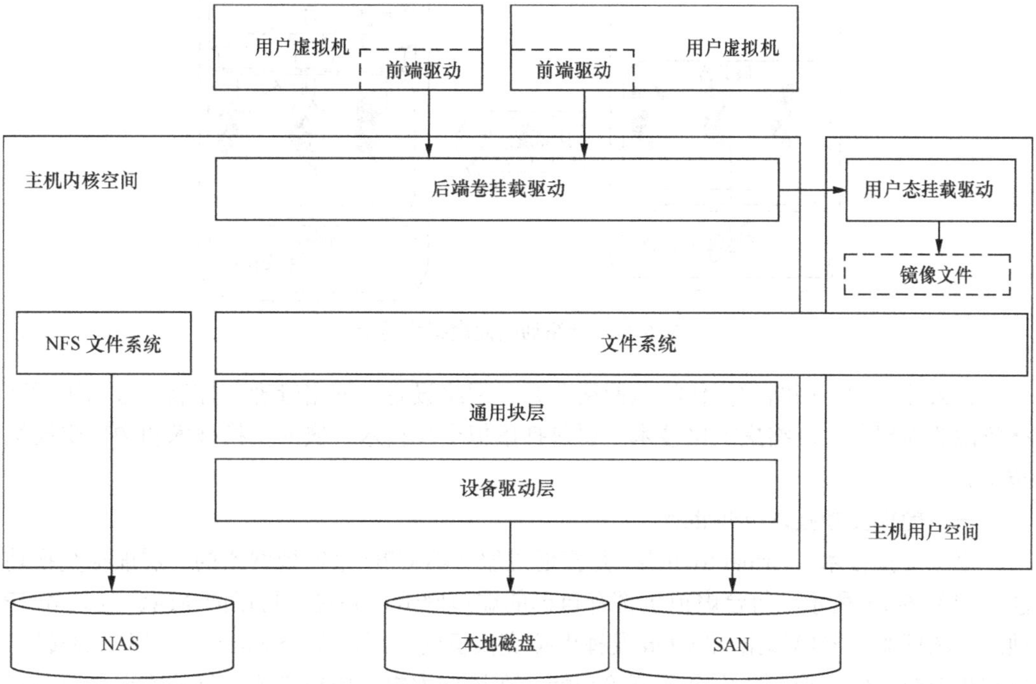

图 6-13 主机存储虚拟化示意图

主机存储虚拟化的最大优势就是支持异构存储和异构服务器，能够最大化地利用现有存储资源，因此部署成本较低，性价比较高。由于该技术是基于文件系统，因此可以结合虚拟化层开发很多高级业务，包括精简置备磁盘、差量快照、存储冷热迁移、磁盘扩容、精简磁盘空间回收、链接克隆等功能，是目前存储虚拟化的主流技术之一。

主机存储虚拟化由于文件系统是运行在主机上，因此占用主机服务器的资源，而且文件路径较长，所以存储性能有损耗。

6.2.3 网络虚拟化

虚拟化网络早在云计算以前就有着广泛的应用，其典型代表是虚拟专用网络（Virtual Private Network，VPN），通过采用隧道技术、加解密技术、身份认证技术等，在一个公用网络中建立一个临时安全的网络通信连接。云计算中的网络虚拟化是指基于网络设备的虚拟化实现传统的网络数据通信。

当传统计算向云计算转变后，各种计算资源都实施虚拟化，将物理设备转化为逻辑设备，传统的网络通信也面临虚拟化的挑战：在计算资源虚拟化，一台服务器上虚拟多个主机，传统网络只是面向物理主机、物理网卡等设备的通信，无法满足虚拟机间的通信需求；在云数据中心，虚拟机的动态迁移只需要在逻辑层面进行实施，硬件层面的设备不需要变动，传统网络需要变更网络端口、网线连接等操作流程不适用于云计算模式下的需求，如图 6-14 所示。因此，网络设备也自然而然地向虚拟资源转变。

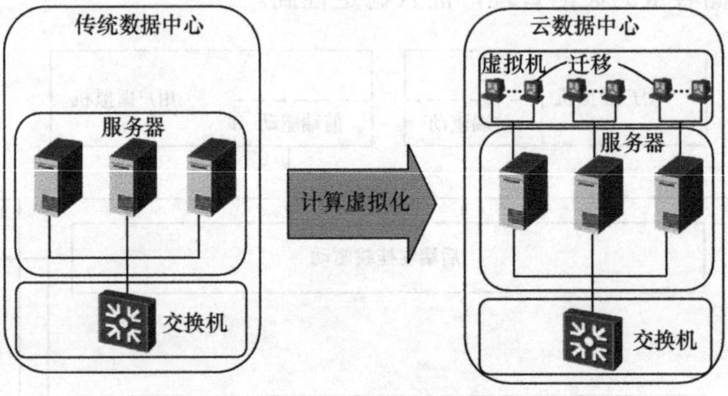

图 6-14 网络通信向虚拟化转变

在云计算中，网络虚拟化将从网络路径、网络设备、网络管理与控制等方面进行网络资源的虚拟化。网络虚拟化技术主要包括虚拟交换技术、嵌入交换技术和物理交换机技术。

一、虚拟交换技术 vSwitch

虚拟交换技术（virtual Switch）是指通过服务器 CPU 来实现网络的二层虚拟交换功能。如图 6-15 所示，每台虚拟机都有自己的虚拟网卡，并包含自己的 MAC 地址和 IP 地址；物理服务器模拟出 vSwitch 发挥虚拟交换机的作用，在 vSwitch 中实现二层转发、虚拟机交换、QoS 控制、安全隔离等功能。在该技术中，虚拟交换功能的实现由服务器 CPU 来承载，优点是功能扩展灵活；缺点是消耗服务器 CPU，性能较低。

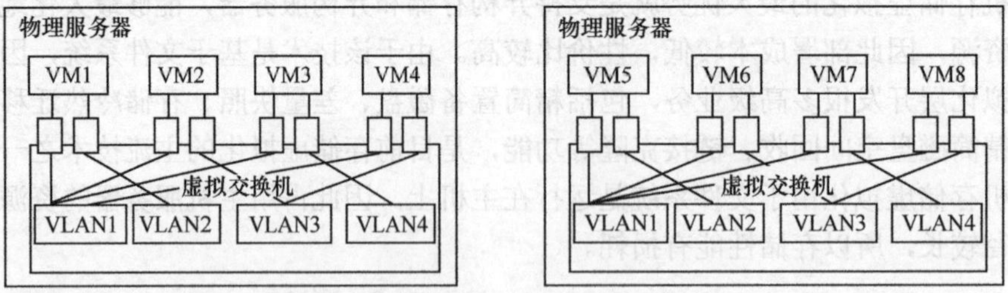

图 6-15 vSwitch 虚拟交换机技术

二、嵌入交换技术 eSwitch

嵌入交换技术（embedded Switch）是指在服务器网卡上实现网络的二层虚拟交换的功能，包括虚拟机交换、QoS 控制、安全隔离等。与 vSwitch 技术的最大区别在于，网络二层虚拟交换功能由网卡实现，而不是由服务器 CPU 来承载。该技术优点是性能高、节省服务器 CPU 资源；缺点是依赖特殊网卡硬件。

三、物理交换机技术

物理交换机技术指通过物理交换机来实现虚拟交换功能。根据国际标准 IEEE 802.1 QBG 和 IEEE 802.1QBH，物理交换机能模拟传统物理网络，从而解决云计算与虚拟化环境带来的网络通信挑战，网络二层虚拟交换功能由交换机实现。该技术的优点是可继承交换机的二层特性；缺点是规格小、扩展困难，不支持一些高级网络功能。

6.3 虚拟化平台参考案例

我们以华为的虚拟化核心平台 FusionCompute 为例，介绍虚拟化平台架构和虚拟化技术在平台中的应用。

6.3.1 云计算整体架构

在了解虚拟化平台之前，需要先了解云计算整体架构，从而明白虚拟化平台在整个云计算解决方案中的作用和地位。我们以华为的云计算整体架构为例，如图 6-16 所示。

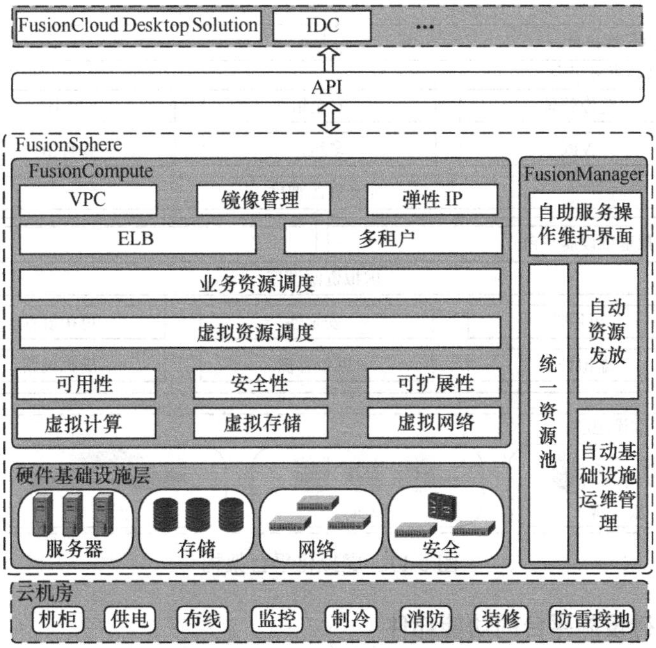

图 6-16 华为云计算整体架构

华为的云计算整体架构主要分为：云机房、云操作系统 FusionSphere、云桌面。其中，云机房是指为整个云平台运营所提供的一系列基本配套设施和空间，包括供电系统、消防系统、布线系统、制冷系统等。云操作系统 FusionSphere 是云计算中最主要的一层，它包含硬件基础设施、虚拟化平台 FusionCompute、云管理平台 FusionManager、公有云业务接口组件 OpenStack，实现了整合硬件、统一管理、对外提供标准化云服务等功能。云桌面 FusionCloud Desktop Solution 是面向用户的一种服务终端解决方案，使得用户通过瘦客户端或者跨平台应用来使用 FusionSphere 提供的云服务。IDC 是面向互联网数据存储和处理的一种解决方案，基于云计算的 IDC 将计算、存储、网络等资源作为服务，向客户提供灵活专业的互联网数据服务。

从图 6-16 可以看出，FusionCompute 是华为的云基础资源虚拟化平台，主要负责硬件资源的虚拟化，以及对虚拟资源、业务资源、用户资源的集中管理。它采用虚拟计算、虚拟存储、虚拟网络等技术，完成计算资源、存储资源、网络资源的虚拟化。同时通过统一的接口，对这些虚拟资源进行集中调度和管理，从而降低业务的运行成本，保证系统的安全性和可靠性。

虚拟化平台 FusionCompute 位于硬件设备和软件服务之间，把下层实际的物理设备转化为虚拟的计算资源，提供给上层的软件服务使用。

6.3.2 虚拟化平台架构

虚拟化平台 FusionCompute 分为虚拟基础设施平台和云基础服务平台，其中虚拟基础设施平台与硬件基础设施层连接，将硬件设备资源虚拟化；云基础服务平台与上面云服务层连接，将虚拟化的资源以云服务形势供给上层使用，如图 6-17 所示。

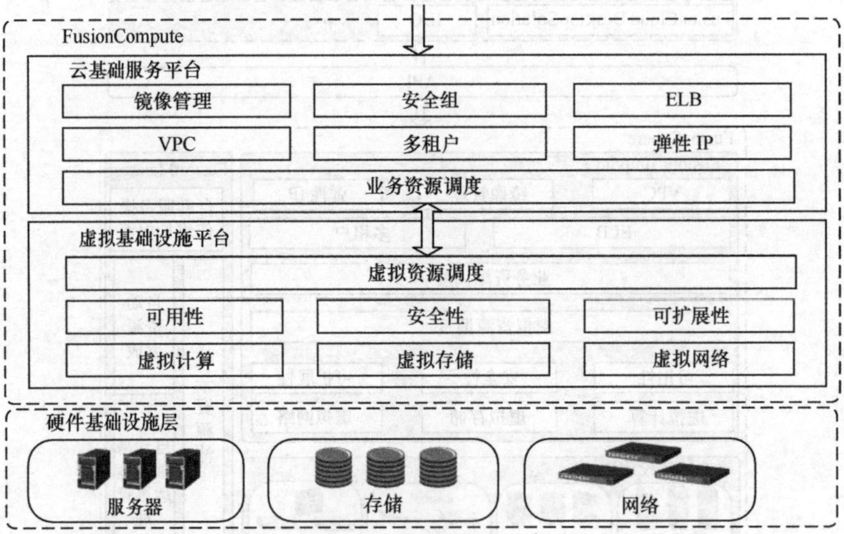

图 6-17 虚拟化平台架构

一、虚拟基础设施平台的功能部件

虚拟基础设施平台是在服务器硬件、存储、网络上构建了一个统一的虚拟化层，实现了资源的聚合，使得资源能够被池化、共享和动态分配，提高了硬件资源的利用率，简化了对物理资源的管理。虚拟基础设施的主要部件包括：虚拟计算、虚拟存储、虚拟网络以及针对虚拟资源的动态管理。

虚拟计算部件负责实现计算资源的虚拟化，支持创建集群（Cluster），把服务器（Server）加入集群，可以构建一个聚合的虚拟计算资源池。资源池内的虚拟机可以在不同的服务器间进行热迁移。在服务器故障时，HA（High Availability）特性可以在其他服务器上重启虚拟机。通过服务质量（Quality of Service，QoS）功能，可以限定虚拟机的

CPU、内存、网络、I/O 资源的 QoS。

虚拟存储部件，负责对存储的能力进行抽象化，简化了对后端存储的配置和处理。虚拟存储有几种工作模式：大 LUN 模式、小 LUN 模式、VIMS（Virtual Image Management System）、NFS 模式。大 LUN 模式下，存储设备上划分一个 LUN 给一组 Server，Server 通过 LVM（Logic Volume Management）的机制在 LUN 中划分逻辑卷，虚拟化引擎基于逻辑卷创建虚拟机。小 LUN 模式下，虚拟机的块设备直接映射到存储设备的 LUN。这种方式下，可以充分利用存储设备的高级特性，实现快照、瘦分配、链接克隆等功能。目前小 LUN 模式可以支持华为的 IPSAN 以及 FusionStorage 分布式存储软件。VIMS 模式下，由基于存储虚拟化层实现存储的快照、链接克隆、瘦分配等功能。NFS 模式下，存储虚拟化直接通过 NFS 协议使用 NAS 设备提供的文件存储。

虚拟网络部件，负责对网络能力的抽象。虚拟网络提供了一个分布式虚拟交换机（Distribute Virtual Switch，DVS）。在 DVS 上可以创建虚拟交换端口（Virtual Switch Port，VSP）。每个 VSP 具有各自的属性，如速率、ACL 等。VSP 与虚拟机关联，能够随着虚拟机的热迁移，而在其他的服务器上创建具有相同属性的 VSP。虚拟网络还具有 QoS 功能，能够控制业务的网络流量。虚拟网络支持两种模式，包括基于软件交换的 vSwitch 和基于智能网卡（iNic）交换的 eSwitch。

二、虚拟基础设施平台的逻辑结构

从逻辑结构上来看，虚拟基础设施平台由虚拟资源管理（VRM）节点和计算节点代理（CNA）两部分组成，如图 6-18 所示。

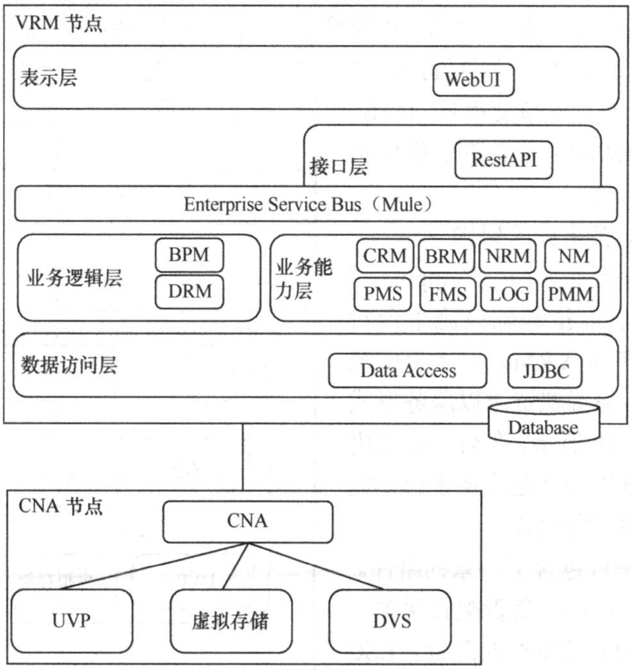

图 6-18 虚拟基础设施平台逻辑架构

虚拟资源管理（Virtual Resource Management，VRM）节点是一个面向业务和服务的资源管理系统，主要向各种业务和服务提供计算服务能力。计算节点代理（Compute Node Agent，CNA）负责对虚拟化节点上的计算、存储、网络资源进行控制。一个 CNA 节点对应一台计算服务器，部署虚拟化平台软件，将服务器虚拟化。一般一套虚拟化软件对应一个物理站点，由一个或一对 VRM 管理多个计算节点 CNA。

虚拟资源管理节点主要负责存储、网络、资源、维护等方面的管理。存储方面主要是管理集群内的块存储资源。网络方面包括虚拟机私有 IP 地址分配、集群内的网络资源（IP/VLAN/安全组/DHCP）管理、非 VPC 虚拟机私有 IP 地址分配等功能。资源管理方面包括管理集群内的计算节点，将物理的计算资源映射成虚拟的计算资源；管理集群内虚拟机的生命周期以及虚拟机在计算节点上的分布和迁移；管理集群内资源的动态调整。维护方面，VRM 提供统一的操作维护管理接口，操作维护人员通过 WebUI 远程访问 FusionCompute，对整个系统进行操作维护，包含资源管理、资源监控、资源报表等。

虚拟资源管理节点包含了表示层、接口层、企业数据总线（Enterprise Data Bus，ESB）、业务逻辑层、业务能力层和数据访问层。其中表示层负责实现前端 GUI 界面，支持 IE8+、Firefox8+浏览器。接口层负责系统配置、计算、网络、存储、账户管理、监控、告警、补丁管理等功能，并基于 Rest 风格的接口对外提供能力接口。企业数据总线负责统一数据交换标准，实现数据传输、解析等功能。业务逻辑层对原子能力（计算、存储、网络等）进行编排和组合，按业务需要构造业务流。业务能力层：提供计算（CPU、内存等）、网络（VLAN、物理网卡等）、存储（卷、RAID 组等）资源管理能力，以原子接口形式开放。数据访问层使用 Hibernate 框架将关系型数据封装成数据对象。

计算节点代理（CNA）主要的功能包括提供虚拟计算功能，管理计算节点上的虚拟机和管理计算节点上的计算、存储、网络资源。它的组件包括统一虚拟化平台（Unified Virtualization Platform，UVP）负责提供计算虚拟化能力；分布式虚拟交换机（DVS）负责提供网络交换功能；虚拟存储组件负责将存储资源虚拟化。

三、云基础服务平台的架构

云基础服务平台是 FusionCompute 的上层平台，与下层虚拟基础设施平台对接，它向下集成多套 VRM，向上提供统一的云服务 API，将虚拟资源以服务形式对外提供，如图 6-19 所示。在公有云应用场景中，可通过部署云基础服务平台，提供多租户、业务鉴权等功能。

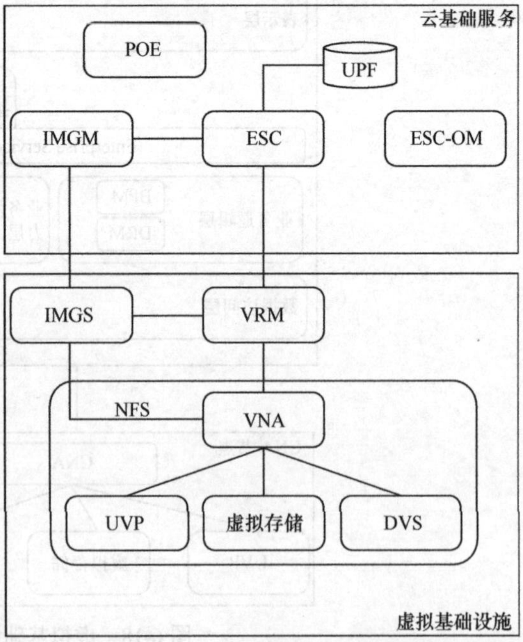

图 6-19 基础服务平台架构

云基础服务平台包含了一系列组件。其中 POE 是配置组件，负责配置网关，实现对用户数据和业务签约的配置。ESC 和 ESC-OM 是弹性控制组件，分别负责弹性计算服务控制和弹性业务控制。UPF 是用户数据库，向 ESC 组件提供数据接口。NFS 和 VNA 是网络组件，分别负责网络文件系统和虚拟化网络架构。IMGM 和 IMGS 是镜像功能组件，分别负责镜像管理和镜像服务器管理。

四、云基础服务平台的服务功能

云基础服务平台兼容亚马逊 EC2 接口，支持公有云的三大基础服务：弹性计算服务（Elastic Compute Service，ECS）、弹性负载均衡（Elastic Load Balancing，ELB）和虚拟私有云（Virtual Private Cloud，VPC）。

（一）弹性计算服务

ESC 包括虚拟机实例、弹性卷、安全组、VPC、ELB、弹性 IP 等功能。其中虚拟机实例是指通过 EC2 服务接口，可以在任意服务集群内部增加或减少容量，可以同时启动几十个虚拟机实例。弹性卷是指每个卷可以挂载到一个虚拟机实例，卷可以不与实例绑定，其资源需与用户账号绑定；当虚拟机实例发生故障时，用户可以在新启动的 EC2 实例上重新挂载卷。弹性 IP 是指即仅当虚拟机有外网访问需求时，将一公网 IP 作为弹性 IP 绑定给虚拟机，同时支持解绑定，节约公网 IP；虚拟机实例故障或可用区域故障可以将弹性 IP 地址快速重新映射到替换实例，这样可以让用户处理实例或软件问题，而不是等待数据技术人员重新配置或重新放置主机。安全组为用户提供安全、可靠的隔离策略；支持配置安全组之间的访问策略、虚拟机之间的访问策略。

（二）弹性负载均衡

在部署 Web 服务等集群环境时，通过在前端部署 ELB 服务器，实现自动调度业务请求到适合的后端服务器，起均衡负载的作用。它具有自动部署、快速提供服务、适用多种云场景的特点。

（三）虚拟私有云服务

为租户虚拟的私有网络（包含子网），具体功能包括各个子网可定义安全隔离的 ACL 策略；可定义防火墙隔离策略；可通过弹性 IP（EIP）访问 VPC 中的虚拟机；可通过 NAT 共享公有 IP 地址对虚拟机进行维护。

6.3.3 平台部署

FusionCompute 不仅是资源虚拟化平台，也是华为其他软件平台和管理节点的载体。虚拟机资源节点 VRM、计算节点 CNA，还有 ESC、IMGS 等组件都可进行虚拟化部署，安装在 FusionCompute 所管理的主机上。

FusionCompute 的部署如图 6-20 所示。其中，VRM 是 FusionCompute 的管理节点，提供管理界面对虚拟化资源进行统一管理。计算节点是主机（即物理服务器）的管理节点，对计算资源进行管理，为 VRM 提供计算能力。存储资源指由 SAN 设备或主机的本地存储提供的存储单元。当存储使用本地硬盘时，主机同时提供存储资源。ESC 是对计算服务进行弹性控制，负责对 FusionCompute 中的各种资源进行可伸缩分配。IMGS 是镜像服务器，用于统一管理 FusionCompute 中的虚拟机模板。

FusionCompute 支持虚拟化部署和物理部署，对于 VRM、主机、ESC 组件、IMGS 组件有着各自的部署原则。

VRM 部署原则，支持单节点部署或主备部署，每个站点部署一个（单节点部署时）或一对（主备部署时）VRM 节点。虚拟化部署场景下，VRM 节点部署在由管理集群的指定主机创建的虚拟机上，虚拟机可使用服务器本地存储。主备部署时需要将主备 VRM 节点分别部署在两个管理集群主机上。物理部署场景下，VRM 节点部署在物理服务器上。

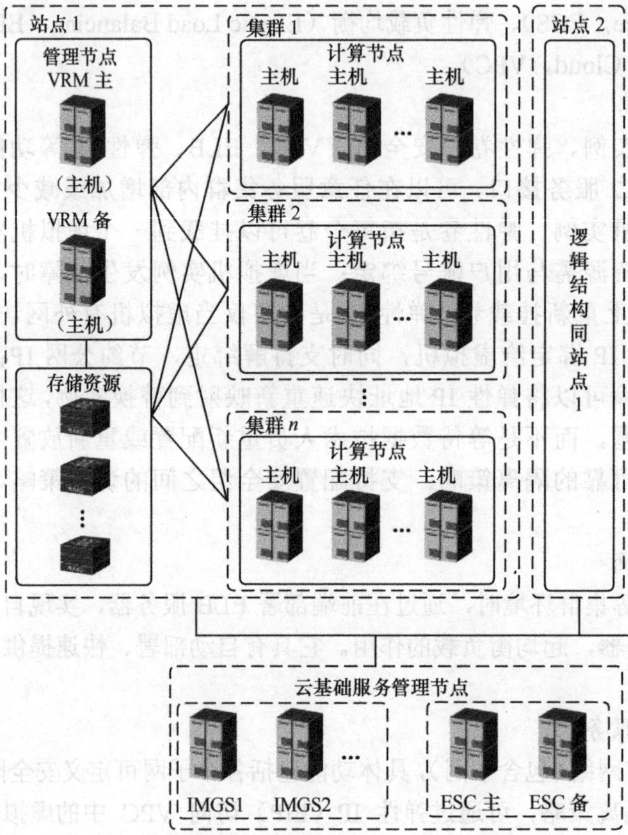

图 6-20 FusionCompute 部署

主机部署原则，根据客户对计算资源的需求部署多个主机，提供虚拟化计算资源。使用本地存储时，主机同时提供存储资源。虚拟化部署场景下，主机指所有物理服务器，需要指定主机创建 VRM 节点虚拟机。安装主机时需要为所有物理服务器安装虚拟化平台软件。为使每个集群内的计算资源利用率最优化，建议同一集群下的主机配置相同。物理部署时，主机指除 VRM、ESC、IMGS 以外的所有物理服务器。需要为所有主机安装虚拟化平台软件。

ESC 部署原则，ESC 节点为可选管理节点。支持单节点部署或主备部署。虚拟化部署场景下，ESC 节点部署在管理集群创建的虚拟机上；物理部署场景下，ESC 节点部署在物理服务器上。

IMGS 部署原则，IMGS 节点为可选管理节点，仅当部署 ESC 节点时，需要部署 IMGS 节点。虚拟化部署场景下，IMGS 节点部署在管理集群创建的虚拟机上，IMGS 节点虚拟机不支持规格的修改，但可以通过扩容方式新增 IMGS 节点；物理部署场景下，IMGS

节点部署在物理服务器上。

6.3.4 虚拟化应用

当硬件设备抽象为虚拟资源后，就变得可量化、可视化、可管理。在虚拟化平台上，可以为客户和系统管理员提供精细、方便、智能化的虚拟化应用。下面以 FusionCompute 为例，介绍计算、存储、网络方面的虚拟化应用。

一、智能内存复用

随着内存虚拟化技术的不断发展，出现了内存共享、内存交换、内存气泡等技术。但各项技术相对独立，为了弥补单项技术的不足，往往采用内存复用策略。在 FusionCompute 中，内存复用策略作为一个服务模块，统筹管理虚拟机的内存共享、内存气泡、内存交换等不同的复用技术，根据不同的业务压力和虚拟机状况，统一分配各项技术的占比，达到性能和内存复用率的最大化，如图 6-21 所示。

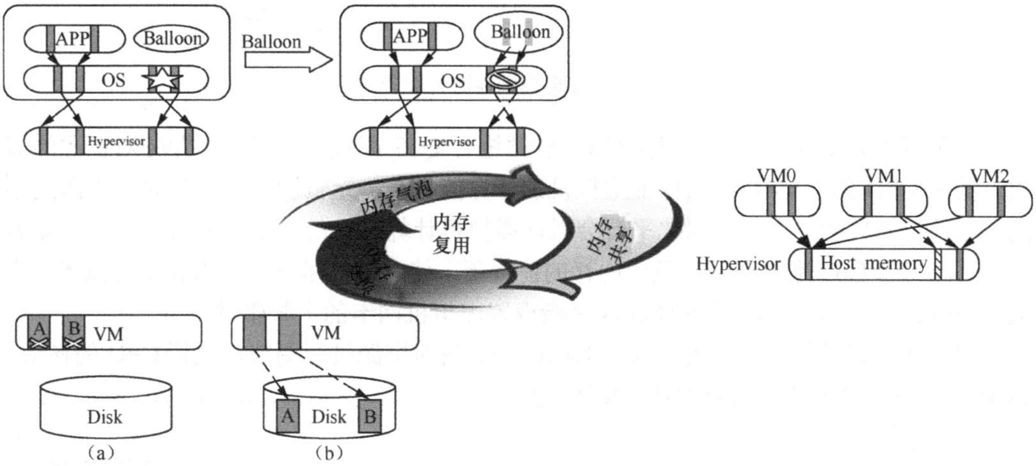

图 6-21 内存复用技术

内存气泡是指统一虚拟化平台主动回收虚拟机暂时不用的物理内存，分配给需要复用内存的虚拟机，内存的回收和分配都是动态的，虚拟机上的应用不会感知到实际物理内存的管理操作。该技术要求整个物理服务器上的所有虚拟机使用的内存总量不能超过该服务器的物理内存总量。

内存交换是指将外部存储虚拟成内存给虚拟机用，将虚拟机上暂时不用的数据存放到外部存储上，客户机需要这些数据时再和预留内存上的数据进行交换。该技术与传统操作系统中的虚拟存储管理类似，如果内存管理采用连续分配方式，则和内存空间的对换类似，区别只是基于虚拟化后的设备进行操作。

内存共享是指多台客户机共享相同数据内容的内存页。基于内容的页共享是内存共享的主要机制。在该机制下，VMM 监控物理内存页的内容，若多个虚拟机使用同一个内容页，就让多个虚拟机的页表都指向同一份备份，有效地减少客户机对内存的需求。

采用智能内存复用，能使服务器上虚拟机的内存总量大于服务器上的物理内存，同样的物理内存条件下能运行更多的虚拟机，延长物理服务器升级内存的周期。对于虚拟机数量固定的场景，能够减少物理内存的需求量，节省用户的内存采购成本。

二、多维度资源管理

在计算资源被虚拟化后，虚拟化平台都可以为虚拟机提供多维度的资源分配和管理。在 FusionCompute 中，可以在虚拟机创建时分配资源，可管控的资源包括 CPU、内存、网络等，如图 6-22 所示。

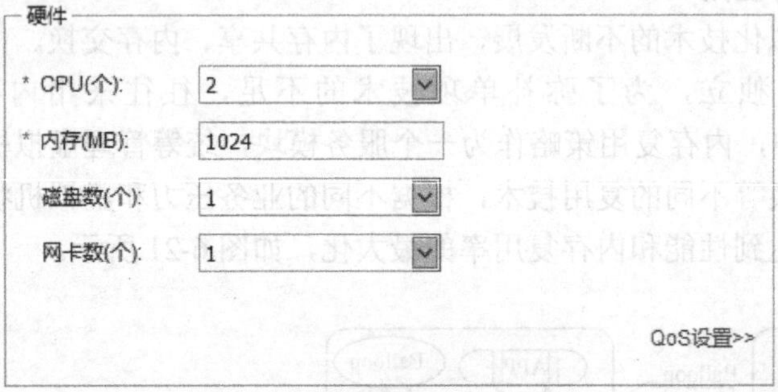

图 6-22 虚拟机创建时分配资源

除了可配置 CPU 等资源，还可以对资源进行 QoS 配置，满足不同业务对资源的需求。其中 CPU 的 QoS 是用来保证虚拟机的计算能力在一定范围内按需变化，以满足不同业务的计算性能要求，虚拟化平台会保证虚拟机计算能力的下限，同时也限制其能力上限。内存的 QoS 是指在保证预留内存的前提下，使虚拟机尽量使用内存复用技术，为应用获取到更多的内存。网络的 QoS 是指设置虚拟机网卡的上限带宽。

对于计算资源的管理，还可以在虚拟机创建后对资源进行调整，包括 CPU 的核数、每个 CPU 的预留频率和最高频率、内存的大小和预留大小等。

三、存储精简置备

存储精简置备是指虚拟化平台以按需分配的方式来管理存储设备，将大于物理存储空间的容量形态呈现给用户端，用户看到的空间实际上远远大于系统实际分配的空间，如图 6-23 所示。

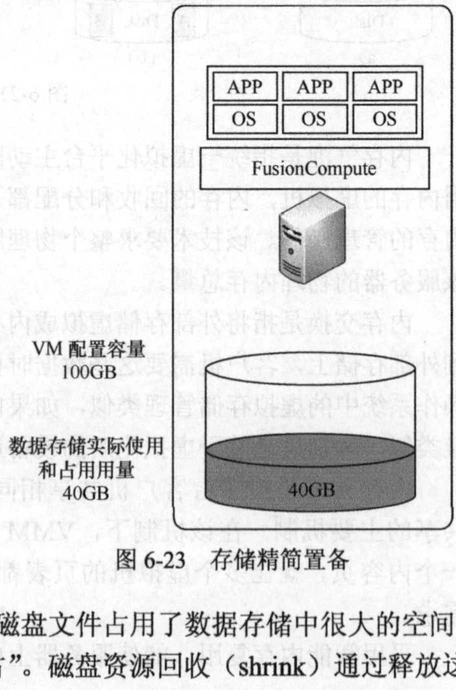

图 6-23 存储精简置备

使用精简置备后，用户真正写入数据的时刻才分配物理存储空间，虚拟磁盘占用的空间随着用户写入数据增多而逐渐增长。当用户删除虚拟磁盘上的文件时，仅在虚拟磁盘中标识该文件占用的空间变成可用，虚拟磁盘文件本身的大小并没有减小。这样就会导致已删除文件占用的空间还在虚拟磁盘文件内占着。虚拟机使用时间长了之后，就会产生一个现象：虚拟磁盘文件占用了数据存储中很大的空间，但其中有很多空间是被那些已删除的文件“虚占”。磁盘资源回收（shrink）通过释放这些已被删除的文件占用的空间，提高了虚拟磁盘所在的数据存储的可用空间，提高存储资源的利用率。管理员回收虚拟磁盘上的磁盘空间后，这些回收的磁盘空间会划到虚拟磁盘所在的数据存储中去。

精简置备具有存储无关、容量监控、空间管理的功能。存储无关是指虚拟存储精简置备与操作系统、硬件完全无关，精简置备功能可以有多种提供方式：虚拟化平台、存储设备和 ServerSAN 等。容量监控是指能够提供数据存储容量预警，可以设置阈值，当存储容量超过阈值时产生告警。空间管理实现了提供虚拟磁盘空间监控和回收，当分配给用户的存储空间较大而实际使用较小时，可以通过磁盘空间回收功能回收已经分配但实际未使用的空间。

四、链接克隆

链接克隆是指通过链接的方式克隆一个虚拟机的系统盘。对于外界来讲，初始状态完全是被克隆系统盘备份的，但底层实际上完全链接到被克隆的系统盘，并不占用真正的存储空间。

在链接克隆的场景下，母卷是只读的，母卷只会提供一个原始的系统盘（Golden Image）。在运行过程中，每个虚拟机产生的差异化的数据都会被保存到差分卷（Diff Disk）中。当虚拟机产生一个写请求，直接写到差分卷（Diff Disk）中。当虚拟机产生一个读请求，首先判断该数据是在母卷中还是在差分卷中，如果在母卷中，直接从母卷读取；如果在差分卷中，则从差分卷读取，如图 6-24 所示。

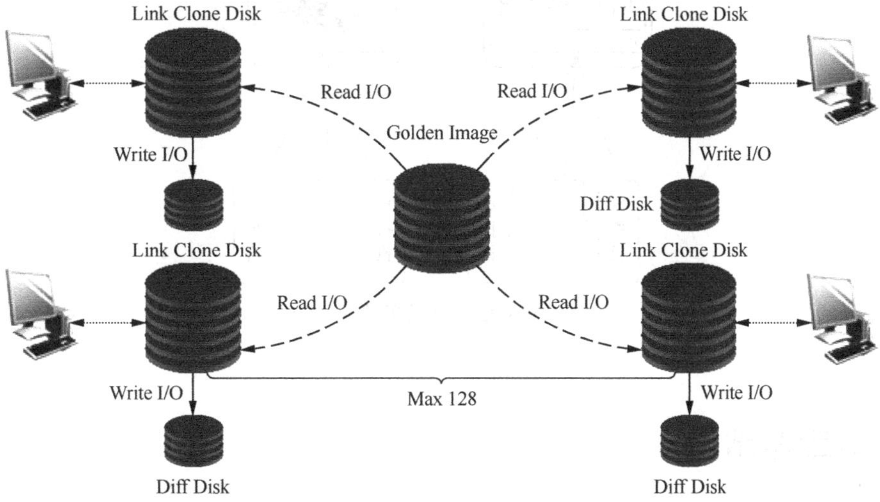

图 6-24　链接克隆

五、存储热迁移

虚拟机正常运行时，管理员可通过手动操作，将虚拟机的卷迁移至其他存储单元。存储热迁移可在存储虚拟化管理下的同一个存储设备内、不同存储设备之间进行迁移。热迁移使客户在业务无损的情况下动态调整虚拟机存储资源，以实现设备维护、存储 DRS 资源调整等操作。同一时刻，单个主机上最多允许 1 个存储（磁盘）进行迁入和迁出。

FusionCompute 的存储热迁移功能，实现了迁移带宽可控，避免对正常业务产生影响；支持跨集群迁移。适用场景包括存储系统下的电维护；优化虚拟机存储 I/O 性能；

高效管理存储容量（回收存储碎片等）。

六、虚拟交换机

虚拟交换机为网络通信提供了新的虚拟交换模式，具备 VLAN、DHCP 隔离、带宽限速等基本功能，同时，具备良好的功能扩展性。通过虚拟交换机，同一主机上的虚拟机可以使用与物理交换机相同的协议相互通信。虚拟交换机功能丰富，扩展灵活，具有交换、安全、QoS、维护等完整的二层功能，而且内置 vSwitch、同步开源社区功能。在网络管理上实施集中管理，简单易用，可以一键配置，使所有计算节点的虚拟交换机及时生效；虚拟机主机间迁移，网络属性同步修改，如图 6-25 所示。

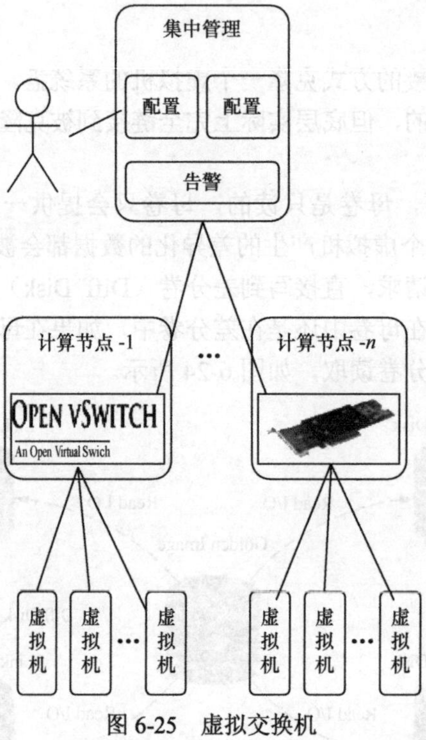

图 6-25 虚拟交换机

6.4 本章总结

完成本章学习，能够了解虚拟化技术的基础理论，包括计算虚拟化、存储虚拟化、网络虚拟化三方面的原理方法，了解虚拟化平台架构和平台部署，以及计算、存储、网络方面的虚拟化应用。

通过本章学习，读者能够掌握虚拟化的基本概念与技术原理，包括虚拟机结构和虚拟化特征、虚拟化的四种类型；掌握计算资源的 CPU 虚拟化、内存虚拟化、I/O 虚拟化的原理方法；掌握三种存储虚拟化的实现技术，包括裸设备+逻辑卷、存储设备虚拟化、主机存储虚拟化+文件系统；掌握网络虚拟化的三种实现技术，包括虚拟交换技术、嵌入交换技术、物理机交换技术。

第7章 资源管理

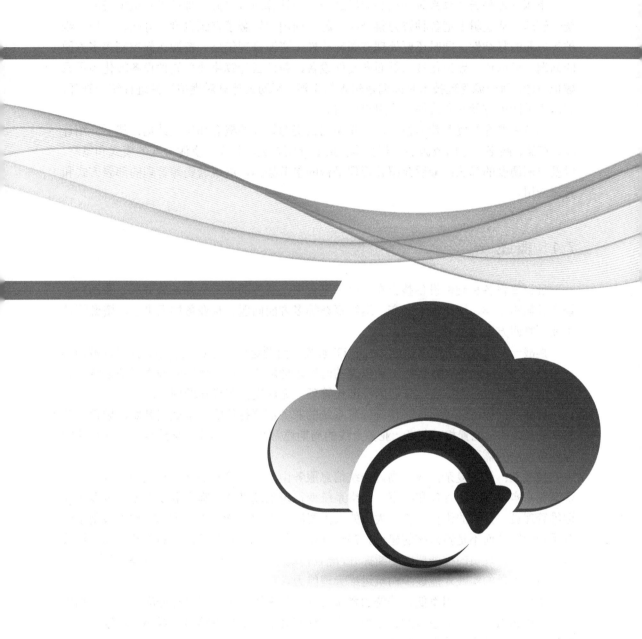

资源管理是云计算系统的核心问题之一。云计算通过资源管理技术对虚拟资源进行统一管理，从逻辑上把各种资源整合在一起，向用户屏蔽了资源调度、分配、使用、维护等方面的复杂性，同时还要处理资源异构性、资源管理策略、资源访问控制等多方面的问题。可以说，虚拟化技术是面向硬件设备，帮助云计算将物理硬件设备转化为逻辑虚拟资源；而资源管理技术是面向逻辑虚拟资源，帮助云计算对虚拟资源进行统一管理，并以更灵活更方便的方式提供给用户使用。

本章主要介绍资源管理技术，首先说明云资源管理的概念和层次结构；然后介绍计算、存储、网络三方面资源的管理技术；接着介绍在云环境下，资源分配的模式和策略，以及资源调度的算法；最后介绍云管理平台的参考架构，展现云资源管理的部署方式和管理应用。

7.1 概述

云计算将各种硬件设备整合在一个云平台中，必然面临着资源部署分散、资源种类繁多且架构多样、用户需求多变、运维复杂等多方面问题。从业务层面来看，资源管理主要面临四方面的挑战。

挑战一：服务水平难以保证。由于 IT 系统的问题定位通常比较复杂，且多以被动形式为主，20%以上的故障需要 1 天以上的时间才能解决。传统资源管理由于缺乏统一、开放的管理平台，无法实现资源的标准化管理，无法支撑多样化的应用。

挑战二：业务管理粗放。传统信息系统的业务部署往往需要从底层开始，硬件安装工期较长，基础配置相对复杂，业务上线的周期通常在 90 天以上，导致客户无法快速响应业务发展的需要。

挑战三：管理复杂，成本高。传统信息服务由于缺乏统一的标准和规划，导致硬件资源无法实现统一的管理和共享。网络系统变得越来越复杂，客户需要更多、更专业的运维管理员。系统的维护消耗了大量的人力资源，大约有 70%以上的 IT 预算被用于现有系统的维护而不是新系统的建设。70%的数据中心采用了 3 种以上的管理工具，导致客户对运维管理员的技能要求不断提升，况且传统企业由于缺乏相关的运营和运维经验，需要通过大量的实践才能逐步构筑运维管理能力。

挑战四：资源利用率低，传统的资源管理一般采用专用方式进行分配，资源的利用率一般在 20%以下，大量资源无法被利用，这些处于空闲状态的服务器还在持续地消耗电能，不断侵蚀客户的利润空间。

资源统一管理是解决云计算资源管理效率低下的有效方法，是对云中所有资源进行统一化和标准化转变，建立全局统一的资源模型与资源视图。资源统一管理包括统一部署、统一监控，以及对数据中心实现分权、分域、分级管理。

根据云计算的 SPI 模型（即 IaaS、PaaS 和 SaaS 三个模式），资源统一管理不仅包括基础设施层资源的管理，还包括对上层服务的管理，支持面向服务的统一管理，提供计算服务、存储服务、网络服务、备份服务、云监控服务以及应用生命周期的管理，针对业务对物理资源和虚拟资源需求进行统一的发放调度和自动化配置等。

由于云计算平台的建设不是一蹴而就的，是一个逐步实施的过程。因此在建设过程中，可能会长期面临只有部分资源云化的情况。因此，统一管理包括了云和非云的自动化管理，还包括了对多种异构虚拟化平台统一管控，例如支持 VMware、Hyper-V、Xen 等多种不同的虚拟化平台。

从系统结构来看，资源统一管理包括资源层与服务层，如图 7-1 所示。资源层是从资源的角度对所有的硬件设备进行统一管理与监控，包括资源池管理与监控管理。服务层则是从业务的角度来看，对基础设施抽象后所形成的服务进行统一管理与维护，包括服务中心、云运营中心、运维中心以及 IT 服务管理中心。

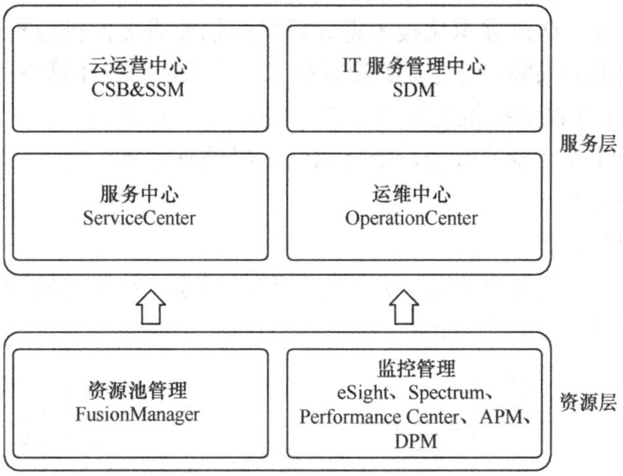

图 7-1　资源管理的系统结构

资源池管理提供对资源的管理能力，包括物理资源和虚拟化资源，同时支持对第三方厂商提供的物理资源和虚拟资源进行管理。资源池管理能够对数据中心中传统资源和云资源进行统一管理和分级统计呈现，以及对云资源容量的统一视图管理和传统资源的业务管理。监控管理能够对云中的物理设备（包括服务器、网络、存储和安全设备）、虚拟设备进行统一监控，支持对多厂商实时及历史数据库监控、诊断、处理和全面的性能管理。此外，监控管理可监控应用，如基于 Web 应用的 SLA（Service Level Agreement）和业务级交易端到端的性能等。

服务中心基于资源池提供的云资源和非云资源，提供可高度定制的数据中心业务以及服务统一编排和自动化管理的能力。服务中心提供多种可定制化能力，例如定制异构云平台和异构非云平台的能力，定制多资源池策略设置和服务编排能力，定制企业服务集成能力，定制资源池管理系统能力，特别是传统资源自动化发放能力。

运维中心面向数据中心业务，提供场景化运维操作与可视化的状态、风险、效率分析能力，能够基于分析结果与服务中心配合完成数据中心自我优化和自愈。云运营中心提供服务定义和运营支撑，同时满足公有云场景对运营的要求。IT 服务管理中心提供对 ITIL（Information Technology Infrastructure Library）流程的支撑，包括事件管理、变更管理等。

7.2 资源管理技术

云资源管理的对象主要是计算、存储和网络三类资源。资源管理的目标是实现资源管理自动化、资源优化，有效整合虚拟资源和物理资源等。

7.2.1 计算资源管理

在云计算中，构成主机的CPU、内存和I/O基础设备都是属于计算资源，每个主机就是一台物理服务器。通过虚拟化技术将计算资源抽象成虚拟机逻辑资源，突破物理计算资源不可灵活调整的局限。通过资源管理技术，可以对物理计算资源进行整合或划分，进行管理和调度，实现在虚拟机之间共享CPU和内存，复用I/O设备，使资源负载平衡、可灵活调配。对于计算资源的管理，既有面向主机的资源集群技术，又有面向虚拟机的模板管理和迁移等技术。

一、主机和资源集群

物理设备是云计算的基础设施，是资源管理的对象，常以主机附加存储和网络构成资源集群的方式来提供，如图7-2所示。

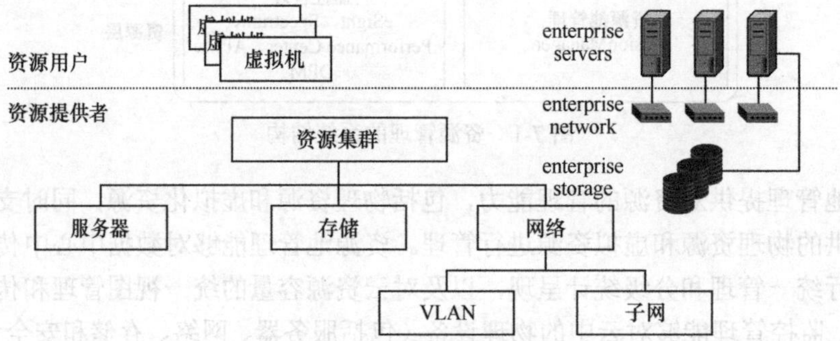

图7-2 资源集群的组成

资源集群是指云计算模式下，云管理平台中物理资源提供的基本单位，由一组主机附加物理存储和网络资源构成，是物理资源的提供方，虚拟机则是物理资源的直接用户。

云计算常以集群为单位提供物理资源，如图7-3所示，通常把一个资源集群作为云管理平台内的一个支持开关域。该集群内某主机故障，其上虚拟机只能在该集群内其他主机重建。若资源集群的支持开关处于开启状态，云管理平台会持续监控所有主机，当主机故障时能自动迁移故障主机上的所有虚拟机到资源集群中的其他主机。

在实际应用中，还可以把一个资源集群作为云管理平台内一个分布式资源调度（Distributed Resource Scheduler，DRS）域，如图7-3所示。虚拟机只在集群范围内自动调度。对已经存在的资源集群，可通过扩容、减容调整资源供应，支持添加主机到集群、从集群移除主机、将主机隔离，还可根据规模需要扩容或者减容主机。DRS通常采用智能调度算法，根据资源的负载情况，对资源进行智能调度，达到平台内各种资源的负载均衡和动态节能。

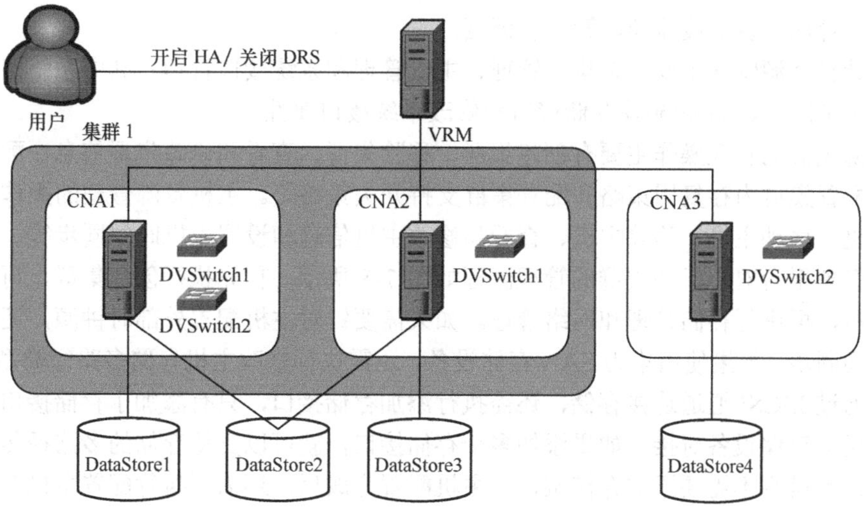

图 7-3　集群控制域

云管理平台在对主机和虚拟机的运行状态监控过程中，若发现某集群内各主机的工作负载高低不同时，如图 7-4 所示，会根据预先制定的负载均衡策略，进行资源的动态调整或虚拟机的迁移，确保平台内各 CPU、内存等物理计算资源利用率相对均衡。

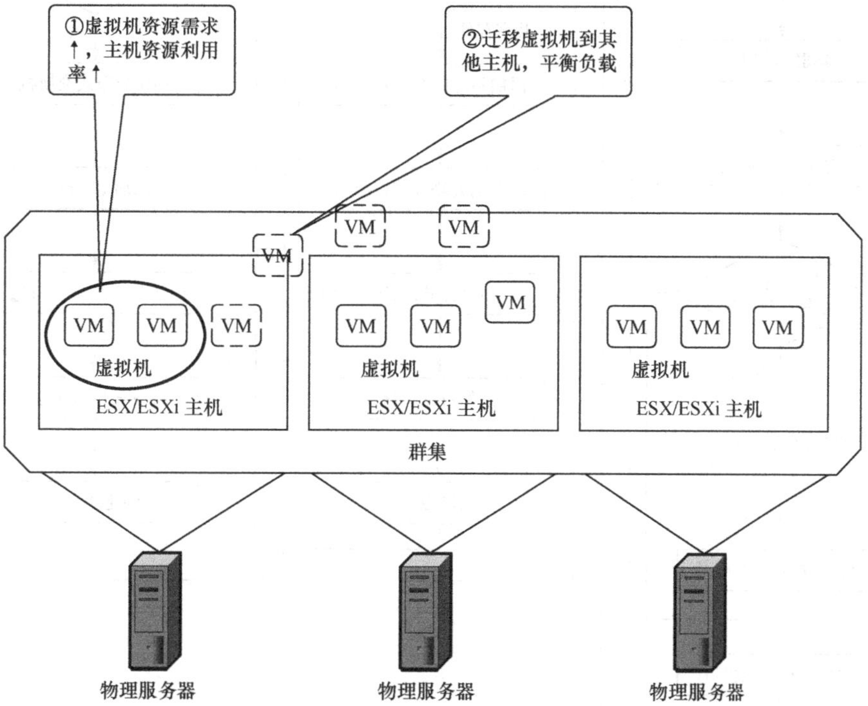

图 7-4　集群负载均衡

二、主机和集群的虚拟化管理

物理主机和集群资源是不能灵活管理和调度的，物理资源安装配置好后，要在云管理平台的虚拟数据中心中相应创建资源集群，将其转变为计算资源池中的虚拟化资源，才可在云管理平台中被监控、管理和调度。

云计算资源管理主要包括集群管理、主机管理和系统接口管理，其中系统接口管理主要是绑定网口、添加/删除存储接口和修改系统接口属性。

资源集群的管理操作主要有创建集群、移除集群、查看和修改集群信息、配置调度策略、配置集群内存复用策略和配置集群支持开关策略等。主机资源管理的操作主要有添加主机、移动主机、移除主机、查看和修改主机信息和设置主机时间同步等。

云管理平台对主机和集群的管理流程如图 7-5 所示，首先执行创建集群，再向集群添加主机，再进行存储管理和网络管理。如果需要针对主机配置外部时钟源，还需执行主机时间同步。如果使用华为 SAN 存储设备，还需执行修改主机存储多路径类型。如果主机是通过 ISCSI 通道连接存储，还需执行添加存储接口，只有添加了存储接口，才能实现主机与存储设备对接。如果添加多个存储接口，就可以支持存储的多路径传输。如果是本地硬盘则不需要添加存储接口。主机配置完成后，还需要执行配置主机存储和配置主机网络的相关操作，才满足在主机上创建虚拟机的条件。

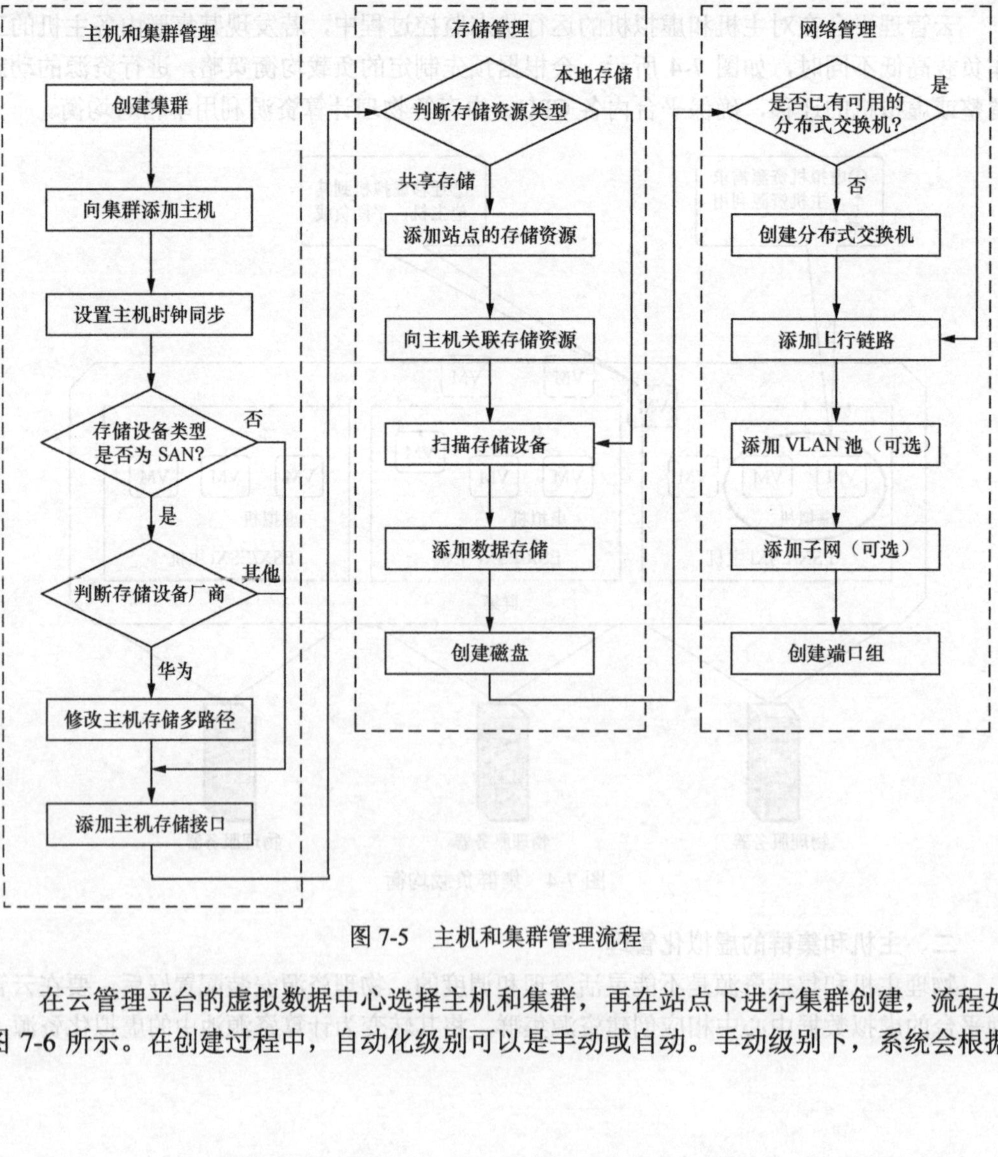

图 7-5 主机和集群管理流程

在云管理平台的虚拟数据中心选择主机和集群，再在站点下进行集群创建，流程如图 7-6 所示。在创建过程中，自动化级别可以是手动或自动。手动级别下，系统会根据目前的资源负载情况，给出迁移虚拟机的建议，而用户会根据建议决定是否迁移虚拟机。自动级别下，系统会自动迁移虚拟机，保证系统资源的最优利用。衡量因素为 CPU 和内存，是资源调度的依据，可根据集群内 CPU 或内存的占用率判断是否触发资源调度。资源调度阈值设置有三个级别可选，分别是保守、中等和激进。保守级别下，系统不干预集群的负载失衡。中等级别下，系统会改善集群明显的负载失衡。激进级别下，系统会改善集群细微的负载失衡。通常情况下都是选用中等阈值。

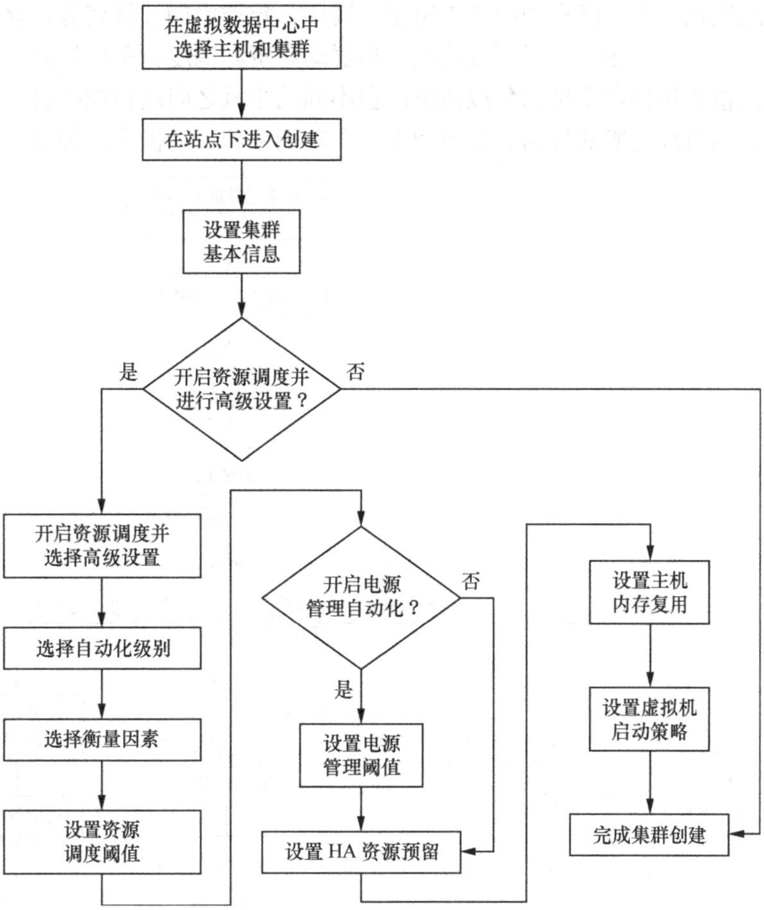

图 7-6　集群创建流程

此外，电源管理自动化会周期性地检查集群中服务器的资源使用情况，如果集群中资源利用率不足，则会将多余的主机下电节能，下电前会将虚拟机迁移至其他主机；如果集群资源过度利用，则会将离线的主机上电，以增加集群资源，减轻主机的负荷。电源管理阈值也分为保守、中等和激进 3 个级别。电源管理的保守级别阈值指：如果主机资源利用率极度高于目标利用率范围，就会对主机上电；如果主机资源利用率极度低于目标利用率范围，就会对主机下电。中等级别指：如果主机资源利用率明显高于目标利用率范围，就会对主机上电；如果主机资源利用率明显低于目标利用率范围，就会对主机下电。激进级别指：如果主机资源利用率高于目标利用率范围，就会对主机上电；如果主机资源利用率低于目标利用率范围，就会对主机下电。

在设置虚拟机启动策略时，可以选择自动分配或负载均衡策略。自动分配策略指在虚拟机启动时，在集群中满足资源条件的节点中随机进行节点的选择。负载均衡策略指在虚拟机启动时，根据节点的CPU利用率进行节点的选择。通常默认的启动策略是负载均衡。开启电源管理自动化时，建议同时开启资源调度自动化。以便于主机上电后，自动对虚拟机进行负载均衡。

设置集群的计算资源调度策略，实现集群内计算资源的动态调度，达到计算资源的合理分配，配置调度策略流程如图 7-7 所示。其中，集群中的计算资源、存储资源和网络资源必须互通，才能成功使用调度功能。集群动态资源调度指采用智能负载均衡调度算法，周期性检查集群内主机的负载情况，在不同的主机之间迁移虚拟机，从而达到集群内的主机之间负载均衡的目的。资源调度有自动调度和手动操作两种模式。

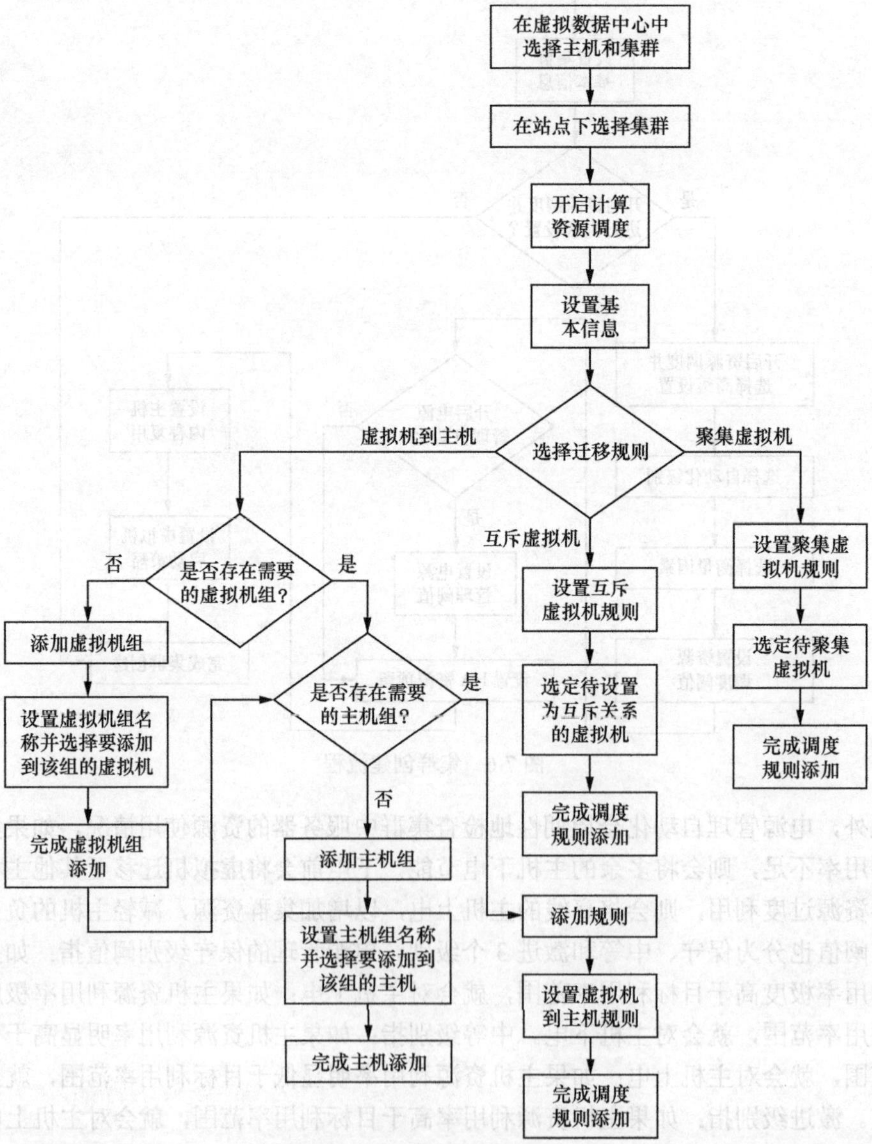

图 7-7 配置调度策略流程

在自动调度模式下，系统会自动将虚拟机迁移到最合适的主机上。在手动操作模式下，系统会生成操作建议供管理员选择，管理员根据实际情况决定是否应用建议。资源调度可以配置不同的衡量因素，可以根据 CPU、内存或 CPU 和内存进行调度。如果未使用内存资源复用，此时建议设置为根据 CPU 调度，以便使 CPU 利用均衡。如果使用 CPU 和内存资源复用，建议设置为根据 CPU 和内存进行综合调度。资源调度的高级规则可以用来满足一些特殊需求。例如，两台虚拟机是主备关系时，可以为其配置互斥策略，使其运行在不同的主机上以提高可靠性。此外，资源调度的分时阈值设置，可以满足不同时段的调度需求。由于虚拟机迁移会带来一定的系统开销，所以建议在业务压力较大时设置为保守策略，在业务压力较小时设置为中等或激进策略，避免影响业务性能。为使资源调度效果最好，建议同一集群下主机的 CPU、内存、网络、存储配置尽量相同，使虚拟机可以迁移到集群内的任一主机上。

在配置调度策略过程中，设置的基本信息主要是自动化级别、衡量因素和迁移阈值。设置的虚拟机迁移规则有三种：聚集虚拟机、互斥虚拟机和虚拟机到主机。聚集虚拟机规则要求列出的虚拟机必须在同一主机上运行，且一个虚拟机只能被加入到一条聚集虚拟机规则中。互斥虚拟机规则要求列出的虚拟机必须在不同主机上运行，且一个虚拟机只能被加入到一条互斥虚拟机规则中。虚拟机到主机要求关联一个虚拟机组和主机组，虚拟机组中的虚拟机只能在主机组内的主机之间进行迁移。当集群内的主机数超过 5 个时，可以设置电源管理自动化，修改电源管理阈值。

云管理平台对主机的管理有添加/移动/移除主机、查看/修改主机信息、设置主机进入维护模式、修改主机存储多路径类型、设置主机时间同步、配置主机 BMC 等。在集群中添加主机流程如图 7-8 所示，如果主机有两个管理平面网口，建议在添加主机后绑定管理网口，以提高主机管理平面网络可靠性。如果在已设置 IMC 的集群中添加主机，则主机支持的 CPU 功能集必须等于或高于集群的 IMC 功能集。批量添加主机方式可在模板中设置所有主机信息，并一次性导入，适用于主机数量较多的场景。手动添加主机方式操作简单，但每次只能添加一台主机，适用于主机数量较少的场景。添加主机过程中，需设置的主机参数主要是主机名称、IP 地址、BMC IP 地址、BMC 用户名、BMC 密码。如果主机需要设置电源管理自动化，则必须设置主机的 BMC 信息。添加完主机后，如果要针对主机配置外部时钟源，需要对主机进行时间同步设置。

三、虚拟机资源

虚拟机资源是指云计算模式下，云管理平台中虚拟化资源提供的基本单位，是可以像物理计算机一样运行操作系统和应用程序的虚拟计算机，并突破了物理计算机属性固定的局限性，运行在某个主机上，并从主机上获取所需的 CPU、内存等计算资源，以及显卡、USB 设备、网络连接和存储访问等能力。

虚拟机模板是虚拟机的一个备份，如图 7-8 所示，包含操作系统、应用软件和虚拟机规格配置，使用模板创建虚拟机能够大幅节省配置新虚拟机和安装操作系统的时间。可以通过将现有虚拟机转换为模板、将虚拟机克隆为模板或克隆现有模板的方式来创建模板。虚拟机模板仅具有虚拟机的属性，虚拟机模板和虚拟机可相互转换。停止的虚拟机才可克隆出模板，即将虚拟机各卷进行复制，生成模板。而克隆方式中的虚拟机备份的制作允许虚拟机的状态是停止或运行。

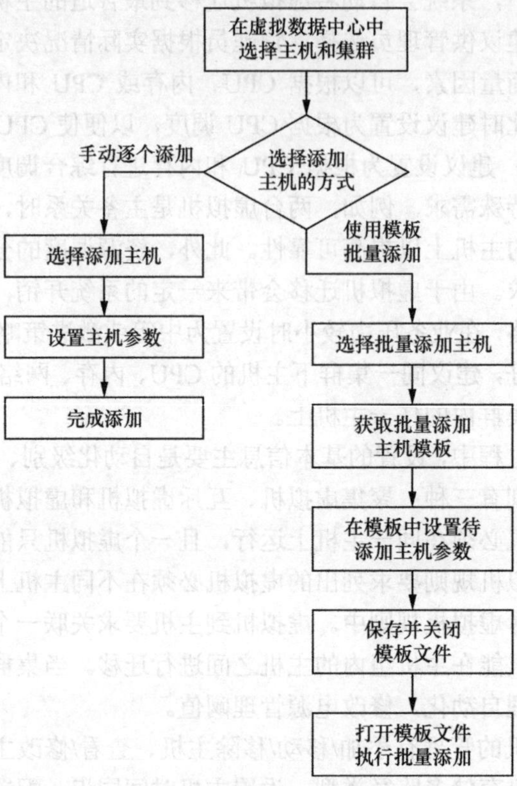

图 7-8　添加主机流程

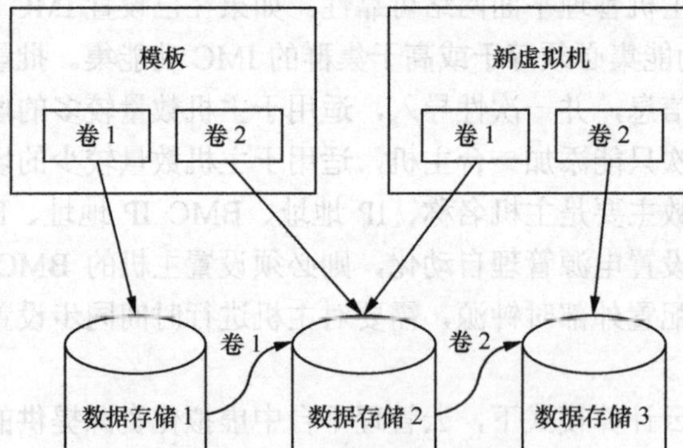

图 7-9　虚拟机模板

在对虚拟机资源的生命周期管理（如虚拟机休眠和唤醒）过程中，需要用到虚拟机内存快照，以保存虚拟机设置和虚拟机磁盘的数据，用于虚拟机数据的还原和恢复。虚拟机快照是指保留虚拟机某一时刻的状况，如图 7-10 所示，以便能够反复返回到同一状况，包括磁盘快照、内存快照和虚拟机规格。磁盘快照记录当前虚拟机卷上的数据状态，内存快照记录虚拟机操作系统状态（包括 CPU 寄存器等），规格主要指虚拟机电源状态、网卡和硬盘状态等。

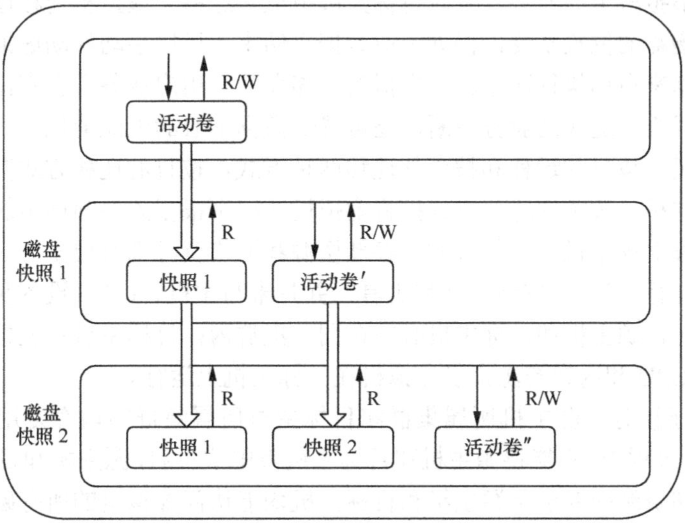

图 7-10 虚拟机快照

四、虚拟机迁移

在资源管理和调度过程中，有时需要进行虚拟机迁移。虚拟机运行在主机上，当主机出现故障、资源分配不均（如负载过重、负载过轻）等情况时，可通过迁移虚拟机来保证虚拟机业务的正常运行。

虚拟机迁移的具体应用场景包括：当主机故障或主机负载过重时，可以将运行的虚拟机迁移到另一台主机上，避免业务中断，保证业务的正常运行；当多数主机负载过轻时，可以将虚拟机迁移整合，以减少主机数量，提高资源的利用率，实现节能减排。

同一集群内，虚拟机由云管理平台根据资源管理调度策略自动负载均衡。虚拟机可以在集群内的主机之间迁移，如图 7-11 所示。虚拟机所在主机所属的集群是虚拟机的迁移域，而且迁移的源主机和目标主机必须共享主存储。

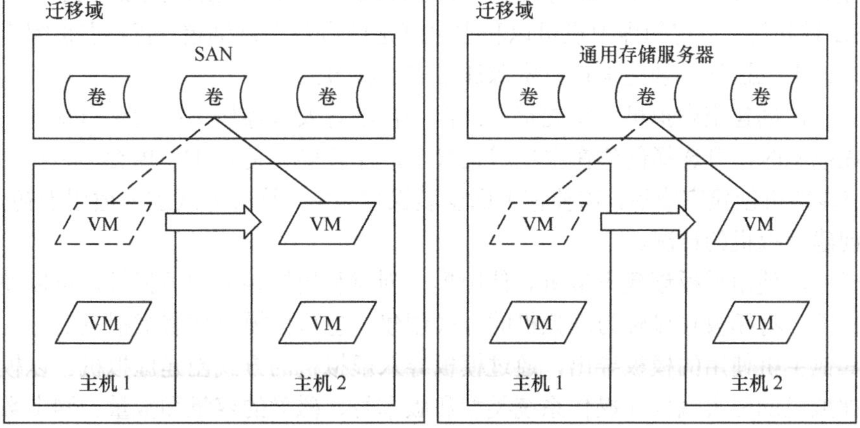

图 7-11 虚拟机迁移

虚拟机迁移是指将正在运行的虚拟机从一台主机移到另一台主机上的过程，迁移过程中无需中断虚拟机上的业务，有时也称为虚拟机热迁移。虚拟机迁移过程中，磁盘不进行迁移，即磁盘的位置不变，仍处于原数据存储中。可以手动移动虚拟机，也可以设置一个调度策略来自动执行迁移。在虚拟机迁移期间，用户业务不会有任何中断，因此可避免因服务器维护造成的业务中断，还可降低数据中心的电能消耗。

迁移虚拟机有按目的迁移和按条件迁移两种方式，按目的迁移方式指将虚拟机迁移至指定的目标主机，按条件迁移方式指将虚拟机迁移至根据条件筛选出的目标主机。

虚拟机迁移对虚拟机、计算资源、存储资源和网络资源都有要求。对虚拟机的要求是其状态为“运行中”，已安装好迁移工具，并且未与主机、USB 设备和显卡绑定。当在集群内迁移时，源主机和目标主机必须在同一集群内；目标主机不能处于维护模式，并且有足够的 CPU 和内存资源，供虚拟机在目标主机上运行。

当跨集群迁移时，源主机所属集群和目标主机所属集群的内存复用开关设置需相同，而且在迁移过程中，不能将源主机和目标主机下电或重启，源主机和目标主机的 CPU 需兼容。对存储资源的要求是源主机和目标主机均能访问虚拟机的所有磁盘，即虚拟机磁盘所属的数据存储必须同时添加至源主机和目标主机。对网络资源的要求是源主机和目标主机的网络必须互通，即虚拟机网卡所属端口组所在的分布式交换机的上行链路必须同时关联至源主机和目标主机。

五、虚拟机创建

首先要通过云管理平台在虚拟数据中心中创建虚拟机并对虚拟机进行管理，转化为计算资源池中的计算资源，然后才能通过云管理平台管理和使用计算资源池中的虚拟机资源为用户提供服务。

云管理平台对虚拟机的管理主要有虚拟机创建、虚拟机回收、虚拟机操作管理、模板管理、快照管理、虚拟机调整和规格管理。虚拟机调整和规格管理，在很多情况下允许动态进行，主要是调整 CPU 个数、调整内存大小、扩容磁盘、增删网卡、挂卸光驱、修改启动方式等。

虚拟机创建可选择创建位置为主机或集群。虚拟机创建完成后，可以对虚拟机进行迁移，对虚拟机的规格或外设进行调整，如添加网卡、绑定磁盘、挂载光驱、绑定显卡、绑定 USB 设备等。指定的虚拟机可以和主机绑定或者和集群绑定，若和主机绑定则虚拟机只能在该主机运行。创建虚拟机资源通常有三种方式。

方式一，创建空虚拟机。空虚拟机就像一台没有安装操作系统的空白物理计算机。创建空虚拟机时，可选择创建在主机或集群上，并可自定义 CPU、内存、磁盘、网卡等规格。空虚拟机创建完成后，需要在上面安装操作系统。这种方式主要适用于初始部署、第一次创建虚拟机的情况。

方式二，使用模板创建虚拟机。使用模板创建和模板相似的虚拟机，可以使用主机已有的模板，将模板直接转为虚拟机的方式创建；也可按模板部署虚拟机的方式创建；还可将其他主机使用的模板导出，通过模板导入虚拟机的方式创建虚拟机。以模板方式创建的虚拟机的三大属性（操作系统类型和版本号、磁盘的容量和数量、网卡数）继承自模板，其他属性可自定义。这种方式适用于需要节省时间且有适合的模板（操作系统和硬件配置相同）的情况。

方式三，使用克隆方式创建虚拟机。以系统中已有的一个虚拟机为备份，克隆一个和该虚拟机相似的虚拟机。克隆出的虚拟机的三大属性继承自原虚拟机，其他属性可自定义。这种方式适合于需要部署多个类似的虚拟机的情况。先创建单个虚拟机并配置和安装不同的软件，然后将该虚拟机克隆多次，而不用分别创建和配置每个虚拟机。

在对虚拟机快照的管理中，通过创建快照将虚拟机某一时刻的所有磁盘信息和内存信息保存下来，用于虚拟机数据的还原和恢复。一台虚拟机有多个快照时，使用某一个快照不会对其他快照产生影响。使用快照恢复虚拟机，指在虚拟机故障或需要还原数据时，使用虚拟机已有的快照，将虚拟机的数据恢复至该快照创建时刻的状态。若虚拟机在创建快照后绑定了新磁盘，则在使用该快照还原虚拟机时，新磁盘会自动与虚拟机解绑定。而对虚拟机模板的管理主要有模板的制作、导出和删除。

六、虚拟机管理

云管理平台对虚拟机资源的管理主要是对虚拟机整个生命周期的管理，如图 7-12 所示，包括虚拟机操作管理、虚拟机规格调整、虚拟机光驱管理、虚拟机快照管理、虚拟机高级属性修改。

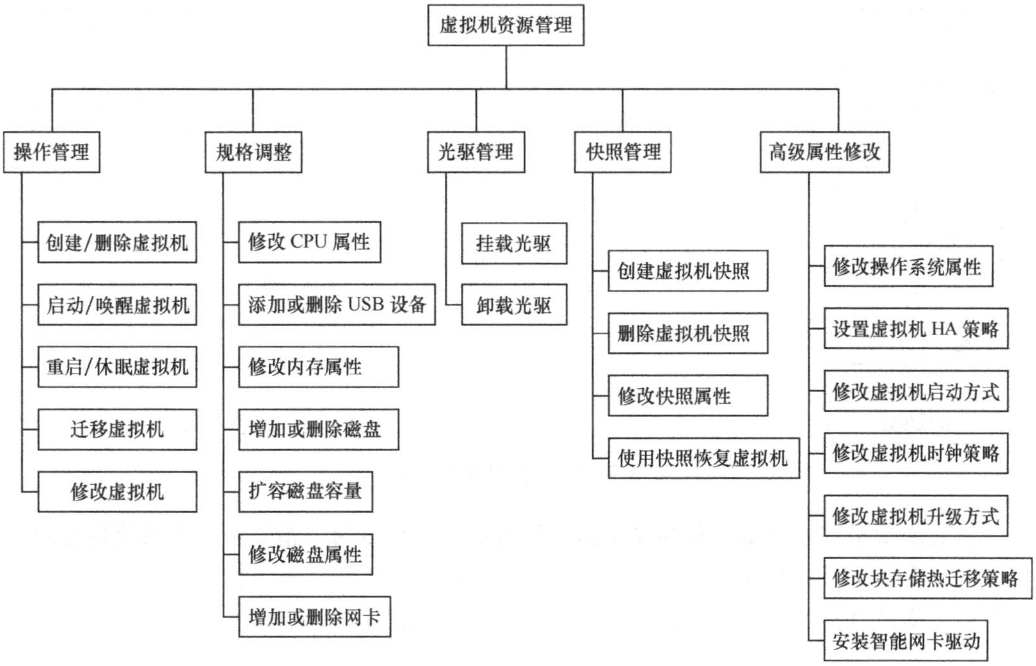

图 7-12　虚拟机资源管理的功能分类

虚拟机资源管理提供了一系列的虚拟机操作，包括创建和删除虚拟机、虚拟机启动和关闭、虚拟机重启和休眠、搜索虚拟机、迁移虚拟机等，如图 7-13 所示。

启动/唤醒虚拟机要注意大量虚拟机的同时启动或关闭会加重主机的负载。如果需同时对一个主机上的大量虚拟机执行启动或关闭操作，建议分批进行，避免对其他虚拟机的业务造成影响。休眠虚拟机是指休眠暂不使用的虚拟机，将虚拟机的内存状态以文件的形式保存在磁盘中，以释放占用的系统资源。当休眠的虚拟机被唤醒时，系统根据休眠时保存的内容，重新加载虚拟机使其正常运行。虚拟机休眠后，该虚拟机业务中断。

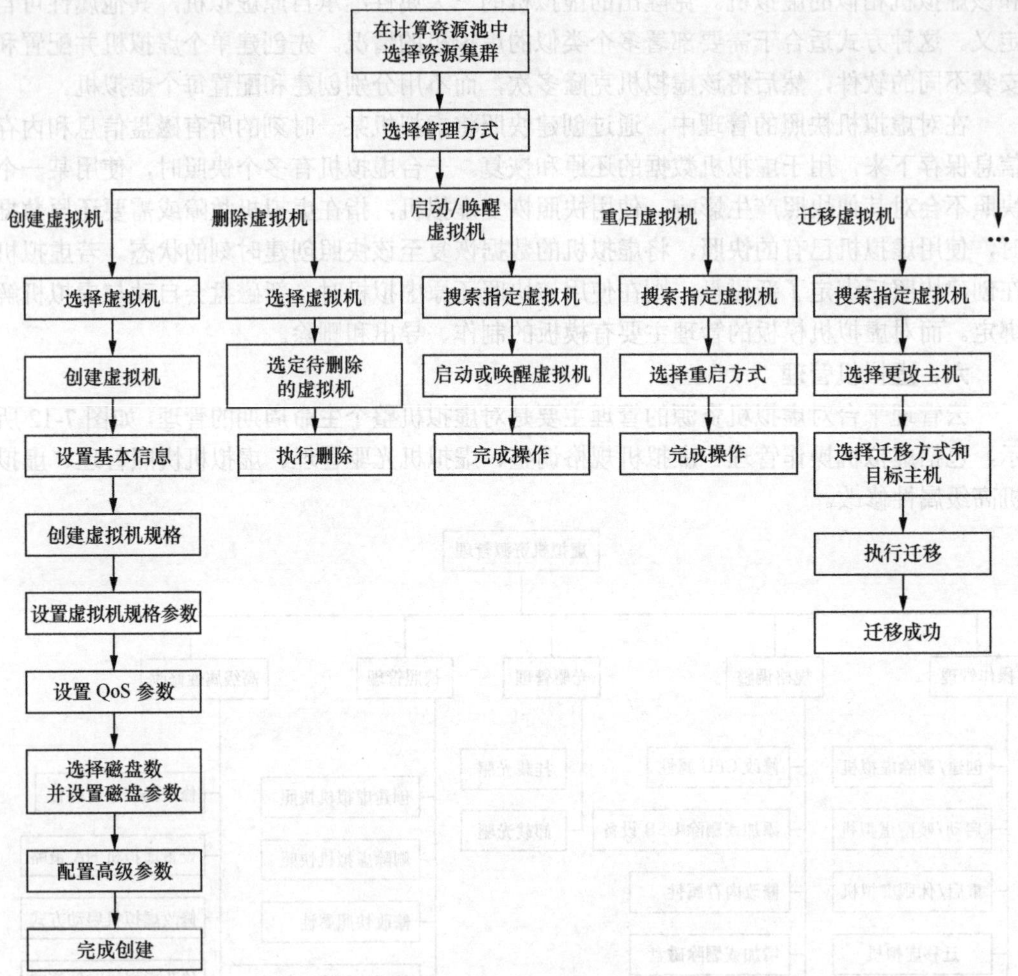

图 7-13 虚拟机操作流程

重启虚拟机有安全重启和强制重启两种方式。安全重启，指采用操作系统自带的重启方式，会自动保存数据，安全性高，关闭时间较长。正常状态下建议使用该方式。强制重启，指直接重启虚拟机，操作系统故障状态下建议使用该方式。

7.2.2 存储资源管理

存储资源管理就是对物理存储设备的管理，是指在物理存储设备安装后，要在云管理平台中进行配置以接入和删除物理存储设备信息、查看存储设备的配置信息（包括存储设备的名称、管理 IP 地址、型号、状态和磁盘数量等）、监控存储设备的总容量和可用容量。

一、接入存储设备

存储资源管理的首要步骤是接入物理存储设备，其接入流程分为三步，如图 7-14 所示。针对每一个已安装好的物理存储设备，进行三步接入配置，以实现对存储设备的监控。第一步是设置存储设备的基本信息，设置设备的名称、型号、隶属的数据中心、隶属的资源分区、所在机房、所在机柜和机框。第二步是设置接入参数，设置存储设备的控制器 IP、登录存储设备的账户和口令。第三步是核对配置信息，检查确认设置的信息和实际环境信息一致，完成接入。

当物理存储设备搬迁或不再使用时，要在云管理平台中删除存储设备信息，该设备信息被删除之后，云管理平台不再对该存储设备进行管理和监控，但资源池中的虚拟资源不受影响。

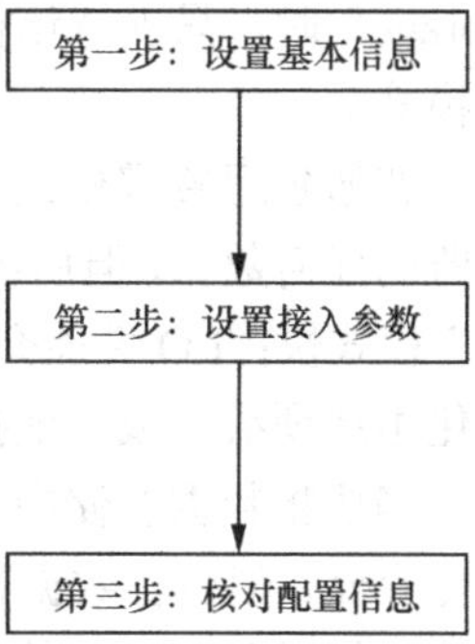

图 7-14　存储设备接入流程

二、虚拟磁盘迁移

在云计算中，存储资源管理往往需要执行磁盘迁移操作。

磁盘迁移，有时也称为存储迁移。磁盘迁移的前提条件是待迁移磁盘所在的虚拟机状态为“运行中”或“已停止”。进行磁盘迁移的磁盘源数据存储可以是本地存储或虚拟化存储，但目标数据存储必须是虚拟化存储。在磁盘迁移时，要求不能对虚拟机执行某些维护操作，如休眠、重启等。磁盘迁移分为基于虚拟机迁移磁盘和基于数据存储迁移磁盘两种方式。主要在存储减容、存储扩容、容灾备份和存储资源调度四个应用场景中会进行磁盘迁移。

存储减容下的磁盘迁移，指如果某个数据存储上的虚拟机数量少，存储利用率较低时，可以将该数据存储中的磁盘迁移到同一个资源集群下的其他数据存储中，将该数据存储减容。

存储扩容下的磁盘迁移，指存储扩容后，对于存储利用率较高的数据存储，可以将其上的磁盘迁移到新扩容的数据存储中，保证数据存储的负载均衡。

容灾备份下的磁盘迁移，指容灾备份的虚拟机迁入或迁出容灾系统，或容灾备份系统将分散的虚拟机迁移到同一套存储设备中，便于统一对一套存储设备做备份。

存储资源调度下的磁盘迁移，指可以根据实际虚拟机业务的使用情况进行动态资源调整，迁移存储达到资源利用最优化，以实现最大效率地使用存储设备。

基于虚拟机的磁盘迁移就是将虚拟机中的磁盘从一个数据存储迁移到另一个数据存储中，其迁移流程如图 7-15 所示。

在计算资源池的资源集群中，可根据名称、IP 地址、ID 或 MAC 地址等信息查找到待迁移磁盘的虚拟机，再选择迁移方式是按磁盘迁移或存储整体迁移。存储整体迁移是以虚拟机所有磁盘为对象进行迁移，而按磁盘迁移则以用户选择的虚拟机磁盘为对象进行迁移。选择迁移速率时有“适中”“快速”和“不限”三个挡。“适中”速率下，系统资源占用较小；“快速”状态下，系统资源占用较大，建议在业务空闲时选择；“不限”状态下，对迁移速率不做限制。更改磁盘配置模式时有“普通”“精简”和“普通延迟置零”三个模式可选。

普通模式下，可根据磁盘容量为磁盘分配空间，在创建过程中会将物理设备上保留的数据置零。这种格式的磁盘性能要优于其他两种磁盘格式，但创建这种格式的磁盘所需的时间可能会比创建其他类型的磁盘长，一般建议系统盘使用该模式。

精简模式下，系统首次仅分配磁盘容量配置值的部分容量，后续根据使用情况，逐步进行分配，直到分配总量达到磁盘容量配置值为止。数据存储类型为“Fusion

Storage”时，只支持该模式；数据存储类型为“本地硬盘”或“SAN存储”时，不支持该模式。

普通延迟置零模式下，根据磁盘容量为磁盘分配空间，创建时不会擦除物理设备上保留的任何数据，但后续从虚拟机首次执行写操作时会按需要将其置零。创建速度比“普通”模式快；I/O性能介于“普通”和“精简”两种模式之间。只有数据存储类型为“虚拟化本地硬盘”或“虚拟化基本共享存储”时，支持该模式。

当要将数据存储中的磁盘迁移到其他数据存储时，源数据存储可以是本地存储或虚拟化存储，但目标数据存储必须是虚拟化存储，其迁移流程如图7-16所示。在存储资源池选择待迁移存储体的磁盘，再选择目标数据存储的磁盘，设置迁移速率，根据需要选择目标磁盘的配置模式后，就可提交迁移任务，完成迁移。

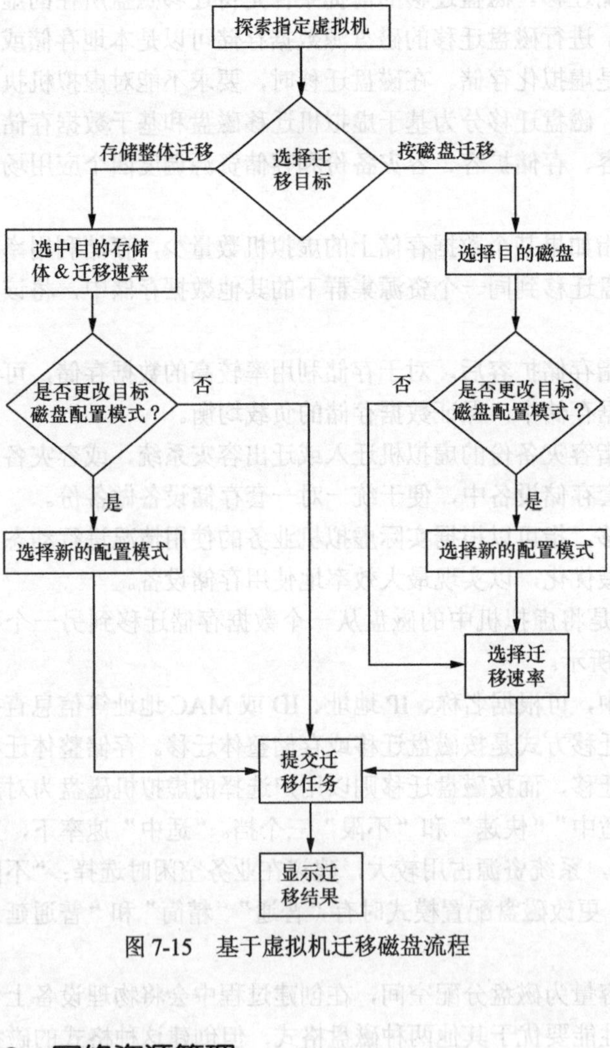

图7-15　基于虚拟机迁移磁盘流程

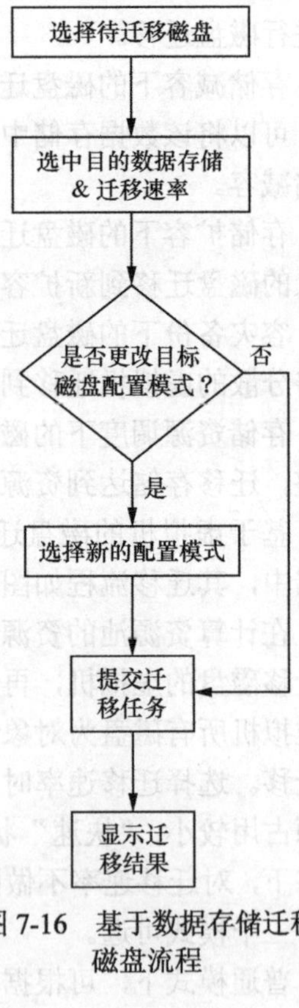

图7-16　基于数据存储迁移磁盘流程

7.2.3 网络资源管理

网络资源管理包括物理网络设备管理和网络资源池管理。物理网络设备管理是指在物理网络设备（主要是交换机）安装后，要在云管理平台中进行配置以接入和删除物理网络设备信息、查看交换机信息、查看交换机端口连接状态，从而实现对物理网络设备的监控。例如，交换机的接入与存储设备接入类似，在云管理平台中将安装好的交换机对应的资源描述信息（型号、名称、数据中心、资源分区、机房、机柜、机框等）设置好，便完成接入，就可对该交换机进行监控。在该物理虚拟机被移除后，只需在云管理平台中将其对应的资源描述信息删除，便完成交换机删除。

云管理平台通过网络管理（主要是对站点下分布式交换机、端口组和上行链路的管理），在平台中创建分布式交换机和端口组等网络资源，并对网络资源进行调整和配置，将物理网络资源转化为网络资源池，为虚拟机提供虚拟网络资源。对子网的管理实质是管理子网 IP 地址池，通过对站点下子网的管理，为使用子网类型端口组的虚拟机提供 IP 地址资源。通过对 VLAN 池的管理，为使用 VLAN 类型端口组的虚拟机提供 VLAN 资源。

云管理平台通过对网络资源池中的虚拟化网络资源进行管理，创建组织网络，为应用虚拟机提供网络资源。网络资源池中的网络资源主要包括分布式虚拟交换机、子网、VLAN、外部网络。所以云管理平台的网络资源管理主要是分布式虚拟交换机管理、端口组管理和子网管理。

一、分布式虚拟交换机

虚拟交换机是指利用软件功能在服务器上划分出的很多个虚拟的交换机。虚拟交换机能实现单个物理服务器内的 VM 之间的交换，也能实现不同物理服务器 VM 之间的交换。系统管理员通过分布式虚拟交换机（DVS）进行分布式虚拟交换管理，可以对一至多台 CNA 服务器上的虚拟交换机的物理端口和虚拟端口进行配置和维护。

分布式虚拟交换机的逻辑模型如图 7-17 所示。用户可以配置多个分布式交换机，每个分布式交换机可以覆盖集群中的多个 CNA 节点。

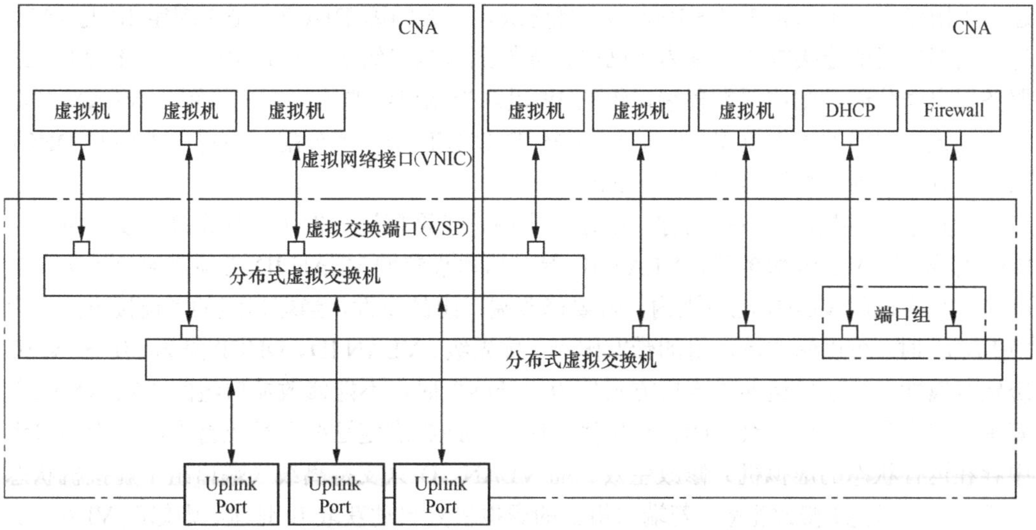

图 7-17　分布式虚拟交换机模型

每个分布式交换机具有多个分布式的虚拟交换端口（Virtual Switch Port，VSP），每个 VSP 具有各自的属性（速率、统计和 ACL 等），为了管理方便，采用端口组管理相同属性的一组端口，相同端口组的 VLAN（Virtual Local Area Network）相同。每个分布式交换机可以配置一个级联端口（Uplink Port）组，用于虚拟机对外的通信，Uplink 端口组可以包含多个物理网卡，这些物理网卡可以配置负载均衡策略。每个虚拟机可以具有多个 VNIC（Virtual Network Interface Card）接口，VNIC 可以和交换机的 VSP 一一对接。

分布式虚拟交换管理可以集成到统一的云计算管理系统中，统一管理所有 CNA 节点的虚拟网络，可大大减轻管理虚拟基础设施的负担。较少的管理任务意味着更少的错误和更多的运行时间。分布式虚拟交换管理可提供可视化的网络管理能力，可较好地呈现虚拟网络的拓扑、流量信息，可较大提高网络系统的可维护性。

二、端口组管理

端口组是一种策略设置机制，这些策略用于管理与端口组相连的网络。管理员通过云管理平台，在已创建的分布式交换机中添加端口组，为虚拟机提供网络资源。

一个分布式交换机可以有多个端口组。虚拟机的虚拟网卡连接到分布式交换机的端口组，这样，即使与同一端口组相连接的虚拟机各自在不同的物理服务器上，这些虚拟机也都属于虚拟环境内的同一网络。连接在同一端口组的虚拟机网卡具有相同的网络属性（如 VLAN/子网、QoS、安全属性等），以提供增强的网络安全、网络分段、更佳的性能、高可用性以及流量管理。应将链接克隆/Personal vDisk 虚拟机和完整复制/快速封装虚拟机所属的端口组规划为不同的 IP 地址段。

通过云管理平台对端口组资源的管理主要是创建、修改和删除端口组，如图 7-18 所示。此外，还有查看端口组信息等相关操作。创建端口组要求已创建分布式交换机并添加 VLAN 池，或已有的分布式交换机的 VLAN 池中有可用的 VLAN。在云管理平台的网络资源中找到指定的分布式虚拟交换机，为其创建端口组。

在创建时需设置的端口组基本信息包括端口组名称（例如 portgroup01）、限速/不限速、上限带宽（限值范围 1～10000）、优先级，是否隔离 DHCP、是否绑定 IP 与 MAC 等。当端口组的连接方式设置为子网时，连接到该端口组的虚拟机 IP 由 VRM 的 DHCP 服务器自动分配，则需要配置端口组的 IP 段。当端口组的连接方式设置为 VLAN 时，连接到该端口组的虚拟机 IP 不通过 VRM 的 DHCP 服务器分配，而将由外部的 DHCP 服务器分配或通过配置静态 IP 手工配置。

设置子网参数信息包括名称、描述、子网、子网掩码、网关、保留 IP 段、域名、DNS 服务器、WINS 服务器、VLAN ID 等，这里设置的 VLAN ID 必须在端口组所在的分布式交换机的 VLAN 池范围内。若要修改端口组的属性，当端口组的“连接方式”为“VLAN”时，可以修改端口组的带宽限制、优先级、VLAN ID、DHCP 隔离、IP 和 MAC 绑定等属性。当端口组的“连接方式”为“子网”时，不能修改端口组的“VLAN ID”。其中，带宽限制、优先级、DHCP 隔离、IP 和 MAC 绑定这些参数支持在线（指端口组中存在运行状态的虚拟机）修改生效。而 VLAN ID 只支持离线（端口组中虚拟机状态全部为停止状态）修改生效。若端口组上的虚拟机是自动获取 IP 地址，则修改 VLAN ID 后，系统将根据新的 VLAN ID 重新为虚拟机分配 IP 地址。若端口组上的虚拟机是手动配置 IP 地址，则修改 VLAN ID 之前，要确保虚拟机的 IP 地址在新 VLAN ID 所在的网段内，否则会导致虚拟机无法通信。若要在分布式交换机中删除指定端口组，则要确保待删除的端口组没有被虚拟机使用。

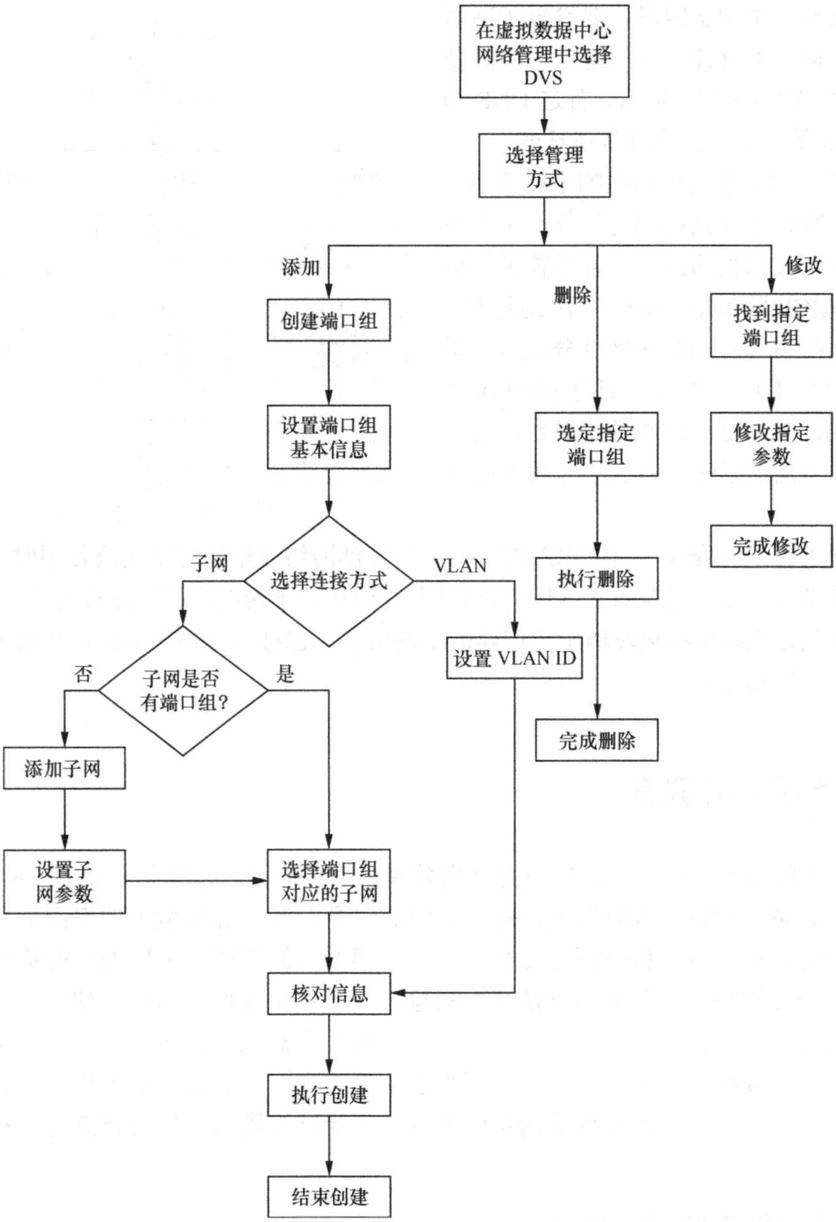

图 7-18　端口组管理流程

三、子网管理

云管理平台对子网的管理主要包括子网的添加、修改和删除，如图 7-19 所示。在管理子网资源前要求已存在 VLAN 池。在网络资源池中添加子网前，需在物理交换机中已添加了相应的子网信息，即要求在在物理交换机中已经存在待添加的子网。

在云管理平台的网络资源池中选择子网后，就可以进行子网的添加、修改和删除管理操作。添加子网时，要设置子网信息包括名称、子网 IP、子网掩码、保留 IP 段、网关、VLAN ID、域名、首选 DNS 和备选 DNS 等。子网名称通常是长度为 1～64 个字符，且不能与已添加的子网重名。配置的子网 IP 和子网掩码与运算结果应为分配给应用虚拟机的网段。若设置了保留 IP，当 DHCP 服务器自动分配 IP 地址时，不会将保留 IP 段内的 IP 地址分配给虚拟机。VLAN ID 参数要求是子网所属的 VLAN，ID 值为 2～4000 的正整数，且不能使用已添加的子网、VLAN 池的 VLAN ID。

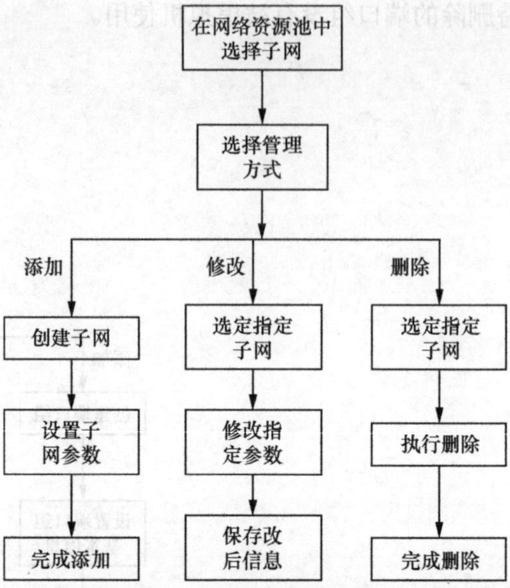

图 7-19 子网管理流程

若要进行子网修改，当待修改的子网已被外部网络或组织内部网络使用时，需要先在物理交换机上修改对应的子网信息，而且所有使用该子网的虚拟机必须处于关机状态。删除子网只是删除虚拟化环境中已创建的子网信息，已被外部网络或组织内部网络使用的子网不允许删除。

7.3 资源分配调度

云资源的分配机制不仅决定资源使用效率，而且是保证云服务质量（QoS）的核心技术，一直是云计算技术研究关注的一个中心主题。云计算环境下的资源分配实际上是根据设定的调度目标将资源分配给云任务。调度目标不同，采取的分配策略也会随之变化。云计算资源分配主要涉及两个利益方，即资源提供方和资源使用方。从公平的角度出发，一个良好的调度方案应能在兼顾双方利益的同时实现调度目标最优化。当然，从商业或技术角度出发，存在不少追求单方利益、调度目标最优化的有效解决方案。从高性能分布式计算系统的角度来看，云计算资源的分配与调度是一种资源管理技术。

7.3.1 云计算环境下的 QoS

QoS 起初用于描述互联网能力机制，指一个网络能够利用各种基础技术，为指定的网络通信提供更好服务的能力，也是网络的一种安全机制。在云计算模式下，QoS 是描述云服务用户资源需求、度量云服务用户满意度的一个标准。有效的资源管理机制能够确保向用户提供的服务是遵循服务水平协议（Service Level Agreement，SLA）的确定性服务。因此，通常用 QoS 参数（如可用性、可靠性和吞吐量等）定义 SLA。在云计算环境中，云服务用户多种多样，其任务的执行对资源的需求偏好也多种多样。例如，一些云任务偏重于完成时间，一些流媒体之类的云任务偏重于网络带宽，一些大数据处理之类的云任务偏重于内存容量等。

7.3.2　资源提供与分配模式

在云计算环境中，终端用户提交应用程序（云计算任务单元）和 VM 实例资源使用请求后，云服务提供商根据云任务调度算法为任务单元分配 VM 资源，根据 VM 调度算法为 VM 分配主机资源。如图 7-20 所示，以分层观点，从下向上看，云计算环境中资源的分配与提供可分为两级三个层次。底层的基础设施以主机为单位向中层虚拟资源池中的 VM 提供计算、存储和网络资源。底层与中层之间的资源分配与提供称为 I 级调度。一台主机可以分配给多个 VM，在分配时需要考虑共享的硬件资源包括 CPU、内存、存储和带宽。一台主机内的多个 VM 虽然相互独立，但需要共用该主机的处理器和系统总线，因此每个 VM 的可用硬件资源数受限于宿主 Host 的处理能力和系统带宽。中层的虚拟化资源以 VM 形式向顶层的应用程序提供部署和运行环境。中层与顶层之间的资源分配与提供称为 II 级调度。在理想的或者极优的资源分配情况下，一个 VM 应能以共享模式分配给多个终端用户的多个任务单元，在分配时需要考虑云任务特征和 QoS 需求等因素。从使用不同类型的云服务角度进行划分，终端用户可分为 SaaS 类型、PaaS 类型和 IaaS 类型，对应分别使用云平台提供的 SaaS 类型服务、PaaS 类型服务和 IaaS 类型服务。

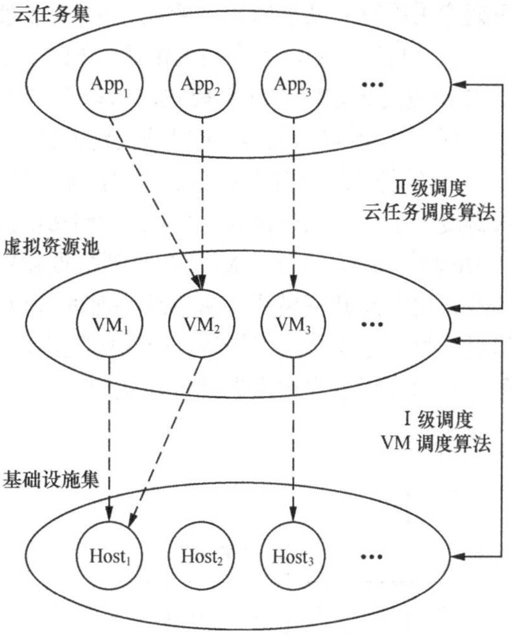

图 7-20　资源提供与分配模型

I 级调度采用的资源分配策略主要是 VM 调度算法，即以调度目标为导向，寻找能满足 VM 需求的 Host，再把 VM 创建到这个 Host 上，还要考虑 Host 的每个处理器应该为每个 VM 分配多少处理能力。II 级调度采用的资源分配策略主要是云任务调度算法，即以调度目标为导向，寻找能满足云任务需求的 VM，将 VM 分配给云任务，VM 在租用运行期内，应该分配多少固定的、可用的处理能力给云任务单元。两个级别具体调度算法的设置应根据资源提供方的具体调度优化目标灵活选择。调度目标可以是以用户为中心的、追求云服务的 QoS 最优化，也可以是以系统为中心的、追求资源使用效率和能耗最优化，或者两者兼顾。两个调度级别的资源分配策略应从时间共享和空间共享两个角度考虑。

7.3.3　资源分配策略

以下述简单应用场景为例，从时间共享和空间共享角度描述四类分配策略。两个应用 App_1（由任务单元 T_1、T_2、T_3、T_4 组成）和 App_2（由任务单元 T_5、T_6、T_7、T_8 组成），请求租用两个 VM（VM_1和 VM_2），每个 VM 向拥有两个 CPU（CPU_1和 CPU_2）的 Host 请求两个 CPU 资源，用于完成 4 个任务单元。其中，任务单元 T_1、T_2、T_3、T_4 租用 VM_1，而任务单元 T_5、T_6、T_7、T_8 租用 VM_2[6]。

两级调度都采用空间共享策略。如图 7-21（a）所示，I 级调度采用空间共享模式，因为每个 VM 需要两个 CPU，所以在特定的时间段内一个 Host 只能分配给一个 VM 运行。VM_2 只能在 VM_1 执行完其内所有任务单元之后，才会被分配 CPU，被调度运行。II 级调度也采用空间共享模式，以 VM_1 中任务单元的调度为例，因为每个任务单元只需要一个内核，所以在特定的时间段内 VM_1 可以同时分配给 T_1 和 T_2 执行。T_3 和 T_4 则在执行队列中等待 T_1 和 T_2 执行完成后，才能获得 VM_1 资源执行。

I 级调度采用空间共享策略，II 级调度采用时间共享策略。如图 7-21（b）所示，I 级调度采用空间共享模式，所以一个 Host 被分配给 VM_1，执行完 VM_1 中的所有任务单元（T_1～T_4）之后，才会被分配给 VM_2，用于执行 VM_2 中的所有任务单元（T_5～T_8）。而 II 级调度采用时间共享模式，所以在一个 VM 的生命周期内，该 VM 中每个 App 的所有任务单元同时运行，可以按设定的调度算法动态地调度切换任务单元。

I 级调度采用时间共享策略，II 级调度采用空间共享策略。如图 7-21（c）所示，I 级调度采用时间共享模式，所以一个 Host 会被同时分配给 VM_1 和 VM_2，两个 VM 同时在 Host 中运行，每个 VM 都会收到根据设定的调度算法分配的 CPU 时间片。因为 II 级调度采用空间共享模式，所以这些时间片以空间共享方式分配给 App 的所有任务单元，但对于每一个 VM，在任何一个时间段内，其每个 VCPU 只会执行一个任务单元，而任务单元的执行顺序则由调度算法决定。

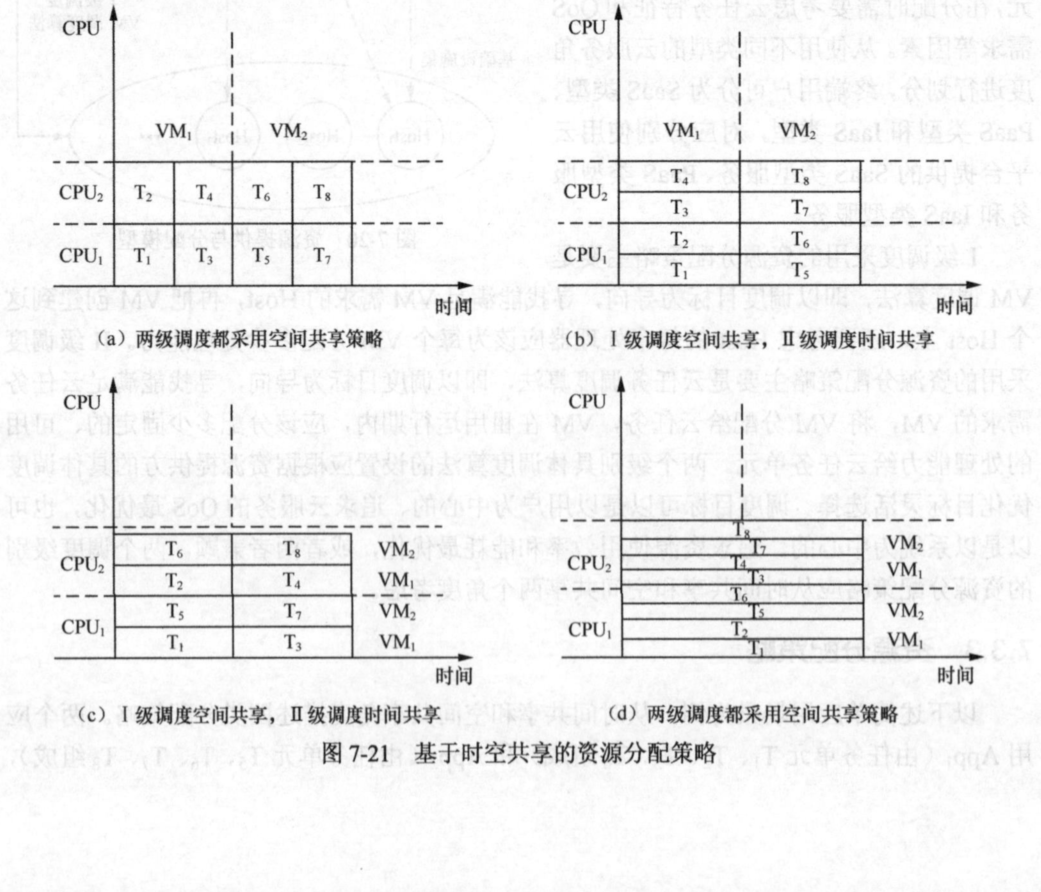

（a）两级调度都采用空间共享策略　（b）Ⅰ级调度空间共享，Ⅱ级调度时间共享

（c）Ⅰ级调度空间共享，Ⅱ级调度时间共享　（d）两级调度都采用空间共享策略

图 7-21　基于时空共享的资源分配策略

两级调度都采用时间共享策略。如图 7-21（d）所示，两级调度都采用时间共享模式，所以所有 VM 共享该 Host 所有 CPU 处理能力，并且每个 VM 同时将共享的处理能力分配给其内的任务单元。每个 VM 会分得所在 Host 的多少 CPU 处理能力，以及每个任务单元会分得所在 VM 的多少处理能力，都由调度算法决定。所有任务单元同时执行，无需排队等待。

7.3.4 调度算法

正因为资源分配机制在研发云平台产品技术中的重要地位，面向云计算环境下各级资源分配的调度算法一直受到众多研究者的重视，现已涌现出大量的有效调度算法。现有的调度算法大致可以分为基本调度算法和生物智能调度算法两大类别。虽然调度目标、调度级别不尽相同，但从时空共享的角度，总能在上述各类基于时空共享资源分配策略中找到与各个算法匹配的模式。若在调度算法执行之前，需要分配资源的任务单元个数是确定的、已知的，则是静态调度。若调度算法是随着任务的动态到达而被调用执行，且在执行调度算法之前，需要分配资源的任务单元个数是动态变化的、未知的，则是动态调度。

一、基本调度算法

基本调度算法，基于启发式方法（Heuristics）。所谓启发式方法，是指在有限的搜索空间内，利用问题本身的信息（通常是局部的、有限的、不完整的），设计某种或某些启发式规则，来指导算法的搜索过程，大大减少尝试的数量，迅速找到问题的解，但也有失败的可能。该方法的关键是如何设计简单有效的启发式规则。

基本调度算法本身逻辑简单，容易实现、使用一些简单有效的启发规则，算法运行快，在较短时间内能获得近似最优解。例如，先来先服务（First Come First Serve）算法、最短作业优先（Shortest-Job-First）算法等一系列基于优先权的调度算法。再如轮询（Round Robin）算法、最适合任务（Most Fit Task）调度算法，极小值（Min-Min 算法）、极大值（Max-Min）算法和一系列的改进算法等。

Min-Min 算法描述如图 7-22 所示，其思想是每次指派最小的任务，并且指派到执行最快的资源上。其过程是，首先计算参与调度的每个任务 Ti 在各个资源上执行的期望完成时间 Cij，找到每个任务的最早完成时间（Minimum Completion Time，MCT）及其对应的资源。再从中找出具有最小最早完成时间的任务 Tk，将该任务指派给其对应的资源 Rk。指派完成后，将已完成指派的任务从任务集中删除，并更新资源 Rk 的期望就绪时间。重复上面的过程，直到所有的任务都被指派完。

图 7-22 中 T 表示所有已提交且未调度的任务的集合，R 表示资源集合，Cij 表示元任务 Ti 使用资源 Rj 执行的期望完成时间，Eij 表示开始执行任务 Ti 时，已被调度执行的所有元任务所花费的总时间，rj 表示资源 Rj 的期望就绪时间。

Max-Min 算法描述如图 7-23 所示，类似于 Min-Min 算法，其思想是每次指派最大的任务，而且也是指派到执行最快的资源上。其过程同样是，先计算每个任务在各个可用资源上执行的期望完成时间，找到每个任务的最早完成时间 MCT 及其对应的资源。不同的是，该算法接着找出具有最大 MCT 的任务 Tk，选择将该任务指派给其对应的资源 Rk。指派完成后的操作步骤与 Min-Min 算法一样。

```
1. If meta-tasks set T is not empty, go to step 2,else go to step 13
2. For each meta-task Ti in T
3. For each Rj in R
4. Compute Cij = Eij + rj
5. Find the meta-task Ti consumes minimum completion time with Rk
6. Find the meta-task Tk which consumes the minimum MCT
7. Assign the meta-task Tk to the resource Rk with the minimum MCT
8. Remove the meta-task Tk from meta-tasks set T
9. Update rk for selected Rk
10. For each meta-task Ti in T
11. Update Cik
12. Go to step 1
13. exit
```

图 7-22 Min-Min 算法

```
1. If meta-tasks set T is not empty, go to step 2,else go to step 13
2. For each meta-task Ti in T
3. For each Rj in R
4. Compute Cij = Eij + rj
5. Find the meta-task Ti consumes minimum completion time with Rk
6. Find the meta-task Tk which consumes the maximum MCT
7. Assign the meta-task Tk to the resource Rk with the maximum MCT
8. Remove the meta-task Tk from meta-tasks set T
9. Update rk for selected Rk
10. For each meta-task Ti in T
11. Update Cik
12. Go to step 1
13. exit
```

图 7-23 Max-Min 算法

基本调度算法的启发式信息代价与算法效率和效果之间，存在一个共同的问题。一个基于启发式方法的基本调度算法，利用启发式信息所需花费的代价越大，则解决特定问题时一般效率越高、效果越好，但适用的问题类型越窄；反之，利用启发式信息的代价越小，其解决明确问题时一般效率会越低、效果会次之，但适用的问题类型越广泛。

二、生物智能调度算法

生物智能调度算法，基于元启发式方法（meta-Heuristics），是受生物界规律的启迪，使用仿生原理来求解问题而设计的算法。例如，基于人工神经网络技术的算法、基于遗传算法（Genetic Algorithm，GA）、基于模拟退火（Simulated Annealing，SA）算法、基于蚁群优化（Ant Colony Optimization，ACO）算法等。元启发式方法可以看作是随机版本的基于群体的启发式方法。其核心思想是既想有启发式方法的专和快，又想有随机方法的简单，在两者之间合理地折中，利用不同搜索机制的优势，避免其劣势，多快好省地找到问题的解。该方法分为基于进化机制（Evolutionary-based）的、基于物理原理（Physics-based）的和基于群体智能（Swarm Intelligence-based）的三种。

基于进化机制所设计的算法，其基本产生规则是达尔文的自然选择、适者生存准则，其群体计算机制的主要操作是杂交/交叉（Recombination/Crossover）和变异（Mutation）、选择等运算操作，从而实现群体驱动和进化，最典型的算法是 GA。例如，Fei Tao 等设计的 CLPS-GA 算法有效地应用了 GA，优化目标兼顾了云任务的完工时间和能耗两个方面。

基于物理原理所设计的算法，是将某些物理规律建模为群体优化算法，搜索的群体解通过启发于某种物理原理的规则，实现群体在搜索空间的相互信息交流和位置移动，最典型的是 SA。例如，D. Pandit，A. Monir，D. Akshat 等基于 SA 设计云资源分配算法。

基于群体智能所设计的算法，是模拟生物群体的群体搜索、协作行为和涌现现象，实现单个个体无法实现的基于群体的智能搜索行为，通过生物的群体协作、信息交流和社会智能等现象实现最优解搜索。典型的算法有粒子群优化（Particle Swarm Optimization，PSO）算法、人工蜂群（Artificial Bee Colony Optimization，ABC）算法和 ACO 算法。最近，ElinaPacini 等对基于群体智能的分布式任务调度研究进展做了一个较全面的综述。例如，Kun Li，S. Banerjee，Z. Zehua，M. Cristian 等设计的云任务调度算法就是基于 ACO 算法。Suraj Pandey，Sonia Yassa，Zhangjun Wu 等基于 PSO 算法设计云任务调度算法。DhineshBabuL.等基于 ABC 算法设计云任务调度算法，实现负载平衡。

生物智能算法本身逻辑复杂，不易实现、算法运行耗时长，不稳定，收敛速度慢，但可以并行运行，支持全局搜索最优解。

近年，新出现了基于超启发式（Hyper-Heuristic）算法的调度算法。超启发式算法提供了一种高层次启发式方法，通过管理或操纵一系列低层次启发式（Low-Level Heuristics，LLH）算法，产生新的启发式算法。超启发式算法在一个由启发式算法构成的搜索空间上进行搜索，该搜索空间上的每一个顶点代表一系列 LLH 的组合，最后找到能够获得所求问题的最优解或较优解的、由一个或多个 LLH 组合构成的一个最优的启发式算法。

图 7-24 描述了使用原始 ACO 算法为云任务分配虚拟机资源的编程过程。

```
Begin
    Initialize the pheromone
While (stopping criterion not satisfied) do
Position each ant in a starting VM
While ( stopping when every ant has built a solution ) do
For each ant do
                    Choose VM for next task by pheromone trail intensity
End for
End while
Update the pheromone
End while
End
```

图 7-24　ACO 算法

7.4　云管理平台参考案例

我们以华为的云管理平台 FusionManager 为例，介绍在一个云中，如何实现资源管理的平台架构和应用。

FusionManager 是华为云管理平台，主要负责 IT 虚拟基础设施的资源自动化发放和一体化的运维管理，可以被部署到一个自助服务、自动化的公有云或私有云操作环境中，并对企业 IT 管理提供开放的管理接口。FusionManager 的核心功能就是资源管理、自动资源发放和运维。FusionManager 将整个云系统中对用户可见的资源抽取出来，纳入统一的资源池管理，为用户提供一体化的资源管理体验；自动资源发放为用户提供方便的获取资源的途径，用户可以通过在服务目录自动化的获取资源并在资源上部署用户需要的应用。

FusionManager 提供物理和虚拟机设备管理、服务自动化部署、资源管理和监控等功能，如图 7-25 所示。从底层接入来看，FusionManager 可以接入华为和第三方的虚拟化软件；也可以将物理硬件（包含计算设备、存储设备和网络设备），作为基础设备资源接入系统。从上层提供的功能来看，FusionManager 可以实现 PaaS 和 SaaS 的部件自动化部署。因此，FusionManager 的定位是集成多个虚拟化软件和物理设备，提供统一硬件资源管理和虚拟化资源管理，为业务和应用提供一体化和自动化的运维手段。

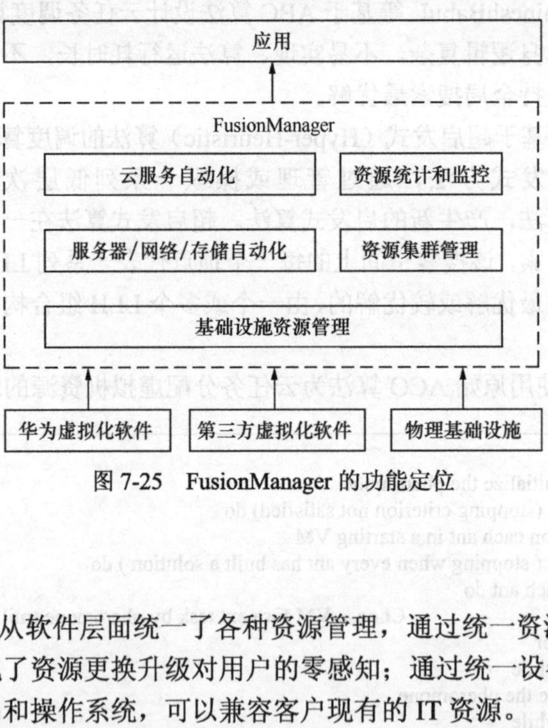

图 7-25 FusionManager 的功能定位

7.4.1 系统架构

FusionManager 从软件层面统一了各种资源管理，通过统一资源池屏蔽不同硬件和虚拟化的差异，实现了资源更换升级对用户的零感知；通过统一设备管理平台，支持业界主流的虚拟化产品和操作系统，可以兼容客户现有的 IT 资源。

FusionManager 包含的功能模块主要分为三部分，如图 7-26 所示。其中，下层模块（例如，统一设备管理、集成资源管理、自动资源调度等）主要与硬件资源、虚拟化资源打交道，实现资源的管理和调度。中间模块是服务总线，负责数据、服务、消息等通信。上层模块（例如，服务目录、服务自动化等）负责向外部用户（例如，系统管理员、组织管理员、最终用户、其他平台等）提供资源服务。

公共服务模块实际上是服务总线，是一个虚拟的数据交换总线，对外提供通信能力。系统采用点对点通过 RPC 通信，服务总线提供了通信寻址的功能，通信的具体封装在开发框架。开发框架除了封装通信之外，还提供了公共开发框架，包括多语言的资源封装、通用第三方开源组件的发布、PT 数据库、JRE 开发环境发布等。

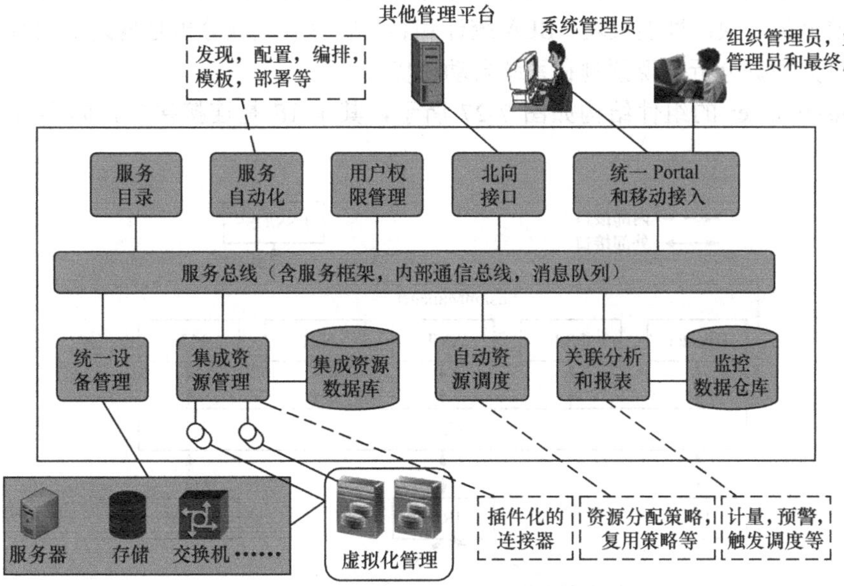

图 7-26　功能组成

自动运维模式是服务自动化的核心功能，主要是通过自动化引擎实现服务在虚拟机上的自动化部署，包括：基础设施的部署、服务的自动部署和服务的监控。

自动化发放模式是将自动运维的能力以服务目录的形式对外展现，提供对租户的互动界面，实现系统功能对租户的包装。

权限管理模块提供全系统基于角色的权限控制功能，包括用户管理、角色管理、角色授权、登录认证、鉴权等功能，实现全系统的安全功能。同时权限管理对外提供单点登录（SSO）功能，可以接入外部 AD 等认证服务。权限管理是全系统安全数据的集中点，也是整个解决方案与其他安全系统对接的唯一出口。

北向接口是指向上层提供的服务接口，对外屏蔽了各种资源的来源。通过北向接口，外部系统可以获取到云计算各种资源，比如，集群信息、虚拟机信息、虚拟网络信息、告警数据、拓扑数据等。

统一 Portal 和移动接入，它们是全系统 UI 界面的唯一出口，提供整个系统的 UI 框架，包括运行时的环境和界面的框架风格和布局。各服务自己的 UI 部分在安装的时候插入统一 Portal，实现整个系统的界面集成，支持基于 IOS 的 iPad 终端接入。

统一设备管理模块实现对所有硬件资源进行统一管理，包括设备发现、自动配置和故障监控等。云硬件平台包括服务器、存储设备、交换机和防火墙等硬件设备。

集成资源管理模块集成了各物理资源和各虚拟资源的管理。

集成资源数据库（IDB）是针对集成资源管理的资源数据库，存储全系统关心的资源数据，并对外提供资源数据的增删改查接口。

自动调度模块是系统集中的调度中心，维护系统的调度策略，保证资源的合理分配，并支持自动调整虚拟机部署，实现资源最大化利用或实现节能目标等。

关联分析和报表模块是从用户的视角以资源为对象提供报表功能。统计报表不是简单地将底层系统的监控指标透传，而是以资源为中心，将资源相关的指标呈现给用户。其功能主要分为三块：性能报表、SLA 统计和容量管理。关联分析是规划中的智能分析功能，通过大数据分析实现预测和系统自动调优。

FusionManager 的组件结构如图 7-27 所示，其中 IF 是连接接口，同样组件也分成三层。

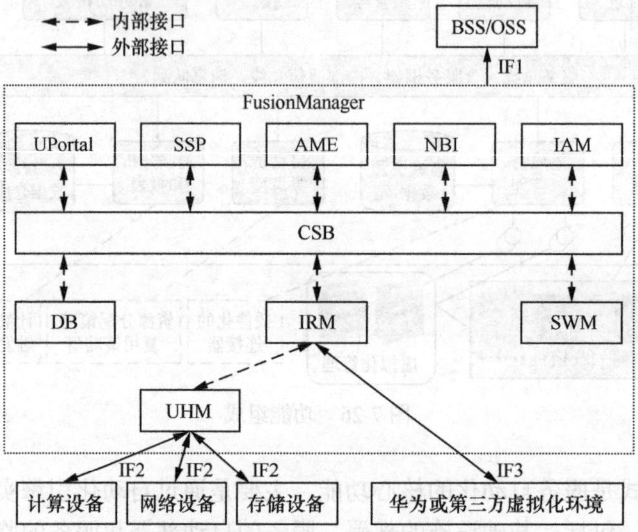

图 7-27 FusionManager 的组件构成

上层组件中，UPortal 组件是负责提供整个系统的 UI 框架，包括界面的框架风格和布局等；AME 组件是服务自动化的核心功能，主要是通过自动化引擎实现服务在虚拟机上的自动化部署，包括基础设施的部署、服务的自动部署和服务的监控；SSP 组件将 AME 提供的功能以服务目录的形式对外展现，提供对用户的友好互动界面；NBI 组件就是北向接口，提供与上层网管对接的接口；IAM 就是权限管理组件，提供系统基于角色的权限控制功能。

中间层组件 CSB 就是公共服务组件，用于 FusionManager 系统进程间的数据通信。

在下层组件中，DB 是存储系统的资源数据库，并对外提供资源数据的增、删、改、查、接口；IRM 组件负责与其他管理系统的对接和信息采集，是资源数据提供的主体；SWM 组件负责软件安装和部署，并提供升级和补丁功能；UHM 组件负责统一硬件接入和管理。

7.4.2 平台部署

FusionManager 是部署在 FusionCompute 虚拟化环境中的虚拟机上，支持主备部署和单节点部署两种部署方式。

在 VM 个数大于 200 的场景下，使用主备部署。将 FusionManager 部署在由管理集群的规划主机（VRM 虚拟化部署时，建议为 VRM 所在的主机）创建的虚拟机上。而且需要将主备 FusionManager 的虚拟机分别部署在管理集群的两台主机上。在 VM

个数小于 200 的场景下，可使用单节点部署，直接将 FusionManager 部署在由管理集群的规划主机创建的虚拟机上即可。

FusionManager 安装流程如图 7-28 所示，安装 Fusion Manager 可以通过两种方式：模板方式和 ISO 镜像文件方式。推荐通过导入模板方式安装，安装耗时较短。安装 FusionManager 时，需要用到 PuTTY 工具、WinSCP 工具和 7-Zip 工具。PuTTY 是跨平台远程访问工具，用于在软件安装过程中在 Windows 系统上访问各节点。WinSCP 是跨平台文件传输工具，用于在 Windows 系统和 Linux 系统间传输文件。7-Zip 工具用于解压 FusionManager 模板文件。

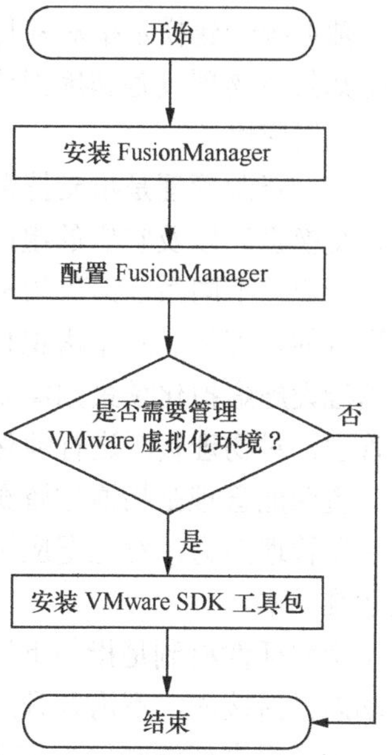

图 7-28　FusionManager 安装流程

FusionManager 安装完成之后，需要进行相应的初始配置，初始配置先导入 License，完成 License 加载。然后配置物理设备的接入信息，实现对物理设备的管理，可以使用批量导入的模板，将数据中心、资源分区、主机、交换机和存储设备的信息一次导入，提高效率。接着将虚拟化环境添加到 FusionManager 中，实现对虚拟化环境的使用和管理。最后配置时间同步与时区，使 FusionManager 的服务能够正常运行。

7.4.3　资源管理应用

资源管理不仅包括对物理资源和虚拟资源的管理，还要面向客户提供资源管理相关的服务。下面以 FusionManager 为例，介绍在资源管理，服务管理、权限管理等方面的应用。

一、资源管理

FusionManager 在资源管理方面使用了数据统一建模、统一资源管理、资源池管理、南向插件机制等技术，如图 7-29 所示。

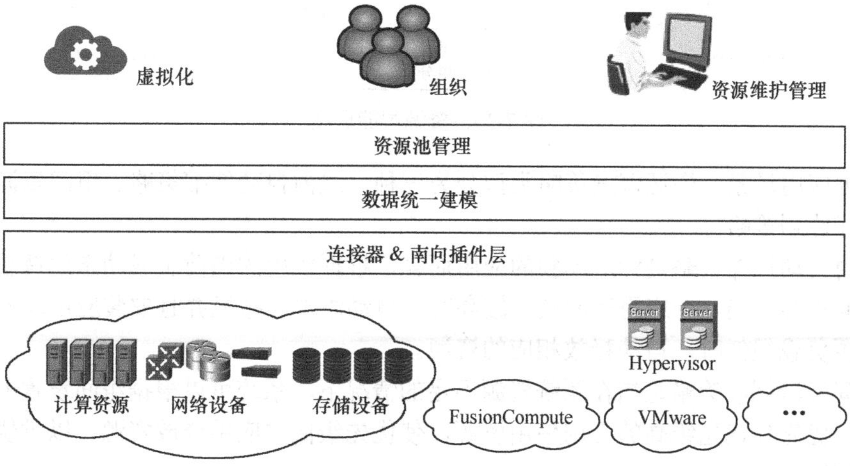

图 7-29　资源管理架构

数据统一建模是指对各种物理资源、虚拟化资源的数据进行统一建模，上层应用不必感知具体物理设备和虚拟化平台。FusionManager 将资源以用户可见的资源池形式提供给上层应用。

统一资源管理是指支持发现其管辖范围内的物理设备（包括机框、服务器、存储设备、交换机）以及它们的组网关系。FusionManager 将这些物理设备进行池化管理，可以统一管理不同系统提供的不同的虚拟资源，包括虚拟机资源、虚拟网络资源、虚拟存储资源的管理等。对于虚拟化一体机场景，FusionManager 支持自动发现物理设备；对于基础设施虚拟化场景则需要手工导入物理设备，对服务器、存储设备和交换机进行集中管理，对物理资源进行池化管理，给上层的业务发放屏蔽物理设备的差异。

资源池管理是指通过资源池提高基础设施资源的利用率和灵活性，提供统一的虚拟化资源管理能力，对上层应用发放屏蔽差异；实现虚拟资源集中管理提升管理效率，降低运维成本。

南向插件机制是指与下层对接采用插件技术，使 FusionManager 接入新的设备，可以动态灵活接入，不需要升级基础版本。

为了提高资源利用率和主机负载水平，FusionManager 具有资源智能调度功能，能够根据负载和业务需求智能调度资源。如图 7-30 所示，在夜里各 VM 占用 CPU 较低而且部分 VM 关机，因此 FusionManager 实施系统节能策略，合理调整 VM，让物理机空闲后下电。当系统重载时，系统让部分物理机重新上电并迁移 VM 到新物理机，保证用户体验。FusionManager 还能够按需分析并选择合适的物理机上下电，减小迁移的 VM 数目。为了快速响应，系统保证小部分物理机处于休眠态。

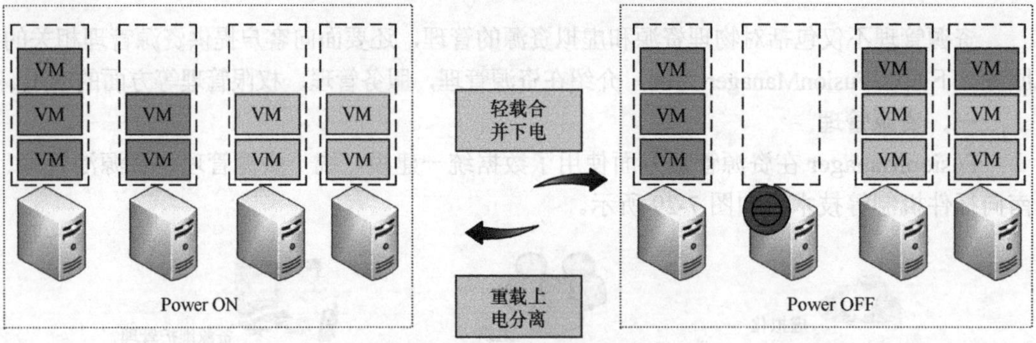

图 7-30　资源智能调度

根据应用场景，资源调度策略类型分为三种：组内自动伸缩策略、组间资源回收策略、时间计划策略。

组内自动伸缩策略是针对单独的应用而言，根据应用的当前负载动态地调整应用实际使用的资源，当一个应用资源负载较高时，自动添加虚拟机并且安装应用软件；当应用的资源负载很低时，自动释放相应的资源。

组间资源回收策略是指在系统资源不足的情况下，系统可以根据组间设置的资源复用策略，优先使优先级高的应用使用资源，使优先级低的应用释放资源，以供优先级高的应用使用。

时间计划策略是允许用户对于不同的应用实现资源的分时复用。用户可以设置计划策略，使得不同的应用分时段地使用系统资源，比如说白天让办公用户的虚拟机使用系统资源，到了晚间可以让一些公共的虚拟机占用资源。

二、服务管理

在服务管理方面，FusionManager 提供了服务目录和自助服务的应用。

服务目录是指以目录形式对各种服务进行分类和管理。服务目录管理包含虚拟机模板管理、软件包管理以及服务模板管理。对虚拟机模板管理，管理员可以根据不同需求选择制作不同操作系统和不同规格的虚拟机模板，为设计服务模板提供便捷。对软件包管理，管理员可以根据不同的应用需求，上传软件包，为设计应用服务模板提供所需的软件资源。对服务模板管理，管理员可以使用服务模板设计工具，通过简单的拖曳方式快速地设计出满足企业需求的应用模板，并快速发放应用。

自助服务功能包括服务申请和应用管理。服务申请是指 FusionManager 为管理员提供用户自助管理界面，管理员可以一键式快速创建应用，还可以方便查看应用的部署报告和创建进度。如图 7-31 所示，系统提供了可视化的模板设计工具，管理员可以通过简单的拖曳方式快速地设计出满足企业需求的业务模板，基于业务模板自动化地快速完成业务部署，然后基于用户自定义模板；支持资源弹性伸缩，提高设备利用率；最终快速方便地满足用户需求。应用管理是指 FusionManager 对应用提供全生命周期的管理，支持管理员对应用进行启用、挂起、修改和删除等操作；通过监控日志为管理员提供监管应用运行情况和变更操作的功能，便于管理员及时发现和定位应用故障；通过应用拓扑展现，为管理员提供可视化地查看应用内部的组网结构，管理应用虚拟机。

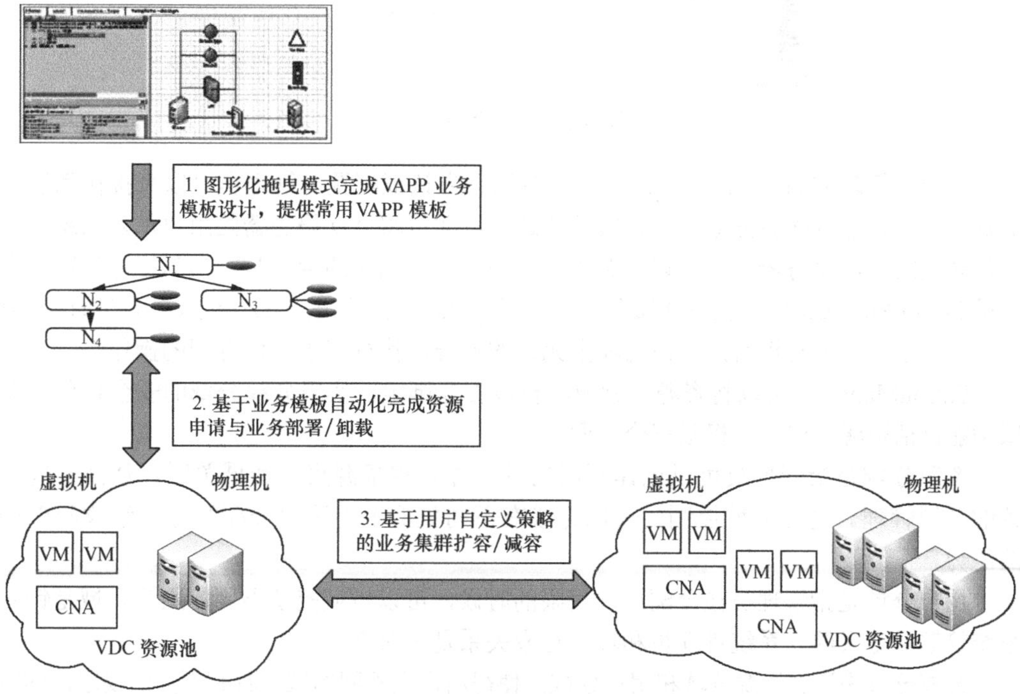

图 7-31　可视化模板设计工具

三、权限管理

FusionManager 基于角色进行权限管理，为管理员在不同域和组织上分配不同的角色，从而实现对管理员的权限控制。管理员可以通过用户、角色、域和组织的管理，使不同用户在不同的组织的操作相互独立，实现数据隔离。

在用户访问控制方面，FusionManager 提供用户管理、角色管理、域管理、组织管理、单点登录等功能。

单点登录是指用户经过一次身份认证和授权后，在同一个权限管理领域中，登录其他系统无需再次输入用户名和密码，可以根据权限直接访问。例如当管理员登录 FusionManager 系统后，如果需要登录 FusionCompute，管理员不需要再次输入用户名和密码，就可以直接访问 FusionCompute 的管理界面，如图 7-32 所示。

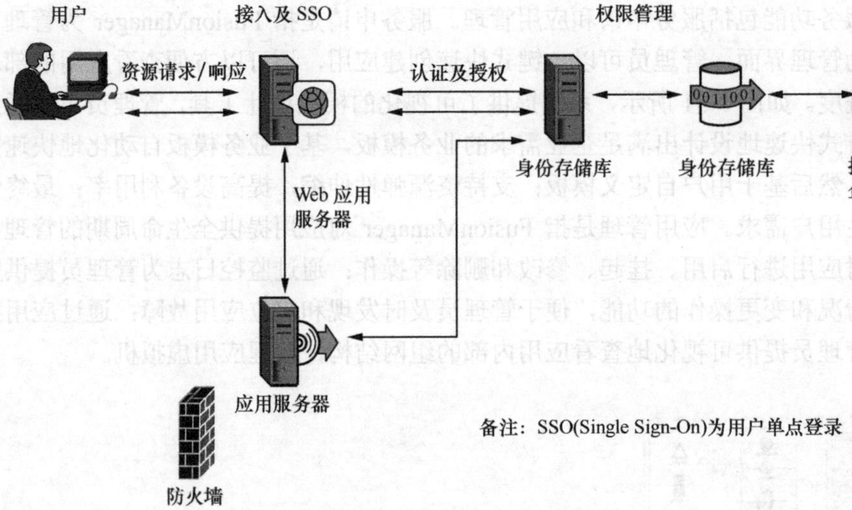

图 7-32　单点登录流程

在用户管理方面，FusionManager 支持第三方认证配置，管理员可以直接在系统中配置第三方认证 AD 服务器。配置服务器之后，即可将 AD 服务器的用户加入系统中。加入系统的 AD 服务器用户可以作为 FusionManager 系统的管理员。当第三方认证用户登录 FusionManager 时，在 AD 服务器上完成密码验证。如图 7-32 所示，用户通过单点登录在经过认证和授权后，可访问权限允许的资源，执行基于角色分配的操作。

FusionManager 可以将资源、领域、权限相互绑定，实现分权分域的安全特色。分域功能包括资源、用户、权限三个方面。

资源分域是指管理员可以创建不同的域，并且将资源集群和域关联，从而实现资源的分域管理。通过分域控制，可以完成在不同集群上为用户分配配置、修改和查询的能力。

用户分域是指管理员在分配用户权限的时候，可以按域授予不同的用户。域是针对系统管理员定义的。系统管理员和域的对应关系是多对多。

分权分域是通过资源分域和用户分域，使得用户在不同的域上具有不同的权限，同时用户在不同的资源集群上也具有不同的权限。用户登录之后，只在有权限的域上进行操作。

面对复杂的权限管理需求，FusionManager 可以通过定义角色来简化权限管理和访问控制，而且角色往往与实际业务岗位对应，因此有清晰准确的权限分配准则。管理员可以通过角色定义不同的权限组合，方便对不同用户授予不同的权限。FusionManager 系统提供了六种默认角色，包括系统超级管理员、系统操作员、系统查看员、资源管理员、业务管理员和组织管理员，主要分为两类：业务管理员和系统管理员。业务管理员的角色只能拥有服务目录、组织资源、应用管理等权限。系统管理员的角色可以拥有系统管理、资源管理、故障管理类的权限，可以对资源进行相关操作。

FusionManager 系统通过角色、域和组织对用户进行管理，使用户在不同的组织下进行独立的操作和维护，实现用户在自己虚拟数据中心 VDC 下独立操控，完成业务配置和服务目录发放。

虚拟数据中心（Virtual Data Center，VDC）指对资源集群的计算、存储、网络资源按用户或组织进行资源的逻辑分配，与具体硬件无关。

组织管理分为资源与组织、用户与组织两方面。资源的组织管理是指组织与虚拟资源关联，管理员可以将 VDC 划分给具体的组织。用户的组织管理，是指组织与用户关联，当管理员将 VDC 划分给组织后，组织内部的管理员可以根据角色对 VDC 进行管理。组织是针对业务管理员定义的。业务管理员和组织的对应关系是多对一。

组织与域两者看起来都是资源集合与分配，但两者是有区别的：域是面对系统管理员的，组织是面对业务管理员的；域与集群关联，组织与虚拟资源关联；系统管理员和域是多对多的关系，业务管理员和组织是多对一的关系。

如图 7-33 所示，管理员 admin 创建管理各角色系统管理员，系统管理员可以指派不同角色/域到不同的组织，也可以授权业务管理员进行操作，实现不同业务管理员的组织管理。

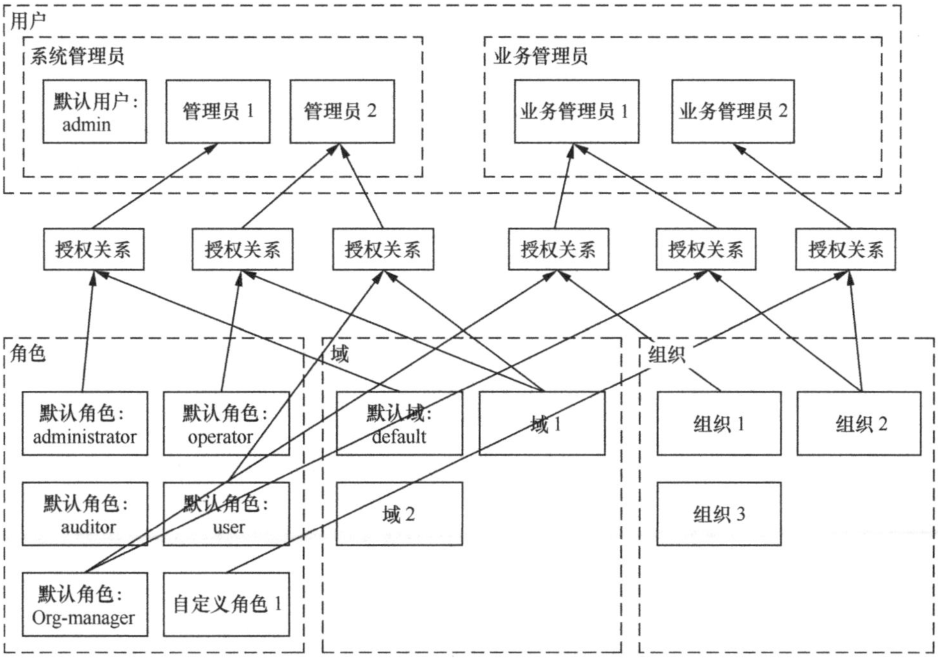

图 7-33　用户组织管理

第一，一个系统的所有使用人员都是属于用户，用户分成两类：系统管理员和业务管理员，可以理解为系统的后台和前台。系统后台关注支撑系统运维的各种设备资源，因此对应系统管理员；系统前台关注系统的业务逻辑、业务运行，所以对应业务管理员。

第二，系统通过角色来分配操作权限，只有指定用户属于某个角色才能允许用户执行哪些操作。因此每个用户都必须和一个角色绑定才能明确权限。这时候还要确定用户是负责前台业务，还是负责后台系统，还是前后台都要负责，因此引入了域和组织来进行划分。域对应后台系统管理，对应资源集群，是物理可见的，对系统管理员有效。组织对应前台业务运行，对应资源逻辑划分，可以理解为业务管理员的域。

第8章 服务交付

云计算是以提供服务的方式来运营各种信息资源，经过虚拟化技术把物理设备转化为虚拟资源后，面临的问题就是如何把虚拟资源以服务的方式提供给客户使用。这种服务供给的方式不是从信息系统的角度来考虑，而是从商业运作，从用户使用的角度来考虑，因此需要考虑如何交付云服务会更方便，会更适合市场需求。

本章主要介绍云服务交付的多方面技术。首先介绍如何通过虚拟桌面使得客户能够快捷方便地使用云服务；接着介绍如何使用应用自动化技术快速构建满足客户需求的系统应用；然后介绍云服务的两种重要服务模式和相关技术；最后介绍云接入平台的参考架构，展现云服务接入的系统部署和功能组件。

8.1 桌面接入

虚拟桌面（Desktop Virtualization，DV）是云计算中，向客户提供服务的一种常见方式。虚拟桌面又称为虚拟桌面基础设施（Virtualization Desktop Infrastructure，VDI），概念最早由桌面虚拟化厂商 VMware 提出，是指一种基于服务器的计算模型。还有一种广义又形象的描述：虚拟桌面是指我们可能通过任何网络终端设备，于任何地点、任何时间访问在网络中属于我们个人的应用程序（如邮件系统、文字编辑系统等）和存储信息（如网盘等）的桌面系统。

虚拟桌面与云计算的 IaaS 相结合，演变成桌面云（Desktop as a Service，DaaS）。桌面云是一种虚拟桌面应用，终端用户通过瘦客户端（Thin Client，TC）或软终端（Software Client，SC）登录虚拟桌面，像使用普通 PC 一样使用虚拟机进行办公。通过虚拟桌面管理平台为用户分配桌面虚拟机后，用户才能够使用虚拟桌面基本业务。

8.1.1 虚拟桌面类型

虚拟桌面在创建过程中按虚拟机组方式进行管理，每个虚拟桌面对应的桌面虚拟机都必须属于一个虚拟机组。虚拟机组有完整复制、链接克隆、PvD 链接克隆三大类型。根据每个虚拟桌面对应桌面虚拟机所属虚拟组类型的不同，虚拟桌面分为完整复制桌面、链接克隆桌面和 PvD 虚拟桌面三大类型。

一、完整复制桌面

当用户对桌面要求个性化强、且安全性高时，建议使用完整复制桌面。完整复制桌面指该虚拟桌面对应的桌面虚拟机以完整复制的方式创建，且归完整复制类型的虚拟机组管理。

以完整复制方式创建的虚拟机，称为完整复制虚拟机，如图 8-1 所示，是直接根据源虚拟机（即普通虚拟机模板）完整创建出独立的虚拟机。在该方式下，创建出来的目标虚拟机和源虚拟机是两个完全独立的实体，源虚拟机的修改乃至删除都不会影响到复制出来的目标虚拟机的运行。

完整复制桌面只适用于“专有”桌面分配方式。用户和虚拟机之间有固定的分配绑定关系。但一个用户可以拥有一台或多台虚拟机，一台虚拟机可以分配给一个或多个用户。

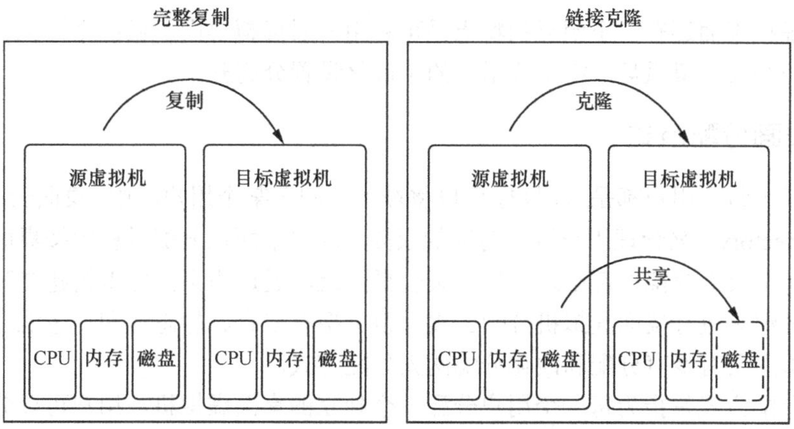

图 8-1　完整复制虚拟机和链接克隆虚拟机

完整复制桌面的优点是每个虚拟桌面对应的每台虚拟机都是独立的个体，用户对虚拟机上数据的变更（如安装软件）可以保存。不足之处为源虚拟机和目标虚拟机分别占用独立的 CPU、内存、磁盘资源，当需要对虚拟机的软件进行维护（如升级软件、更新软件病毒库等）时，需要对每台虚拟机进行操作。

二、链接克隆桌面

当用户对桌面个性化以及安全性要求不高时，建议使用链接克隆桌面。链接克隆桌面指该虚拟桌面对应的桌面虚拟机以链接克隆方式创建，且归链接克隆类型的虚拟组管理。

以链接克隆方式创建的虚拟机，称为链接克隆虚拟机，如图 8-1 所示，是直接根据源虚拟机（即链接克隆虚拟机模板）创建出目标虚拟机，目标虚拟机必须在源虚拟机存在的情况下才能运行。

链接克隆桌面的优点是多个虚拟桌面对应的多个克隆虚拟机之间的公共部分（共同来自源虚拟机的部分，通常为系统盘，称为母卷）可以共用同一份内存空间和同一份磁盘空间。因此在服务器主机资源相同的情况下，采用链接克隆的方式可以支持更多的虚拟机，运行更多的业务，或者运行更多的虚拟桌面，从而使企业的 IT 成本更低。此外，如果需要给虚拟机的软件进行更新（如升级软件、更新软件病毒库等），只需要对源虚拟机进行操作，由该源虚拟机克隆出来的目标虚拟机都会同时更新。不足之处为通常情况下，虚拟机关机后，用户的私人数据无法保存。

三、个人虚拟磁盘虚拟桌面

当用户对桌面要求个性化较强、且安全性不高时，建议使用个人虚拟磁盘（Personal vDisk，PvD）虚拟桌面。PvD 虚拟桌面是指该虚拟桌面对应的桌面虚拟机以 PvD 链接克隆方式创建，且归 PvD 链接克隆类型的虚拟机组管理。

以 PvD 链接克隆技术创建的虚拟机，称为 PvD 链接克隆虚拟机。PvD 链接克隆技术是链接克隆的一种特殊方式。通过此种方式创建的桌面虚拟机，直接运行在内存中，多个桌面虚拟机共享同一个系统盘，但系统会为最终用户提供存储个性化数据的存储空间，此部分个性化数据不会在链接克隆母盘更新或者还原后丢失，从而提升了用户的体验。

PvD 虚拟桌面还有一个明显的特点是可将用户对虚拟桌面所做的个性化设置，重定向到用户的个人虚拟磁盘，将每位用户的个性化设置分离开来。

8.1.2 桌面分配方式

桌面云中每个用户都是域用户，可以将域用户归于某个用户组中。桌面云是通过 AD（Active Directory）来管理用户以及对应的权限。虚拟桌面在分配过程中按桌面组方式进行管理。每个桌面虚拟机都必须归属于某个桌面组，通过为桌面虚拟机建立和分配不同类型的桌面组来进行桌面虚拟机分配。桌面组类型有专有、静态池和动态池三种类型。桌面虚拟机主要有专有分配和池化分配两大分配方式。

专有分配方式是指为每一个用户分配一个独立的桌面虚拟机，用户可以分配到的这个虚拟机上安装个性化的应用程序，并保存个性化的数据。该分配方式要求虚拟桌面所属的桌面组是“专有”类型。该方式主要用于发放“完整复制”类型的虚拟机桌面，支持静态单用户和静态多用户两种分配方式。

静态单用户专有分配方式是指一台虚拟机只能供一个用户使用，是该用户的专有虚拟机。静态多用户专有分配方式是指一台虚拟机可供多个用户使用，多个用户共享同一台虚拟机。在该分配方式下，用户保存的资料可被其他用户访问，所以通常不要在桌面虚拟机中保存个人敏感数据。可以通过服务运行账号给桌面虚拟机追加、删除用户。该分配方式适用于安全性要求不高的场景，例如营业厅、呼叫中心等。

池化分配方式是指通过资源池的方式为用户分配桌面虚拟机。该分配方式下，多个用户可以通过链接克隆的方式共用一个桌面镜像。该方式提供关机自动还原的能力，支持动态池化和静态池化两种分配方式。

动态池化分配方式是将桌面虚拟机组分配给对应的用户组使用。一个用户同时只能拥有一台虚拟机，用户与桌面虚拟机无固定绑定关系。该方式要求虚拟桌面所属的桌面组是“动态池”类型，虚拟机组是链接克隆类型。

静态池化分配方式是将桌面虚拟机组分配给对应的用户组使用。一个用户同时只能拥有一台桌面虚拟机，用户与桌面虚拟机无固定绑定关系，但一旦用户登录某桌面虚拟机后，便与该桌面虚拟机产生固定绑定关系。该方式要求虚拟桌面所属的桌面组是“静态池”类型，虚拟机组是链接克隆或 PvD 类型。PvD 虚拟桌面只能采用静态池化分配方式。

8.2 应用自动化

应用是一个广泛的概念。从业务角度来看，应用是信息系统的使用以满足企业业务的需求；从技术角度来看，应用是 IT 技术运用的展现；从手机平板等移动终端来看，应用就是一个软件。云计算作为计算资源、服务资源、信息基础设施的一种供给模式，从云计算的角度出发，应用是面向业务提供的一整套服务方案。

应用自动化是借助云管理平台，针对客户需求，快速构建一个系统应用以解决客户业务上所遇到的问题。应用自动化的特色是应用的环境、架构以及软件等都无需重头建设，直接使用云管理平台提供的模板快速构建，并配置系统参数以满足实际需求，从而大大缩短应用的建设时间，节省建设成本。

下面以华为的云管理平台 FusionManager 为例，介绍如何使用应用自动化技术来快速构建应用。在 FusionManager 中，用户可以通过服务目录实现应用快速部署，通过模板机制支持应用快速创建，还可以通过可视化管理和用户自定义模板实现应用创建的模版化、自动化、快速化，使得应用所需资源按需调度，资源弹性伸缩，提高了资源利用率和应用管理便捷性。

在 FusionManager 中，当客户业务需要一种应用来支撑时，应用需要通过服务模板来创建的。服务模板由虚拟机模板、软件包组成，并可以添加伸缩组和配置组策略来提高资源利用率，还可以添加网络，将应用中的虚拟机连接到网络中对外提供服务。

在应用创建之前，要先完成数据中心资源、网络资源、组织资源三方面的资源建设，然后再进入应用创建，如图 8-2 所示。

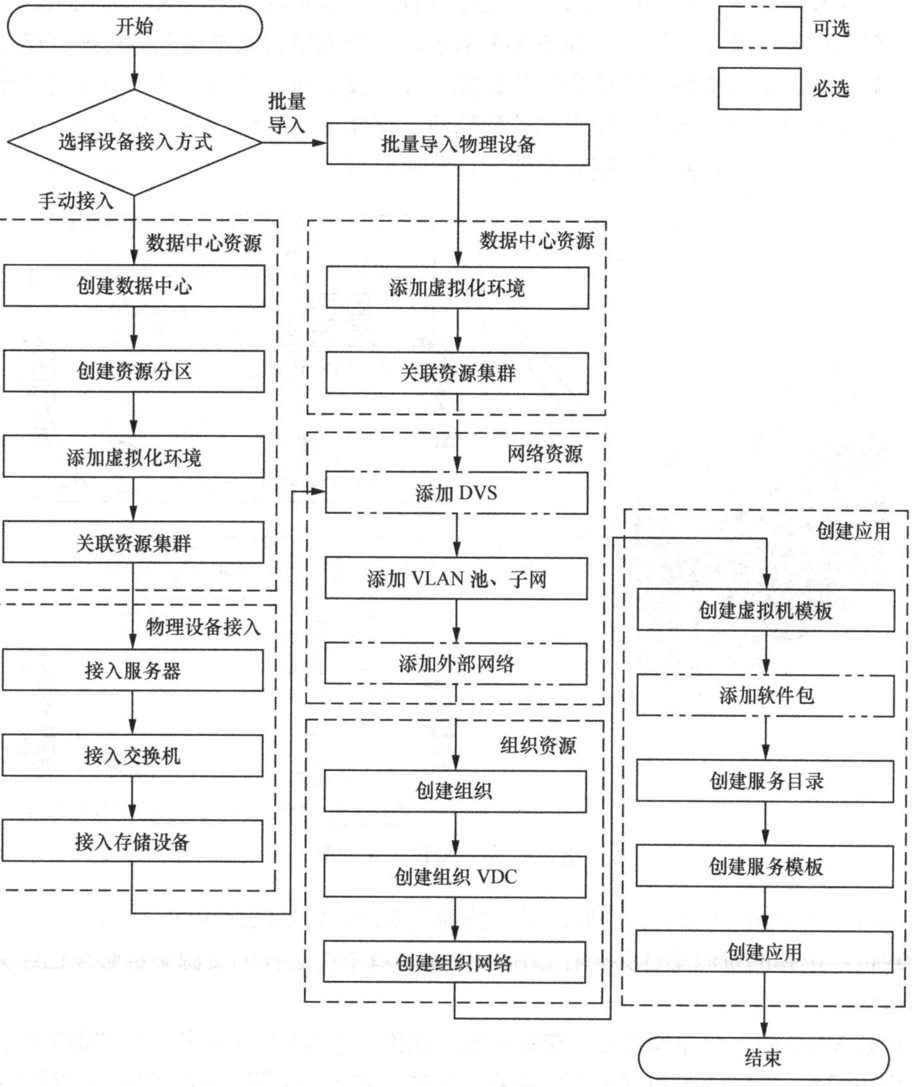

图 8-2　应用创建流程

数据中心资源的建设是为创建应用提供计算资源，主要包括物理设备的接入、虚拟化和资源集群，分为手工接入和批量导入两种方式。网络资源的建设是为虚拟机提供网络资源，包括分布式虚拟交换机（DVS）、VLAN、子网、外部网络等资源的添加和配置。组织资源的建设包括组织 VDC 和组织网络，用于管理分配给组织的虚拟资源，实际是为应用提供权限角色管理，包括组织、虚拟数据中心（VDC）、组织网络的添加和配置。

一、组织与 VDC

由于应用是云计算资源供给的一种展现模式，它的管理既包括物理设备方面，也包括业务逻辑方面。因此在 FusionManager 中，采用组织和 VDC 对应用的资源进行管理。

组织是一种在逻辑上将计算资源、业务岗位、角色权限等要素按照需求组织起来的系统。它的主要作用是从逻辑上对资源和权限进行管理。

VDC（虚拟数据中心），在华为方案中又称为软件定义数据中心，它是一个在逻辑上将各种计算资源集中在一起的组织。通过 VDC 可以实现网络隔离，通过组织管理，不同部门可以独立使用云资源。如图 8-3 所示，一个大型云共享资源池把所有的物理计算资源做池化，对外提供共享的虚拟化计算资源。我们通过 VDC 从逻辑上对共享资源进行划分和聚合，形成各个组织自己的计算池、存储池、网络池等，从逻辑上使得各个组织的资源相互独立，从而实现安全分区、分权分域。

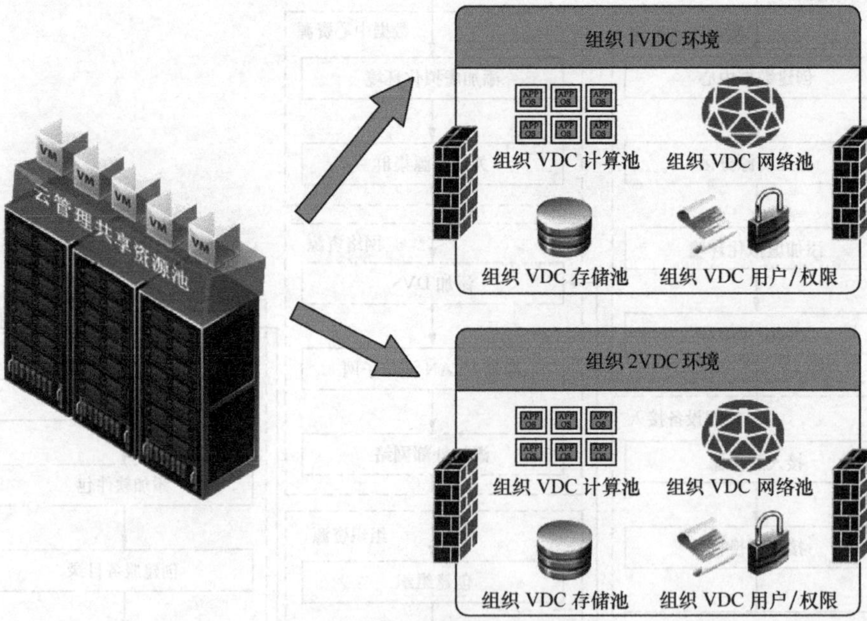

图 8-3 组织资源快速分配

在组织中创建 VDC 时，需要满足一些前置要求，包括创建 VDC 的管理员必须是系统管理员；选择的资源集群必须在该用户所属的域中；选择的资源集群必须已经关联到资源分区。

创建 VDC 的主要操作是设置资源配额。在给一个 VDC 起名和选择资源集群后，需要对资源配额进行设置，包括 CPU、内存、存储三方面的上限。其中 CPU 上限是指 VDC 拥有的最大 CPU 资源，为该 VDC 中需要部署的所有虚拟机的 CPU 资源的总和，虚拟机的每个 CPU 均按照 0.1GHz 计算。例如，该 VDC 中需要部署 10 个虚拟机，每个虚拟机配置为 2 个 CPU，则该 VDC 的 CPU 上限为 10×2×0.1GHz = 2GHz。内存上限是指 VDC 拥有的最大内存资源，为该 VDC 中需要部署的所有虚拟机的内存资源的总和，例如该 VDC 中需要部署 10 个虚拟机，每个虚拟机的内存都是 2GB，则该 VDC 的内存上限为 10×2GB = 20GB。存储上限是指 VDC 拥有的最大存储资源，为该 VDC 中需要部署的所有虚拟机的存储资源的总和，例如，该 VDC 中需要部署 10 个虚拟机，每个虚拟机需要 100GB 的存储空间，则该 VDC 的存储上限为 10×100GB = 1000GB。

二、应用的创建

应用创建流程包括：虚拟机模板、软件包、服务目录、服务模板以及应用的创建。

首先创建虚拟机模板，管理员可选择 Windows 或 Linux 创建不同操作系统的虚拟机模板，并安装所需软件。在创建服务模板时可以根据需要选择相应的虚拟机模板，将虚拟机模板与不同的软件包进行组合，从而快速创建应用。

在虚拟机模板创建后，接着添加软件包，根据应用的需要选择合适的软件包，并配置用于管理软件包的命令和脚本，创建服务模板时可以将软件包与虚拟机模板关联起来，创建应用时，系统将根据配置的命令或脚本，将软件包快速部署到应用中。添加软件包的操作是可选的，如果不需要通过软件包的方式部署软件到应用，则不需要添加软件包。

然后创建服务目录，目录是一个或多个服务模板的集合，通过目录可以对服务模板进行分类管理。

再接着创建服务模板，根据待创建应用的要求，使用已有的虚拟机模板、软件包创建符合要求的服务模板，可以向服务模板中添加伸缩组，并配置相应的伸缩组策略，也可以添加网络将应用中的虚拟机与相应的网络连接起来。

最后创建应用，选择符合应用要求的服务模板进行应用创建，从而提供用户所需的服务。例如，可以通过添加了 MySQL 软件包和 Linux 虚拟机模板的服务模板，创建数据库应用，快速提供数据库服务，不必每次都重新安装操作系统和数据库软件包。

在通过 FusionManager 创建应用之前，需要做好软件、文档和工具三方面的准备。

软件准备是指包括操作系统、虚拟机工具包、云管理平台客户端和应用软件。其中操作系统一般为 ISO 文件，可以由客户提供。虚拟机工具包是指由华为提供的 Fusion Compute 虚拟机工具包，是制作虚拟机模板时必须安装的软件。工具包中有虚拟机的驱动程序和智能网卡驱动。在安装工具包后，才能实现对虚拟机的监控、迁移和其他虚拟机的高级功能，如安全关闭虚拟机、休眠虚拟机、在线调整 CPU 规格、对虚拟机创建快照等。如果主机使用了智能网卡，在制作虚拟机模板时需要安装智能网卡驱动。云管理平台客户端是制作虚拟机模板时必须安装的软件，用于创建应用时使用。应用软件是根据需求购买需要安装到虚拟机模板中的相关应用程序软件，如 WINRAR 软件，可以由客户提供。

文档准备主要指操作系统安装指导书，用于指导用户安装虚拟机模板上的操作系统，可以由客户提供。

工具准备主要指 PC，是业务发放的基本工具，要求安装系统兼容的浏览器，例如 Internet Explorer 8.0 或以上版本等。另外要求安装 Java Plug-in 1.7.0_15 或以上版本，确保能使用 VNC 方式正常登录虚拟机。

8.3 多租户管理

多租户技术指的是用服务器上同一个软件实例为多个租户提供服务的软件架构技术。租户是共享同一个软件视图的一组用户。采用多租户架构技术，可以保证，每个租户使用的是专有的软件，包括数据、配置、用户管理、特别的功能以及相关非功能特征等。

一个支持多租户的软件需要在设计上能对它的数据和配置信息进行虚拟分区，从而使得每个使用这个软件的组织能使用到一个单独的虚拟实例，并且可以对这个虚拟实例进行定制化。但是要让一个软件支持多租户并非易事，因为不仅对它的软件架构进行相应的修改，而且需要对它的数据库结构进行特殊的设计，同时在安全和隔离性方面也要有所保障。

多用户与多租户这两个概念经常容易混淆，多用户的关键点在于不同的用户拥有不同的访问权限，但是多个用户共享同一个实例。而在多租户中，多个组织使用的实例各不相同。租户和虚拟化在概念也是比较类似，都是给每个用户一个虚拟的实例，并且都支持定制化。但是它们作用的层次不同，虚拟化主要是虚拟出一个操作系统的实例，而多租户则是主要虚拟出一个应用的实例。

8.3.1 多租户架构

一个运行在企业内部私有云上、处理企业内部敏感数据的部门级应用程序与一个运行在公共云中面向全球市场发布公共产品目录的应用程序，从“用户”这个角度来说没有什么不同，无论这个程序是运行在企业内还是企业外，它们都具有相同的面向多用户的架构。应该说，“多租户”是私有云和公共云都具有的共同特征，它可以体现在云的三层中，即 IaaS（基础设施作为服务）、PaaS（平台作为服务）和 SaaS（软件作为服务）。

以 IaaS 为例来说明。实际上，如果从架构上来说，无论是公共 IaaS 还是私有 IaaS 都已经不仅仅是诸如虚拟化、按云的使用进行收费以贯彻 IT 即服务的理念等这些技术，IaaS 已经超出了这些技术的范畴，它还应具有完善的制度，诸如服务级别协议、用于安全接入的身份管理、容错、灾难恢复、按需订购以及其他一些关键特性。如果能在基础设施层上提供这些共享的服务，则这样 IT 基础设施（或者说云）在一定程度上就自动地具有了多租户的特性。云的多租户特性并不仅仅限于 IaaS 层，包括 PaaS 层（如应用服务器、Java 虚拟机等）、SaaS 或应用层（如数据库、业务逻辑、工作流程和用户界面）也需要有多租户的特征。只有这样，每一个“租户（或者应用程序）”才可以充分享受到云的所有通用的服务，根据云所能提供支持多租户的程度这些共享的服务可以从硬件层一直到用户界面。

我们通常所说的应用程序对多租户的支持程度，其判定依据是基于多少核心应用层（或者 SaaS）是可以让各个“租户”共享的。完全支持多租户模式指的是允许多个“租户”共享数据库的表空间、支持对业务逻辑、工作流和用户界面的定制。换句话说，所有 SaaS 的子层都提供对“多租户”的支撑能力；而最低限度地支持“多租户”也至少意味 IaaS 和 PaaS 层可以共享，只是每个“租户”有自己专有的 SaaS 层；中等程度地支持“多租户”，则是具有同样特征的一组“租户”共享数据库的表空间（schemae）及其他应用层，而不同组的“租户”有其自己的数据库和应用程序。这里对应用程序或者云对“多租户”的支持程度做个总结：

（1）最高级别：不仅 IaaS 和 PaaS 支持多租户，SaaS 也完全支持多租户。

（2）中等级别：IaaS 和 PaaS 支持多租户，SaaS 部分支持。

（3）最低级别：IaaS 和 PaaS 是多租户模式，SaaS 是单租户模式。

8.3.2 多租户数据

数据的共享与隔离并不是严格对立的两个概念，它们之间还存在多个中间状态。通常来说有三个状态：数据库隔离、模式隔离以及模式共享。

一、数据库隔离

数据库隔离是一种最简单的方式实现数据隔离，如图 8-4 所示，把不同租户的数据分别存储到不同的数据库中。多个租户通常会共享同一个服务器上的计算资源与应用程序的代码，但是一个租户的数据在逻辑上会和其他租户的数据相互隔离。数据库的元数据、安全策略保证了一个租户有意或者无意地访问到其他租户的数据。

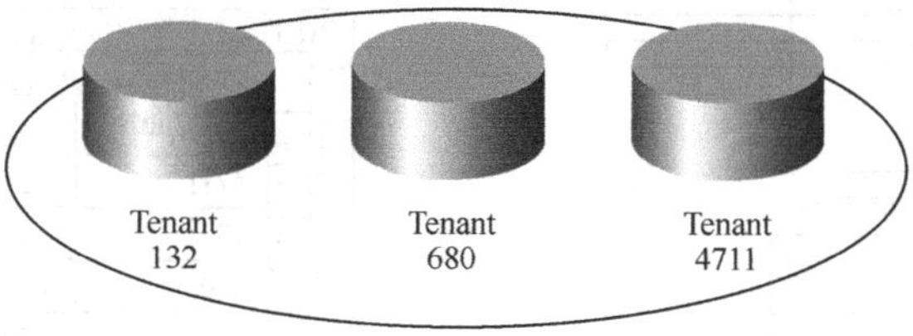

图 8-4 数据库隔离

为每一个租户分配一个独立的数据库使得租户可以根据自己的业务需求自由地扩展应用模式，当错误发生时能够从备份中恢复租户的数据。不过，这种方法会导致一个相对较高的设备维护成本以及备份数据的成本。同时，所需要的硬件成本也会更高，因为，一个数据库服务器能够支持的最大数据库的数目是有限的。

把每个租户的数据分别存储到不同的数据库中是实现多租户最基本的一种方法，这种方式适合那些为获得提升的安全以及定制化愿意多付一部分费用的人。例如，银行或者医疗管理通常会有极高的数据隔离需求。这些客户，基本上不会考虑与其他租户使用同一个数据库。

二、模式隔离

模式隔离指的是多个租户的数据存放在同一个数据库中，如图 8-5 所示，但是每个租户都拥有自己独立的模式空间。模式隔离也是一种相对容易实现的隔离方法，与数据库隔离一样，允许租户可以很容易地实现扩展自己的数据模型。这种方法提供了一种相对中性的逻辑数据隔离与数据安全性的方法。虽然该方法隔离性没有数据库隔离那么强，但是却能够使得同一个数据库服务器支持大量的租户。

模式隔离一个很明显的不足就是一旦发生错误，数据恢复的过程相对困难。如果每个租户拥有自己独立的数据库，错误发生时，仅需要将数据库恢复到最近的一个备份上即可。而在模式隔离的方式中，恢复整个数据库意味着将其他使用同一个数据库的租户的数据都恢复了，无论其他租户的数据有没有发生丢失。因此，在这种情况下，为了恢复一个租户的数据，数据库管理员首先需要把整个数据库恢复到一个临时服务器上，然后再从临时服务器上把该租户所有的表复制到生产服务器上面来，这是一个非常复杂又耗时的过程。

模式隔离方法适合那些使用相对少量的表的应用，一般而言，每个租户使用的表不超过 100 个。这种方法可以使得同一个数据库服务器上支持更多的租户，但是前提是，这些租户接受他们的数据与其他租户存放在同一个数据库中。

三、模式共享

模式共享指的是同一个数据库同一个表存储了多个租户的数据，如图 8-6 所示。表里面的每一条记录会有一个“TenantID”字段，将该记录与特定的租户关联起来。

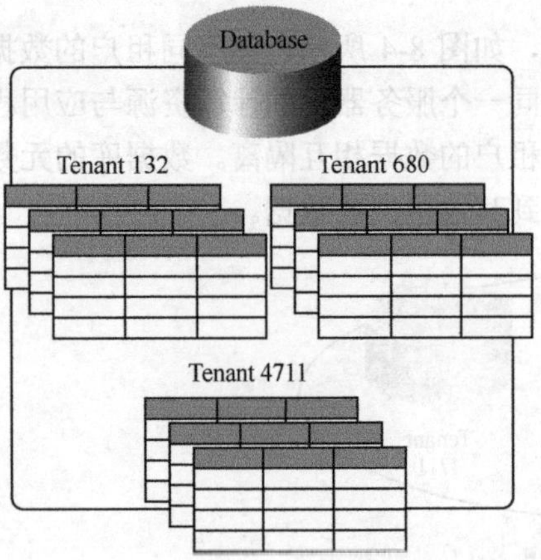

图 8-5 模式隔离

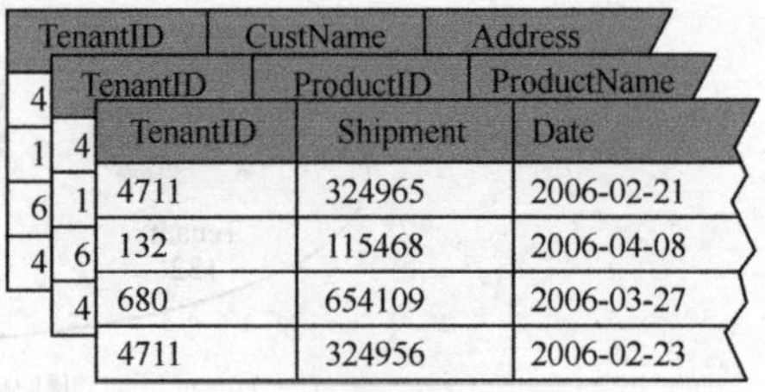
TenantID
CustName
Address
TenantID
ProductID
ProductName
TenantID
Shipment
Date
4711
324965
2006-02-21
132
115468
2006-04-08
680
654109
2006-03-27
4711
324956
2006-02-23

图 8-6 模式共享

三种方法当中，模式共享的硬件成本与备份成本是最低，因为这种方法允许一个数据库服务器支持的租户数量是最多的。然而，该方法带来的一个额外的开发成本就是要保证一个租户不能访问另一个租户的数据，即使在出现 bug 或者受到攻击的时候。

模式共享时，数据恢复的方法基本与模式隔离情况下是一样的。更加复杂之处在于，需要把生产库中该租户的数据全部删除，然后再从临时库中将恢复后的数据重新插入生产库中去。如果涉及的表的记录数非常之多，将导致使用同一个数据库的所有其他租户的访问性能受到严重影响。

模式共享的方法非常适合那些仅需少量服务器就可以支持大量租户的应用，同时，预期客户也愿意为了获得更加优惠的成本降低安全性的要求。

8.3.3 隔离控制

一个好的 SaaS 服务通常拥有三个属性：可扩展性、可配置性以及多租户有效性。在一个共享的环境里面优化多租户的有效性不能降低数据访问的有效性。安全范例主要是指如何设计一个应用使之达到逻辑隔离的效果，这些方法包括权限控制、SQL 视图以及数据加密。可配置性允许租户去改变应用的界面与行为，而不需要为每一个租户分配一个单独的应用实例。可扩展范例描述了一些方法，租户使用这些方法可以去实现一个数据模型使得租户可以扩展与配置以满足业务的需求。SaaS 应用的数据架构采用的方法不同会影响为了容纳更多的租户以及更多的使用所采用的行为。可扩展性描述了在一个共享数据库上或者在一个专用数据库上做扩展所带来的不同挑战。

为一个应用构造一个全方位的、足够的安全性对任何架构来说都是一个最核心的任务。把软件变成一个服务意味着要求潜在客户放弃了其部分商业数据的控制权。在这些应用里面，可能包含一些极其敏感的数据信息，如金融数据、交易秘密、雇员数据等。一个安全的 SaaS 应用应该要能够提供深度的防护，使用多级防护措施相互配合，使得在不同的环境下，提供多种方案从内部以及外部两个方面进行防护。

为一个应用提供安全机制意味着从不同的级别来观察该应用，从不同的角度思考哪些地方可能存在风险以及如何解决它们。我们所讨论的安全范例依赖过滤、权限、加密三类范例提供正确安全措施。过滤：在租户以及数据之间增加一个中间层，起到一个筛子的作用，使得租户的数据就好像是数据库全部的数据；权限：在应用中利用一个访问控制列表去决定哪些用户可以访问到数据以及能够对数据进行怎么样的处理；加密：对租户的一些关键数据进行加密，即使某些没有获得授权的用户获得了这些数据，也还是无法利用。

在一个多层应用环境中，应用架构传统上是使用两种方法去加密存储在数据库中的数据：身份认证与信任的子系统账户。

使用身份认证机制，如图 8-7 所示，数据库被设置成允许不同的用户访问不同的表、视图、查询、存储过程以及其他的数据库对象。当一个终端用户的一个操作需要直接或者间接地访问数据库，应用将会代表那个用户去操作数据库。从技术角度来说，是应用使用了用户安全上下文。比如，Kerberos 代理这种机制可以被用来允许应用代表用户去连接数据库。

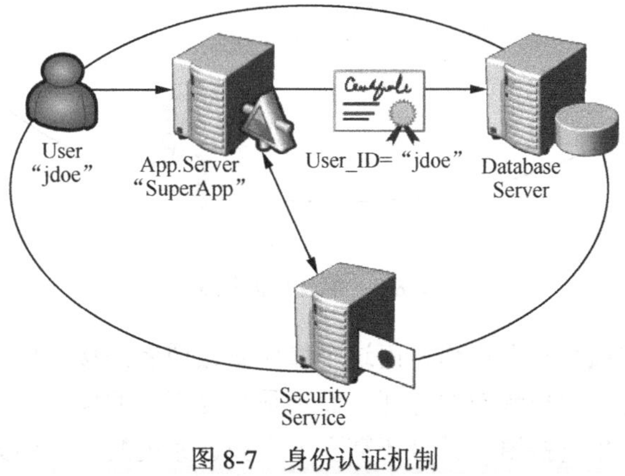

图 8-7　身份认证机制

使用信任子系统机制，如图 8-8 所示，应用总是通过它自己的进程标识去连接数据库，是独立于用户的。由数据库服务器来授权应用能够访问以及操作数据库中哪些对象。任何其他的安全策略都必须在应用中实现，以防止终端用户能够访问那些本不该由他访问的数据库对象。这种方法使得安全管理变得容易，消除了基于每一个用户去配置数据库对象的访问权限。不过，这意味着放弃了为每一个独立用户配置访问权限的机会。

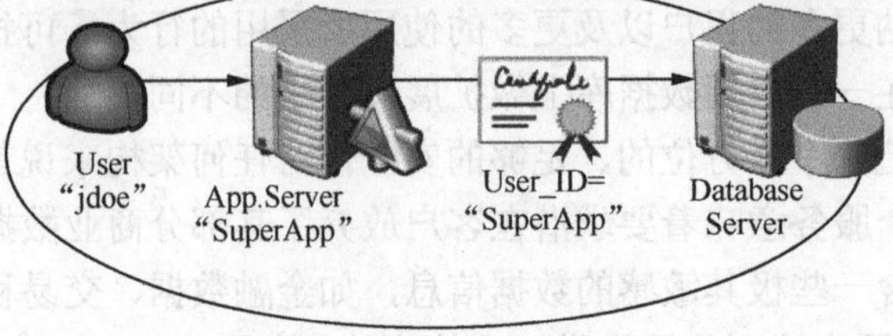

图 8-8 信任子系统机制

在 SaaS 应用中，用户的概念要比传统的应用更加复杂一点，因为，这里有一个重要的区别就是租户和最终用户。租户指的是一个使用这个应用去访问它的数据库的一个组织，这些数据库在逻辑上与其他组织的数据库是分离的。每个租户又把访问这个组织的权限授权给最终用户，允许这些用户通过其自身的账号去访问该租户所控制的部分数据的状态。

在这个场景中，如图 8-9 所示，采用的是一种综合了角色扮演以及受信任子系统的混合访问方法，可以充分利用数据库原生的安全机制去确保租户数据的最大化的逻辑隔离。这种方法要求为每一个租户创建一个访问数据库的账号，并且采用 ACL 机制为每个租户的账号授权其访问这些租户有权访问的数据库对象。

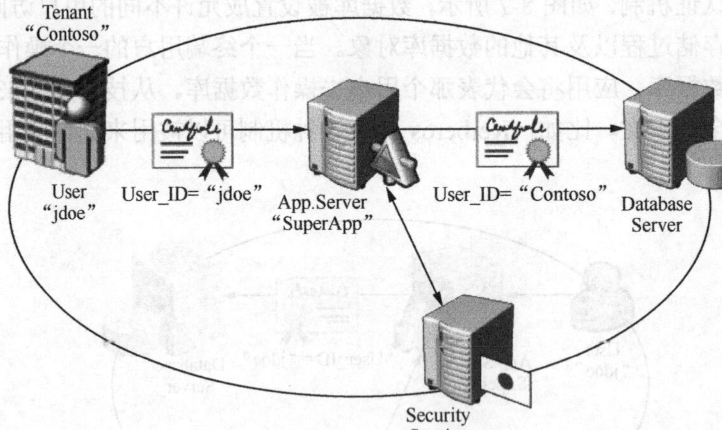

图 8-9 混合认证机制

当一个最终用户执行一个操作，而这个操作直接或者间接地要求要访问数据库，这个时候，应用采用的是租户账户的凭证，而不是最终用户的凭证。应用能够获取到合适的凭证的一种方式是角色扮演，并且还需要一个凭证系统配合，例如 Kerberos。另外一种方法就是使用安全记号服务去返回一个加密后的逻辑凭证，这个逻辑凭证是为租户建立的。然后，由应用将这个凭证提交给数据库。数据库服务器并不需要区分来源同一个租户不同最终用户的请求，而是统一给这些请求相同的访问权限。在应用内部，安全代码会阻止最终用户去接收或者修改那些他们没有权限访问的数据。

例如，考虑一个客户关系管理系统（CRM）的最终用户，执行了一个请求去查询满足指定要求的客户记录。如果应用采用租户的安全上下文去将这个查询提交给数据库，则数据库返回的是这个租户所允许访问的记录中满足查询条件的记录，而不是整个数据库中所有满足查询条件的记录。但是，如果最终用户的角色仅允许该用户访问位于某一特定地理区域的记录，应用必须只能够提供那些仅有权限读取的数据。

8.4　计费管理

随着云计算的市场化，如何在云计算环境下对提供的服务进行计费成为当前研究的一个热点问题。目前与服务计费相关的研究主要有基于市场机制的网格资源管理模型的研究，运用拍卖模型对云计算资源进行定价的研究，以及对云计算环境中的经济学原理运用的讨论。

云计算商用脚步正在加快，由于云计算服务种类繁多，各服务提供商独立计费的模式在不久的将来已不能适应市场需求。整合业务、提供统一化服务、建立一套合理的计费体系是目前必须考虑和解决的问题。云计算服务的计费必须考虑以下几点：（1）计费必须有良好的商业模式；（2）必须确保服务提供方和使用方的合法利益；（3）计费方案在技术上必须有可行性。

8.4.1　计费方式

只有确定合理的商业模式才能推动云计算的应用。在信息技术的各领域中，涉及计费最多的领域是电信领域。我们尝试从电信领域的成功运营模式中汲取有益的思想启迪，从而丰富云计算环境下服务计费的研究。

当前主流的计费方式有两种：基于使用时间的计费方式和基于资源用量的计费方式。

一、基于使用时间

基于使用时间的计费方式又可以分为单一价格和按时长计费两种方式。第一种是单一价格（flat-rate）：采用这种计费方式，用户只需定期交纳一定的费用，即可对网络进行无限制的访问，用户上网的时间和使用的网络流量大小都没有限制。第二种是按时长计费（per-time）：根据用户上网时长计费，不关心用户的网络流量。

二、基于使用量

基于使用时间的两种计费方式不提供对基于 QoS 网络计费的支持，不能满足提供质量保证的 Internet 服务的计费管理需要，因此需要考虑基于使用量的计费方式。按使用量计费（usage-based），即根据用户对网络资源的使用情况进行计费，计费系统记录用户获得的服务等级和网络资源的使用情况，如数据包的数量和优先级或预留带宽的大小等，并以此作为网络收费的依据。

制定基于使用量的服务计费的价格时，需要以用户使用服务时的情况，建立一个服务价格评估模型。例如，令 $C=\{C1,C2,\cdots,Cm\}$，其中 $C1,C2,\cdots,Cm$ 分别代表某一种评估指标。

评估指标可以从用户使用情况、云计算资源状况甚至客户与服务源的地理距离进行设计。（1）用户服务用量（Usage）：用户服务用量计量的基本单位可以是数据包、信元等。（2）用户获得的服务质量（QoS）：用户获得的服务质量越高，单位用量的费用就越多。（3）云计算资源状况（Resource）：即网络的拥塞程度，当网络处于非拥塞状态时，用户单位用量的价格较低，随着网络拥塞程度的增强，用户单位用量的价格将会增加。（4）用户上网时间（Time）：由于一天中各个时间段网络的利用率不同，因此不同时间段网络服务单位用量的价格不同。（5）服务源和客户主机之间的距离（Distance）：通常采用分区（zone）的方法，源和客户主机在一个服务提供域（domain）内的用户为区内用户，否则为区外用户，一般对区外用户给予适当的优惠。（6）服务提供商的优惠措施（Discount）：为了吸引用户，服务提供商对于那些用量大的用户可以给予一定的优惠，如打折或者赠送一些免费用量。

将这些评估指标分配相应的指标权重 P，$P=\{P1,P2,\cdots,Pm\}$，Pm 分别代表针对每一个 Cm 指标的权重。其中，$P=1,0<=P1,P2,\cdots,Pm<=1$，$P1+P2+\cdots+Pm=1$。

最后，基于使用量的计费模型可表示为

$$Price=f(C1)\times P1+f(C2)\times P2+\cdots+f(Cm)\times Pm,$$

式中，f（C1）为以 C1 为参数的函数，其他各项依此类推。

8.4.2 计费模式

Youseff 等将云服务提供商的计费模式总结为分级计价、单位计价和订阅式计价三类：分级计价（tieredpricing）模式，按服务实例（instance）不同级别配置（CPU、RAM 等）的单位时间费率及使用时长来计价；单位计价（per-unitpricing）模式，按用户实际资源使用量及单位使用费率来计价；订阅式计价（subscription- basedpricing）模式，按用户数、使用时长及单个用户单位时间费率计价。

这三类计费模式在云服务提供商的计费实践中都有不同程度的应用，如表 8-1 所示。

表 8-1 公有云服务计费模式总结

计费模式	适用云服务类型	典型厂商的计费应用
分级计价	弹性计算云服务	AmazonEC2 的 3 类实例计费方案；WindowsAzureComputeVM 的 Consumption 计费方案； CloudEx 弹性计算云按需计费方案
单位计价	云存储服务数据传输服务	AmazonS3 的数据存储、数据操作计费方案； AmazonEC2 与 S3 的数据传输计费方案； WindowsAzureStorage 的数据存储、数据操作计费方案； WindowsAzureComputeVM 和 Storage 的数据传输计费方案； CloudEx 带宽费用按流量计费方案
订阅式计价	弹性计算云服务云存储服务数据传输服务	AmazonEC2 的预定实例计费方案；WindowsAzure 的 Commitment 计费方案； CloudEx 弹性计算云服务器费用包时计费方案； CloudEx 弹性计算云按限制最高带宽预付费方案

云计算通过虚拟资源池为用户提供可以缩减或扩展规模的计算资源，增加了用户对于计算系统的规划、占有和使用的灵活性，为用户提供了一种按需使用、按使用付费的

服务模式。而用户的使用需求是动态变化的，这种需求的动态性体现在两个方面：从云服务内容来看，用户对计算性能高低、数据存储空间大小等的使用需求是不断变化的；从服务时长来看，用户每次使用云服务的时长、频率等也并不固定。作为提供商与用户之间云服务价值实现的桥梁，云计算服务的计费模式必须能够在满足用户使用需求的同时，客观地衡量用户使用服务时对提供商资源的占用情况。

目前，弹性计算服务提供商通过多种配置虚拟机的租用服务形式、按时长计费的模式，消除了用户使用时间与频率限制，依据租用虚拟机配置定价的方式也能够较为客观地衡量用户对资源的占用情况。另外，在目前的计费模式下，当用户对计算性能的需求发生变化时，用户只能关闭运行的实例，重新选择合适配置的虚拟机，由此可见，这种服务提供商提供划分多种配置虚拟机供用户选择的方式，虽然能够满足不同用户的多层次需求，但一旦用户需求动态波动，又会对用户使用需求加以限制。因此，目前弹性计算服务的计费模式，由于其服务模式限制，仍旧存在一定缺陷。相比之下，云存储服务的计费模式则比较完善，其采用的是以 GB 为计费单元的平均数据存储量计费模式，规避了按时长计费难以客观体现用户实际数据存储量动态变化的问题，很好地衡量了在一定时期内服务提供商资源的占用情况。

8.5 云接入平台参考架构

下面以华为的云接入平台 FusionAccess 为例，介绍如何通过桌面云向客户提供云服务。

FusionAccess 是华为桌面云中面向虚拟机管理的平台，也称为云接入管理系统，它是从用户角度对桌面、用户、虚拟机进行管理，主要功能包括桌面管理，负责管理用户与虚拟机关系；用户接入，帮助用户使用自己的虚拟机；桌面传送，通过 ICA 协议使用下层平台提供的虚拟机。FusionAccess 为用户在终端接入、外设资源、虚拟机、多媒体方面提供了强大的支持。

在终端接入方面，最终用户可在不同的位置使用瘦客户机（TC）和软客户端（SC）接入虚拟机，对于 IT 管理来说，相当于将虚拟机交付给各地用户，从而简化了 IT 管理。

在外设资源方面，FusionAccess 可通过端口资源映射的方式，将终端的端口（如 USB 口、串口、并口等）映射到虚拟机上，从而使虚拟机能够识别并使用这些设备。

在虚拟机方面，FusionAccess 支持多种操作系统的虚拟机，可提供 Windows XP、Windows 7（32 位、64 位）的虚拟机，可根据需要发放对应的虚拟机给最终用户。

在多媒体方面，FusionAccess 支持标清视频和高清视频播放；支持多种声音设备、麦克风设备，并可根据网络带宽条件选择虚拟机与终端之间合适的音频质量控制策略；还支持 Flash 重定向，通过开启 Flash 重定向功能，可以直接将 Flash 文件下载到客户端进行播放，从而降低网络流量，提高响应速度。

FusionAccess 通过虚拟机快速方法、提高资源利用率、降低故障概率等技术帮助企业用户实现低成本 IT 管理。FusionAccess 可以快速发放虚拟机，从创建用户虚拟机到将虚拟机分放给最终用户，最快 10 分钟即可完成，节约了 IT 管理的时间。

FusionAccess 可以提高资源使用率，包括灵活调整虚拟机的规格（如内存、磁盘等），根据不同的需求进行分配；将虚拟机变成资源池，最终用户需要虚拟机时，从池中分配，使用结束后，将资源回收到池中；提供定时批量休眠、关闭、唤醒、开启虚拟机的功能，在空闲时间段（如深夜无人上班时）可将虚拟机休眠或关机，从而降低能耗。对于关键的虚拟机管理组件（如 ITA、DDC、WI 等），FusionAccess 采用主备节点的方式保证可靠性，降低故障概率。

8.5.1 系统架构

FusionAccess 的组件架构如图 8-10 所示，它分为接入层、虚拟桌面管理层、虚拟应用层、操作维护层等。

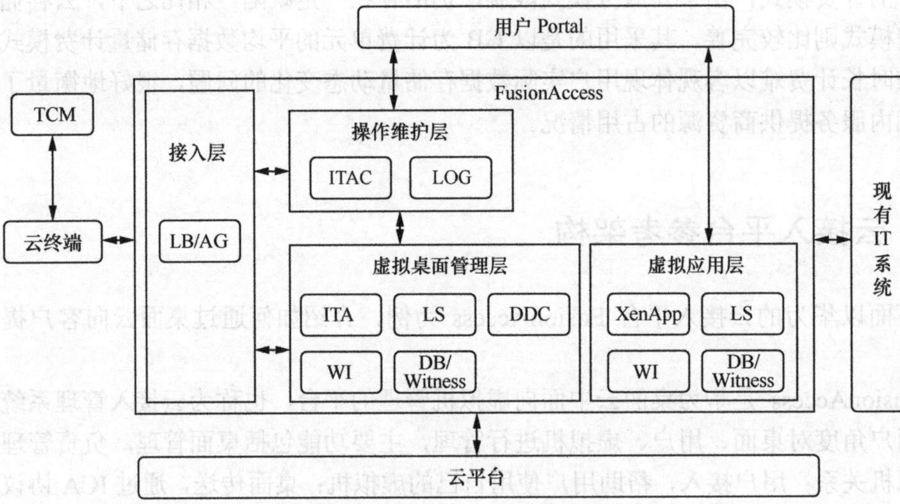

图 8-10 FusionAccess 组件架构

一、接入层

接入层是 FusionAccess 为用户提供访问虚拟机的入口。客户终端通过接入层的 LB 组件或 AG 组件，接入到用户虚拟机中。

LB（Load Balance）组件的主要作用是在用户访问 WI（Web Interface）时，进行负载均衡，避免大量用户访问到同一个 WI，该功能可以通过物理设备 NetScaler 来提供，也可以通过 DNS 轮询的方式来实现。当通过 DNS 实现 WI 的负载均衡时，将多台 WI 的 IP 地址绑定在一个域名下，当用户输入域名发起请求时，DNS 服务器按照 IP 地址绑定的顺序依次解析 WI 的 IP，同时将用户的登录请求分流到依次解析出 IP 地址的 WI 上，提高 WI 的响应速度，保证 WI 服务的可靠性。

AG 组件（Access Gateway）是用于桌面接入网关代理，隔离内外网。AG 利用基于策略的 SmartAccess 机制来安全交付任何应用的 SSL VPN 设备。用户可以很容易地利用它随时来访问工作所需的应用和数据，企业可有效地将数据中心的资源访问扩展到企业的外网。同时，利用丰富 SmartAccess 控制策略，AG 组件可以实现非常好的访问控制，实现对用户进行认证、设置访问策略、安全性连接NAT功能、ICA协议解析与监控等功能。

实际上，LB和AG两个组件往往集成在同一硬件平台中，物理上两者是合在一个设备（一般是NetScaler）中，逻辑上两者是相互独立的，如图8-11所示。NetScaler是一个应用程序交换机，执行特定于应用程序的流量分析，从而智能地分配和优化4～7层（L4～L7）Web应用程序网络流量，并确保其安全。功能可分为交换、安全、保护以及服务器优化等功能。

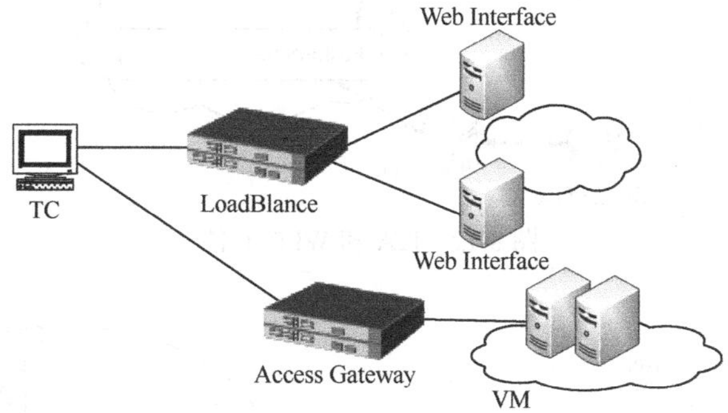

图8-11 LB和AG的接入功能

通过NetScaler，用户在云终端浏览器地址栏中输入NetScaler域名地址，通过DNS解析出IP地址后，用户向NetScaler发送登录请求。NetScaler根据内部的负载均衡算法和配置的WI IP地址，将用户的登录请求转发给某个负载低的WI处理，这样可将用户的访问流量分流到不同的WI上处理，提高WI的响应速度，保证WI服务的可靠性。

二、虚拟桌面管理层

虚拟桌面管理层是FusionAccess的核心，进行虚拟机的运行管理和维护管理。它包含了ITA、DDC、WI、LS等组件。

ITA（IT Adaptor）组件为用户管理虚拟机提供接口，其通过与DDC组件以及虚拟化平台FusionCompute的交互，实现虚拟机创建与分配、虚拟机状态管理、虚拟机镜像管理、虚拟机系统操作维护功能。

WI（Web Interface）组件为最终用户提供Web登录界面，在用户发起登录请求时，将用户的登录信息（加密后的用户名和密码）转发给DDC，再由DDC转发到AD上进行用户身份验证；用户通过身份验证后，WI将DDC提供的虚拟机列表呈现给用户，为用户访问虚拟机提供入口。

ITA和WI组件的功能流程如图8-12所示，ITA对上（IT Portal）提供统一接口，对下则集中了DDC、虚拟机、DNS的接口，完成功能的整合。ITA下面有一个WIA（WI Adapter）组件，WI通过它控制虚拟机的启动、重启。当WI发现虚拟机关机时，就通过WIA发送启动虚拟机的消息，WIA查询到VM ID，然后向FusionSphere发送启动命令。

WI组件实际上是一个Web服务，对外提供了一个Web浏览器方式的登录入口，也是华为解决方案推荐的方式。WI可以表现为部署在Windows上的一个Web应用，供用户登录，查看拥有的虚拟机列表，如图8-13所示。

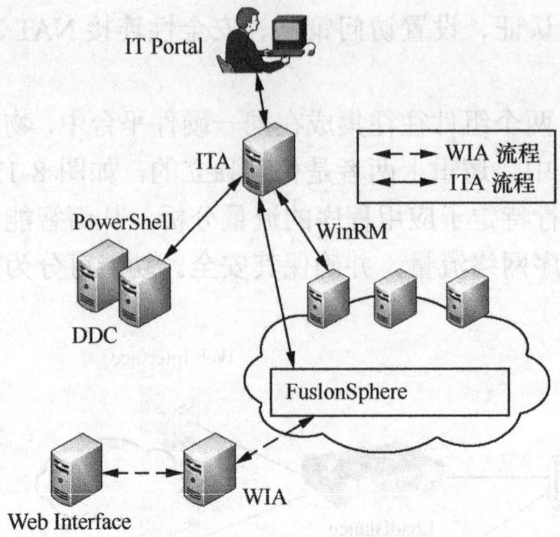

图 8-12 ITA 和 WI 的功能

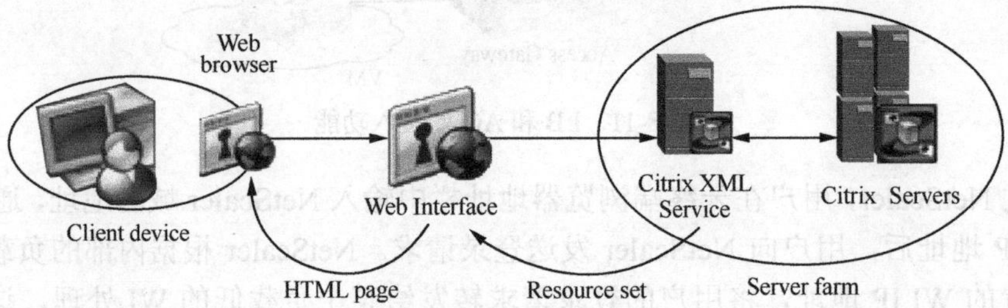

图 8-13 WI 部件功能

另外 WI 也提供一种叫 PNAgent 的登录方式，实际上就是 C/S 登录方式。它要求客户端安装一个 agent 应用程序，在 Windows、Android、iOS 等设备上都支持。WI 上两种登录方式需要配置 2 个不同的站点来支持，并不是一个 Web 站点同时支持两种不同的登录方式。

DDC（Desktop Delivery Controller）是虚拟桌面管理软件的核心组件，根据 ITA 发送的请求进行桌面组的管理、用户和虚拟桌面的关联管理、虚拟机登录的相关处理等。它包括 Desktop Studio 和 Desktop Director，其中 Desktop Studio 主要是用于虚拟机创建、绑定用户及策略管理，Desktop Director 主要用于维护管理，可以通过其控制台进行一些日常维护工作。

如图 8-14 所示，DDC 实现并维护用户与虚拟桌面的对应关系。当用户接入时，DDC 与 WI 交互，为其提供接入信息，支持完成用户的整个接入过程。当与虚拟机交互时，DDC 与 VM 中的 VDA 进行交互，收集 VDA 上报的虚拟机状态及接入状态。

虚拟桌面管理层的其他组件还有：LS 是 License 的管理与发放系统，负责 DDC、NetScaler、XenApp 的 License 管理与发放；DB 是数据库系统，为 ITA、DDC 等组件提供数据服务；Witness 是见证服务器，DB 数据库采用镜像方式进行主备切换时，需要单独部署 Witness，通过 Witness 实现主用 DB 和备用 DB 的自动切换。

三、虚拟应用层

虚拟应用层包括 XenApp、LS、WI、Witness 等组件，其中后三个组件与虚拟桌面管理的组件功能类似。该层的核心组件是 XenApp。XenApp 向用户提供虚拟应用程序（如 Word、Excel、IE 浏览器应用程序），用户在云终端上无需安装，即可直接使用这些应用程序，且操作体验没有任何变化，而 XenApp 则负责应用运行的负载均衡。XenApp 往往是以服务器的形式存在，它的功能包括虚拟应用程序发布、智能审计、配置文件管理。

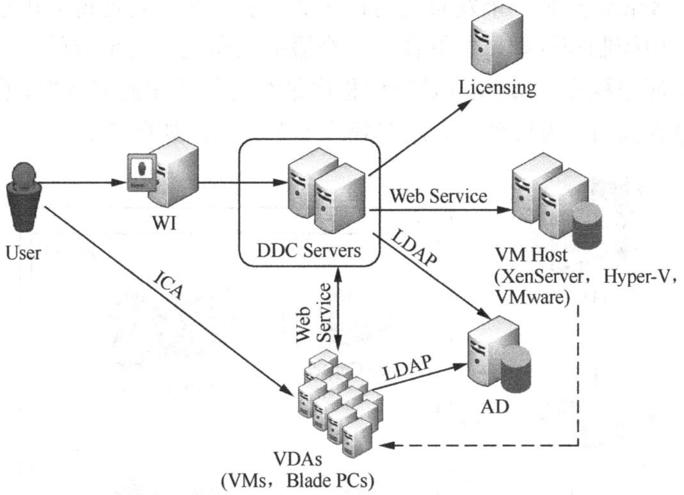

图 8-14　DDC 功能

向云终端用户提供虚拟应用程序是 XenApp 的基本功能。XenApp 服务器借用 Server 的终端服务机制，为每个接入用户建立一个 Session，尽管应用程序没有运行在终端设备上，但是用户使用起来感觉不到任何差别。XenApp 使用 ICA 协议对外提供虚拟化应用的发布。ICA 协议连接 XenApp 服务器上的应用进程和客户端设备，通过 ICA 虚拟通道，运行在 XenApp 服务器上的输入/输出数据能够定向到终端设备的输入/输出设备上，从终端设备输入的数据也能够定向到 XenApp 服务器的应用进程上。

智能审计主要用来记录用户的操作过程，并进行回顾。要实现此功能需独立部署一台智能审计服务器，并在需要审计的 XenApp 服务器上安装智能审计客户端。客户端将用户操作的录像内容通过 MSMQ（微软消息队列）发送给审计服务器，审计服务器接受消息并将文件存储在磁盘上。审计人员可通过播放器（SmartAuditor Player）来播放录像文件。

配置文件管理主要用来解决用户个性化设置被覆盖的问题。此功能需在每台 XenApp 服务器上安装 Profile Management 组件，并且需要在 AD 上导入策略模板并进行相应的设置。通过 Profile Management 集成的配置文件管理功能，可以捕获并保存用户的个性化应用设置，如快捷方式、桌面墙纸、收藏夹等。

当一个用户登录了多台 XenApp 服务器，每台 XenApp 服务器都会从一个指定的公共路径下把用户配置文件下载到本服务器。当用户注销服务器的登录时，XenApp 服务器将把本地保存的用户配置文件上传到公共路径下。如果用户在两台 XenApp 服务器上修改了不同的用户设置，当用户注销登录，两台服务器上修改的内容都将更新到公共路径下的用户配置文件中。此时，如果修改的是同一项配置，后修改的内容将会覆盖先修改的内容。例如，用户先在 A XenApp 服务器上新增了收藏夹，后在 B XenApp 服务器上修改了桌面墙纸，当用户注销 A、B XenApp 服务器的登录，A 服务器上新增的“收藏夹”、B 服务器上修改的“桌面墙纸”，都将更新到公共路径下的用户配置文件中。而不是 B 服务器上传到公共路径下的配置文件，覆盖 A 服务器上传的配置文件。如果 A、B 服务器上都修改了“桌面墙纸”，当用户注销登录，在公共路径下的用户配置文件中，B 服务器上修改的“桌面墙纸”代替 A 服务器上修改的“桌面墙纸”。

总体来说，XenApp 是一个发布应用程序的解决方案，它使得应用程序虚拟化，并能在数据中心集中控制和管理，能够作为一个服务发布到任何地方的用户，而不需要用户在本地安装该应用程序。XenApp 是应用程序最终运行所在的服务器，它借用 Windows Server 的终端服务机制，为每个接入用户建立一个会话，如图 8-15 所示。

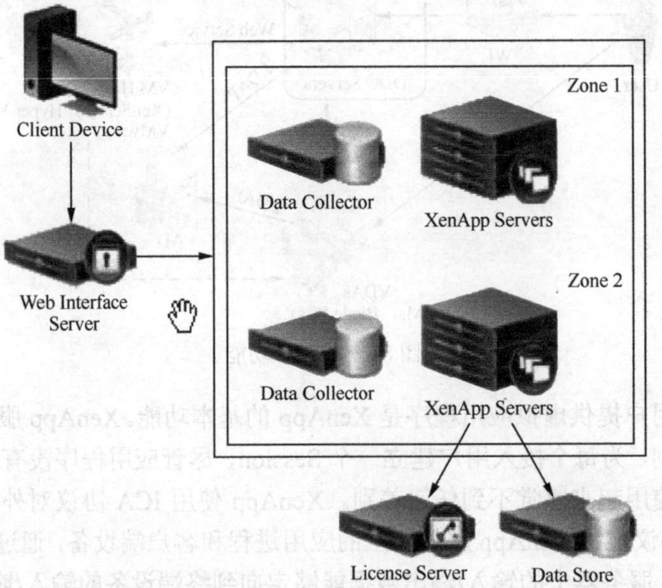

图 8-15 XenApp 功能

四、操作维护层

操作维护层是维护虚拟机的入口，用户通过界面操作和查看日志，实现对虚拟机的管理。它的组件有 ITAC 和 LOG。

ITAC 组件是 FusionAccess 的管理系统，提供业务管理操作界面。通过图形化的界面，管理员可执行虚拟机发放、虚拟机状态管理、虚拟资产管理（如虚拟硬盘、虚拟网卡）、操作维护管理等。

LOG 是日志服务器，记录 FusionAccess 各组件的安装日志和运行日志。日志服务器跟踪组件安装过程中的用户操作信息，以及组件运行过程中的关键点、参数、返回结果等信息，便于出现问题时及时定位。

8.5.2 平台部署

为节省物理资源，FusionAccess 推荐采用虚拟化的方式来部署桌面管理组件。它有工具安装和手动安装两种方式。

FusionAccess 的安装流程如图 8-16 所示。首先创建部署各 FusionAccess 组件的基础架构虚拟机，包括虚拟机的创建、磁盘初始化、设置 IP 地址、加入域等基本操作。安装基础架构组件的操作包括各组件的安装和配置。各 FusionAccess 组件软件安装部分彼此独立，用户在部署环境时，可以并行安装组件。在完成组件安装后，执行配置组件的操作，顺序是 License、DDC、ITA、WI、Loggetter。完成 FusionAccess 各组件部署后，需要对系统进行相关的初始配置、导入证书等操作。

FusionAccess 配置流程如图 8-17 所示。首先以虚拟机为单位，安装数据备份软件，以实现基础架构组件的数据备份。然后安装日志收集工具，虚拟机故障时，为了便于快速分析定位，需要收集虚拟机的日志信息。在虚拟机上安装 LogAgent 软件，运行该软件即可方便地收集虚拟机的日志信息。为保证虚拟机的安全，还需要对所有基础架构虚拟机执行安全加固操作。接着配置备份任务，在 Loggetter 服务器上配置 FTP 服务器信息及备份组件的 IP 地址。所有基础架构虚拟机上，都还需要配置 WinRM 服务，需要安装防病毒客户端软件，以防止基础架构虚拟机遭受病毒入侵。再使用 License 文件激活基础架构虚拟机操作系统。设置虚拟机开机启动脚本，在 DB、ITA、见证、Loggetter 和 License 服务器上设置开机启动脚本，保证系统服务项非正常停止后能够及时恢复。最后在 DNS 服务器上注册 WI 和 VNC Gate 的登录域名，并设置 DNS 轮询策略。当用户域和基础架构域合一部署时，需要执行配置 DNS 老化和清理功能操作。

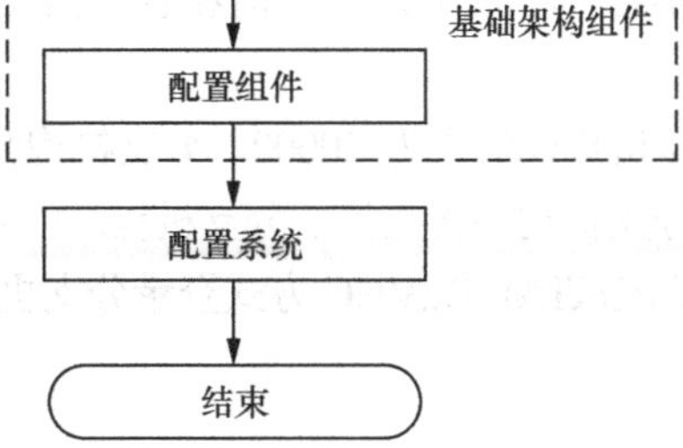

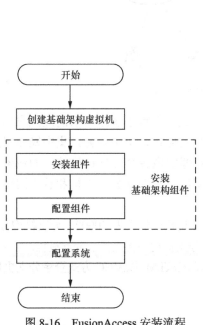

图 8-16 FusionAccess 安装流程

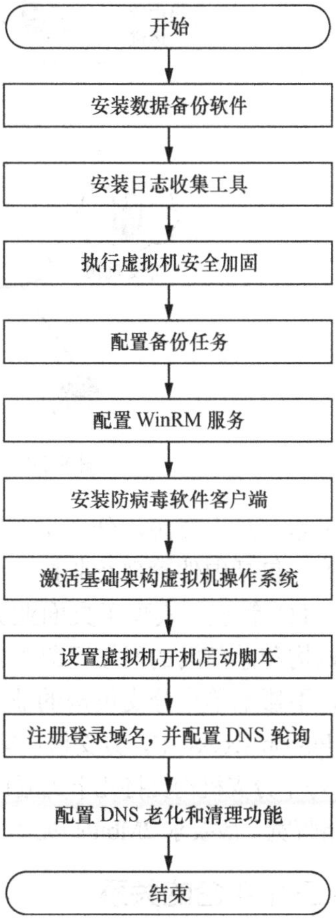

图 8-17 FusionAccess 配置流程

FusionAccess 的部署主要是执行桌面管理相关的初始配置。首先配置桌面云地址，然后配置时间同步，再配置告警组件。桌面云地址是指桌面业务管理系统对外提供服务的地址，系统根据此地址与桌面业务管理系统进行通信，必须配置。配置时间同步指配置 AD 服务器与上层时钟源同步，仅当用户将 AD 服务器部署在 FusionAccess 的基础架构虚拟机上时，需进行该配置。配置告警组件指通过 FusionAccess 配置各组件的 IP 地址信息，开启各组件的告警功能。

FusionAccess 解决方案特别适用于企业有很多分支机构的应用场景，在分支机构使用桌面云，通过 TC（瘦客户机）远程支持分支机构业务。

如图 8-18 所示，桌面云采用中心资源池＋远端模块方案，就近接入，统一管理。在总部建设中心资源池，对 IT 基础设施进行集中管理运维；分支机构将业务系统部署在分支机构本地，网络延时和带宽都有保证，可以提高分支机构的体验，降低分支机构和总部间的网络质量要求。

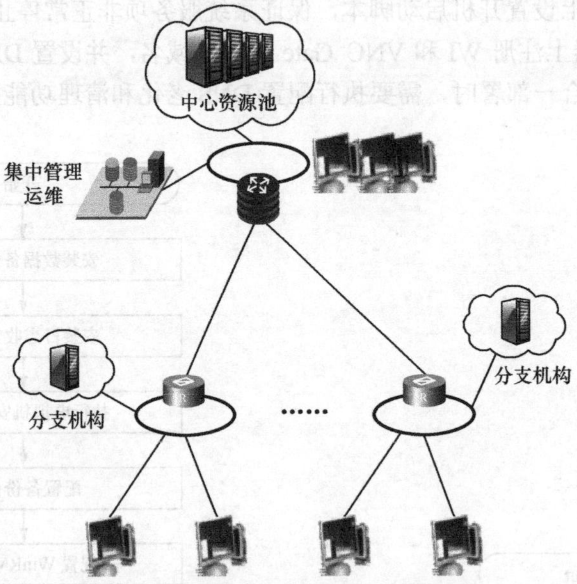

图 8-18 总部与分支机构的桌面云部署

采用总部集中资源，分支桌面操作的部署方式，实现了多地分散的虚拟桌面集中运行和维护：包括硬件管理及监控，虚拟资源管理及监控，集中告警，集中操作日志，单点登录，TC 管理；实现了桌面业务集中发放：即实现各个分支机构统一的业务发放。在分支机构和总部间的网络可靠性没有保证的情况下，即在分支机构和总部网络中断的情况下，不影响单个分支机构的业务和维护。

在 FusionAccess 中，分支机构集中管理的虚拟机规模最大为 20000，分支机构数量最大为 256，每个分支机构支持几十到五百个虚拟机，分支机构不再支持子分支机构。总部和分支机构网络带宽一般要求 2Mbit/s 以上，可以通过管理 PORTAL 以 VNC 方式登录分支机构 VM。

8.5.3 三个平台的关系

华为云计算的三大平台为 FusionAccess、FusionCompute、FusionManager，三者都涉

及虚拟机的相关功能。如图 8-19 所示，三个平台实际上是从不同角度不同层面对虚拟机进行使用和管理，存在着明显的功能区别。

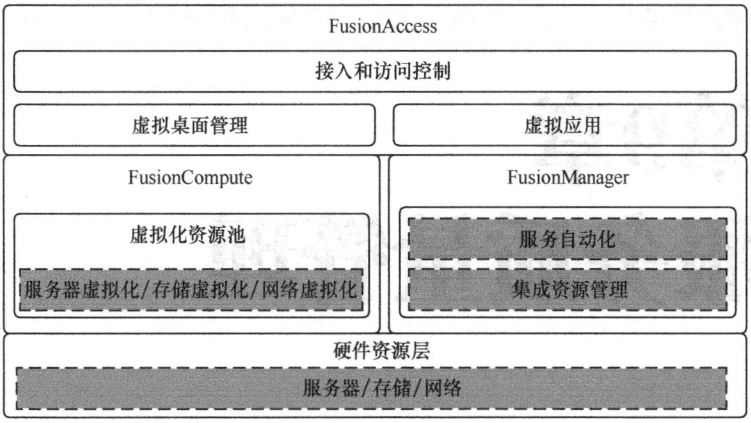

图 8-19　三个平台的关系

FusionCompute 是华为公司的虚拟化平台软件，主要作用是在服务器硬件、存储设备、网络上构建了一个统一的虚拟化层，实现了资源的聚合，并使资源能够被池化地共享和动态分配，从而提高硬件资源的利用率，简化对物理资源的管理。FusionCompute 是从资源虚拟化角度出发，进行硬件资源虚拟化和池化，是最接近硬件资源层的虚拟化平台。

FusionManager 是华为公司的统一云管理软件，提供云资源（如虚拟机、虚拟网络资源等）的管理，并可集成 FusionAccess 的管理功能。FusionManager 是从资源管理和服务管理角度出发，进行资源集成和服务发放，是用户应用层和硬件资源层之间的管理平台。

FusionAccess 是华为桌面云的主要管理平台，负责虚拟桌面管理、虚拟应用和接入访问控制。FusionAccess 从用户角度出发，对用户、桌面终端、虚拟机三者进行管理，是应用层的管理平台。

第9章
服务质量管理

9.1 统一管理

9.2 服务可靠性

9.3 系统可靠性指标

9.4 云服务系统可靠性模型

9.5 系统服务等级协议

9.6 系统架构的可靠性

9.7 虚拟机的可靠性

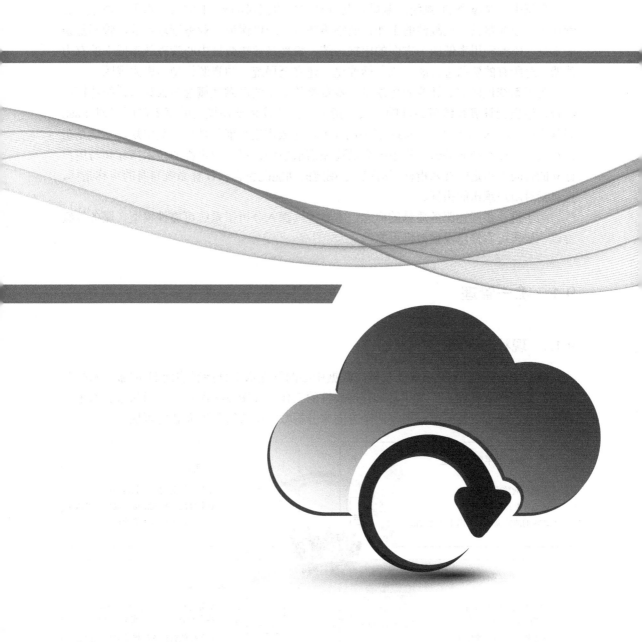

数据中心是整个 IT 系统的基础，其管理水平直接影响到 IT 的服务水平。数据中心管理是一项非常具有挑战性的工作，面临服务水平难以保证、业务管理粗放、管理复杂成本高、资源利用率低四个方面的困扰。统一管理是解决数据中心管理效率低下的有力武器，对所有的资源进行统一化、标准化，建立全局统一的资源模型与资源视图。

为了系统地研究云计算服务质量，本章将传统系统可靠性概念与云计算系统特征相结合，给出云计算系统可靠性的定义，指的是云计算系统在规定的服务剖面（即 SaaS 服务剖面、PaaS 服务剖面、IaaS 服务剖面）内完成规定功能的能力。其中规定功能是指针对某一具体类型服务云计算系统提供商在需求规格说明书中声称的技术指标和与用户订立的合同中指定的技术指标，简而言之规定的功能既包含云计算系统自身的声称指标，也包括对用户承诺的指标。

为了进一步阐述服务质量的概念，本章继续深入分析了系统可靠性模型、服务等级协议、架构可靠性以及虚拟机可靠性。

9.1 统一管理

9.1.1 现状与问题

数据中心是整个 IT 系统的基础，数据中心的管理水平直接影响到 IT 的服务水平，同时，数据中心管理是一项非常具有挑战性的工作。如图 9-1 所示，下面从服务水平、业务管理、成本以及资源利用率四个方面来分析数据中心管理所面临的困扰。

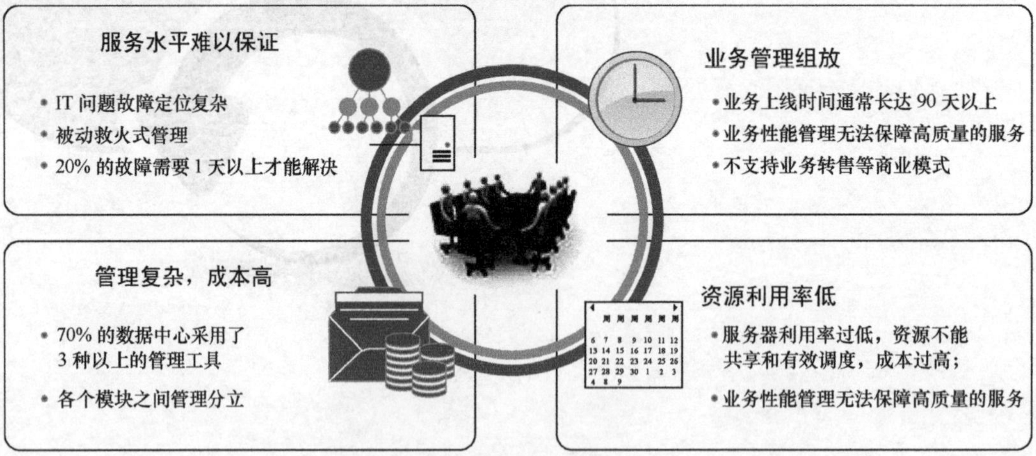

图 9-1 数据中心管理的挑战

（1）服务水平难以保证：IT 问题的定位通常比较复杂，且多以被动形式为主，20% 以上的故障需要 1 天以上的时间才能解决。传统数据中心由于缺乏统一、开放的管理平台，无法实现资源的统一管理，支撑多样化的应用。

（2）业务管理粗放：传统数据中心的业务部署往往需要从底层开始，硬件安装工期较长，基础配置相对复杂，业务上线的周期通常在 90 天以上，导致客户无法快速响应业务发展的需要。

（3）管理复杂，成本高：传统的数据中心由于缺乏统一的标准和规划，导致硬件资源无法实现统一的管理和共享。网络系统变得越来越复杂，客户需要更多、更专业的运维管理员。系统的维护消耗了大量的人力资源，有 70%以上的 IT 预算被用于现有系统的维护而不是新系统的建设。70%的数据中心采用了 3 种以上的管理工具，导致客户对运维管理员的技能要求不断提升，况且传统企业由于缺乏相关的运营和运维经验，需要通过大量的实践才能逐步构筑运维管理能力。

（4）资源利用率低：传统的数据中心一般采用专用的方式进行分配，资源的利用率一般在 20%以下，大量资源无法被利用，这些处于空闲状态的服务器还在持续地消耗电能，不断侵蚀客户的利润空间。

9.1.2　统一管理

统一管理是解决数据中心管理效率低下的有力武器。统一管理需要对数据中心所有的资源进行统一化、标准化，建立全局统一的资源模型与资源视图。统一管理包括统一部署、统一监控以及对数据中心实现分权、分域、分级管理。

云计算的 SPI 模型包括三层：基础设施层即服务（Infrastructure as a Service，IaaS）、平台即服务（Platform as a Service，PaaS）以及软件即服务（Software as a Service，SaaS）。底层基础设施的资源通过 SPI 模型逐层抽象，形成不同级别的服务。资源统一管理不仅包括基础设施层资源的管理，还包括对上层服务的管理，支持面向服务的统一管理，提供计算服务、存储服务、网络服务、备份服务、云监控服务以及应用生命周期的管理。

数据中心的建设不可一蹴而就，是一个逐步实施的过程。在建设云计算数据中心的过程中，可能会长期面临只有部分资源云化的情况。因此，统一管理还包括了云和非云的自动化管理。所有设备，包括安全、网络、虚拟化资源，形成一个数据中心的集合。然后，针对业务对物理资源和虚拟资源需求进行统一的发放和调度和自动化配置。此外，对多种异构虚拟化平台统一管控也属于统一管理的范畴，如支持 VMware、Hyper-V、Xen 等多种不同的虚拟化平台。

9.1.3　系统架构

从层次结构的角度来说，如图 9-2 所示，资源统一管理包括资源层与服务层。资源层是从资源的角度对数据中心所有的设备进行统一管理与监控，包括资源池管理与监控管理。服务层则是从业务的角度来说，对基础设施抽象后所形成的服务进行统一管理与维护，包括服务中心、云运行中心、运维中心以及 IT 服务管理中心。

资源池管理提供对资源的管理能力，包括物理资源和虚拟化资源，同时支持对第三方厂商提供的物理资源和虚拟资源进行管理。资源池管理能够对数据中心中传统资源和云资源进行统一管理和分级统计呈现，以及对云资源容量的统一视图管理和传统资源的业务管理。

监控管理能够对数据中心的物理设备（包括服务器、网络、存储和安全设备）、虚拟设备进行统一监控，支持对多厂商实时及历史数据库监控、诊断、处理和全面的性能管理。此外，监控管理可监控应用，如基于 Web 应用的 SLA（Service Level Agreement）

和业务级交易端到端的性能等。

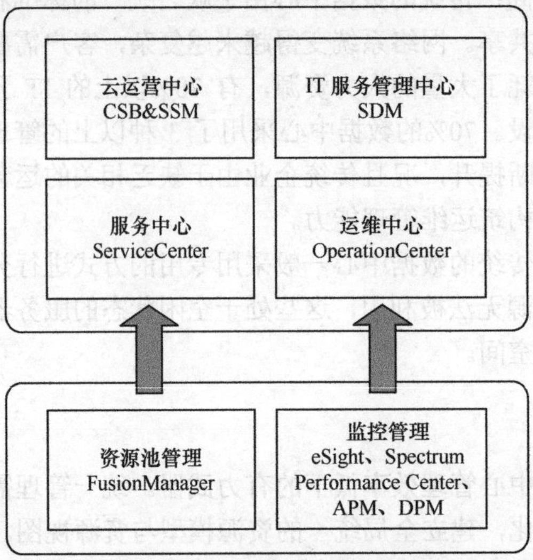

图 9-2 资源统一管理的系统架构

服务中心基于资源池提供的云资源和非云资源，提供可高度定制的数据中心业务以及服务统一编排和自动化管理的能力。服务中心提供多种可定制化的能力。例如，定制异构云平台和异构非云平台的能力，定制多资源池策略设置和服务编排能力，定制企业服务集成能力，定制资源池管理系统能力，特别是传统资源自动化发放能力。

运维中心面向数据中心业务，提供场景化运维操作与可视化的状态、风险、效率分析能力，能够基于分析结果与服务中心配合完成数据中心自我优化和自愈。云运营中心提供服务定义和运营支撑，同时满足公有云场景对运营的要求。IT 服务管理中心提供对 ITIL（Information Technology Infrastructure Library）流程的支撑，包括事件管理、变更管理等。

9.2 服务可靠性

为了系统地研究云计算系统可靠性，有必要将传统的系统可靠性概念与云计算系统特征相结合，给出云计算系统可靠性的定义。一般地，系统可靠性是指系统在规定的条件和规定的时间内完成规定的功能的能力。根据系统可靠性的经典理论，剖面分析是系统可靠性分析的关键环节，通常分为寿命剖面和任务剖面两种。由于云计算系统需要每周 7（天）×24（小时）不间断地提供在线服务，所以云计算系统剖面应该主要考虑任务剖面，而云计算系统中的任务就是其对外提供的服务，因此应针对云计算不同服务类型建立相应的任务剖面。云服务的任务剖面具体分为：

（1）SaaS 服务剖面：主要指云计算系统在完成规定的某种具体 SaaS 应用服务的这段时间内所经历的处理事件和环境的时序描述。SaaS 有各种典型的应用，如在线邮件服务、网络会议、网络传真、在线杀毒等各种工具型服务，在线 CRM、在线 HR、在线项目管理等各种管理型服务，以及网络搜索、网络游戏、在线视频等娱乐性应用。针对这些典型应用可以分析出它具体的处理流程和不同步骤的时序关系，活动主体大部分是软件。

（2）PaaS 服务剖面：主要指云计算系统在完成规定的某种具体 PaaS 服务或者任务的这段时间内所经历的处理事件和环境的时序描述。平台层是云计算体系结构的核心组成部分，它负责对资源的统一分配与调度，使得类型繁多的服务能够在具有复杂底层环境上稳定运行。在此主要考虑直接用户相关的任务，主要包括在线开发平台、服务计费、用户管理，其中在线开发平台应该着重分析其处理流程和时序关系。

（3）IaaS 服务剖面：主要指云计算系统在完成规定的某种具体 IaaS 服务或者任务的这段时间内所经历的处理事件和环境的时序描述。这一层主要向用户提供虚拟化的计算资源服务、存储资源服务和网络资源服务，根据用户需求进行动态分配与调整，通过虚拟化等技术提供服务。

在上述的云计算不同服务的任务剖面基础上，可以定义云计算服务（任务）可靠性，即是指云计算系统在规定的服务剖面（即 SaaS 服务剖面、PaaS 服务剖面、IaaS 服务剖面）内完成规定功能的能力。其中规定功能是指针对某一具体类型服务云计算系统提供商在需求规格说明书中声称的技术指标和与用户订立的合同中指定的技术指标，简而言之，规定的功能既包含云计算系统自身的声称指标，也包括对用户承诺的指标。具体地，在实践过程中可以根据服务剖面定义不同类型的云计算系统可靠性，即 SaaS 服务可靠性、PaaS 服务可靠性和 IaaS 服务可靠性，在实际应用中，根据需要再具体化定义某一个或几个具体服务的可靠性。

9.3 系统可靠性指标

为了准确客观地度量可靠性，专门制定适合云计算系统的可靠性指标。依据系统可靠性理论并结合云计算系统特点，应该重点从功能业务和系统内部结构两个角度制定云计算系统可靠性指标，即面向云服务的可靠性指标和面向云系统结构的可靠性指标，其中前者针对云计算不同类型服务来定义相应的服务可靠性，对于每一类服务还可进一步具体化；后者可分为四个方面即服务器可靠性、存储可靠性、网络可靠性、虚拟化平台可靠性。这两类指标采用常见的失效率、可靠度、MTTF、可用性等参数，除此之外还考虑了可靠性子属性（如成熟性、容错性和易恢复性等）作为可靠性参考指标。

9.3.1 原则与依据

依据系统可靠性的一般理论，并结合云计算系统自身特性及不同利益方，分别从功能业务和系统内部结构两个角度来制定云计算系统可靠性指标，即面向云服务的可靠性指标是从业务层面来定义云计算系统的可靠性指标；面向云系统结构的可靠性指标是从云计算系统结构入手分别定义几个主要组件的可靠性指标，包括服务器可靠性指标、存储可靠性指标、网络可靠性指标和虚拟化平台可靠性指标四个方面。对于这两类指标分类，除了考虑严格的可靠性指标参数，还考虑了可靠性子属性（如成熟性、容错性和易恢复性）的相关指标，它们虽不是严格的可靠性参数，但却与之联系密切，可以把它们当作云计算系统可靠性的参考指标。

9.3.2 面向云服务的系统可靠性指标体系

针对云计算中不同的架构层次可以定义相应的服务可靠性，包括云计算 SaaS 服务可靠性、PaaS 服务可靠性和 IaaS 服务可靠性，对于每一类服务还可以进行具体化。在研究云计算系统可靠性的时候可以根据需要选择某一个或几个具体服务的可靠性。

这一分类方法主要围绕“服务”进行，也反映云计算系统提供服务这一本质特性，也相当于从系统的功能属性出发，将云计算系统当成一个“黑盒”，不考虑内部组成要素及拓扑结构，主要考虑它完成规定功能或者服务的能力。这个也是主要在使用方利益角度来考虑。

假设一种特定的云服务从当前时间到下一次失效时间间隔是ξ，ξ具有累积概率密度函数即$F(t)=P(\xi \leqslant t)$，下面可以定义云服务的可靠性参数：

一、指标名称：可靠度

指标定义：指在给定的运行环境下、给定的运行时间内云计算系统无失效提供规定服务的概率，或者说需要时成功完成某一云服务的概率。

度量方式：需要通过可靠性模型计算，可靠度函数是$R(t)=1-F(t)=P(\xi>t)$

指标说明：云服务可靠度是衡量云服务可靠性的最基本的参数。可靠度越大，云服务的可靠性就越高。

二、指标名称：平均无故障时间

指标定义：在一定的运行周期内中，当前时间到下一次云服务失效之间的时间期望，通常用 MTTF（Mean Time to Failure）表示。

$$\text{度量方式：} \mathrm{MTTF}=\int_0^{\infty} tf(t)\mathrm{d}t=\int_0^{\infty} R(t)\mathrm{d}t$$

指标说明：云服务平均无故障时间是衡量服务可靠性的重要参数。平均无故障时间越长，云服务的可靠性就越高。

三、指标名称：失效率

指标定义：云服务在t时刻尚未发生失效的条件下，在t时刻之后的单位时间$(t, t+\Delta t)$内发生失效的概率，通常用$\lambda(t)$表示。

度量方式：$\lambda(t)=\dfrac{-R'(t)}{R(t)}$，$R(t)$为可靠度函数，$R'(t)$为$R(t)$的导数

指标说明：云服务失效率是衡量服务可靠性的重要参数。失效率越低，云服务的可靠性就越高。

四、指标名称：可用性

指标定义：云服务可用性是指云计算系统在任一随机时刻需要开始提供服务时，处于工作或可使用状态的程度，即“开则能用，用则成功”的能力。

度量方式：$A=\dfrac{\mathrm{MTTF}}{\mathrm{MTTF}+\mathrm{MTTR}}$，MTTR 是平均修复时间

指标说明：云服务可用性是衡量服务可靠性的重要参数。

9.3.3　面向云系统结构的系统可靠性指标体系

云计算系统是硬件、软件、网络等相结合的复杂系统，它们的具体功能和复杂程度是不同的，需要进行具体分析，还有云计算系统的架构尤其不同元素之间的拓扑结构关系。在此重点考虑云基础设施，它的可靠性是整个云计算系统可靠性的基础。根据云基础设施的组成部分，相应地把云基础设施的可靠性主要分为四个方面：服务器可靠性、存储可靠性、网络可靠性、虚拟化平台可靠性，同时映射出四种可靠性指标，即服务器可靠性指标、存储可靠性指标、网络可靠性指标、虚拟化平台可靠性指标，下面以服务器为例来说明四个可靠性指标：

一、指标名称：服务器最大故障次数

指标定义：在一定的运行周期内，在不丢失数据的情况下最多可容忍的服务器故障的次数。

度量方式：$服务器最大故障次数=\sum_t 服务器故障$（t=一定的运行周期）

指标说明：在一定的运行周期内，服务器的最大故障次数越少，服务器的可靠性就越高。

二、指标名称：服务器故障率

指标定义：在一定的运行周期内服务器平均故障次数。

度量方式：$服务器故障率=\dfrac{服务器故障总次数}{服务器数量}\times 100\%$

指标说明：服务器故障率越低，服务器的可靠性就越高。

三、指标名称：服务器故障平均持续

时间指标定义：在一定的运行周期内服务器平均每次故障的持续时间。

度量方式：$服务器故障平均持续时间=\dfrac{\sum_t 服务器故障持续时间}{服务器故障次数}$（$t$=一定的运行周期）

指标说明：服务器故障持续时间越短，服务器的可靠性就越高。

四、指标名称：服务器最大故障持续时间

指标定义：在一定的运行周期内服务器一次故障最大的持续时间。

度量方式：$服务器最大故障持续时间=\mathop{MAX}_i 服务器故障持续时间$（$i$=服务器故障次数）

指标说明：服务器最大故障持续时间越短，服务器的可靠性就越高。

9.3.4　云服务可靠性指标矩阵

根据云计算系统可靠性的定义和指标，结合云操作系统自身的特点，从提供的外部云服务和内部体系结构两个维度来度量系统的可靠性。通过参考 Amazon 三元组的设计原理，综合云计算系统可靠性的各个方面，我们提出可靠性指标矩阵这个概念来客观系统地描述系统的可靠性。系统可靠性指标矩阵包括云服务的可靠性指标矩阵和系统结构的可靠性指标矩阵两种。

一、云服务的可靠性指标矩阵

云服务的可靠性指标矩阵主要用来描述对外提供的云服务的可靠性。首先对云服务进行分类，然后对每一类云服务考察可靠度、平均失效前时间、失效率、可用性四个可靠性指标。如表 9-1 所示，云服务的可靠性指标矩阵作为一个综合指标表达用户在使用时感受到的系统的可靠性，直接关系到最终用户体验。

表 9-1 云服务的可靠性指标矩阵

序号	分类\指标	服务可靠度	服务平均失效前时间/（MTTF/min）	服务失效率	服务可用性
1	弹性计算服务	$1-F(t)$	262800	0.01%	99.99%
2	对象存储服务	$1-F(t)$	262800	0.01%	99.99%
3	弹性块存储服务	$1-F(t)$	262800	0.01%	99.99%

二、系统结构的可靠性指标矩阵

系统结构的可靠性指标矩阵主要用来刻画内部体系结构设计中各个组件的可靠性。首先对系统内部结构细分成各个组件，然后对每一类组件从最大故障次数、故障率、故障平均持续时间、最大故障持续时间四个角度来考察可靠性指标。如表 9-2 所示，系统结构的可靠性指标矩阵作为一个综合指标能够很好地规范和指导系统内部的设计和开发。

表 9-2 系统结构的可靠性指标矩阵

序号	分类\指标	最大故障次数	故障率	故障平均持续时间	最大故障持续时间
1	架构可靠性				
2	物理机可靠性				
3	虚拟机可靠性				
4	存储可靠性				
5	网络可靠性				
6	数据中心可靠性				

9.4 云服务系统可靠性模型

9.4.1 串联可靠性模型

设系统 S 由 n 个子系统（或配置项）组成，如果当且仅当 n 个子系统（或配置项）全部正常工作时，系统才正常工作，任意一个子系统（或配置项）的不可用都将导致系统不可用，则称 S 是 n 个子系统（或配置项）组成的串联系统，串联系统可靠性模型如图 9-3 所示。

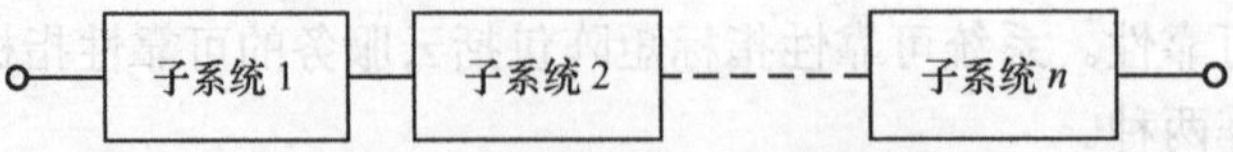

图 9-3 串联系统可靠性模型

定理：对于由 n 个相互独立的子系统组成的串联系统，任何一个子系统（或配置项）不可用意味着整个系统不可用，因此，系统整体的可用性满足以下关系式：

$$Z \cong \prod_{i=1}^{n} Z_i, i=1,2,\cdots,n$$

其中，Z_i 表示第 i 个子系统的可用性。

9.4.2 并联可靠性模型

设系统 S 由 n 个子系统（或配置项）组成，如果当且仅当 n 个子系统（或配置项）全部不可用时，系统才不可用，任意一个子系统（或配置项）正常工作都可保证系统正常工作，则称 S 是 n 个子系统（或配置项）组成的并联系统，并联系统可靠性模型如图 9-4 所示。

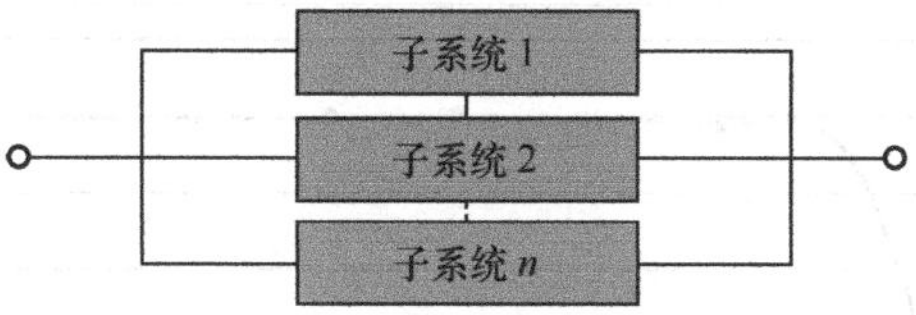

图 9-4　并联系统可靠性模型

定理：对于由 n 个相互独立的子系统组成的并联系统，所有子系统（或配置项）全部不可用时，系统才不可用，因此，系统整体的可用性满足以下关系式：

$$Z \cong 1-\prod_{i=1}^{n}(1-Z_i), i=1,2,\cdots,n$$

式中，Z_i 表示第 i 个子系统的可用性。

9.4.3 混联可靠性模型

模块间的关系通常存在混联关系。混联系统是指在其可靠性依赖关系中同时存在串联和并联两种情况的系统，其可靠性模型如图 9-5 所示。

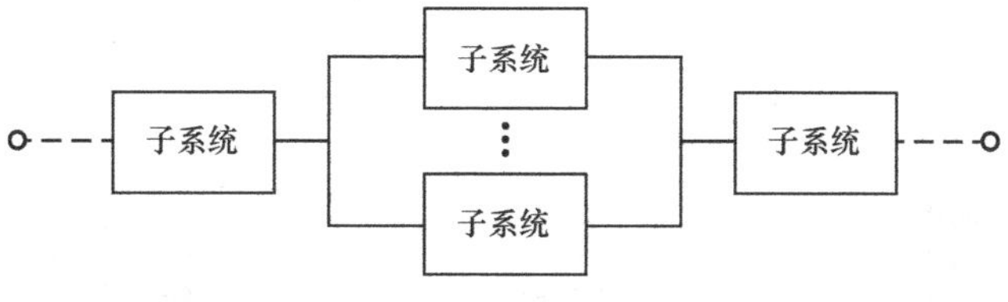

图 9-5　混联系统可靠性模型

对混联系统可用性的计算可以采用递归方法：先按串联或并联的形式，对系统进行逐级分解，直到分解所得的每个部分均含有单纯串联或并联的形式为止，然后利用上述串（并）联系统可用率计算方法逐级回溯，最终计算得出整个系统的可用率。

9.4.4 可靠性与集群规模

高可靠性的系统通常部署在集群中多个独立的节点上，一旦其中某个节点出现故障，其他正常的节点即接管服务，取代故障节点，通过这种冗余的策略来获得高可靠性，因此，可靠性和集群规模有着密切的关系，在单个节点可靠性恒定不变的情况下，节点数越多，系统整体的可靠性就越高，因为理论上来讲，只有当系统中所有的节点都不可用时，系统才变得不可用。从另一方面讲，当系统整体可靠性恒定不变，集群规模越大，对单个节点可靠性的要求就越低。可靠性和集群规模之间的这种关系可以用下面的数学公式来表达：

$$Z = 1 - \prod_{i=1}^{n}(1 - Z_i)$$

其中，Z 表示整体的可靠性，Z_i 表示第 i 个节点的可靠性。

现在假设单个节点的可靠性为 99%，根据上述公式，我们可以得出系统的可靠性和集群规模的曲线关系，如图 9-6 所示。

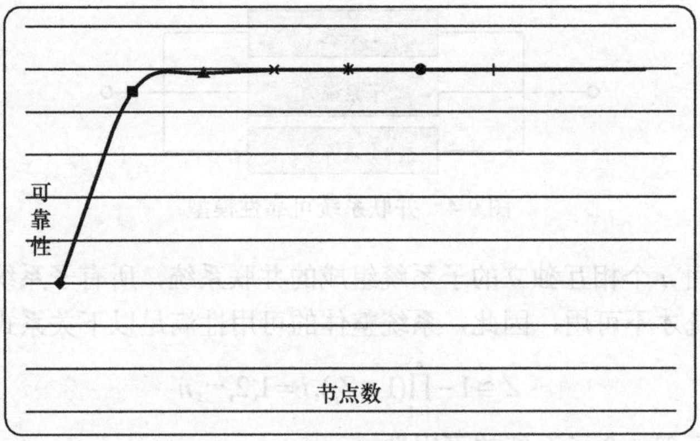

图 9-6 可靠性和集群规模

9.4.5 可靠性与使用时间

系统发生故障的频率和时间的关系可以用浴盆曲线来表达，在系统早期投用和晚期老化后的故障率较高，而在使用中间段时随机故障率相对恒定。系统的故障率和时间的关系如图 9-7 所示。

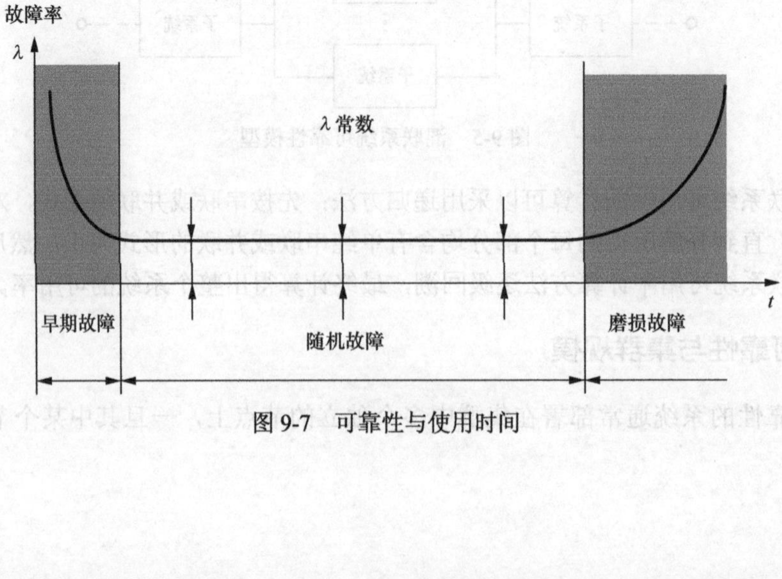

图 9-7 可靠性与使用时间

9.5　系统服务等级协议

为了保证上层应用能够在用户可接受的时间之内响应用户的请求，必须对云平台的每一层提供的服务要有更加严格的时间要求。用户和云服务提供商之间通过服务等级协议（Service Level Agreement，SLA）来就云服务系统的一些重要功能及特性达成一致的约定，尤其是那些直接决定用户请求延迟和吞吐率的云服务。

作为云平台最底层的基础设施，系统的服务质量直接关系到上面应用的服务水平。为保证向用户提供高质量的服务，采用 SLA 三元组（最大负载强度、保证质量的请求百分位、保证的质量或响应时间）作为一个综合指标来度量系统的服务等级。可靠性作为分布式系统的一个重要方面，影响 SLA 三元组内部的每个因子，只有提高可靠性，才能提高系统服务质量，给用户提供更好、更可靠的云服务。

9.6　系统架构的可靠性

9.6.1　计算方法

系统架构组件主要考虑控制器单元，包括 CLC 子单元和 CC 子单元，CLC 子单元和 CC 子单元之间为串联关系，内部各自采用主备冗余策略，主备之间为并联关系。控制器单元的可靠性模型如图 9-8 所示。

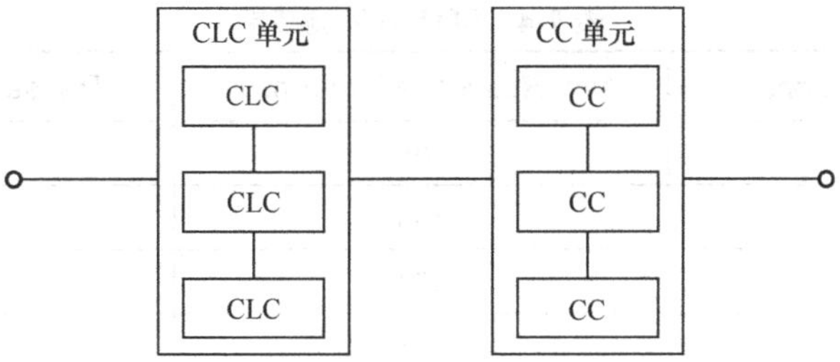

图 9-8　控制器单元的可靠性模型

根据上述模型，控制器单元的可靠性可由下面的公式来计算：

$$Z_{控制器} \cong Z_{CLC单元} \times Z_{CC单元}$$

$$Z_{CLC单元}=1-(1-Z_{CLC})\times(1-Z_{CLC})\times(1-Z_{CLC})$$

$$Z_{CC单元}=1-(1-Z_{CC})\times(1-Z_{CC})\times(1-Z_{CC})$$

根据上文分析的可靠性指标分配，为保证系统服务的 SLA，控制器单元的可靠性为 99.996%。根据上述公式，可以推导出单个 CLC 和 CC 的可靠性如表 9-3 所示。

注意，如果此处冗余组件是四个或者更多的话，根据“可靠性与集群规模”的关系，对单个 CLC 或者 CC 的可靠性要求会低一些。但如果冗余组件是两个的话，那么对单个

CLC 或者 CC 的可靠性要求为 99.6%。考虑到物理器的可靠性只有 99%，而单个 CLC 直接运行在一台物理服务器上，所以可靠性不可能大于 99%。因此在实践中，要保证控制器整体可靠性指标，冗余的组件必须是三个或者三个以上。

表 9-3 控制器单元的可靠性

序号	单 元	可靠性指标
1	控制器	99.996%
2	CLC	97.3%
3	CC	97.3%

9.6.2 准入控制

准入控制（Admission Control）包含的范围比较广，其中很大部分涉及网络安全。这里引入准入控制，专门是指对用户向发起请求时，对此请求接受与否的处理。准确地说，这里的准入控制就是判断云服务当前是否有足够的资源来接受新的用户连接请求，然后或接受连接请求或拒绝连接请求，以保证在 SLA 下的服务质量。

为什么要进行准入控制，首先引入三个性能测试中常用的概念：用户并发访问数量、响应时间和系统吞吐量。利特尔定理（Little’s Law）告诉我们响应时间与系统吞吐量是呈正比例的，满足如下的计算公式：

$$L = \lambda W$$

这里，可以简单地认为 W 为吞吐量，L 为响应时间。但在 SOA 的应用系统中进行性能测试后，经常会得出以下结果（见表 9-4）。

表 9-4 SOA 性能测结果

Concurrent Sessions	Avg. Response Time(ms)	Transactions Completed
1	79	4 203
2	108	6 772
4	133	10 481
8	198	13 346
12	244	13 639
16	310	14 798
20	337	14 749
24	369	14 176
28	428	15 181
32	563	13 278
36	533	14 151
40	587	13 302

这个结果有点背离了利特尔定理，随着用户请求的增加，系统吞吐量不断增加的同

时，响应时间也不断增加。但当不改变系统硬件，吞吐量达到一个最大值的时候，用户请求再增加，系统吞吐量反而下降，响应时间却继续增加，见表 9-4。

基于上述的测试结果和理论，需要引入准入控制机制，在 SLA 中定义最大负载强度时，对用户新的访问请求进行一定的限制：加入等待队列或者直接拒绝访问。

在云服务对外的接口 Portal 组件上增加一个 Web 代理，对进入的请求进行拦截。根据当前系统的负载，确定在保证原有请求服务质量满足 SLA 的前提下，是否有足够的资源处理新请求。具体实现框架如图 9-9 所示。

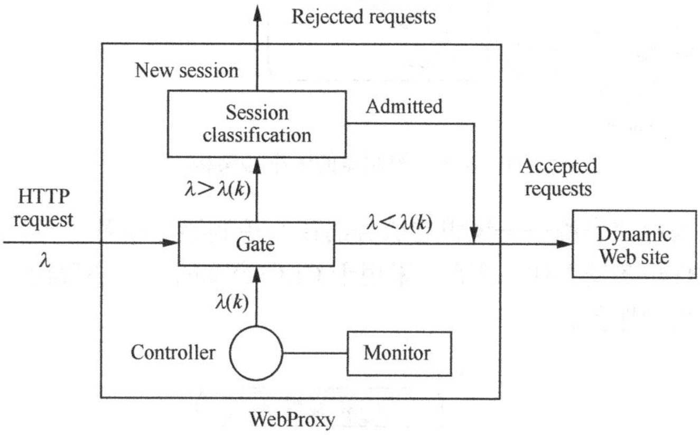

图 9-9　准入控制实现框架

准入控制保证用户请求对系统的压力被控制在可控范围，可有效地排除系统业务过度繁忙而导致的系统故障，提高系统可靠性及健壮性。

9.6.3　组件冗余机制

云服务作为一款提供基础架构的云计算平台，从系统架构上必须提高可靠的保证。既要消除重要组件单点故障的问题，对于负载较高的组件又必须实现多路分发，平衡组件的压力，提供高质量的服务。云服务从前端到系统底层包括了众多组件，必须引入组件冗余机制，来保证可靠性。

一、无中心架构

传统分布式软件需要一个核心的组件来负责调度控制整个系统，这个组件容易成为系统的瓶颈。一旦核心组件出现，整个系统可靠性就会大大降低，甚至崩溃不可用。CLC 云控制器作为云服务的核心组件同样需要面临前面的问题。为了提高可靠性，引用入了无中心架构，如图 9-10 所示，实现了以下两大特征。

（1）无单点故障：当其中一个 CLC 发生故障，其他 CLC 可以迅速接管，保证服务不中断；

（2）多路分发：用户使用云平台的高峰期，会对 CLC 造成巨大的访问压力，负载均衡器将访问请求分流到各个 CLC 上，通过多路分发实现负载均衡，从而保持高质量的服务。

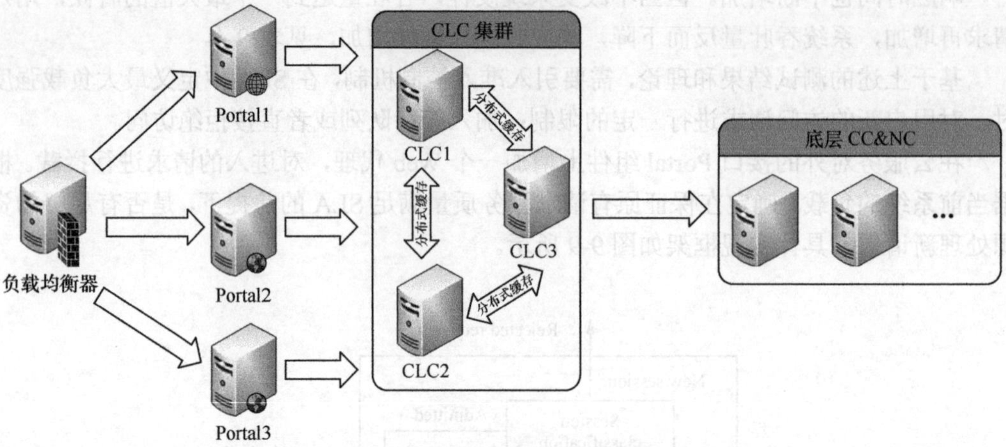

图 9-10 控制器的无中心架构

另外 SC 作为存储资源——逻辑卷服务的核心控制器，面对用户强烈的块存储服务需要，它的可靠性也备受关注，因此，采用于 CLC 类似的无中心架构，如图 9-11 所示，提供高可用存储资源服务。

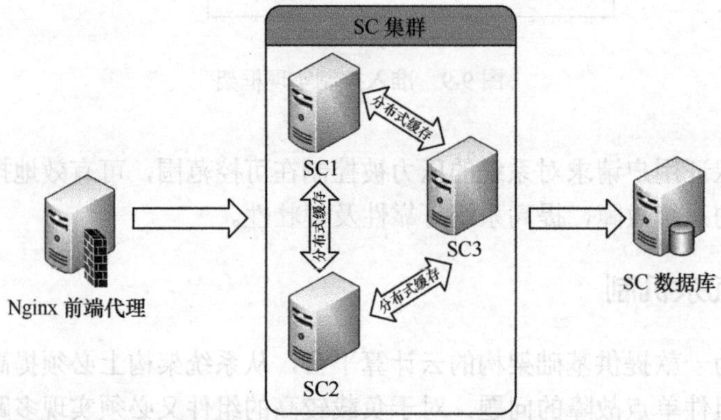

图 9-11 存储资服务的无中心架构

无中心架构需要解决的主要问题其实就是冗余组件之间的一致性问题，在云服务范围内包括如下部分。

（1）持久化数据；主要是数据保存在存储设备上。

（2）缓存数据：主要是虚拟机数据、IP 数据和私有网络的数据需要在多个 CLC 组件上达到一致性。

（3）操作顺序：逻辑卷的创建与使用需要以不同的操作顺序在多个 SC 组件上达到一致性。

（4）对于持久化数据，可以通过多个组件共享一个数据库来解决，在数据库这一层可以在 ORM 工具上配置二层缓存进一步提高性能；对于缓存数据和操作顺序，引用分布式缓存框架，利用该框架的两个主要功能来解决云服务的一致性问题。

（5）分布式缓存：针对 CLC 中放置缓存数据使用到的各种集合类，改用支持分布式特征的集合类。同时也要做好分布式锁的操作处理工作。

（6）分布式事件：在多个 SC 组件中，将某个 SC 上执行的创建逻辑卷操作传播到其他 SC 上，达到多个 SC 逻辑卷数据最终一致性。

二、主备 CC 架构

CC 集群控制是上接 CLC，下连 NC 计算节点的一个重要组件。鉴于 CC“上传下达”的重要作用，它的可靠性必须得到充分保障。如图 9-12 所示，CC 的架构采用了类似于网络拓扑中主/备交换机的部署模式，借鉴“背板堆叠”的方式将 1 主 2 备的 CC 连接在一起，NC 计算节点上接入到这三台主/备的 CC 上，既解决了单点故障，通过链路冗余又实现了流量的负载均衡。

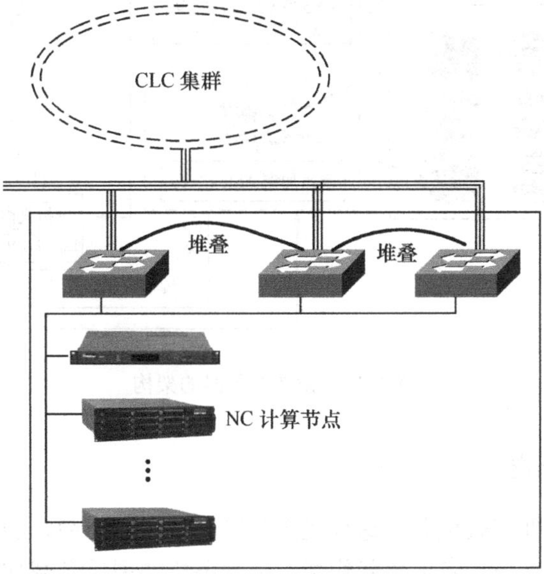

图 9-12 主备 CC 架构

虚拟机是依靠镜像运行起来的，镜像通常是以 GB 为单位的大文件，无论是上传到云服务镜像存储器，还是创建虚拟机时从镜像存储器下载镜像文件，都涉及大量的 I/O 读写操作。所以镜像存储器成了云服务另外一个性能容易出现瓶颈的地方。

（1）镜像进入云服务时，以每 10MB 一块的大量小文件的方式进入；

（2）创建虚拟机时，镜像包含的大量小文件需要先进行合成操作，还原出一个完整的镜像文件供计算节点下载。

镜像存储单独采用一台性能配置相对高的物理机来支撑，保证上传镜像或创建虚拟机以及合成与下载镜像时的服务质量，也避免了对其他组件（CLC，SC）的性能干扰。

在分布式存储环境下，镜像存储采用镜像存储器组件冗余的方式来实现。将图 9-13 中镜像存储的本地存储路径改为分布式存储环境下一个统一的路径。当镜像进来的时候直接存到分布式存储中；同时统一路径也挂载到各个计算节点的某一个本地路径下。当创建虚拟机时，只需要获取镜像在元数据，剩下的工作就像操作本地文件那样直接调用CP命令从分布式存储的路径中将镜像复制到计算节点专门用于存储虚拟机镜像的路径，网络传输的工作都交给分布式存储自行处理。

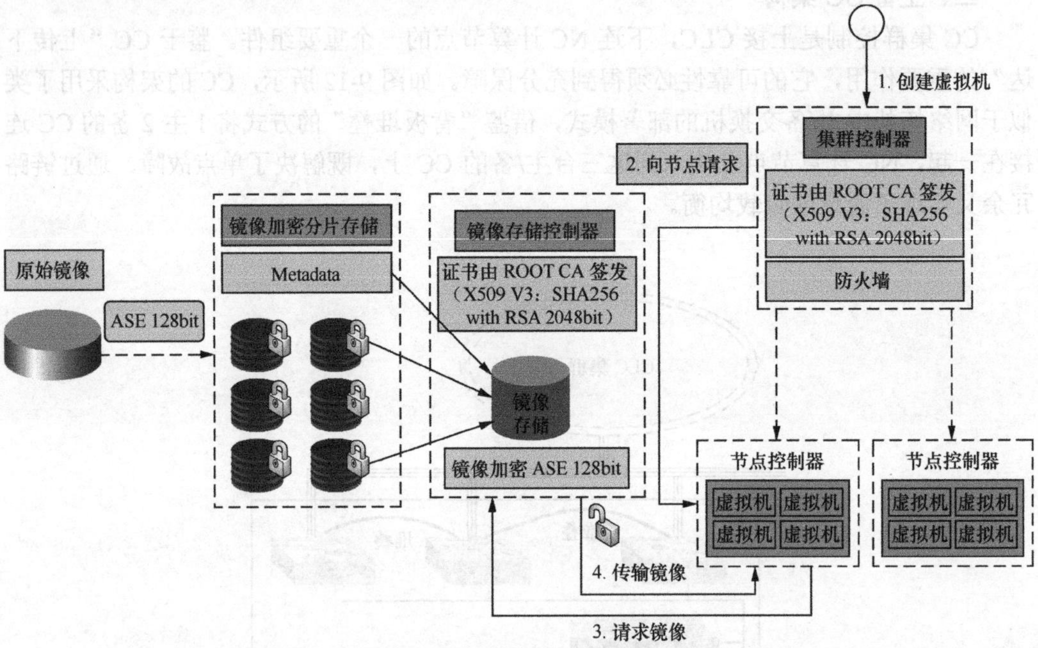

图 9-13　镜像服务器的架构

9.6.4　负载均衡策略

云服务采用了组件冗余机制，这种冗余除了解决了单点故障的问题，还实现了多路分发，达到负载均衡。为了实现负载均衡，云服务需要引用负载均衡器。我们采用软硬件一体化的方案，既提供软件的负载均衡，也提供稳定高性能的硬件负载均衡。

采用目前相当流行的前端代理软件 Nginx。Nginx 的稳定性和良好的性能已经在世界范围内得到肯定。采用软件的方式实现负载均衡虽然不如硬件高效，但从采购成本和对现有资源的有效利用角度出发，还是可取的。另外对于负载均衡器的控制和负载算法的定制，软件的方式也相当灵活。完全可以在开源的 Nignx 基础上定制出符合云服务自身业务需要的负载均衡组件。

负载均衡软件经常使用 Apahce 和 Nginx，对照二者的性能数据，选择后者。Nginx 性能上比 Apache 要好，在可承受压力、带宽及资源消耗上都要优于 Apache，硬件负载均衡器的性能和稳定性都得到用户的信任和肯定，云服务中采用了 Array 作为硬件负载均衡器，除了硬件负载均衡器固有的优点外，Array 对外提供 XMP RPC 开发接口，程序可以很容易控制 Array 设备，容易实现很多智能的调度策略。

无论是软件还是硬件负载均衡器，其核心是负载均衡算法。负载均衡算法主要分两大类，持续性与非持续性算法，它们的主要区别在于持续性算法保证了同一用户的请求在某一时间段内均被分配到同一台服务器进行处理。由于云服务的设计是基于 HTTP 提供 REST 风格的 Web Service，是一种无状态的服务，所以持续性算法对云服务来说意义不大，需要重点加强对非持续性算法的支持。云服务至少需要支持下面非持续性算法：

（1）轮循算法：每一次来自网络的请求轮流分配给内部中的每台服务器，从 1～N 然后重新开始。此方法最容易实现，甚至不需要负载均衡器，直接通过 DNS 轮询即可实现。适合于服务器组中的所有服务器都有相同的软硬件配置并且平均服务请求相对均衡的情况。

（2）最少连接算法：客户端的每一次请求服务在服务器停留的时间都可能会有较大的差异，随着工作时间的加长，如果采用简单的轮循或随机均衡算法，每一台服务器上的连接进程可能会产生极大的不同，这样的结果并不会达到真正的负载均衡。最少连接数均衡算法对内部中有负载的每一台服务器都有一个数据记录，记录的内容是当前该服务器正在处理的连接数量，当有新的服务连接请求时，将把当前请求分配给连接数最少的服务器，使均衡更加符合实际情况，负载更加均衡。适合长时间处理的请求服务。

（3）响应速度算法：负载均衡设备对内部各服务器发出一个探测请求（如 Ping），然后根据内部中各服务器对探测请求的最快响应时间来决定哪一台服务器来响应客户端的服务请求。此种均衡算法能较好地反映服务器的当前运行状态，但最快响应时间仅仅指的是负载均衡设备与服务器间的最快响应时间，而不是客户端与服务器间的最快响应时间。

9.6.5　无干扰故障恢复

一个大规模的云操作系统由于种种原因而发生故障是不可避免，关键是把故障对系统的影响降到最低，甚至把故障认为是系统的一种特殊状态，在该状态下可以保证系统的关键服务不受影响。云服务由多个组件有机结合而成，各个组件运行过程中不可避免地出现故障情况。云服务引入了无干扰故障恢复技术，应用于集群控制器和节点控制器进行故障处理。

（1）集群控制器故障：当集群控制器发生故障时，虚拟机网络无法访问，无法创建虚拟机。

（2）节点控制器故障：当节点控制器发生故障时，虽然虚拟机还正在运行，但已经无法对虚拟机进行有效管理。

云服务无干扰故障恢复技术按照云服务结构层级采用三层故障恢复处理机制，如图 9-14 所示。本层组件的服务由其上层组件负责监控，例如集群控制器是由云控制器负责监控，而节点控制器是由其上层的集群控制器监控。当发现组件故障后，上层组件通知故障组件的恢复进程，故障组件进行闭环自修复。具体操作如下：

（1）集群控制器故障恢复：采用基于文件内存映射，恢复集群资源管理和计算节点监控服务。

（2）节点控制器故障恢复：基于文件的内存映射机制，恢复节点资源和虚拟机管理。

（3）节点物理机故障导致节点控制器不能修复时，跨计算节点恢复虚拟机的管理。

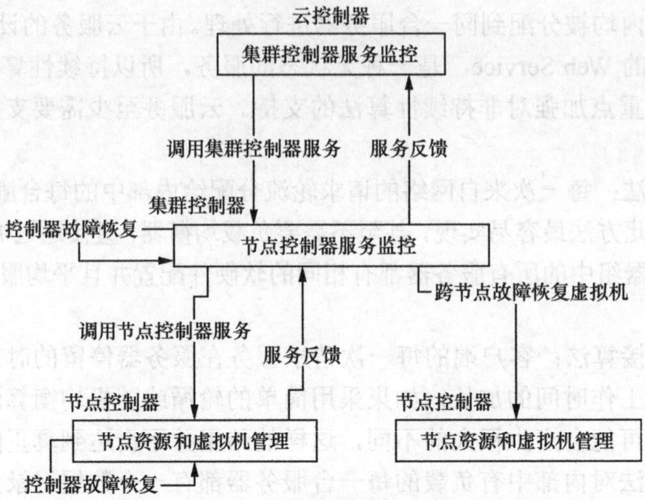

图 9-14 无干扰故障恢复原理

9.7 虚拟机的可靠性

9.7.1 计算方法

云平台下把一台虚拟机从一个正在服务的计算节点迁移到另外一个正在服务的计算节点上，迁移过程保证应用系统对外响应不中断。虚拟机迁移容错分为共享存储迁移和非共享存储迁移。共享存储迁移将虚拟机分为计算和存储两个单元，计算和存储为串联关系，其可靠性模型如图 9-15 所示。

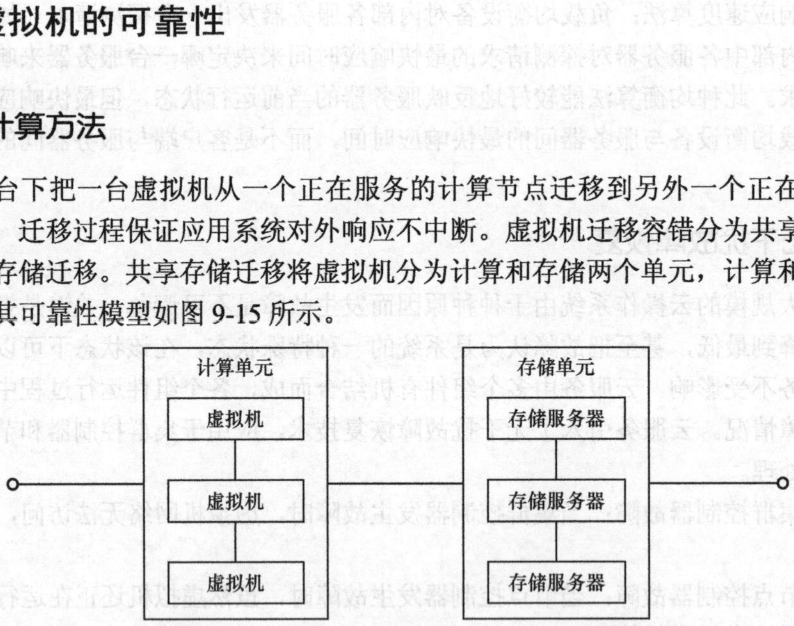

图 9-15 共享迁移时虚拟机单元的可靠性模型

根据上述模型，共享存储迁移时的可靠性可由下面公式来计算：

$$Z_{共享存储迁移} \cong Z_{计算单元} \times Z_{存储单元}$$

$$Z_{计算单元} \cong 1-(1-Z_{虚拟机})\times(1-Z_{虚拟机})\times(1-Z_{虚拟机})$$

$$Z_{存储单元} \geqslant 99.999\%$$

共享存储迁移时，存储部分可靠性为 99.999%。根据系统可靠性指标分配，虚拟机单元的可靠性为 99.996%，结合上述公式，我们可以推导出共享迁移时单个虚拟机的可靠性如表 9-5 所示。

表 9-5 共享迁移时虚拟机单元的可靠性

序号	单元	可靠性指标
1	共享存储迁移	99.996%
2	虚拟机	96.9%
3	存储	99.999%

非共享存储迁移的模式下，两个独立的虚拟机直接并联，其可靠性模型如图 9-16 所示。

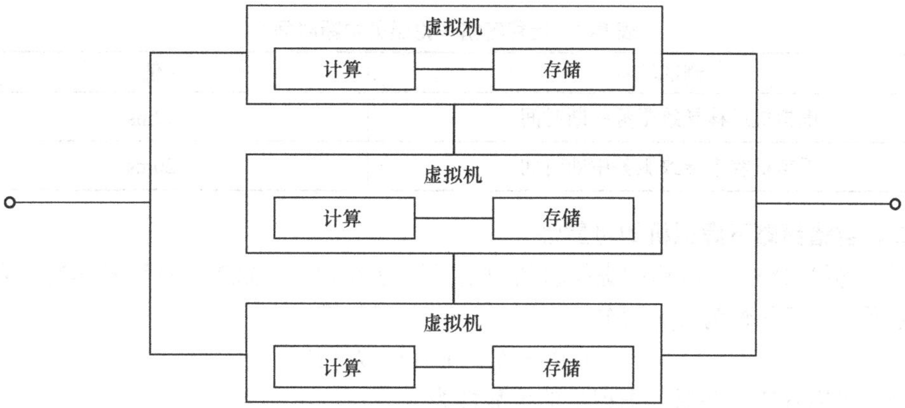

图 9-16 非共享迁移时虚拟机单元的可靠性模型

根据上述模型，非共享存储迁移时，虚拟机单元的可靠性可由下面公式计算：

$$Z_{\text{非共享存储迁移}} \cong 1-(1-Z_{\text{虚拟机}})\times(1-Z_{\text{虚拟机}})\times(1-Z_{\text{虚拟机}})$$

$$Z_{\text{虚拟机}} \cong Z_{\text{计算}} \times Z_{\text{存储}}$$

根据可靠性指标分配，虚拟机单元的可靠性为 99.996%，结合上述公式，我们可以推导出非共享存储迁移时单个虚拟机的可靠性如表 9-6 所示。

表 9-6 非共享迁移时虚拟机单元的可靠性

序号	单元	可靠性指标
1	非共享存储迁移	99.996%
2	计算	98.3%
3	存储	98.3%

综上所述，非共享存储迁移时，对单个虚拟机的可靠性指标要求要比共享存储迁移时要高，且非共享存储迁移时需要转移镜像文件，需要花费较长的时间，增加了系统不可用的时间。因此在单个虚拟机可靠性恒定的情况下，共享存储迁移比非共享存储迁移具有更高的可靠性。

注意，考虑到物理服务器的可靠性为 99%，受此限制条件，要达到该单元整体可靠性为 99.996%的目标，必须要求冗余组件为三个或者三个以上。

9.7.2 迁移容错

假定虚拟机发生故障后，恢复时间需要 10 分钟（即 600s，记为 T_r），其中包括人员响应时间及恢复工作耗时。没有迁移/容错策略的情况下，虚拟机的可靠性为 96.9%。

一、迁移策略下虚拟机的可靠性

记迁移过程中，虚拟机中断时间为 T_m（值为 0.012s，参照表 9-7）。采用迁移策略后，设可靠性为 A_m。可知：

$$(1-96.9\%) / (1-A_m) = T_r/T_m$$

则，采用迁移策略后，虚拟机的可靠性为

$$A_m = 1-(1-96.9\%) \times T_m / T_r = 1-(1-96.9\%) \times 0.012s / 600s = 99.9999\%$$

表 9-7 迁移容错理论服务中断时间

测试项	值
虚拟机迁移导致服务中断时间	12ms
虚拟机容错导致服务中断时间	20ms

二、容错策略下虚拟机的可靠性

对于容错策略，记容错中虚拟机的中断时间为 T_t（值为 0.02s，参照表 9-7）。采用容错策略后，设可靠性为 A_t。可知：

$$(1-96.9\%) / (1-A_t) = T_r / T_t$$

则，采用容错策略后，虚拟机的可靠性为

$$A_t = 1-(1-96.9\%) \times T_t / T_r = 1-(1-96.9\%) \times 0.02s / 600s = 99.9999\%$$

云服务把一台虚拟机从一个正在服务的计算节点迁移到另外一个正在服务的计算节点上，迁移过程保证应用系统对外响应不中断，迁移包括虚拟机实例检查点、内存状态、buffer 和 cache 等。通常迁移是在这样的情况为用户提供稳定可靠的服务。

（1）虚拟机所在的计算节点在监控中发现异常，存在极大的宕机可能性；把虚拟机迁移到健康的计算节点上。

（2）计算节点当前负载不均衡，智能调度策略会尝试平衡负载，将某些虚拟机进行迁移。

（3）计算节点进行计划维修期间，需要将其上的所有虚拟机迁移到其他节点上。

迁移为虚拟机提供了可靠保障的服务，它本身也必须达到可靠性指标的要求，根据可用性指标计算公式 $A=\dfrac{\text{MTTF}}{\text{MTTF}+\text{MTTR}}$，迁移可用性计算的 MTTF 为虚拟机正常提供服务的时间，MTTR 为虚拟机迁移引起服务中断的时间。所以在迁移设计实现中必须将迁移的 MTTR 控制在合理范围内。

虚拟机迁移的实质过程是在分布式文件系统的共享存储环境下进行内存的实时同步，之后云服务的虚拟机收养机制将迁移的虚拟机在新的节点上运行起来。基于共享存储环境下，虚拟机迁移的网络数据传输大大减少，因为虚拟机实例文件无需同步，只需同步虚拟机的内存。图 9-17 是以内存同步详细描述了虚拟机迁移的核心过程。

（1）基于 XEN 虚拟化的迁移和容错技术记录每次复制的内存新产生的脏数据，然后迭代复制 29 次，当脏数据低于阈值时，停止虚拟机，同步内存，目标节点恢复。

（2）虚拟机收养机制，当虚拟机迁移到另外一个节点控制，云服务管理平台会通过收养机制把它收养过来统一管理。

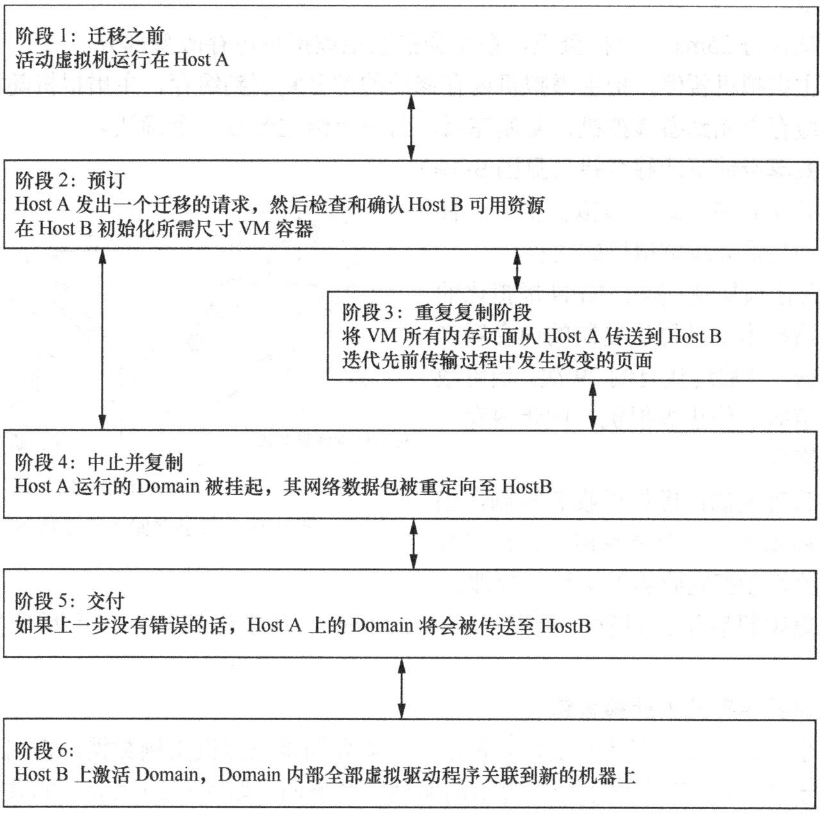

图 9-17 虚拟机迁移内存同步流程

通过对迁移流程的分析，引起服务中断的原因主要是迁移过程需要在源计算节点上停止虚拟机，在目标计算节点上收养该虚拟机，所以控制迁移的 MTTR，需要优化虚拟机的收养机制，加快目标节点对虚拟机的收养速度，必然会减少虚拟机的服务中断时间。

云平台下对一台在计算节点上运行的虚拟机在备份计算节点上进行同步复制，如图 9-18 所示，备用节点通过心跳检测主节点上虚拟机运行状态，主节点或主节点上该虚拟机故障时，备份节点将实时接管该虚拟机，保证应用系统对外服务响应不中断。容错的基本思想是基于虚拟机内存迁移的原理。

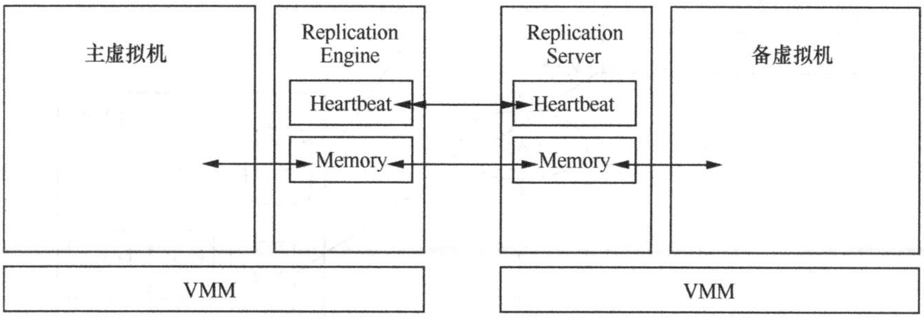

图 9-18 虚拟机容错流程

（1）容错的部分重要流程是基于迁移的基础上进行，其核心技术是两台虚拟机之间的内存同步。

（2）默认每 25ms 一个检查点，系统会捕获主虚拟机内存改变部分。

（3）主虚拟机暂停，把主虚拟机内存修改的部分复制到缓存，主虚拟机随机唤醒。

（4）缓存复制到备虚拟机，复制完后，备节点给主节点一个确认。

三、共享存储下迁移容错（见图 9-19）

（1）共享存储方式：虚拟机实例文件无需同步，只需同步虚拟机的内存。

（2）内存预复制：基于 XEN 虚拟化的迁移和容错技术记录每次复制的内存新产生的脏数据，然后迭代复制 29 次，当脏数据低于阈值时，停止虚拟机，同步内存，目标节点恢复。

（3）管理机制：虚拟机收养机制，当虚拟机迁移到另外一个节点控制，云平台会通过收养机制把它收养过来统一管理。

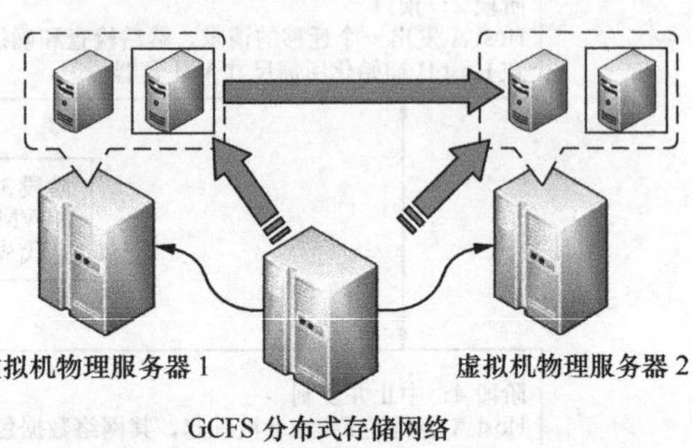

图 9-19　共享存储下的迁移容错

（4）虚拟机容错：设置检查点（默认 200ms），基于迁移技术，不断重复暂停复制恢复。

四、非共享存储下迁移容错

非共享存储与共享存储的主要区别是是否需要同步虚拟机实例数据，正因为这个主要区别，导致了非共享存储下迁移容错的实现完全不同。如图 9-20 所示，非共享存储的迁移容错是基于本地存储的，本地存储可靠性较低，虚拟机容错（迁移不需要主/备模式）至少采用 1 主 2 备以上才能保证虚拟机的可靠性要求。

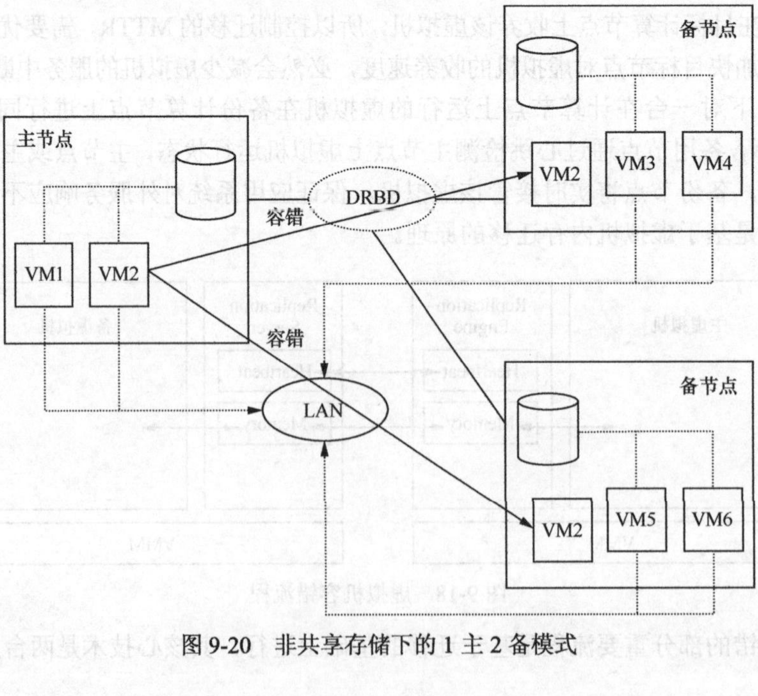

图 9-20　非共享存储下的 1 主 2 备模式

（1）基于 Linux 的 DRBD 技术，主/备节点的硬件配置要求必须一致。

（2）分布式块设备复制，用于同步虚拟机实例数据。

（3）集群文件系统，用来保证两边数据一致性。

（4）设置检查点，使用迁移技术，不断重复暂停复制恢复。

9.7.3　容灾备份恢复

通过设定数据备份策略，使用数据进行异地复制、快照、定时备份等技术，对虚拟机实例检查点进行数据保护。如图 9-21 所示，当虚拟机出现故障时，使用基于 JAVA C/S 模式设计，运用多线程，异步 I/O 等成熟技术开发的灾备客户端软件 GCDR 对数据进行迅速还原。

（1）采用 inotify+多线程 sync 同步机制，对虚拟机运行实例进行网络同步/增量复制。

（2）采用 Linuxlvm+devicemapper 方式本地使用全盘快照/增量快照，并支持快照数据的异地保存。

（3）修改 Linux 内核使云操作系统支持 zfs，以形成对数据去重压缩，文件系统配额/预留空间管理。

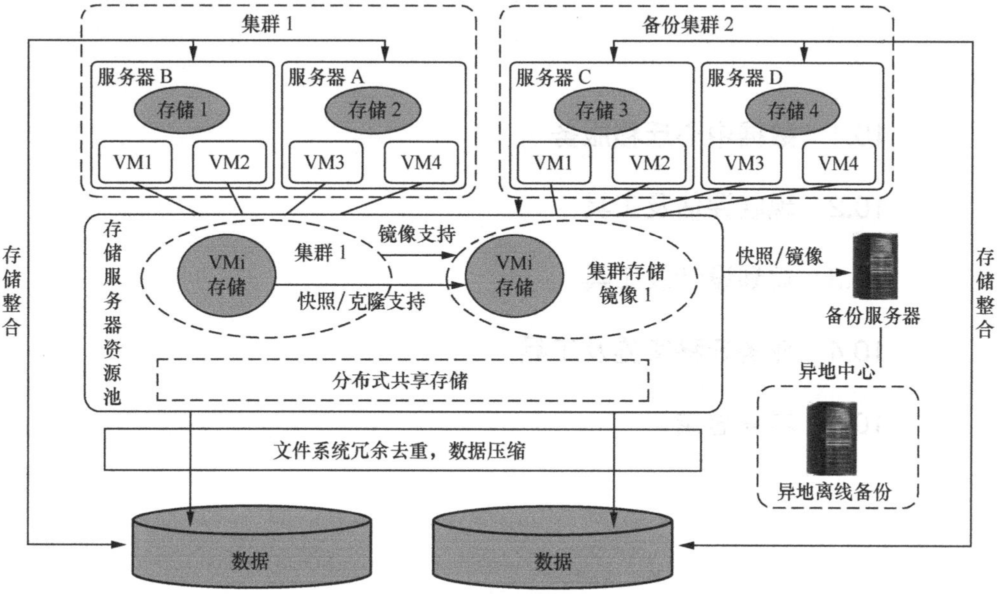

图 9-21　容灾备份/恢复原理

第10章 云数据中心迁移服务及工具

随着云计算数据中心数量的逐年快速增长，数据中心的整合或升级逐渐成为一种常态。本章以数据中心迁移服务类的云计算项目为例，主要介绍实施云计算数据中心迁移服务的工程过程、原理及使用到的工具。

10.1 数据中心迁移服务

10.1.1 数据中心迁移服务概述

一、迁移服务全景

云数据中心的搬迁主要有两种方式：物理搬迁和应用搬迁（又称为逻辑搬迁）。应用搬迁方式的优点是业务风险小，有回退余地，适合大规模重要生产系统的搬迁。其缺点是需大量硬件资源，工作繁杂，工作量巨大，而且在一段时间内两个数据中心同时都是生产中心，其维护以及大量搬迁测试工作的工作量为平常的3～4倍。而物理搬迁方式的优点是耗用资源少，适用于小规模搬迁。其缺点是业务中断时间长，业务风险大；没有备份系统，业务中断时间长，不可控因素多。

根据迁移的内容和层次不同，数据中心数据应用搬迁的类型可分为如图10-1所示的四种。各类迁移方式解释如下。

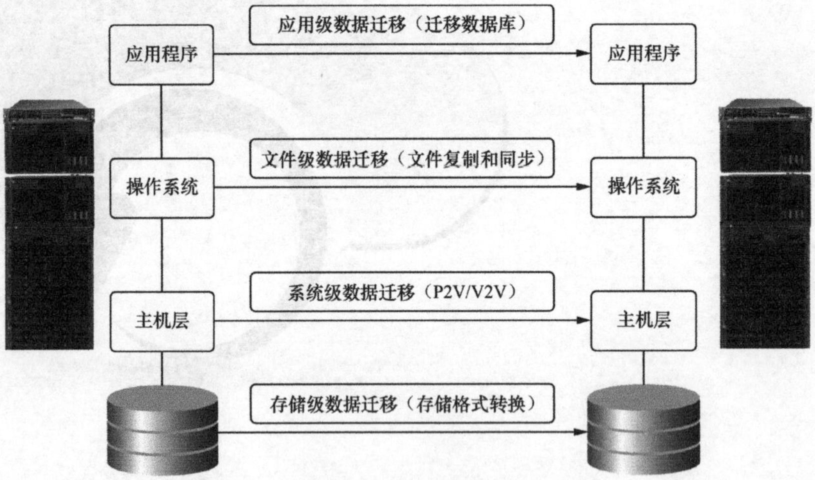

图10-1 应用搬迁分类

1．应用级数据迁移

使用专门的应用层迁移工具，在保证可用性的前提下，从应用程序层面，将数据从旧系统迁移到新系统，并完成对操作系统、数据库软件的升级。例如，Oracle和SQL Server的在线迁移。

2．文件级数据迁移

根据客户的需要，通过迁移工具，将客户的工作负载以基于文件的方式，从源主机迁移到目标主机，可满足客户对磁盘规格的重规划。

3．系统级数据迁移

在数据中心的一台主机上运行大量应用，可以通过迁移工具将主机硬件以上的系统迁移到目标物理机或者虚拟机上，包括操作系统、应用程序和配置数据，主要用于系统盘的迁移。

4．存储级数据迁移

使用复制、镜像或者快照等技术，在存储设备层，将数据从一个存储设备迁移到另一个存储设备。对应用和操作系统透明，对应用和主机性能几乎无影响，但各个存储设备之间需要互相兼容才可以使用此种方案。从支持异构厂商的存储通用性角度看，该方式没有操作系统层、存储网络层的数据迁移好。

云数据中心迁移服务就是针对客户的不同需求，提供灵活、安全、定制化的迁移服务，满足客户的实际需求。当前云数据中心迁移服务主要聚焦于应用级数据迁移、文件级数据迁移和系统级数据迁移。

二、迁移服务内容

迁移服务的目标是为了实现业务快速、平滑地迁移。一般客户的业务环境都比较复杂，存在一些不确定性因素，因此迁移服务需要进行缜密的调研和论证，制定科学、规范的实施方案和应急回退方案，选择合适的迁移路线，制定合理的操作规范，避免发生人为错误导致的故障；还应在规定的日期内完成整个系统的迁移工作，做到业务停顿时间最短、影响范围最小，否则不仅会中断企业的生产和管理，还会给企业造成巨大的经济损失。

迁移服务流程可以分为如图 10-2 所示几个步骤：现状评估、规划设计、实施和验证。另外，项目进展中还存在一些培训工作。值得强调的是：基于 ITIL（Information Technology Infrastructure Library）框架，以业务为核心的项目管理工作，是迁移服务的重要部分，是确保业务连续性、降低操作风险的基础。

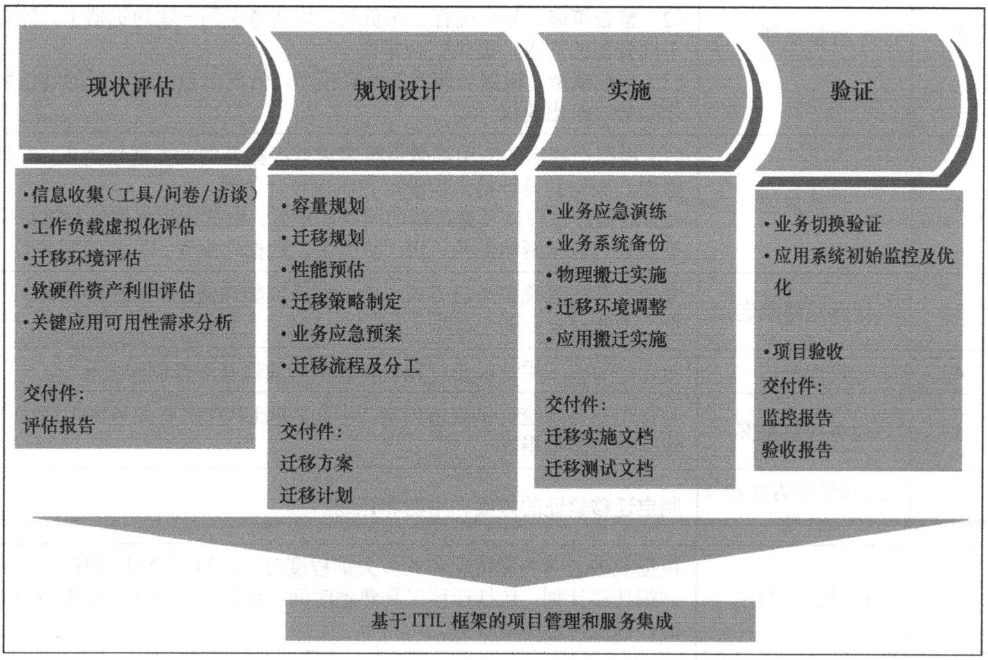

图 10-2　迁移服务内容

根据迁移服务流程，表 10-1～表 10-4 分别详细说明了各阶段需要完成的工作。

表 10-1 现状评估阶段服务内容

序号	项目	描述
		现状评估阶段
1	信息收集	通过工具收集工作负载的性能指标（CPU/内存/存储 I/O/网络 I/O），软硬件资源信息，防止迁移对象遗漏
2	业务调研	设计业务系统 IT 现状和迁移风险及业务关联的调研表，收集应用列表，以及迁移的商业需求和 IT 需求
3	工作负载虚拟化评估	根据采集数据，分析评估虚拟化可行性
4	应用关联分析	分析应用之间的关联关系，给出后续整合建议和迁移建议，以保证实施后对业务影响最小
5	迁移环境评估	对应用系统的硬件环境和网络环境进行评估，判断是否满足迁移需要
6	软/硬件资产虚拟化利旧评估	评估可利用的旧软件 License 资产和可虚拟化的旧硬件设备
7	可用性需求及风险评估	根据业务调研的需求和评估分析，针对不同应用整理对应的停机时间窗，识别关键应用迁移风险

表 10-2 规划设计阶段服务内容

序号	项目	描述
		规划设计阶段
1	容量规划	根据当前应用以及性能数据，规划以下内容 （1）VM 规格，具体包括 CPU、内存、存储和网络的规格 （2）整合策略：分析现有工作负载，均衡考虑同一物理机器上，针对不同资源的需求，提供整合建议 （3）预测模型：根据当前业务发展模型，估测出当前和以后的容量变化趋势，给出建议
2	迁移规划	（1）根据迁移后的应用部署调整需求或根据新的业务规划需求，对数据中心架构的设计提出需求，并确保设计落地 （2）对搬迁过程以及搬迁后的网络和配置，根据应用部署策略进行调整规划，包括网络结构、IP、防火墙、数据库配置、客户端配置等
3	迁移策略制定	根据业务场景确定搬迁方式（应用搬迁或物理搬迁）、迁移步骤、分批、首次试点；避免数据大规模在广域网上传输
4	性能预估	对迁移后的应用性能进行预估，提前沟通迁移后性能的变化
5	业务应急预案	为每个业务系统提供应急预案，用于业务迁移中进行业务倒换演练和作为应急方案指导
6	迁移验证方案和计划	制定迁移验证的方案、用例和计划
7	迁移计划制定	根据业务之间关联情况和业务关键程度对应用进行分组，制订最终的详细迁移计划，包括迁移工具熟悉时间、数据上传时间、最终同步时间，以及风险应对计划
8	迁移流程及分工	确定各种应用迁移的实际流程和分工合作界面

表 10-3　实施阶段服务内容

序号	项　目	描　述
实施阶段		
1	应急预案演练	对重要业务，迁移前进行应急预案演练，提前发现方案不足之处，确保业务连续性
2	迁移技术服务	在后台数据中心部署业务迁移工具，对业务迁移工具进行测试，协助用户对迁移工具开始正式迁移宣传
3	网络调整	在数据中心搬迁过程中，涉及流量模型的变化，例如多个数据中心变少，流量集中到某个机房，造成网络带宽的不均匀，需要对网络重新调整，来适应基础架构的整合
4	物理搬迁	对物理设备（如服务器、存储设备）的位置搬迁，包括打标签、装箱、贴封条、设备搬运和安装恢复
5	应用搬迁实施	协助客户按照迁移计划将应用从传统 PC 平台迁移到云平台，或者从旧数据中心迁移到新数据中心

表 10-4　验证阶段服务内容

序号	项　目	描　述
验证阶段		
1	验证	根据迁移测试用例与客户进行验证，并对验证结果进行验收
2	业务迁移监控	对迁移后的业务系统进行监控，确保迁移后的应用性能和用户体验，保证安全运行一个月
3	业务迁移优化	针对评估结果和监控中发现的问题，对业务系统制定改进措施，对业务进行优化

10.1.2　迁移方法

在现状评估阶段，需要先进行信息采集。信息采集的目标，不仅是支撑评估，还需要支撑整个迁移过程。信息采集是通过采集工具或调研、访谈，收集迁移相关内容，以支撑迁移的方案设计、虚拟化评估和验证。信息采集需支撑的活动、实施建议如表 10-5 所示。

表 10-5　信息采集需支撑的活动和实施建议

支撑活动	内容及用途	实施建议
工作负载评估对比验证	工作负载的性能指标（CPU/内存/存储 I/O/网络 I/O）；用于评估源负载负荷；并验证迁移后效果	针对不愿意提供用户和密码，提供小工具去采集，再人工分析；小工具如 NMON/ RDA（Linux）或 GetInfo（WIN） 针对可提供用户和密码的客户，同时对 3 台以上的机器进行采集，并直接输出正规的报告，推荐使用 PanoCollect
资产盘点	软件、硬件资产信息包括软件资产清单和 License，以及硬件资产清单	此步骤可选，由人工来完成 软件、硬件资产，需要人工从调研表和工具采集信息中整理（工具支持力度弱）
迁移验证	应用清单指需要迁移和验证的应用清单或负载清单	由人工来完成。若客户不愿意提供应用清单，则只需收集迁移源机器信息

续表

支撑活动	内容及用途	实施建议
虚拟化评估	工作负载虚拟化评估：根据采集数据（性能要求、应用的硬件相关性），分析评估虚拟化可行性	由人工来完成
关联分析	应用关联分析：分析应用之间的关联关系，给出后续整合建议和迁移建议，以保证实施后对业务影响最小	由人工来完成。可由客户调研表和访谈直接得出；分析端口关联关系作为补充，减少遗漏
容量规划	根据当前应用以及性能数据，规划 VM 规格、整合策略、预测模型	方式一：使用 PanoCollect 工具；该工具只能使用其采集的性能数据 方式二：参照原物理机的硬件配置规划，结合虚拟化损耗人工规划
迁移实施	迁移环境评估：对应用系统的硬件环境和网络环境进行评估，判断是否满足迁移需要	由人工来完成
利旧评估	软/硬件资产虚拟化利旧评估（整合）：提供硬件虚拟化利旧清单	由人工来完成
迁移规划	获取应用的可靠性要求、停机时间信息等，进行可用性需求及风险评估	人工访谈获取

在迁移实施阶段，针对不同的迁移方式，提供不同的迁移方案。数据库应用比较特殊，这里按数据库应用和一般应用分别介绍。数据库应用的迁移主要有四种迁移方案，如表 10-6 所示。而一般应用的迁移，要求目标 VM 的 OS 盘大小不能超过 100GB，其四种迁移方式介绍如表 10-7 所示。

表 10-6　数据库应用迁移方式

迁移方式	原理简介	优势	劣势
物理迁移	通过对源端数据库进行备份，将备份集文件在目标端进行恢复还原，从而实现数据库迁移 使用工具：Oracle RMAN	停机时间与数据库容量无关，停机时间可控制在分钟级别	无
逻辑迁移	将数据库逻辑对象导出，再在目标端将逻辑对象导入 使用工具：Oracle IMP/EXP 或者 IMPDP/EXPDP（10G 以后）；SQL Server BCP	导出数据为文本格式，可跨平台、跨版本迁移 较灵活，可对数据库逻辑对象如关键表等进行迁移	逻辑导入、导出过程均需要停机进行；对人员技能要求较高
文件迁移	将数据库的数据文件复制至目标端，在目标端识别出该数据文件，从而实现数据的迁移	操作简单	迁移过程全程停机
热迁移	通过将目标端建立为容灾备份节点，完成数据同步后，备份节点切换为主节点，从而实现数据库的迁移 使用工具：Oracle Dataguard、SQL Server LOGShipping	秒级别的停机时间	部署过程复杂

表 10-7　一般应用的迁移方式

迁移方式	原理简介	支撑工具	优势	劣势
应用级数据迁移	在目标服务器上，安装与源相同（或兼容）的 OS 和 DB；把 DB 数据从源同步到目标	Oracle DataGuard RMon 和 SQL Server LOGShipping	针对性强，属于逻辑复制，实现不同硬件、操作系统以及软件版本的迁移	无
文件级数据迁移	在目标服务器上，安装与源相同（或兼容）的 OS 和 APP；把 OS/App 的配置数据和应用数据从源同步到目标	Double Take Move	纯软件实现，与硬件和存储无关。支持热迁移和应用切换调度。支持硬盘重规划：硬盘分区可以与源不一样	逻辑导入、导出过程均需要停机进行，对人员技能要求较高
系统级数据迁移	在目标服务器上分配迁移空间，OS 盘通过镜像方式迁移到目标服务器上，数据盘通过文件方式迁移到目标服务器上。兼容 OS 清单：Win2 000 SP4 32b；WinXP SP2/SP3 32b；Win 2003/2008 32/64b；RedHat 5.3/5.5 32/64b；SUSE 10 SP1/2 32/64b；SUSE 11 SP0/1 32/64b	HConvertor	绿色安装，支持多个任务数同时迁移，支持定时任务，Linux 迁移不需要安装代理，支持 WinXP 作为中转服务器，支持多中心同时迁移，支持 UVP2UVP 的高效迁移（镜像直接复制），Web 化界面，可远程控制	迁移过程全程停机
存储级数据迁移	基于阵列的数据复制	EMC SRDF IBM PPRC/GDPS HDS TrueCopy Netapp SnapMirror	对主机透明，对应影响较小。技术成熟，性能优	部署过程复杂

验证阶段的主要工作是进行互连互通验证、功能性验证和性能验证。其中，互连互通验证主要是检查网络层和应用层的连接情况，责任主体是服务提供方，通过网络协议中的 Ping 命令和应用软件登录的方式进行验证。功能性验证主要是验证应用是否能够正常工作，由客户方做业务验证，通过日常办公操作应用方式进行验证。性能验证由迁移后的监控和优化来保证，责任主体是服务提供方，通过信息采集工具进行监控，观察资源使用情况，并与前期的指标进行比对。对分析结果，进行参数调整或容量调整，确保业务连续性和经济性。

10.2　现状评估及工具

10.2.1　信息采集及工具

一、信息采集内容与方式

在现状评估阶段，收集的信息不但支撑现状评估，而且还需要能够支撑整个迁移活动。为了减少沟通成本，提高客户满意度，对信息采集和调研的内容，需要提前规划好，防止无序、重复、零散。

不同的采集内容，其采集方式和支撑的活动如表 10-8 所示。信息采集方式主要有：调研、访谈和采集工具收集。

表 10-8　信息采集内容与方式

采集内容	说　明	支撑活动	采集方式
工作负载的性能指标	如 CPU/内存/存储 I/O/网络 I/O，用于评估源负载负荷；并验证迁移后效果	工作负载评估、对比验证	工具
资产信息（可选）	采集物理、逻辑资产信息，如系统主机、存储、网络、安全、操作系统、数据库、中间件、数据等，用于资产盘点	规划	工具
应用清单	需要迁移和验证的应用清单或负载清单，用于迁移和验证规划	迁移、验证	调研
设备基础运行指标	除前面的工作负载的资源使用的性能指标外，还需要收集空间、电力成本、TCO（硬件、运输、配送成本），以便从技术层面给出虚拟化效益评估	虚拟化效益评估	调研
活动连接信息	根据应用间连接的接口关系，分析应用之间的关联关系，给出后续整合建议和迁移建议，以保证实施后对业务影响最小	关联分析	工具 调研
IT 物理和逻辑架构	收集数据中心逻辑架构图，包括物理连接图。对应用系统的硬件环境和网络环境进行评估，看是否满足迁移需要	迁移环境评估	调研
应用可用性需求	获取应用的可靠性要求、停机时间信息等关键需求，以及原数据中心应用服务水平要求（业务切换停机时间要求）	迁移规划	调研
IT 组织结构	企业 IT 部门架构以及相应应用负责人	迁移规划	访谈

二、工具采集指标

一般使用采集工具采集客户的软硬件资源信息和运行状态信息。采集工具需要预先安装在客户的生产系统中，在生产系统中运行的同时，收集客户的信息。客户对此比较敏感。需要针对不同的客户，提供不同的工具采集方法。目前尚无某一种采集工具，可以支持表 10-9 中的全部采集指标。不同信息采集工具对比情况如表 10-10 所示，可以为工具的选择提供依据。

表 10-9　工具采集指标具体内容及样例

类别	指　标	样　例	用　途	指标类型
设备	机器名	ARENA-SVR	资产盘点	物理资产
	服务器型号	Dell Inc. PowerEdge M600	资产盘点	物理资产
CPU	CPU 类型	Intel(R) Xeon(R) CPU E5450	容量规划	物理资产
	CPU 主频	3.00GHz	容量规划	物理资产
	CPU 物理核数	4 个	容量规划	物理资产
	CPU 逻辑核数	8 个	容量规划	物理资产
	CPU 使用率	20%	容量规划	性能指标
主存	MEM 容量	15.998G	容量规划	物理资产
磁盘	Disk 数	1 个	容量规划&迁移	物理资产
	DiskIOPS		容量规划	性能指标

续表

类别	指　　标	样　　例	用　　途	指标类型
磁盘	Disk 容量使用率	61/135[44%]	容量规划&迁移	物理资产
	Disk 分区信息	WINDOWS： C: X/X NTFS 启动 D: X/X NTFS 系统 Linux: /dev/sda1/boot X/X EXT3 /dev/sda2/ /dev/sdb1/home /dev/sdb2/opt	容量规划&迁移	物理资产
网络	网卡数	2 个	容量规划&迁移	物理资产
	IP 地址	172.28.2.108	容量规划&迁移	逻辑资产
	IOPS		容量规划	性能指标
虚拟化	虚拟化软件	VMWare 4.1	迁移	逻辑资产
操作系统	OS 类型	Microsoft(R) Windows(R) Server 2003, Enterprise Edition 5.2.3790 Service Pack 2 Build 3790	迁移	逻辑资产
	OS 安装位置	C:\WINDOWS	迁移	—
应用	活动进程	Caption,CommandLine,ProcessId, WorkingSetSize, KernelModeTime, ReadOperationCount, UserModeTime, WriteOperationCount	迁移&验证	逻辑资产
	活动服务	Caption, Description, ProcessId	迁移&验证	逻辑资产
	安装服务和软件	软件名称、版本、License 信息	迁移&验证	逻辑资产
活动连接	活动连接	本端地址：端口，对端地址：端口	迁移	

表 10-10　信息采集工具对比

工具	工具介绍	支持 OS	优　　点	缺　　点
Pano Collect	B/S 架构工具，支持 WMI、SNMP、SSH 采集；可收集虚拟机的配置信息、磁盘 I/O、CPU、内存、进程等信息。提供采集信息分析，支持容量规划功能	Windows Linux 支持 SNMP 设备	可远程、长期、同时采集多台机器，采集信息全面，能给出分析结果，结果可直接用于专用的容量规划工具	安装包较大（200M）
Nmon/RDA	单机版本工具，支持 AIX/Linux，支持服务器配置及其动态数据（如 CPU、磁盘、内存、网络流量等）的收集 具体操作：先用 SSH 脚本生成文本报告，再用 nmonanalyser.xls 工具生成 Excel 报告	AIX 各种 Linux 版本	是开源工具，采集内容透明，直接在 Linux 上运行；很多 IT 企业都认可此工具并使用；是常见的小工具，部署简便；采集性能数据比较全面，且有分析工具，分析操作简便；工具本身性能影响很小，通常消耗 CPU 低于 2%	不同的 AIX 或 Linux 版本，nmon 脚本也有所不同。个别数据不是很准确

续表

工具	工具介绍	支持 OS	优　　点	缺　　点
GetInfo.bat	包含 WMIC 命令的批处理脚本，利用 Windows Server 2003 之后提供的 WMIC 功能，以批处理方式执行系统管理命令，并保存报告。目前暂无分析功能	Windows 2003 及以上版本	简短、小巧，可用于单机和定制化采集，可远程收集。采集的信息，支撑对迁移实施过程中问题定位	没有分析功能

另外，还有一款名为 Rainbow hGathering 的信息采集工具，该工具支持采集指标自定义、信息统计和指标趋势图。该工具从数据中心采集服务器信息，主要包括硬件信息、软件信息、进程信息、主机性能指标（包括 CPU、内存、IOPS、读写比例、磁盘 I/O 和网络 I/O）和数据库性能指标（见表 10-11）。

表 10-11　数据库性能采集指标

数据库	指标英文	指标中文
Oracle	Buffer Cache Hit Ratio	高速缓存命中率
	Library Cache Hit Ratio	库缓存命中率
	SGA Hit Ratio	系统全局区命中率
	Latch Hit Ratio	闩命中率
SQL Server	Buffer Cache Hit Ratio	高速缓存命中率

三、调研与访谈方式

调研方式是根据实际项目的需要，设计调研表进行调研。表格设计应合理、完善、简洁、方便客户。原数据中心 IT 组建清单、应用内容清单、逻辑架构图等都可以通过调研方式获得。表 10-12 和表 10-13 给出了调研表格参考模板，可根据不同项目需求进行调整。通过与客户业务相关人员沟通，确认企业的组织结构、业务产品、信息系统清单、外联机构清单，确认评价分级体系，包括业务重要度、日常服务时间段等，形成标准统一列表，供填写调研表格使用。企业 IT 部门架构以及相应应用负责人、原数据中心应用服务水平要求等信息都可以通过客户访谈交流方式获取。表 10-14 给出了某市科信局业务云项目采集信息过程中使用到的一张调研表。

表 10-12　IT 系统调研表——服务器软件

服务器软件调研													
资产编号	主机名称	OS版本	生产IP	管理IP	应用平台软件版本	业务软件版本	集群模式	集群软件	浮动IP	监控引擎	防毒引擎	备份引擎	其他
A000001	Hostname1						并行			是	是	是	
A000002	Hostname2						并行			是	是	是	

表 10-13　总体业务调研表

分类	应用名称	分类	部署地点	IT 调研接口	联系方式	业务调研接口	联系方式	备注
基础系统	UC 系统							
	公司网站	应用服务（外网）						
	AD 活动目录	sinotrans						
业务系统	仓码系统	网上应用服务						
		主系统应用服务						
		数据库服务						
		MQ 服务-client						
管理工具	管理工具	应用服务（编译服务）						
		应用服务（SVN）						
决策支持	BPM 服务	应用服务（Aris-1）						
		应用服务（Aris-2）						

表 10-14　调研表实例

请反馈对于云平台设备命名规则的要求			
调查项	**调查结果**	**填写说明**	**补充说明**
是否有自己命名规则	否	如果您有一套自己的设备命名规则，请在此填写“是”，并补充下面各种类型的命名规则，例如服务器，交换机等命名规则，否则的话，填写“否”，那么下面的内容都不需要填写	主要是用来部署和实施工程时用，如果没有，就采用默认规则
厂甸，简称：CD	请给出物理部署的物理机房名称，以及该机房名称对应的简称，例如厂甸机房，简称为 CD	厂甸，简称：CD	
服务器类型缩写+序号，例如 E01	请给出机柜的命名规则，例如 E6000 类型第一个机柜命名为 E01	服务器类型缩写+序号，例如 E01	
机房+“_”+服务器型号+“_”+服务器编号，例如 CD_RH2285_01	服务器的命名规则，例如机房+“_”+服务器型号+“_”+服务器编号	机房+“_”+服务器型号+“_”+服务器编号，例如 CD_RH2285_01	
机房+“_”+存储型号+“_”+存储编号，例如 CD_S5600_01	存储的命名规则，例如机房+“_”+存储型号+“_”+存储编号	机房+“_”+存储型号+“_”+存储编号，例如 CD_S5600_01	
机房+“_”+交换机型号+“_”+交换机编号，例如 CD_S5352_01	交换机的命名规则，例如机房+“_”+交换机型号+“_”+交换机编号	机房+“_”+交换机型号+“_”+交换机编号，例如 CD_S5352_01	
机柜+“_”+集群+“_”+节点类型+“_”+节点序号，例如 C01_CC1_CNA_01	逻辑节点的命名规则	机柜+“_”+集群+“_”+节点类型+“_”+节点序号，例如 C01_CC1_CNA_01	

下面各工作步骤为采用调研与访谈方式进行信息采集提供参考。

（1）调研表格的初评：根据预填表格的结果，针对调研表格内容，与用户进行沟通，确定调研表格的格式和内容，并在此基础上进行调研表格的分拆，形成针对业务部门和IT 部门不同对象的调研表。

（2）填表指导培训：召集企业各业务部门人员和 IT 人员进行业务迁移调研表格填写培训。讲解业务迁移的基本概念和方法，以及业务需求调研工作在业务迁移中的意义、地位和重要性，详细讲解调研表格的填写方法和注意事项。

（3）问卷表格下发：将调研表以 Excel 形式下发到相关部门，由填表人填写结果。

（4）现场答疑：在现场对各调研对象在填表过程中遇到的问题予以回答解释，协助填表人完成表格的填写。

（5）问卷回收：对各调研对象的填表情况进行跟踪，并将填写完成的 Execl 表格回收，进行汇总和统计。

（6）问卷访谈：对回收的调研问卷逐个部门进行访谈和澄清，对问卷中填写的具体内容逐项进行讨论，消除歧义并取得共识，确保业务调研问卷内容的客观性、准确性和完备性。

10.2.2 现状评估

现状评估阶段，主要工作包括负载虚拟化评估、应用关联分析、迁移环境评估、软/硬件资产虚拟化利旧评估和可用性需求及风险评估。

一、虚拟化评估

虚拟化评估的目的是根据现有服务器及负载情况，确定哪些服务器能够迁移到虚拟化环境，哪些服务器不能迁移到云环境，记录不能迁移的原因。其评估方法是根据信息采集工具获取的应用业务数据作为输入，按下述步骤进行分析。

（1）分析工作负载虚拟化需求。针对每一台服务器，以一天为周期给出其 CPU、网络带宽、存储 IOPS/MBPS 等动态变化情况。对于 CPU，可采用 TPMC（transactions per minute TPC Benchmark-C）折算方法计算 tmpC 值。同时要考虑配置的计算资源须满足绝大部分使用场景，使用的负载应是单系统 99%的负载值（即此负载值可以满足单系统99%情况下的负载情况）。网络带宽变化与 CPU 一致，与工作时间有关系，可用工具采集到这些内容。存储 IOPS/MBPS 值则需要根据采集到的实时数据进行一些算术统计。

（2）分析应用系统。区分服务器可以减轻计算难度，可按业务服务器、轻载数据库、重载数据库对应用系统进行分析。一般业务服务器的 IOPS/MBPS 值比较小，轻载数据库 IOPS 采集值在 1200 以下，重载数据库 IOPS 采集值在 2000 以上。

（3）分析服务器配置基线。对于每一类服务器，包括业务服务器、轻载数据库和重载数据库，给出配置的基线信息，用来指导迁移是否可以虚拟化。通常，对于以下情况不适合采用虚拟化：物理服务器为小型机、非 X86 系统，高性能图形显卡，对软硬件平台有特殊要求的应用（例如特殊的硬件卡或者加密卡），在高配置服务器上仍然具有很高负载的应用（IOPS 大于 2000 的重载数据库），高性能集群系统（如 Oracle 的 RAC 系统），虚拟化平台不支持的操作平台。而对于可采用虚拟化的应用，要对平台软件和业务系统软件进行兼容性分析。以中外运项目为例，分析其软件兼容性。对已采集信息的 104 台服务器进行分析后得到的结果如表 10-15 和表 10-16 所示。

表 10-15　平台软件兼容性分析案例

操作系统	Windows 33 台：Windows 2000 10 台，Windows 2003 22 台，Windows 2008 1 台。Redhat Linux 71 台：AS3 4 台，AS4 10 台，V5.1 1 台，V5.2 5 台，V5.3 6 台，V5.4 11 台，V5.5 33 台，AIX 1 台
数据库	数据库共 48 台：MySQL 4 台，Oracl 32 台，SQL lite 1 台，SQL 2000 9 台，SQL 2005 2 台
应用服务器	包括 Oracle IAS，Tomcate，MQ，ETL、Congnos、Aris 等 虚拟桌面：TTA 服务器
其他软件平台	邮件服务器（不迁移）

表 10-16　业务系统软件兼容性分析案例

业务系统	IP 地址	OS	类型	服务器软件	服务器	机器名
财务系统 ADI	172.28.2.110	Win 2000	App	ADI	虚拟机	COMPUTER
江门仓码网上应用	172.28.2.11	Win 2000	App	Tomcat	虚拟机	JMWH-GD
EDI-webMethod 系统	172.28.2.61	Win 2000	DB	SQL2k5，MQ，WEB	虚拟机	WMS-WEB

下面以中外运项目为例，介绍其虚拟化评估过程。通过信息采集得到中外运项目的业务系统如表 10-17 所示。

表 10-17　业务系统清单案例

服务器	IP	业务系统
sinoagent	172.28.2.64	海运网上办单
Gdhy	172.28.2.65	海运应用服务器船代
hdapp2	172.28.2.66	海运应用服务器
broker2	172.28.2.67	报关应用服务器
omsapp	172.28.2.70	oms 应用服务器
online	172.28.2.94	bayer 应用服务器

（1）迁移规格评估之 CPU：采用 TPMC 折算方法计算 CPU，图 10-3 为表 10-17 中几个业务系统压力叠加在一起时的日周期负载情况，可以看出，业务系统的负载随着工作日上下班时间呈规律性变化。再对业务系统的 tpmC 值作算术分析，得出信息如表 10-18 所示。这里的业务系统实际配置了 92 核。如果维持原有核数不变，单核的 tpmC 只要达到 463，即可满足 99%的业务场景使用。而配置的 E6000 服务器，其单核能力为 20000 tpmC。即在理论上，E6000 的每个核可以当作业务系统的 50 个核使用。而在实际工程配置中，这里的业务系统统一配置为 1 个 Vcpu，一个物理 CPU 线程当作 2 个 Vcpu 使用。

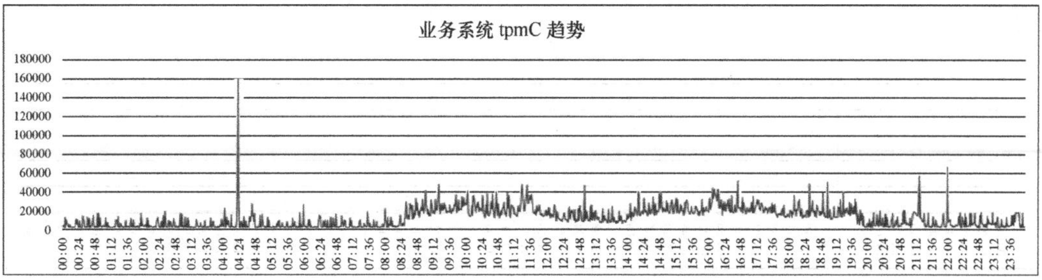

图 10-3　业务系统 tpmC 趋势分析案例

表 10-18 业务系统 tpmC 算术分析结果案例

项目	tpmC 均值	tpmC 峰值	tpmC 99%
总值	13 287.64	160 174.503 4	42 590.017 46
当前核数	92	92	92
单核能力	144.430 8	1 741.027 211	462.934 972 4

（2）迁移规格评估之 IOPS：中外运项目业务系统以天为单位的总 IOPS 变化情况如图 10-4 所示。可以看出，大部分时间业务服务器的磁盘 IOPS 非常空闲，只是在一些批处理操作的瞬间会达到很高的 IOPS 要求。再对 IOPS 做进一步算术统计，得出信息如表 10-19 所示。因此，在规划时，每个应用服务器按 60IOPS 资源预留即可。

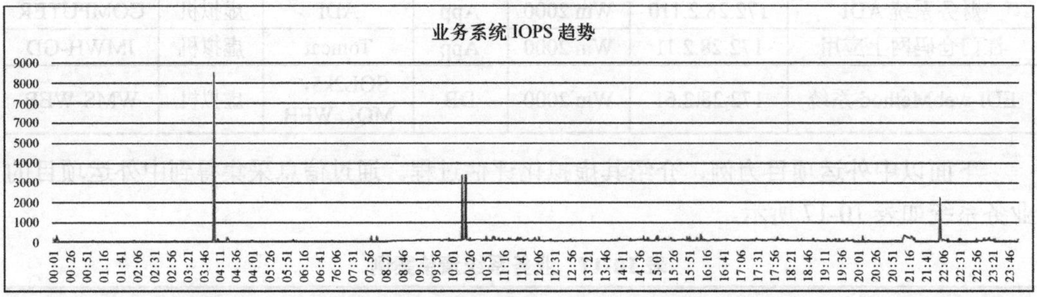

图 10-4 业务系统 IOPS 趋势分析案例

表 10-19 业务系统 IOPS 算术分析结果案例

项 目	IOPS 峰值	IOPS 99%
总值	8566.192	347.87288
当前服务器数	6	6
单业务能力	1427.698667	57.97881333

（3）迁移规格评估之 MBPS：中外运项目业务系统以天为单位的存储面带宽变化情况如图 10-5 所示。可以看出，平时存储面带宽占用非常低。再进一步统计分析，得到如表 10-20 所示数据。每台业务服务器预留 0.69MB 的带宽即可满足 99%的业务场景使用。因此，在规划时按 1MB 存储面带宽资源分配即可。

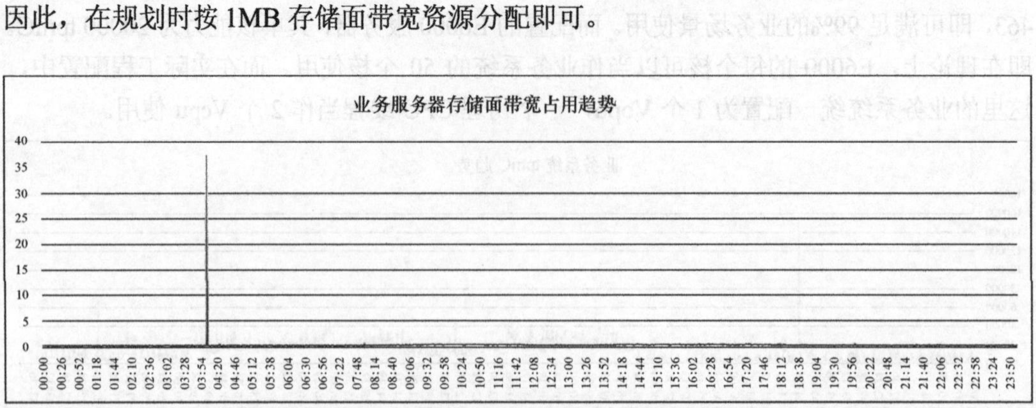

图 10-5 业务服务器存储面带宽占用趋势分析案例

表 10-20　业务系统存储面带宽算术分析结果案例

项目	存储面带宽峰值（MB）	存储面带宽 99%
总值	297.553 336	4.175 469 04
当前服务器数	6	6
单业务能力	49.592 222 67	0.695 911 507

（4）迁移规格评估之网络带宽：中外运项目的业务服务器带宽使用变化情况如图 10-6 所示，每台业务服务器的带宽主要是业务系统占用。可以看出，带宽变化与 CPU 变化趋势是一致的，与工作时间有关系。经过对带宽数据的进一步分析，得到如表 10-21 所示的数据。对于业务系统，4.11MB 的带宽即可满足 99%的业务场景使用。因此，在规划时按每业务服务器 5MB 进行配置即可。

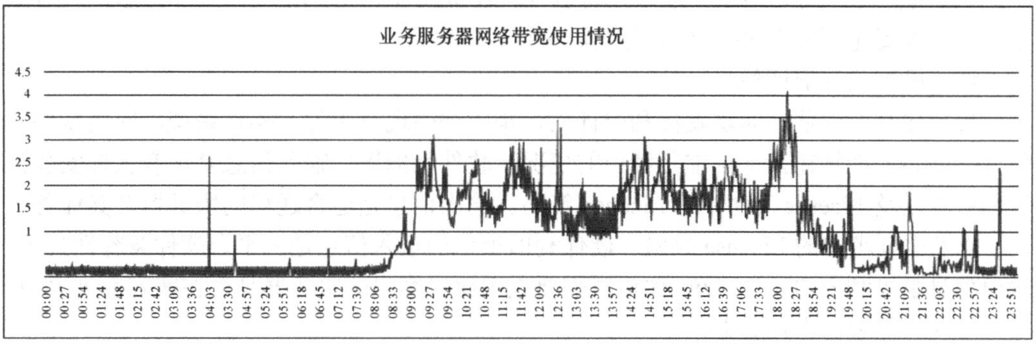

图 10-6　业务服务器网络带宽使用情况分析案例

表 10-21　业务服务器网络带宽算术分析结果案例

项　　目	网络带宽峰值（MB）	网络带宽 99%（MB）
总值	32.531 2	24.683 248
当前服务器数	6	6
单业务能力	5.421 866 667	4.113 874 667

二、应用关联分析

应用关联分析是指分析应用之间的关系。可通过与客户访谈和调研获得信息，人工分析与工具分析相结合来完成。在条件允许的情况下，还可以通过分析进程间端口关系，补充遗漏内容。使用工具分析时，输入的内容是采集的应用关系表，包括服务器名、服务器 IP、关联服务器名、关联服务器 IP 和 PORT。输出的是迁移时的应用分组和迁移顺序。当然，在实施迁移前，这个内容要与客户确认。也可从技术上分析应用之间的关系，首先在服务器上查询网络状态信息，例如，在 Windows 中执行：netstat-ano|findstr "State ESTABLISHED"命令，输出的内容为：

```
D:\>netstat -ano | findstr "State ESTABLISHED"
Proto   Local Address          Foreign Address        State          PID
TCP     10.85.152.127:3302     10.72.129.104:445      ESTABLISHED    4
```

```
TCP    127.0.0.1:1058    127.0.0.1:9535    ESTABLISHED    3016
TCP    127.0.0.1:3263    127.0.0.1:3264    ESTABLISHED    1252
TCP    127.0.0.1:3264    127.0.0.1:3263    ESTABLISHED    1252
TCP    127.0.0.1:9535    127.0.0.1:1058    ESTABLISHED    976
```

再根据网络状态信息分析多台机器间的 Local Address 和 Foreign Address，得到应用间（服务器）互连关系，画出连接图。

三、迁移环境评估

系统迁移要求迁移源端与目的端的网络环境是互通的。此外，迁移工具对网络的互通性也有要求，一般防火墙会隔离 IP 或端口，导致不能迁移。因此，需提前按如下要求做网络调整。

（1）迁移服务器可访问源服务器、目标服务器和弹性业务控制器。

（2）迁移服务器需能够访问源服务器、目标服务器、目标 VM 的弹性业务控制器/计算节点代理，源服务器需要能够访问计算节点代理。

（3）评估客户协调难度，建议先易后难。较易实现 P2V 的应用可先做迁移，较难或不能做 P2V 迁移的应用可考虑采用重新安装后迁移。

四、虚拟化利旧评估

虚拟化利旧评估，即软硬件利旧评估，是指评估现有硬件、操作系统、应用软件，包括 License 能够在云平台重复利用的情况。软件利旧评估输入信息是现有软件安装列表和版本以及 License、软件的 License 策略。输出信息是适合迁移的服务器及其业务列表，以及需要考虑的 License 风险。硬件利旧评估的输入信息是云平台软件兼容性列表，输出信息是可利旧的硬件清单。评估时需要人工比对客户的服务器是否在兼容性列表中。如果不在，需要向客户验证。

五、可用性需求及风险评估

业务迁移风险评估过程主要分为五个阶段：

第一阶段是确定业务评估范围阶段，调查并了解项目的业务流程和运行环境，确定评估范围的边界以及范围内的所有网络系统。

第二阶段是业务识别，对评估范围内的所有业务进行识别，并调查业务被破坏后的影响，根据影响的大小为业务进行相对赋值。

第三阶段是威胁评估，即评估业务所面临的威胁发生的可能性和严重性。

第四阶段是脆弱性评估，从技术和管理等方面进行脆弱程度检查，特别是技术方面。

第五阶段是风险分析，即通过分析上面所评估的数据，进行风险值计算、区分和确认高风险因素。

在识别出所有业务后，要为每项业务赋予价值。可将业务的权值分为 0～4 五个级别，由低到高分别代表业务的重要等级。业务估价是一个主观的过程，不是以业务的账面价格来衡量的，而是指其相对价值。在对业务进行估价时，不仅要考虑业务的成本价格，更需考虑业务对于组织的商业重要性，即根据业务损失所引发的潜在的商业影响来决定。为确保业务估价时的一致性和准确性，按照上述原则，表 10-22 给出了一套业务价值尺度，即业务评估准则，以明确如何对业务进行赋值。应用上述准则，中外运项目的业务识别结果如表 10-23 所示。

表 10-22　业务评估准则

赋值	标识	定　义
5	极高	包含组织最重要的秘密，关系未来发展的前途命运，对组织根本利益有着决定性影响，如果受到影响，则会造成灾难性的损害
4	高	包含组织的重要秘密，其影响会使组织的安全和利益遭受严重损害
3	中等	包含组织的一般性秘密，其影响会使组织的安全和利益受到损害
2	低	包含仅能在组织内部或在组织某一部门内部公开的信息，向外扩散有可能对组织的利益造成损害
1	可忽略	包含可对社会公开的信息，公用的信息处理设备和系统资源等

表 10-23　业务识别结果案例

分类	应用名称	业务影响范围	业务影响权重
基础系统	UC 系统	公司	4
业务系统	EDI-webMethod	公司和客户	2
	仓码系统（在各分支）	各分支	5
	驳运系统	公司和客户	5
	BI 系统	公司	5
测试系统		公司开发测试部	2

威胁是一种对组织及其业务构成潜在破坏的可能性因素，是客观存在的。造成威胁的因素可分为人为因素和环境因素。威胁分析主要是对威胁的类型和威胁的可能性进行评估，两者取值均为相对等级 0～4，4 为最严重或最可能，威胁分类如表 10-24 所示，威胁可能性赋值参考表 10-25。最后再分析各业务在迁移过程存在的威胁。例如，中外运项目威胁分析结果如表 10-26 所示。

表 10-24　威胁分类

威胁类型	威　胁
软硬件故障	由于设备硬件故障、通信链路中断、系统本身或软件 Bug 导致对业务高效稳定运行的影响
物理环境威胁	断电、静电、灰尘、潮湿、温度、鼠蚁虫害、电磁干扰、洪灾、火灾、地震等环境问题和自然灾害
无作为或操作失误	由于应该执行而没有执行相应的操作，或无意地执行了错误的操作，对系统造成影响
管理不到位	管理无法落实，不到位，造成管理不规范，或者管理混乱，从而破坏业务正常有序运行

表 10-25　威胁可能性赋值参考表

赋值	简称	说　明
4	VH	不可避免（>90%）
3	H	非常有可能（70%～90%）
2	M	可能（20%～70%）
1	L	可能性很小（<20%）
0	N	不可能（0%）

表 10-26 威胁分析结果案例

分类	应用名称	影响范围	主要威胁	威胁权重值
基础系统	UC 系统	公司	不迁移	0
业务系统	EDI-webMethod	公司和客户	迁移过程操作失误	1
	仓码系统（在各分支）	各分支	关联分析错误	2
	BI 系统	公司	迁移过程时间长	2
	OA 系统	全公司	迁移过程操作失误	1
测试系统		公司开发测试部	迁移过程操作失误	1

业务脆弱性评估，主要是根据在这一阶段获得的业务脆弱性调查结果进行评估。在业务脆弱性调查中，首先进行管理脆弱性问卷的调查，发现整个系统在管理方面的弱点，然后对评估的所有主机和网络设备进行工具扫描和手动检查，对各业务的系统漏洞和安全策略缺陷进行调查。最后根据表 10-27 和表 10-28 对收集到的各业务管理和技术脆弱性数据进行综合分析，根据每种脆弱性所应考虑的因素，确定每个业务可能被威胁利用的脆弱性权值。参照国际通行做法和专家经验，将业务存在的脆弱性分为 5 个等级，分别是很高（VH）、高（H）、中（M）、低（L）、可忽略（N），并且从高到低分别赋值 4～0。中外运项目的脆弱性评估结果如表 10-29 所示。

表 10-27 脆弱性分析

脆弱性	脆弱性描述
业务	外围用户无法访问迁移后的业务应用
管理	业务部门不能及时或无法配合迁移后的业务验证、测试工作
操作	业务迁移过程操作时间过长导致业务中断时间超出计划中断时间
技术	将现有业务系统软件部署在虚拟化产品平台上，可能会带来同业务兼容性问题以及 License 授权限制的问题

表 10-28 脆弱性等级分类参考表

赋值	简称	说　明
4	VH	该弱点可以造成业务全部损失等非常大的威胁
3	H	该弱点可以造成业务重大损失等较大威胁
2	M	该弱点可以造成业务损失，引发中等威胁
1	L	该弱点可以造成较小业务损失，引发较小威胁
0	VH	该弱点不可能造成业务损失，不会引发威胁

表 10-29 脆弱性评估结果案例

分类	应用名称	影响范围	主要脆弱性	脆弱性权重值
基础系统	UC 系统	公司	不迁移	0
业务系统	EDI-webMethod	公司和客户	配置复杂	1
	仓码系统（在各分支）	各分支	数据库分散	3
决策支持	BPM 服（运营管理业务）	公司	迁移数据量大	2
	OA 系统	全公司	迁移数据量大	2
测试系统		公司开发测试部		0

风险存在两个属性：后果（Consequence）和可能性（Likelihood）。风险对业务系统的最终影响，是风险的两个属性共同作用的结果。不同业务面临的主要威胁各不相同。而随着威胁可以利用的、业务存在的弱点的数量的增加会增加风险的可能性，随着弱点严重级别的提高，则该业务面临风险的后果也会增加。在通常情况下，某业务风险的可能性是面临的威胁的可能性和业务存在的脆弱性的函数，而风险的后果是业务的价值和威胁的严重性的函数。通常，采用下面的公式来计算业务的风险赋值：

风险值 = 业务价值 × 威胁可能性 × 业务脆弱性

因为加入了顾问的经验和判断，所以该公式各参数的取值并不是特别精确的数据。在国际化通用做法中，对此类数据主要使用加法、乘法或矩阵等方法。这里考虑到便于运算，采用线性相乘。根据风险信息和数据，对风险分析予以不同程度的改进。可参考表 10-30 所示的风险等级赋值列表来获得最终的风险等级。表 10-31 给出了中外运项目的业务迁移风险评估结果。

表 10-30　不同等级风险赋值参考表

等级	标识	描述	风险值
5	很高	一旦发生，将使系统遭受非常严重破坏，业务受到非常严重损失	9～12
4	高	如果发生，将使系统遭受严重破坏，业务受到严重损失	6～8
3	中	发生后，将使系统受到较重的破坏，业务受到损失	4～5
2	低	发生后，将使系统受到的破坏程度和业务损失一般	2～3
1	很低	即使发生，只会使系统受到较小的破坏	0～1

表 10-31　业务迁移风险评估结果案例

分类	应用名称	影响范围	威胁权重值	脆弱性权重值	风险等级
基础系统	UC 系统	公司	0	0	1
业务系统	EDI-webMethod	公司和客户	1	1	1
	仓码系统（在各分支）	各分支	2	3	4
	OA 系统	全公司	1	1	1
测试系统		公司开发测试部	1	0	1

此外，为保障关键运维指标，通常需进行可用性优化。以中外运项目为例，中外运业务迁移，需要满足关键运维指标需求，要对现有系统架构的可用性进行优化。该项目的实际情况是仅海运船代、货代和 OMS 三个业务系统共用 RAC 集群环境，还有一部分系统若采用 Oracle DataGuard 和 Vmware 虚拟环境能够提高可用性，但单设备系统无法保障业务的可用性，如软件版本升级、资源扩容、设备维护等，均会引起计划性服务停止。因此，使用中移动云计算平台提供 VM HA 集群能力，配置 NetScalar 实现虚拟桌面、Web 和应用服务器（IAS、Tomcat）的均衡负载。通过这些优化措施提升中外运业务系统的可用性，并能够对关键性业务（可用性 99.99%）提供业务上保障，如实现业务系统维护、软件交叉升级等。

最后汇总所有问卷调研信息和应用采集信息，整理并提炼相关的内容，对应用业务关联性、迁移风险和灾难恢复需求进行综合分析，形成业务迁移评估报告。

10.3 规划设计及工具

10.3.1 制定迁移策略

迁移规划主要是根据迁移评估结果制定迁移策略，然后基于迁移策略制定详细的迁移项目计划和迁移设计方案。例如，中外运项目主要是根据业务调研后所得迁移评估报告中的三个主要影响因素：应用关联性、迁移风险等级、迁移目标等级，赋予不同的权重，共同计算出业务迁移优先级的评分。首先对业务迁移的关联性进行考虑，其次对业务迁移的迁移风险进行考虑，最后考虑迁移目标值，按照这样的优先级最后得出业务迁移顺序和计划。迁移设计主要包括迁移策略制定、迁移方案制定、迁移计划制定和风险应对计划制定。

迁移策略制定是根据业务调研情况和迁移评估报告制定详细的业务迁移策略。迁移方案制定是制定业务迁移整体解决方案。例如，中外运项目的整体解决方案是：先测试后生产，先容易后复杂，两新数据中心（南方基地和中能机房）迁入的业务尽可能保证业务关联性低，两新数据中心尽可能保持业务的分布平衡。迁移计划制定是制定最终用户各部门的详细迁移计划，包括迁移工具熟悉时间、数据上传时间、数据同步时间等。风险应对计划制定是针对整个业务迁移风险情况制定相应的应对措施以及计划，包括业务迁移切换割接失败后的回退方案。

一、业务迁移规划和实施规则

数据中心业务迁移是一个系统级改造，所以需要根据现有业务的复杂度和重要性，以及收集到的现有服务器配置和资源利用率，制订一个合理的整合迁移计划，最大限度地减少失误。具体迁移规划和实施中可以参照如下原则。

（1）兼容性要求。迁移的业务系统必须满足虚拟化技术、操作系统版本、应用软件版本、硬件平台的兼容性要求。

（2）性能要求。业务迁移整合之前，需要分析业务系统的 CPU、I/O、网络性能，在迁移整合之后，通过资源调配、参数优化来达到迁移整合之前的性能。在实施之后，每个业务系统的性能分析都通过数据形式直观地展现出来。

（3）扩展性要求。业务系统的迁移过程中，要满足未来业务系统规划的要求。所有资源池的建设必须能够动态地扩展服务器资源、网络资源和 I/O 资源。

（4）采用先易后难的方式分阶段迁移。在将业务系统迁移到云平台过程中，首先迁移简单的、规模小、非生产的系统，待这些业务系统运行稳定后，再进行复杂的系统迁移。这样分阶段迁移可以通过前一阶段的迁移实践为下一阶段迁移提供技术和经验积累。

（5）先迁测试业务，再迁生产业务。一般企业都会有生产业务和生产测试业务之分。每个生产业务都会有一个甚至多个测试业务，企业新上线一个业务时，一般先上线测试业务，测试运行一段时间。生产业务需要进行开发和调整时，也是先在测试业务上进行调试开发。因此，先迁移测试业务，再迁移生产业务。

（6）优先考虑安全性。在云平台上会承载很多业务系统，保障各业务系统的安全性尤为重要。对于各业务系统之间的访问，遵循仅开放必须访问的协议、IP 和端口原则，除此之外阻止各业务系统之间的访问。

（7）数据库系统谨慎迁移。对于数据库集群，以及对性能和业务连续性要求很高的数据库系统，尽量先不要迁移，直接采用物理机部署。例如，对于 Oracle 的 RAC 集群，目前不支持 Oracle 以外类型的虚拟机。如果擅自迁移至其他类型虚拟机上运行，出现问题时无法得到 Oracle 的支持。另外，对于性能要求很高的系统，相应对业务的影响也是最大的，一般对于此类数据库系统，都采取非常谨慎的态度，尽量用物理机部署。

（8）业务连续性要求。按照业务连续性需求，例如，不中断（或秒级中断）、12 小时中断、24 小时中断等，对被迁移业务系统的连续性进行分析，并设计业务系统的迁移窗口。

二、迁移策略的制定

根据评估报告，综合考虑虚拟化转变过程对现有业务的影响程度、虚拟化后对现有管理的影响程度、部门之间协调的难易程度、应用停机时间窗及应用周期，确定搬迁方式（应用搬迁或物理搬迁）、迁移步骤顺序、分组分批、首次试点、避免数据大规模在广域网上传输。硬件虚拟化利旧的实施在整个迁移过程中不考虑。在确保应用迁移成功完成之后再考虑。针对不同的应用，制定不同的迁移策略，如表 10-32 所示，TA 系统采用统一的虚拟桌面。其他系统，如 SQL 2005、Tomcat 等均支持高版本的 Windows，业务系统能否迁移到 Windows 2003 或更高版本，还需要相关应用软件商的确认。

表 10-32　针对不同应用的迁移策略

应用	应用迁移策略	迁移方式
TA 系统	104 台服务器，有 9 台 TTA 服务器，Windows 2000 下 7 台，Linux 下 2 台，迁移到广东移动云平台，建议采用统一的虚拟桌面环境	文件级迁移
Vmware 虚拟机至中外运云平台的 V2V 迁移	中外运现有 Vmware 虚拟机可以平滑迁移到云环境中，但需要采用云平台提供的规格	文件级迁移
海运船代、货代、OMS 共用 RAC 数据库服务器	OMS 放在最后一批迁移，需要进一步分析数据关联性	应用级数据迁移
分布式仓码系统	主营业务，数据库流量大，实时要求高	应用级数据迁移
DG 数据库	现有关键业务，如驳运、报关、货代、船代等采用 Oracle DataGuard 进行数据保护，云平台采用 CDP 的容灾技术，DataGuard 不再需要	应用级数据迁移

三、迁移工具的选择

迁移工具的选择主要受业务迁移特性的影响。以中外运项目为例，对于 Windows 系统以及轻载的 Linux 系统，采用基于文件系统的文件级数据迁移。对于 Oracle 的 RAC 集群或者单机的 Oracle+ASM 架构，采用基于数据库的应用级数据迁移。所以，业务系统服务器迁移，采用基于文件系统的迁移工具 Double-Take。而 Oracle 数据库采用 RMAN（Recovery Manager）进行迁移。Oracle 数据库的 RAC 集群采用 Dataguard 方式，Dataguard 可以用于数据库 Online 迁移，缩短停机时间。其原理是在一台新的服务器上配置一个备用数据库，和主库数据库同步，再进行切换，将主库变成备库，备库变成主库。

10.3.2 容量规划

云计算的虚拟化层提升了资源的利用率。然而，在云环境中，若计算资源太少，会造成用户请求等待或被拒绝；若计算资源太多，又会造成成本的浪费，违背了云计算的初衷。容量规划就是识别满足用户预期需求所需的云基础设施的最佳数量，最大化云价值。

一、容量规划过程

容量规划过程分为三个阶段，首先要进行信息采集，然后再虚拟化评估，在此基础上完成容量规划，如图 10-7 所示。采集准备工作主要是选取样本、安装工具和部署脚本。数据采集时主要采集硬件配置信息、CPU 数量、I/O 数据、内存数据和网络流量。根据采集的数据，分析 CPU、内存、I/O 和网络性能，建立业务压力模型。最后是资源配置，提供对比测试、计算公式、验证测试和配置模板。下面分别从计算资源、存储资源和虚拟化性能三个方面介绍容量规划阶段资源需求计算方式。

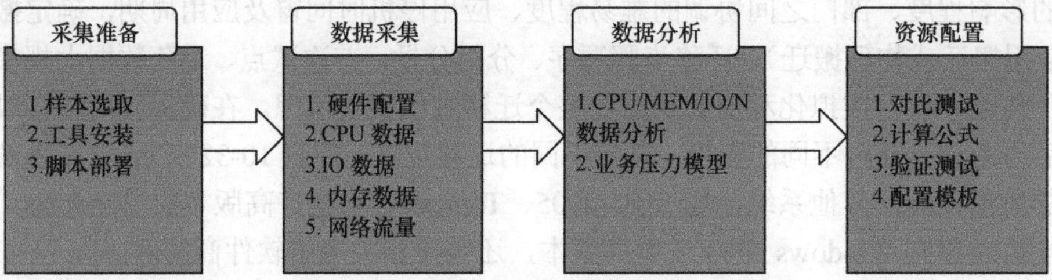

图 10-7 容量规划过程图

二、计算资源容量规划原理

在对计算资源进行容量规划时，服务器的选择取决于业务在处理器能力、内存量、I/O 能力等几个方面的资源需求。根据业务类型，服务器的类型主要分为数据库服务器、应用服务器（即中间件服务器）和 Web 服务器，三类服务器的资源需求计算方式不同。

数据库服务器的资源需求主要从 CPU 和内存两个角度来评估，评估标准主要是 *TPMC*。数据库服务器的 CPU 计算输入是每分钟业务交易量（TASK）、复杂程度比例（*S*）、CPU 处理余量（*C*）、业务发展冗余（*F*）和峰值交易时间（*T*）。计算过程为

$$tpmC = TASK \times S \times F/(T \times C)。$$

式中，*TASK* 是每分钟业务交易量。*S* 是实际查询业务交易操作相对于标准 TPC-C 测试基准环境交易的复杂程度比例。由于实际的查询业务交易的复杂程度与 TPC-C 标准测试中的交易存在较大的差异，故需设定一个合理的对应值。以普通业务交易为例，一笔交易往往需要同时打开大量数据库表，取出其相关数据进行操作，相对于 TPC-C 标准交易的复杂度，要复杂很多。*S* 取值越大，说明系统越复杂。*C* 为主机 CPU 处理余量。实际应用经验表明，一台主机服务器的 CPU 利用率应不高于 75%，根据业务需求在此设定 C=50%。*F* 为系统未来 *n* 年的业务量发展冗余预留，要为将来陆续加入的应用预留 30%的处理能力。*T* 是峰值交易时间。

例如，假设需要计算每秒 2000 次业务访问量的业务系统，在 5 年内数据库服务器的 TPC-C 值估算，若检索查询的经验系数取值 7.5，那么

$$tpmC = TASK \times S \times (1+F)n/(1-C) = 2\,000 \times 60 \times 7.5 \times (1+0.3) \times 5/(1-0.5)$$

$$= 11\,700\,000\text{TPM}。$$

因此，需要一台 tpmC 值为不小于 11 700 000 的服务器。

数据库服务器的内存计算，输入是关于内存的配置，内存的消耗主要包括主机系统正常运行所需消耗（主要指操作系统消耗）、数据库运行所需开销、数据库 SGA 运行所需正常开销和联机事务处理消耗。计算过程为

内存=操作系统+数据库管理系统+数据库 SGA 运行+连接数×3M。

例如，某数据库服务器系统所需内存大小由四部分组成，每个连接占用的内存在 2～3MB。其中，操作系统占用 500MB 内存，数据库管理系统约占用 256MB，内存利用率不小于 70%，检索系统数据库的 SGA 运行需要 50GB，连接数 2 000。那么，

内存 = (512MB/0.7+256MB/0.7+2000×3MB)/1024+50GB = 59.45GB

因此，得出需要至少 64G 内存。随着用户数和数据量迅速增加，对磁盘 I/O 的争用将非常激烈，为了保证数据查询和业务响应时间，把数据读取到内存中处理可以大大提高处理速度。因此，通常需要配置一定数量的内存作为数据缓存。此外，服务器若采用 SMP 技术，服务器的 CPU 和内存配置会影响服务器系统的性能，一般应在每个 CPU 板上分别配置，并且尽可能大小相同。因此，最好每个 CPU 配置一个 4GB 大小的内存。

应用服务器的计算资源，主要根据 SPEC 的官方经验值来评估。计算输入是业务的每秒并发数量。计算过程为

应用服务器数量=并发数×每个并发产生的任务数×经验系数/SPEC 官网关于 SPEC jenterprise 参考值×冗余。

例如，在 500 个并发的情况下，每个并发每秒完成 3 次任务请求，并要求考虑需要将实际处理能力增加一定的系数，因为 EjOPS 本身测试值比较理想化。考虑到业务的突发性以及业务分布的不平衡，此处的经验系数以检索系统为标准，拟取此系数为 4（此处的经验系数取值范围 1～20），即总 JOPS 数=1 500×4，=6 000JOBS。根据 www.Spec.org 的测试报告，基于××××服务器（2 路 Intel Xeon E5570　4 核 2.93GHz）的数据库服务器 SPECjEnterprise2010 测试结果为每秒钟执行 1144 次 jAppServer 运算（JOPS），换算成 4 路 Intel Xeon 75××服务器为 1 144×4=4576。因此，需要服务器数为 6000/4576=1.31。再考虑到系统需有 20%处理能力冗余，故建议采用 2 台性能等同于配置 4 个(8 核)CPU，128GB 内存性能的 PC 服务器。

Web 服务器的配置是依据 SPECweb2009 测试标准计算得出(虽然此标准已经于 2010 年停止，但是其测试的标准至今仍具有很强的参考价值)。计算过程为

Web 服务器数量=在线用户数×平均响应时间×经验系数/SPECWeb2009_Banking。

其中，SPEC 指标体系由 Standard Performance Evaluation Corp.制定。其针对 Web 服务器的 SPECWeb 2005 测试原理是通过多台客户机向服务器发出 Http Get 请求，请求调用 Web 服务器上的网页文件，这些文件从数千字节到数兆字节不等。在相同的时间里，服务器回答的请求越多，就表明服务器对客户端的处理能力越强，系统的 Web 性能就越好。

三、存储资源容量规划原理

业务通常会从存储的 IOPS 性能、存储容量和存储带宽这三个维度提出存储需求。在对存储资源进行容量规划时，针对业务提出的存储资源需求，需要计算设备的 IOPS、存储容量和存储带宽。

因为 Cache 命中率与实际业务相关，所以计算存储的 IOPS 性能时不考虑 Cache 命中。

计算输入是单盘的IOPS、RAID类型、写比例值和磁盘总数，再根据如下步骤进行计算：

第一步：根据RAID类型和写比例计算有效IOPS比例。

RAID5有效IOPS比例=1/(1+3×写比例值)

RAID10有效IOPS比例=1/(1+写比例值)

以RAID5为例，对一个写I/O来说，如果它落到一个数据盘D上，为了完成这次写操作，需要这几个步骤：读数据盘D，读校验盘P，写校验盘P，写数据盘D。一个写盘的I/O实际产生的2个写I/O和2个读I/O，额外多出了3次I/O；读I/O不会产生额外的访盘I/O操作。假设用户办公产生的随机I/O中写I/O所占比例为x%，那么可以计算出有效IOPS的比例为1/(1+3x%)，即100/(100+3x)。

第二步：计算存储设备IOPS。

设备IOPS＝单盘IOPS×磁盘总数×有效IOPS比例。

例如，以某省移动风行在线的视频媒体服务器的业务模型为例，计算存储的IOPS如表10-33所示，视频服务器的I/O操作以读操作为主，只有5%的操作为写操作。

表10-33 存储IOPS计算样例

单盘IOPS	写比例	磁盘总数	RAID类型	计算过程
140	5%	12	RAID5	140×12×/(1+3×5%)=1460
			RAID10	140×12×/(1+5%)=1600

设备存储容量计算的输入是单盘标称容量、RAID类型和规划、热备盘配置、保险箱盘容量和磁盘总数，要计算磁盘实际容量，以及RAID组、热备盘、保险箱盘开销。

硬盘制造商对硬盘容量的定义和操作系统对硬盘容量的算法存在偏差，因此导致硬盘标称容量和操作系统中显示的实际容量存在误差。硬盘是以1K=1000为计量单位进行容量统计，实际容量需要以1K=1024来进行统计，因此磁盘实际容量=磁盘标称容量/1.024/1.024/1.024。RAID组、热备盘、保险箱盘开销的计算如表10-34所示。

表10-34 RAID组、热备盘、保险箱盘容量开销

类别	容量开销	备　注
RAID5	RAID5组数量×单盘实际容量	组成RAID组的磁盘容量相同，如果不同取容量最小的磁盘容量作为单盘实际容量
RAID10	RAID10组数量×RAID10组磁盘数量/2×（单盘实际容量）	组成RAID组的磁盘容量相同
热备盘	热备盘的容量×热备盘的数量	—
保险箱盘	23GB×4	针对OceanStor×900产品

例如，某计算样例的输入如表10-35所示，其中，单盘实际容量=600GB/1.024/1.024/ 1.024=559GB，如果不考虑保险箱盘损耗，设备总容量=单盘实际容量×(磁盘总数−RAID5组数量-热备盘数量)=559GB×(24−2−2)=11180GB。如果考虑保险箱盘损耗，保险箱盘实际容量=559GB−23GB=536GB，因为保险箱盘的实际容量比单盘实际容量小，所以包含保险箱盘的RAID组容量要单独计算。设备总容量=单盘实际容量×(磁盘总数−包含保险箱盘的RAID组磁盘数量−不包含保险箱盘的RAID组数量−热备盘数量)+保险箱盘实际容量×(包含保险箱盘的RAID组磁盘数量−1)=559GB×(24−11−1−2)+536GB×(11−1)=10950GB。

表 10-35　设备存储容量计算样例的计算输入

类　别	输　入	备　注
类别	输入	备注
单盘标称容量	600G	组成 RAID 组的磁盘容量相同
RAID 组类型	RAID5	—
RAID 组规划	2 组 11 块盘的 RAID5	一个 RAID5 组包含有 4 块保险箱盘
保险盘数量配置	23GB×4	—

存储设备带宽计算输入为存储设备的接口总带宽和冗余系数（建议取值 15%），计算公式为

存储设备带宽=存储设备的接口总带宽×(1−冗余系数)。

例如，某 IP SAN 设备有 8 个 1GE 的 iSCSI 接口，总带宽为 8Gbit/s，冗余系数取 15%。存储设备的带宽=8×(1−15%)=6.8Gbit/s。某 FC SAN 设备有 4 个 8Gbit/s 的 FC 接口，总带宽为 32Gbit/s，冗余取 15%。存储设备的带宽=32×(1−15%)=27.2Gbit/s。

四、虚拟化性能计算

统一虚拟化平台（Unified Virtualization Platform，UVP）对 CPU 的调度是以逻辑核为单位的，逻辑核是将一个物理核通过超线程（HT）技术模拟成两个逻辑核心。计算节点逻辑核心计算方法，以服务器配置 2 路 4 核的 E5620CPU 为例，共有 2×4=8 个物理核，超线程后共有 8×2=16 个 HT 逻辑核，其他配置的服务器计算方法也是相同的。计算节点的部分逻辑核要被 UVP 的 Domain-0 独占，剩下逻辑核被节点上的所有用户虚拟机共享，这些被共享的逻辑核就是节点的可用逻辑核，现在大多产品的 UVP 独占的逻辑核数量为 3 个。

CPU 虚拟化是把物理服务器的 CPU 虚拟化成 VCPU，提供给多个虚拟机共享使用。如果计算节点上运行的虚拟机的 VCPU 总数不超过该节点的可用逻辑核数量，称为逻辑核不复用。反之，如果计算节点上运行的虚拟机的 VCPU 总数超过该节点的可用逻辑核数量，称为逻辑核复用。虚拟化技术在提高服务器使用效率的同时，也会带来性能的损耗，根据 UVP 和解决方案测试结果，建议虚拟化损耗取值 10%。

当 CNA 上部署多个 VM，且物理核不复用，给 CNA 上其他 VM 进行加压至 100%，对指定 VM 性能影响小于 10%，可以认为，在这个场景下，一个 CNA 节点上，其他 VM CPU 压力变化对指定 VM 无影响。VM 的计算能力随 VCPU 数的增加呈线性增长。

在逻辑核复用，但 VM 业务压力较小的情况下，VM 只调用规格内部分 VCPU 资源，并不会占用规格内的所有计算资源，业务较大的虚拟机会增加调用物理核的资源来满足业务，在其他业务空闲资源足够多的情况下，业务压力大的虚拟机最多能达到其规格独占物理核的能力。逻辑核复用，而且大量 VM 上业务压力较大的情况，会导致所有 VM 按照一定规律性能急剧下降。VM 规格越大，性能下降越大；服务器物理核复用越大，性能下降越大；业务越大，性能下降越大。

复用率是一台服务器上虚拟机的 VCPU 的总数相对可用逻辑核数数量的比率，标称为服务器上逻辑核复用的程度，其计算方法是：

逻辑核复用率=计算节点的所有虚拟机 VCPU 总数/可用逻辑核数量×100%。

通常，在内存及 I/O 等资源满足的情况下，可以进行物理核复用，在单个 CNA 上部署较多 VM 来提高整体利用率，不同的 VCPU 复用率和应用场景的对应如表 10-36 所示。

表 10-36 不同应用场景的复用率

应用场景	建议复用率
虚拟机的 VCPU 使用率>30%	不大于 100%（即不复用）
20%<虚拟机的 VCPU 使用率<30%	100%～200%
虚拟机的 VCPU 使用率<20%	200%～300%

由于 VCPU 的能力是不定的，VCPU 最大可以提供一个逻辑核（HT）的能力，随着部署 VM 数目的增大，VCPU 的能力会逐渐下降；CPU 主频不同，VCPU 的能力也不同。虚拟化性能基线如表 10-37 所示。

表 10-37 虚拟化性能基线

物理 CPU 型号	逻辑核数量	每逻辑核 SPECint_rate2006 值	每逻辑核 SPECfp_rate2006 值
E5620×2	16	13.75	10.5
E5645×2	24	19.25	14.63

在虚拟机部署新业务或业务迁移到虚拟机时，会提出性能需求。对于性能要求很高的数据库，不建议部署到虚拟机上，对于性能要求不高的数据库，可以参考如表 10-38 和表 10-39 所示实验室的测试数据来确定虚拟机的规格。

表 10-38 Oracle 数据库 TPC-C 实验室测试数据

虚拟资源配置	Hammerora TPC-C 测试结果	备　注
2VCPU/4GB 内存	90000tpm	基于标准的 TPC-C 测试 测试环境：RH2285 服务器 E5620×2，48GB 内存；存储配置 RAID10，128KB 条带深度一个计算节点只运行一个数据库
4VCPU/8GB 内存	160000tpm	
8VCPU/16GB 内存	210000tpm	

表 10-39 SQL Server 数据库实验室测试数据

SQL Server 服务器规格	可支持活动事务数	备注
4VCPU/8GB 内存	9500	采用 SqlStress 测试工具，模拟 OLTP 场景，250 个用户同时访问，用户的行为模型如下 delete:100 (3%) insert:400 (12%) updata:800 (24%) select:2000 (61%) 测试环境：RH2285 服务器 E5620×2，48GB 内存；存储配置 RAID10，128KB 条带深度一个计算节点只运行一个数据库
8VCPU/16GB 内存	15500	

其他业务包括应用服务器、Web 服务器等应用，通常这些应用都会有物理服务器 CPU 型号和数量以及内存大小的要求。CPU 到 VCPU 的换算方法如下：

计算输入：业务要求的物理服务器 CPU 型号、CPU 利用率、CNA 节点的 CPU 型号。

计算方法：网站上查询业务所需服务器的 CPU 型号对应的 SPEC 值，网址：http://www.spec.org/cpu2006/results，该值简称为 PM_SPEC。查询虚拟化性能基线数据表见表 10-37，根据 CNA 节点的 CPU 配置，得到 VM 的 VCPU 性能基线。VCPU 数量=PM_SPEC×CPU 利用率×（1+冗余系数）/VCPU 性能基线。其中冗余因子建议取值 20%。

计算举例：例如，要将一台 PC 上的业务迁移至虚拟机，该 PC 的配置为 Intel Core i5-650，CPU 长期利用率 30%。从网站上查询 Intel Core i5-650 的 SPECint_rate2006 的值为 53，根据项目的 CNA 节点的 CPU 配置，假设 CPU 配置为 E5620，查询 VCPU 的性能基线是 13.75。VCPU 数量=53×0.3×（1+0.1）/13.75=1.27。根据计算结果，这台 PC 迁到虚拟机上，需要配置 2 个 VCPU。内存规格按照实际需求配置。

五、业务资源配置策略

在容量规划过程中，对迁移后的业务资源制定配置策略，应考虑以下几个方面。

（1）资源空分复用。在不同资源类需求的业务系统之间共享资源，例如，将对 CPU 资源要求比较大的业务和对 I/O 要求比较大的业务部署在同一台服务器上。

（2）资源时分复用。将业务高峰时段不同的业务系统进行资源的共享，例如，将工作时间比较繁忙的业务和夜晚比较繁忙的业务部署在同一台服务器上。

（3）I/O 需求部署，分散与均匀相结合。对 I/O 要求比较高的业务如数据库，尽量均匀部署到不同的磁阵或者同一磁阵的不同 RAID 组上。对非高 I/O 的业务虚拟机，则将其均匀部署在整个存储池中。

（4）不同业务分离部署。将原来部署在同一台物理服务器上的四个业务系统借助迁移分开部署到不同虚拟机，减少业务系统之间的互相影响，方便系统监控和维护。

（5）业务负载均衡。迁移后的系统，通过云平台的负载均衡设备实现业务的负载均衡，对用户而言，每个业务只有一个 IP 地址，提高了业务系统可用性。

（6）资源动态调整。迁移到云平台的业务系统，根据系统资源使用评估情况可以再进行资源调整，动态增加或减少资源。另外，若业务系统存在使用高峰期、低谷期，在高峰时期来临时可以通过动态增加资源以满足业务需要，通过云平台的资源弹性机制来提高其灵活性。

六、Rainbow hSizing 工具

Rainbow hSizing 是一种容量规划工具。根据采集已有的服务器基本信息及性能数据，使用该工具可对传统数据中心进行虚拟化评估，对云主机规划评估（包括虚拟机规格计算、服务器整合规划和存储规划），对应用迁移规划评估。

该工具在业务特性方面：支持评估规则自定义，支持对传统数据中心进行评估并给出评估报告，支持对物理服务器进行整合规划，支持自动/手动对应用迁移进行规划。

该工具在功能特性方面：支持多操作系统多协议采集，支持采集指标及应用自定义，支持虚拟化评估建议及报告，云主机规划支持手动与自动两种方式。虚拟化评估是根据虚拟化评估规则、硬件兼容性规则以及数据采集收集到的服务器信息及性能数据，对数据中心服务器进行评估，并生成虚拟化评估建议报告。云主机规划是根据物理服务器规格及性能数据，规划云主机，计算云主机资源利用率，并提供多种格式（pdf、word、html）规划报告，同时提供物理服务器历史资源利用率报告及趋势分析报告。

Rainbow hSizing 工具安装与配置组网说明如图 10-8 所示。hSizing 服务器端部署在 Windows 系统中，用于创建和调度采集任务、数据分析、容量规划。各服务器指需要进行业务迁移的物理服务器，支持主流的 Linux、Windows 系统。迁移操作终端使用 IE 或 Firefox 浏览器登录 hSizing 服务器，添加采集任务及容量规划工作。

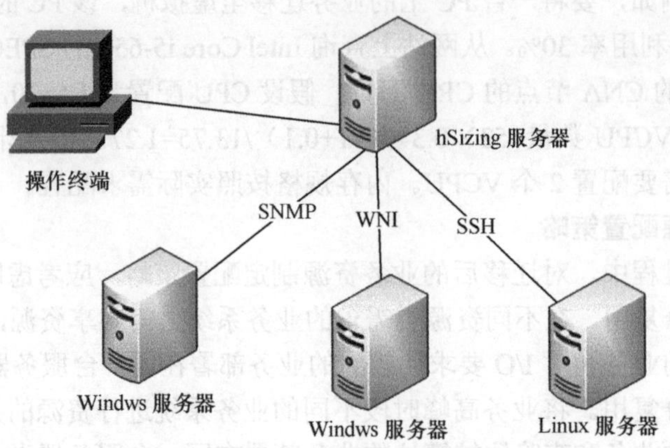

图 10-8 Rainbow hSizing 工具组网要求图

七、容量规划参考案例

以中外运项目的容量规划为参考案例，先规划其服务器配置需求。根据源服务器配置和资源利用率分析，目标物理服务器部署规划如表 10-40 所示。共需要六台物理服务器，另外三台做同样的部署。再规划目标虚拟机配置需求，目标虚拟机的配置规划如表 10-41 所示。最后规划各服务器的软件配置需求，目标平台软件规划如表 10-42 所示。

表 10-40 目标服务器规划

设备类型	业务系统	服务器	VM 数	部署方式
X86 服务器 2×4cores	独生子女证系统	Web 服务器	1	负载均衡
		数据库服务器	1	双机做集群
	一次性奖励系统	数据库服务器	1	双机做集群
总数	6	NA	22	NA

表 10-41 目标虚拟机配置规划

设备类型	业务系统	服务器	VM 数	VM 规格要求	部署方式	是否 HA
X86 服务器 2×4cores	一次性奖励系统	Web 服务器	2	CPU：2VCPU 内存：4GB 存储：30GB+50GB 网络：1vNIC	负载均衡	
		数据库服务器	2	CPU：4VCPU 内存：4GB 存储：30GB+50GB 共享存储：200GB 网络：2vNIC	双机做集群	是

表 10-42 目标平台软件规划

设备功能	操作系统型号以及版本	数据库软件以及版本	数据库软件规格要求	双机软件以及版本	依赖的其他软件以及版本（可选）
数据库服务器	Windows 2003，64bit	SQl2005		NA	NA
应用服务器	Windows 2003，64bit	Tomcat	NA		NA

10.3.3　其他规划与设计

一、制订迁移计划

制订迁移计划，以中外运项目为例，其业务迁移里程碑如图 10-9 所示，各业务系统的迁移批次安排参见表 10-43 所示。

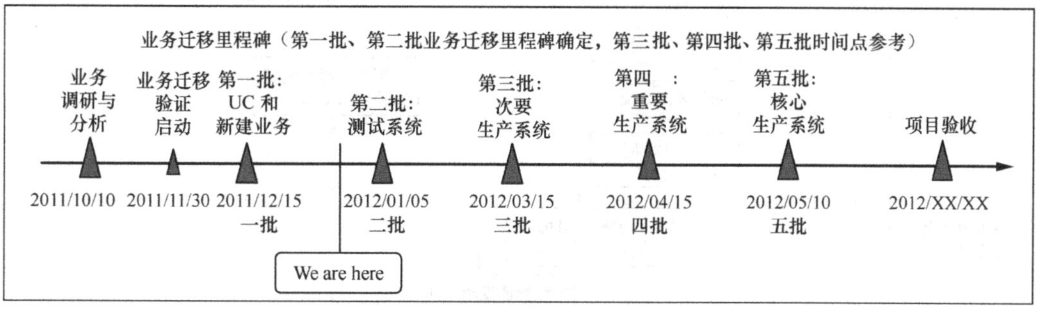

图 10-9　业务迁移里程碑案例

表 10-43　业务迁移计划参考案例

分类	应用名称	关联性等级	业务迁移批次	计划时间
新建系统	TMS（运输管理系统）	1	第一批次	
	升级服务	1		
测试系统	测试系统	1	第二批次	
业务系统	用友财务系统	1	第三批次	
	物业管理系统	1		
基础系统	电话会议	2	不迁移	
	系统管理	2		
决策支持	OA 系统	2		
基础系统	UC 系统	3		

二、迁移流程规划

迁移流程规划和迁移分工依据不同项目实际情况会有很大不同，图 10-10 以中外运项目为例给出迁移规划流程。其中，中外运代表客户方，华为公司代表服务提供商（即甲方），移动公司代表中间运营商，各步解释如下。

（1）客户提出虚拟机资源申请表。责任人是客户方的虚拟机资源申请人，客户应完整填写虚拟机资源申请表，并提交给云计算受理专员。

（2）移动接口方受理用户请求。责任人是移动受理专员，移动受理专员正式受理用户虚拟机资源申请，并把申请表和意见转发给甲方项目组受理专员。

（3）核实申请表数据和资源。责任人是甲方项目组受理专员，甲方项目组受理专员在接到移动通知后，核实云平台资源，生成云平台资源分配表，确认发放时间和发放执行人。

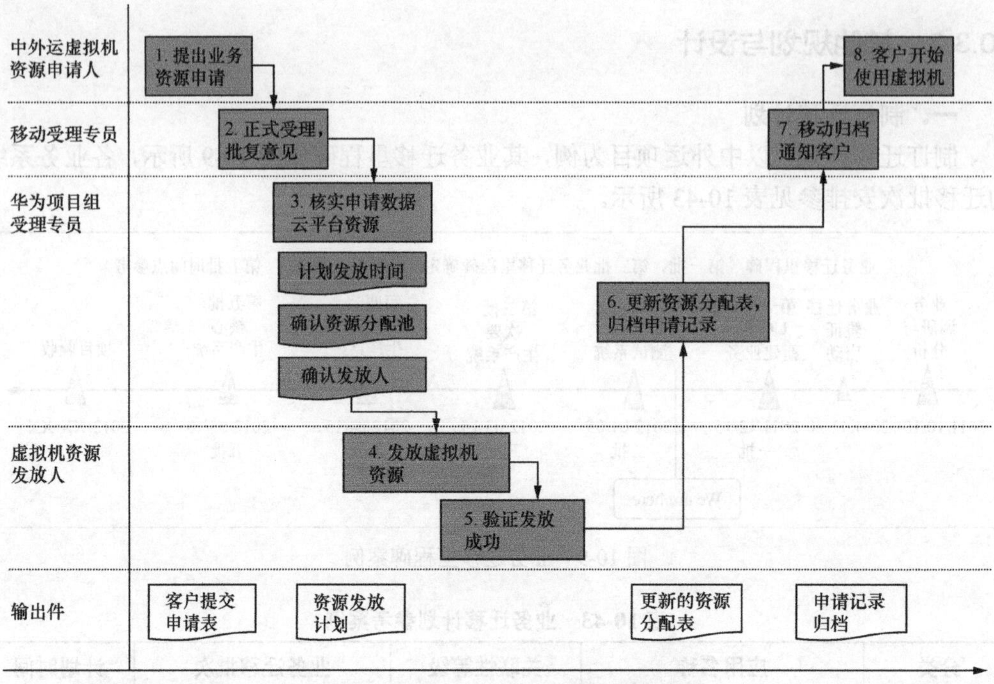

图 10-10 业务迁移准备和规划流程案例

（4）发放虚拟机资源。责任人是甲方项目组虚拟机发放人，虚拟机发放人必须按照计划中的要求在指定的时间、指定的资源池发放虚拟机资源。

（5）验证发放成功。责任人是甲方项目组虚拟机发放人，虚拟机发放人必须确认发放是成功的，核查分配的虚拟资源数量与客户申请的一致，虚拟机资源对客户可用。

（6）更新资源分配表。责任人是甲方项目组受理专员，甲方项目组受理专员把结果更新到资源分配表，归档申请记录，并通知移动受理专员。

（7）移动归档通知客户。责任人是移动受理专员，移动受理专员接到甲方项目组受理专员通知，归档申请记录，并通知客户申请人。

（8）客户开始使用虚拟机。责任人是客户方虚拟机资源申请人，客户申请人收到通知，验证虚拟机资源到位。

在业务迁移实施过程中，要跟踪并记录业务迁移状态。业务迁移状态记录参考表模板如表 10-44 所示。

表 10-44 业务迁移状态记录参考表

业务系统		业务迁移实施									
		系统备份	工具安装	系统迁移	系统验证	数据同步	数据验证	业务切换	业务测试	迁移回退	迁移完成
通用及其他测试系统	BPM 服务系统	Finish	Finish	Finish	Finish	Finish	Finish	Finish	Finish	Finish	Finish
	通用系统	Finish	Finish	Finish	Finish	Finish	Finish	Finish	Finish	Finish	Finish
报关系统	报关系统	Finish	Finish	Finish	Finish	Finish	Finish	Finish	Finish	Finish	Finish
	MQ 报关系统	Finish	Finish	Finish	Finish	Finish	Finish	Finish	Finish	Finish	Finish
生产系统	统计系统	Finish	Finish	Finish	Finish	Finish	Finish	Finish	Finish	Finish	Finish
	投票系统 voting	Finish	Finish	Finish	Finish	Finish	Finish	Finish	Finish	Finish	Finish

三、迁移分工

在做规划设计时，迁移工作涉及的各方整体分工和具体分工，以及各方责任都要规划妥当并明确。以中外运为例，其迁移任务整体分工安排如表 10-45 所示，其中，中外运项目需求的提出者是客户方。在表中，A 表示协助完成，P 表示承担主要责任。具体分工安排则如表 10-46 所示。

表 10-45　业务迁移整体分工例表

工作项	某中间运营商	某云服务提供商	客户方	标　注
新建系统				
迁移环境准备	P	P	A	
软件安装	A	P	P	
业务数据同步	A	P	A	
业务系统测试	A	P	P	
迁移分险分析及应对	A	P	A	
容灾备份实施	A	P	A	
业务迁移模拟演练	A	A	P	
正式业务割接	A	A	P	
业务迁移评估和监控	A	P	P	
旧业务系统				
迁移环境准备	P	P	A	
软件安装	A	P	P	
业务数据同步	A	P	A	
业务系统测试	A	P	P	
迁移分险分析及应对	A	P	A	
容灾备份实施	A	P	A	
业务迁移模拟演练	A	A	P	
正式业务割接	A	A	P	
业务迁移评估和监控	A	P	P	

表 10-46　业务迁移具体分工例表

工作项	某中间运营商	某云服务提供商	客户方	标　注
迁移环境准备				
虚拟机准备		P		
IP 设计	A	P		
路由设计	A	P		
安全设计	A	P		
软件安装				
OS 安装		P	A	
数据库安装		P	A	
应用安装		A	P	
业务数据同步				
旧业务系统		P	A	
测试系统		P	A	

续表

工作项	某中间运营商	某云服务提供商	客户方	标　　注
容灾系统		P	A	
业务系统测试				
业务功能测试		A	P	
普通功能测试		P	A	
业务压力测试		A	P	
其他压力测试		P	A	
连接性测试		P	A	
迁移风险分析及应对				
风险分析		P	A	
应对计划		P	A	
容灾备份实施				
容灾实施		P	A	
备份实施		P	A	
业务迁移模拟演练				
风险分析		P	A	
应对计划		P	A	
正式业务割接				
测试业务功能		A	P	
测试端口状态		P	A	
业务迁移评估和监控				
监控业务功能		A	P	
监控端口状态		P	A	

10.4　业务迁移实施及工具

10.4.1　迁移实施步骤及案例

迁移实施主要分成两个阶段：迁移实施准备和迁移实施。

一、迁移实施准备

迁移实施准备主要是根据每个业务的迁移设计进行迁移主机资源准备、网络资源准备、迁移工具准备等工作。其中：

（1）迁移目标机准备是根据迁移设计在新数据中心分配相应的主机资源，可能是物理机，也可能是虚拟机发放。

（2）应用系统搭建是在新数据中心分配的主机资源上安装相应的 OS（操作系统），有些迁移工具是需要目标机安装操作系统，也有些迁移工具是直接做类似镜像 Ghost。

（3）迁移工具准备是将迁移工具上传到迁移主机和目标主机上。

（4）网络资源准备是新数据中心的目标主机获取相应的网络 IP 地址，并将新数据中心和旧数据中心之间的网络打通，达到迁移设计中的带宽要求。

以中外运项目为例，项目实施小组由云服务提供商（华为公司）和客户方 IT 部门人员共同组成。如果是 IT 转售项目，还会有中间运营商人员的参与。开始实施前要为实施职责分配相应人员。表 10-47 是中外运项目业务迁移人员安排表格样例，第一批次迁移任务实施责任分工如表 10-48 所示。

表 10-47　业务迁移实施人员分工例表

实施方	人员	联系电话	职　责
华为公司			PM
			Windows 及 Linux 迁移
			Windows 及 Linux 迁移
			Windows 及 Linux 迁移
			云平台配置
			Oracle 迁移实施
			网络配置
中外运公司			业务测试
			系统配置
中国移动公司			资源协调

表 10-48　业务迁移（第一批次）实施责任分工案例

项目		描述	中外运	中国移动	华为
前期准备	办公场所	迁移期间华为人员需要进驻中外运现场	M	A	A
	机房准入	办理项目组人员进入中能机房的通行证，取得中国移动的开工许可	A	M	A
	带宽扩容	由于业务迁移期间，数据传输量大，为保证迁移快速完成，减少对生产系统的影响，建议中国移动增大业务迁移的带宽	A	M	A
项目运作		客户指定专人负责迁移接口，进行配合	M	M	A
		制订迁移计划，按照计划交付，特殊情况、不可抗力时调整项目计划，与客户沟通	A	A	M
		提供机房管理制度、工作保密要求、设备操作规范等制度规范	M	M	A
		提交迁移报告	A	A	M
方案实施		信息调研补充	A	A	M
		迁移平台搭建	A	A	M
		镜像制作	A	A	M
		迁移实施	A	A	M
		系统备份	M	A	A
		客户需要提供各个应用的验证方案，验证包含系统验证和数据验证	M	A	A
验收		验收申请	A	A	M
		验收准备	A	A	M
		验收评估及测试	M	M	A
		验收总结会议	A	A	M

人员准备完成后，基于之前的应用调研结果，发放目标虚拟机，再进行信息调研补充。进行按批次迁移应用列表确认，需确认的内容主要包括 IP 地址信息、运行的主要服务、操作系统版本等。如果一个批次的迁移应用中遗漏了一些服务器的信息收集，需要补充进行信息调研。迁移源机器需要进行虚拟化平台信息确认。例如，从 VMware 平台迁移到华为的云平台，由于使用的虚拟化平台不同导致虚拟硬件型号也不一样，相关的驱动等需要更换。对于 VMware 平台的服务器，需要收集或者确认具体的 VMware 平台版本以及 VMware 工具版本。此外，在迁移之前需要在华为云平台提前制作相对应的虚拟机镜像，以便于批量分发虚拟机用于业务迁移。这些 OS 镜像光盘一般应该是客户或者运营商提供，但是要提前准备妥当。还要将迁移工具的安装程序提前上传到迁移源机器和目标机器，或者上传到客户网络可达的 FTP 服务器。迁移过程中，需要远程登录到目标虚拟机或者源物理服务器，而且和目标虚拟机之间需要网络互通，以进行业务数据同步。因此需要提前按照对接网络规划准备好迁移网络。

二、迁移实施

迁移实施就是着手将物理设备和应用系统从旧数据中心搬到新数据中心，主要是数据的备份和恢复，具体步骤介绍如下。

（1）数据备份是迁移开始前的系统备份，如果是 VMware 虚拟平台可以采用 VMware 提供的快照功能实现备份；如果无快照功能，可以采用 NTBackup 进行数据备份。建议备份到网络磁盘或者磁带。

（2）迁移工具安装是将上传到迁移源机器和目标机器上的迁移工具安装程序安装妥当，该项操作应该做过充分的测试，避免迁移工具和源机器不兼容冲突。

（3）系统迁移是在迁移工具安装完成后，确认源机器和目标机器网络正常，并且迁移工具相关服务正常后，利用迁移工具进行源机器到目标机器的系统盘迁移。

（4）系统验证测试是在系统迁移完成后，需要在目标机器上进行系统数据同步验证，确保源机器的系统完整迁移，包括主机名、管理员账号等的一致性。另外，还包括应用软件启动正常验证。

（5）数据重新同步是根据数据同步调研表，配置相应数据盘的特定文件或者文件夹的同步备份。

（6）数据验证测试是一般客户的 IT 业务人员对应用数据进行数据验证测试或者应用访问验证测试。

（7）数据备份是指再次对源服务器进行数据和系统备份。

（8）业务切换是将源服务器停止，启用目标服务器。

（9）关联系统设定变更是指业务启用新的服务器后，一般都发生了 IP 变化，需要更改 DNS 服务器中的 A 记录，另外所有其他连接源服务器的业务系统需要将连接变更设置为目标服务器。

（10）业务测试是配合客户完成业务从源服务器切换到目标服务器后的全流程测试，保证所有业务以及相关联业务的正常运行。

（11）业务回退是发生业务迁移切换失败后，需要进行业务回退。

（12）业务迁移监控评估是迁移切换后的一段时间进行系统 CPU、内存、网络等性能检查以及业务访问检查。

对于数据备份，为了安全，所有 Linux 和 Windows 服务器数据备份均要备份到网络磁盘空间进行存放，备份的空间以及服务器需要客户提供。如果可以，直接使用专业的 NAS 服务器作为备份目标空间。如果没有 NAS 服务器，可以搭建一个 NFS 文件服务器。如果在 VMware 平台可以采用 VMware 的快照功能实现，如果快照功能不可用，可以采用远程数据备份的方法实现。如果无法使用快照功能，可使用 tar 将数据备份到网络磁盘或者磁带，具体网络盘的地点和权限需要中外运协助提供，备份需要 20GB 的空间支持。

使用迁移工具进行源服务器到目标服务器的系统盘数据迁移时，Double Take 等迁移工具可以把系统盘数据以及系统配置和系统管理账号全部同步过去。同时，一些硬件驱动需要卸载掉，重新安装 PVDriver。例如，从 VMware 平台迁移到 Galax 平台，需要将 VMware tools 卸载干净，重新安装 PVDriver。对于中外运项目，系统验证测试主要是验证系统数据是否同步正常。重启迁移目标服务器，采用源服务器账号重新登录，检查系统状态，包括云平台上虚拟机在线热迁移是否成功、计算机用户名是否与源机器一致、管理员账号和密码是否与源机器一致，还需客户配合验证服务器应用和服务是否正常。验证后，将目标服务器的计算机名称更改，在后续的同步全部完成，准备将源服务器停机，切换到目标服务器时，再将目标服务器的计算机名称改回原来名字。数据同步是根据“应用数据同步调研”表，使用迁移工具配置对应特定文件的同步复制。

数据验证测试主要是检验“应用数据同步调研”客户方提供的文件或者文件夹是否正确，是否遗漏相关文件等。先查看迁移工具控制台，确认之前建立的应用数据同步任务是否完成。同步任务完成后，断开同步复制连接。再登录目标服务器，将目标服务器的应用重启，确认应用运行是否正常。最后，由客户负责人进行应用业务测试、功能测试以及性能测试。差异数据同步是将数据验证测试中断开的连接重新连接，继续进行差异数据同步。

三、业务切换

业务迁移实施的后期进入业务切换流程。在迁移后的目标服务器的操作系统和应用系统被验证后，将源服务器业务暂停，备份业务数据，将新产生的数据导入到目标服务器，由操作系统管理员和应用系统管理员正式通知这些服务器应用系统的最终使用者。至此，目标服务器正式上线运行。如果在迁移过程中发生问题，可将目标服务器停机，在源服务器上将应用服务启动（在线迁移源服务器业务不受影响），恢复对外提供服务。以中外运项目为例，具体业务切换流程如图 10-11 所示。具体切换步骤描述如下。

（1）登录源服务器，手动停止一切相关服务，仅保留迁移网络服务和 SSHD 服务器。

（2）登录迁移工具控制台，再次确认差异数据同步作业是否完成，确认完成后进行下面步骤。

（3）在迁移工具控制台中断开同步复制作业的连接。

（4）登录迁移目标服务器，变更主机名为迁移源服务器的主机名，关闭迁移工具对应服务的启动，再重新启动迁移目标服务器。

（5）确认重启后的目标服务器应用运行是否正常，进行相应的业务测试、功能测试以及性能测试，并根据应用情况调整相关服务的自动启动情况。

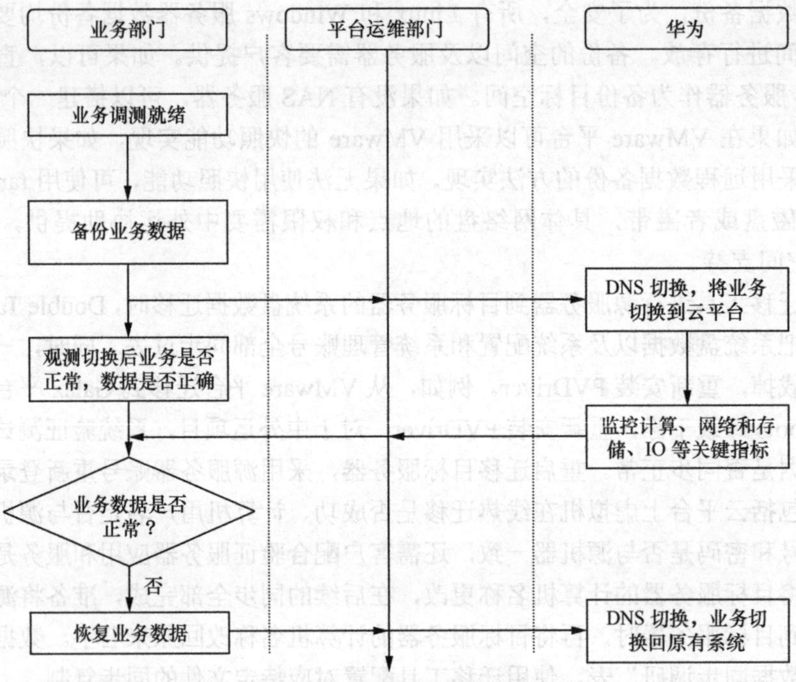

图 10-11　业务切换流程案例

（6）通知客户相关 IT 负责人开始进行业务切换，关闭源服务器，更新 DNS 服务器中相应的应用记录，将应用业务切换到目标服务器。

（7）业务切换后进行一段时间的监控和关注。

（8）一旦发生业务不正常，进行割接回退。

针对业务迁移可能存在的一些风险点，要给出业务切换保障方案。下面给出一些可能出现的风险及保障方案供参考。

（1）业务中断风险。在业务迁移过程中，服务器会暂停对外业务的提供，如未支持归档模式的数据库服务器，在备份时需要停止业务。在进行数据配置和网络连通性验证过程中，也会中断一小段时间。等迁移完成之后会恢复对外业务提供。

（2）数据不一致风险。在迁移准备阶段，需对虚拟机进行配置和全面测试。在迁移上线前，旧业务系统数据会有一些更新。对于有归档记录的数据库，可以将更新再次同步过来，而对于无归档记录的数据库，必须在迁移实施阶段再次导入全部数据。

（3）网络稳定性风险。业务迁移过程对网络稳定性有一定的要求，如果采用远程迁移，网络传输带宽较低，迁移时间较长，网络中断会导致网络丢包，迁移失败。若网络质量很高，可以顺利地完成迁移过程。

（4）数据安全风险。数据库文件在导出进行备份时，选择文件加密，必须通过系统生成的证书文件才能进行解密再导入。迁移准备阶段备份业务系统的数据盘文件，同样也采用加密方式，只有数据备份的操作人员才能使用数据，以保证数据的安全性。

四、业务迁移验证和评估

业务迁移验证阶段的主要任务是业务验证、业务迁移监控和业务迁移优化。业务验证内容包括互连互通验证、功能性验证和性能验证。互连互通验证是检查网络层和应用层的连接情况，可通过网络协议中 Ping 命令和应用软件登录的方式来验证。功能性验证是检查应用是否能够正常工作，通过日常办公操作应用来验证。通常，该任务由客户通过业务验证方式来检验。性能验证由迁移后的监控和优化来保证，可以采用类似前面的采集工具，如 PanoCollect，来进行监控，观察资源使用情况，并与前期的指标进行比对。对分析结果，进行减容或扩容或调节相关参数，确保业务连续性和经济性。

为了确保业务迁移成功，需要对客户切换后的应用系统进行监测，采集内容是性能指标，并与之前的指标进行对比。如果存在差别较大的情况，需要进行优化。具体监控工具与信息采集相同，由于需要长期批量采集，并自动生成报告，推荐使用 PanoCollect 工具进行监控。

业务迁移完成后，需要对目标服务器的系统、应用和数据进行全面综合验证，不仅要确保系统和应用的正常运行，还要确保业务数据的完整性和有效性。评估和资源优化的时间可以根据业务周期选择观测时间，一般 1～3 个月。以中外运项目为例，迁移后业务评估优化流程如图 10-12 所示。服务器整合资源再优化主要针对整合后的虚拟机资源进行优化。业务持续运行一段时间后，虚拟机的资源利用率和性能状况会发生改变甚至恶化，因此需要对虚拟机系统进行定期优化。利用性能检测工具的持续监控、数据搜集和业务整合评估功能，对已迁移的虚拟机业务系统进行优化，使其达到资源利用率最大化。

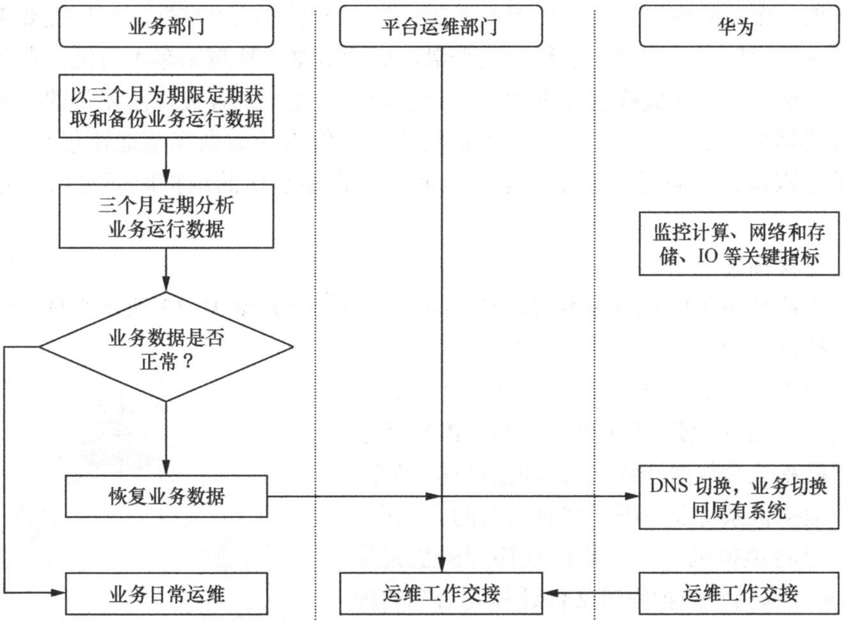

图 10-12　迁移后业务评估优化流程案例

具体优化措施如下。

（1）虚拟机信息清查。使用性能检测工具对所有虚拟机工作负载进行持续监控，搜集虚拟机的资源使用情况和性能数据，为优化虚拟机系统提供充分的依据。

（2）虚拟机性能优化。识别未安装虚拟工具的虚拟机后，进行工具安装，在虚拟机上升级已过期的虚拟工具；识别虚拟机是否已安装未使用的网络适配卡并将其移除；识别已安装媒体的虚拟机，卸除未使用的媒体，并将不再使用的媒体从数据存储区移除。

（3）虚拟机资源监控。重新取得主机资源之间的平衡以更有效地配置虚拟机的处理器、内存和网络，关闭不再需要的虚拟机，以提升使用率并消除资源瓶颈，分析使用率趋势以识别出可能发生的瓶颈，并计划引进新的硬件以符合未来的需求。

（4）虚拟机资源回收。识别已过度配置处理器、内存或磁盘的虚拟机，并调整虚拟机设定以更有效地反映虚拟机所需要的资源。

（5）虚拟机优化分析。利用性能监测工具的分析和评估，对虚拟机进行整合分析并给出计划。

（6）虚拟机优化迁移。性能监测工具的分析和评估，对虚拟化平台系统进行调优，将已恶化的物理机上的虚拟机迁移到其他物理机中，以达到整个虚拟化环境的负载均衡。

在业务切换正常运行一个应用周期后，需要与客户进行项目验收。在迁移验收过程中，需要针对每个系统逐项签字验证，保证项目按计划结束。

10.4.2 Rainbow HConvertor 工具

业务迁移的主要难题是时间消耗和资金消耗越来越大。随着应用在数据量方面的需求不断增加，企业的应用趋向于全年不停顿运行，对系统的可靠性、可用性要求不断提高。维护时间窗口不断减少，进行一次平滑、成功数据迁移越来越不可能。业务迁移是否成功对于整个项目的成败意义重大，并会影响到后续系统容灾以及备份的实施。

业务迁移要达到目标：其一是平滑地将原有系统内的数据完整地迁移到新系统中；其二是最小限度地影响现有系统的运行；其三是在最小化的维护时间窗口中完成数据迁移。

一、迁移场景

根据迁移源端和目的端的不同，典型的迁移场景有如图 10-13 所示六种，分别是物理机到虚拟机（P2V）、虚拟机到虚拟机（V2V）、虚拟机到镜像（V2I）、镜像到虚拟机（I2V）、物理机到镜像（P2I）、镜像到镜像（I2I）。P2V 迁移指将物理机系统及数据迁移到云端的虚拟机。V2V 迁移指将虚拟机系统及数据迁移到云端的虚拟机。V2I 迁移指将虚拟机系统及数据迁移到磁盘镜像文件。I2V 迁移指将磁盘镜像文件迁移到云端的虚拟机。P2I 迁移指将物理机系统及数据迁移到磁盘镜像文件。I2I 迁移指镜像格式转换。不同迁移场景在迁移方式上分为在线迁移和离线迁移，两种迁移方式下，支持的数据传输方式分为块级和文件级。数据传输是将迁移源端数据盘的数据文件传输到迁移目标端。块级是迁移过程中以磁盘扇区为单位进行传输，文件级是迁移过程中以文件为单位进行传输。

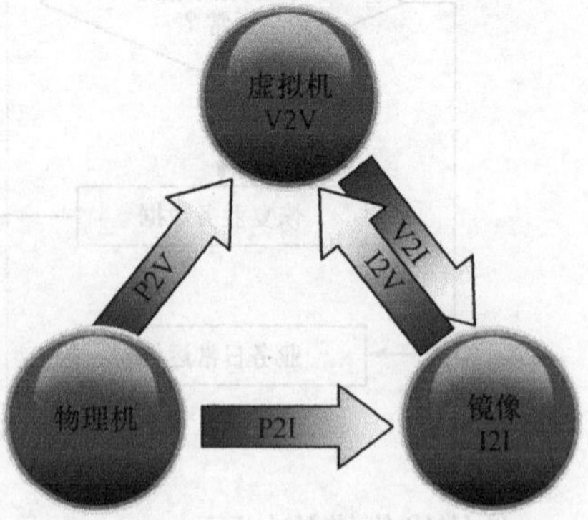

图 10-13 典型迁移场景

根据迁移环境的不同，迁移场景又可分为普通迁移、中转服务器迁移和云平台内部迁移，各场景描述如表 10-49 所示。

表 10-49　不同迁移场景

场景	描　述
普通迁移	迁移源端：物理机或虚拟机。迁移目的端：云环境中的虚拟机。将迁移源端的负载在线迁移到目的端。前提条件：要求迁移源能直接连通迁移服务器、云环境中的 ESC 节点、虚拟机及虚拟机所在的 CNA 节点
云平台内部迁移	云环境内部或云环境之间的虚拟机迁移。前提条件：要求迁移源虚拟机和迁移目的虚拟机所在云环境版本相同，对迁移源虚拟机本身操作系统没有要求
中转服务器迁移	对普通迁移的补充，支持的操作系统类型和普通迁移相同。前提条件：当迁移源主机和云环境无法直接连通时，使用中转服务器方案，将需要迁移的数据先传送到中转服务器上，再将中转服务器传送到云环境的虚拟机，完成迁移过程

二、迁移原理与关键指标

不同的迁移场景，所基于的迁移原理主要有 Windows 块级迁移、Windows 文件级迁移和数据同步。

Windows 块级迁移是用制作的源端磁盘镜像替换目的端磁盘。分为镜像制作、替换镜像、重启虚拟机和数据同步四步。镜像制作阶段主要是修改分区表和注册表，按照制作快照到扩充镜像的方式制作镜像。替换镜像是替换目的磁盘。重启虚拟机是从硬盘启动虚拟机。数据同步阶段，将会进行多次增量数据同步，最后一次数据同步前需要切断业务，保证目的主机与源主机数据一致。

Windows 文件级迁移是将源端的所有文件复制至目的端，通过配置启动文件使目的端系统可以启动。目的主机磁盘分区容量与源主机磁盘分区的已使用容量有关。Windows 文件级迁移分为分区格式化、系统迁移、配置修改、虚拟机重启和数据同步五步。分区格式化是根据用户自定义磁盘信息对目的端进行分区和格式化。系统迁移这一步是依次对源端分区制作快照，并将快照中的文件复制至目的端。配置修改这一步是配置目的端系统启动相关信息。虚拟机重启和数据同步与 Windows 块级迁移这两步相同。

数据同步指的是把源端数据复制至目的端，保持两端数据的一致性，可采用增量式数据同步，以减少传输时间。增量同步是指当迁移源端数据和迁移目的端数据不一致时，采用同步使两边文件保持一致，可多次执行。一次 Windows 数据同步，其流程分为制作快照、共享快照和同步快照三步。而 Linux 数据同步则直接传输文件。

影响在线迁移效率的主要因素有网络带宽及网络质量、迁移源主机和目的虚拟机的磁盘 I/O、迁移数据量、源主机可用的 CPU 及内存资源。而迁移的关键指标是停机时间。停机时间是最后一次数据增量同步时间与业务切换时间之和。所以业务切换尽可能选择在业务量最低时进行，这样可最大幅度降低业务切换对用户感受的影响。

三、Rainbow HConvertor 使用原理与部署

Rainbow HConvertor 工具是华为公司研发的系统级别迁移工具，支持主流的

Linux/Windows 系统平台迁移。该工具针对客户整合与迁移的不同需求，提供不同的迁移服务，确保满足客户需求，可提供应用级数据迁移和存储级数据迁移服务。该工具目前支持物理机迁移和虚拟机迁移两种功能场景。

该工具的主要功能模块有镜像制作、数据传送和增量同步。镜像制作是制作操作系统盘镜像文件，将镜像文件传送到目标虚拟机所在的 CNA 节点（计算节点代理，云环境中的一个网络节点）或中转服务器上，使用镜像文件覆盖迁移目标虚拟机的系统盘。该工具采用 B/S 架构，部署简单，使用方便。其使用原理与部署说明如图 10-14 所示。其中，HConvertor 迁移服务器端部署在 Windows 系统中，用于创建和调度迁移任务。源端可以是物理或虚拟主机，目的端是华为云平台，支持中转迁移方式。源主机指执行迁移的物理或虚拟主机，支持主流的 Linux、Windows 系统。华为云平台是使用裸金属结构的华为云计算平台。迁移工程师使用的迁移操作终端支持使用 IE 或 Firefox 浏览器登录 Hconvertor 服务器，实施迁移操作。

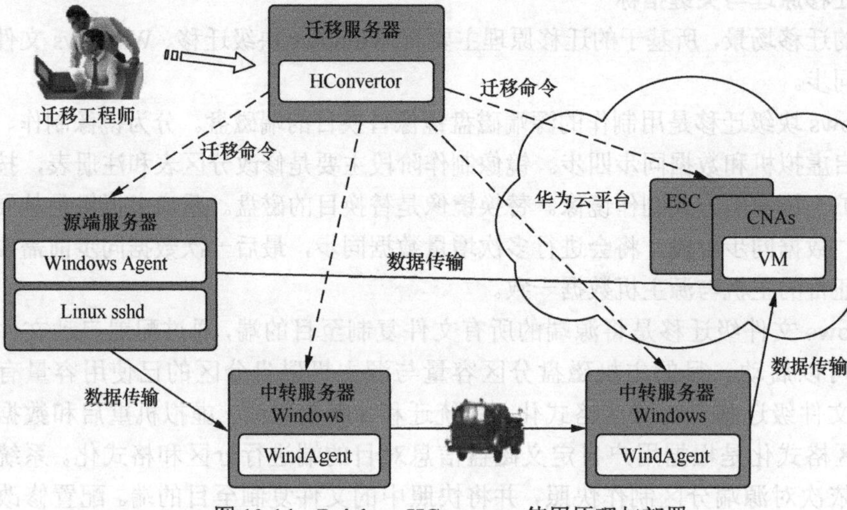

图 10-14　Rainbow HConvertor 使用原理与部署

10.5　本章总结

本章围绕云数据中心迁移服务，详细描述了迁移服务的内涵和方法。针对现状评估、规划设计、实施和验证三个流程，结合中外运项目实例，详细阐述了各阶段的工程内容和使用的工具，重点描述了在进行容量规划过程中，计算资源、存储资源和虚拟化性能需求评估计算方法。

第11章 “十万桌面云”项目

桌面云（通常也称为“虚拟桌面”“云桌面”等），是一种典型的云计算应用。它在服务器端承载用户的桌面服务和桌面应用程序，而用户可以通过瘦客户端或者其他任何联网设备来进行访问。当前桌面云解决方案主要分为 VDI (Virtual Desktop Infrastructure)和SBC(Server-Based Computing)两大类。其中基于 VDI（见图 11-1）的虚拟桌面方案，其原理是在服务器侧为每个用户准备其专用的虚拟机，并在其中部署用户所需的操作系统和各种应用，然后通过桌面显示协议将完整的虚拟机桌面交付给远程的用户，具有与传统的基于 PC 的本地桌面（以下简称为“本地桌面”）十分接近的使用体验，且能够较好地实现性能隔离和安全隔离，服务质量容易得到保障，因此成为传统本地桌面向桌面云转型的主要方式。

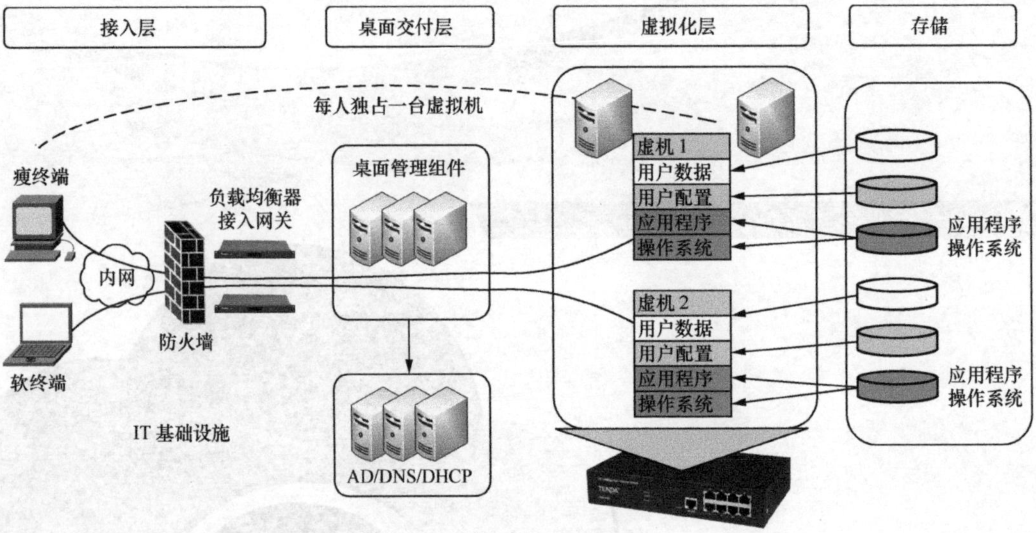

图 11-1　VDI 典型架构

与本地桌面相比，VDI 有如下一些优点：

（1）可从任何地方访问真实桌面；

（2）易于管理；

（3）易于备份；

（4）集中式数据存储；

（5）桌面运行于服务器级硬件上，具有较高的可靠性、能源效率和空间效率。

本章主要以某大型 ICT 企业（以下称之为“H 集团”）建设实施的桌面云项目为例，探讨大中型企业桌面云建设的需求分析、方案设计、实施过程和运维组织。

11.1　业务背景

H 集团是一个年销售规模近 2400 亿人民币的世界 500 强公司，其总部设在中国深圳，并在海外设立了 22 个地区部，100 多个分支机构。该企业提供的电信网络设备、IT 设备及解决方案、智能终端等产品/服务已应用于全球 170 多个国家和地区。

该企业非常注重研发与技术创新，每年将销售收入的 10%以上投入研发，在世界各地设立了 17 个研究所（研发中心），采用国际化的全球同步研发体系，聚集全球的技术、经验和人才。企业员工总数近 15 万人，其中超过 45%从事创新、研究与开发。

11.2 项目建设愿景与实施过程概况

随着企业规模增长，传统的本地桌面办公模式越来越显示出其局限性，例如：

（1）PC 生命周期短，每 3～5 年淘汰重购一次；

（2）功耗高（一般为 200W 左右）；

（3）硬件失效率较高，维护成本高；

（4）信息存放在本地，存在信息安全风险；

（5）办公场所占用空间大，配件（如安全机箱、网口盒等）成本高。

VDI 技术的发展，为解决上述问题提供了技术路径：

（1）通过将用户桌面（及桌面应用）托管在服务器上，应用云计算技术的高可伸缩性，一方面通过资源整合提高硬件资源的利用率，另一方面在应用升级需要更多硬件资源时，可低成本地进行水平扩展（添加新的服务器而非全面更换原有硬件）；

（2）较高的服务器端硬件资源利用率配合低功耗的瘦客户端设备，使得单个用户的平均功耗大幅降低（根据统计数字，每用户功耗可下降到 60～70W）；

（3）桌面运行于数据中心内的服务器级硬件上，而服务器级硬件可靠性较高，且具有良好的冗余与环境控制，可大幅降低故障率。同时集中管控的服务端有效降低了平均故障修复时间（MTTR）；

（4）桌面托管在服务器上，所有数据均存放在数据中心内，瘦客户端设备仅通过统一的桌面访问协议进行访问，大大降低了信息安全风险；

（5）办公场所仅需安装瘦客户端设备，噪声、功耗低，占用空间小，也无需添加高成本的安全机箱等配件。

大型桌面云实施项目，涉及十万用户、数千台服务器和网络设备，涉及操作系统、网络、存储、虚拟化、项目管理、IT 运维等多个专业领域，其难度非常大，需要经验丰富、紧密协作的项目团队，与用户之间及时顺畅地沟通反馈，以及在大型系统和网络建设方面严格规范的管理制度。然而，即使到本书写作的 2015 年，10 万用户级别的桌面云项目仍属凤毛麟角，更不必说在项目立项的 2008 年。因此，该企业采取了“统一规划、分步实施、充分反馈、稳步推进”的迭代式实施策略，整个项目（以下称为“十万桌面云”项目）历时近 5 年，完成了 10 万用户桌面云的部署。

需要注意的是，单个桌面云基础架构管理服务器能够管理的物理服务器集群和虚拟桌面池，其规模都有相应的限制，如单个 vSphere 5.1/5.5 物理服务器集群最多包含 32 个物理机，管理的虚拟桌面数量不超过 30 000 个。再进一步考虑到广域网通信的代价和组网的复杂性，大规模的桌面云往往会根据用户业务类型、安全需求、所在地域等，依照上述限制划分为多个 Service Block，每个 Service Block 包含独立的基础架构服务器进行管理（为提高系统的可用性，基础架构服务器一般部署在多台物理服务器组成的 HA 集群上，称为基础架构资源池），再根据实际需要部署一个或多个承载虚拟桌面的工作者资源池（同样由多台物理服务器组成 HA 集群，虚拟桌面可在同一 HA 集群内的物理服务器之间进行迁移）。以 H 集团“十万桌面云”项目为例，依据安全域和用户所在地域，共划分为 15 个 Service Block，其总体拓扑如图 11-2 所示。

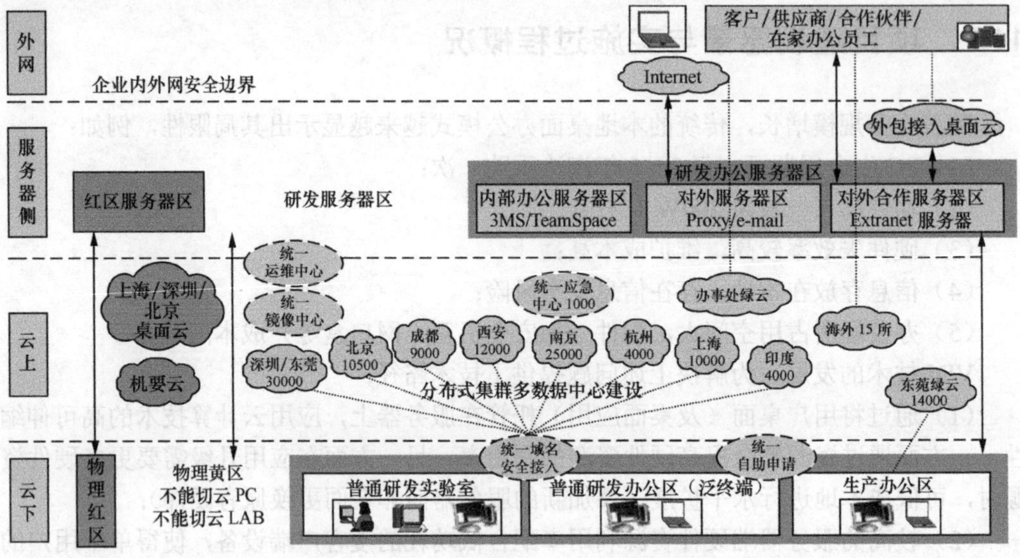

图 11-2 “十万桌面云”项目总体拓扑

由于每个 Service Block 的规划、部署方法基本相同，以下描述方案细化过程和实施过程时，均以该企业西安研究所的 Service Block（以下称为“西研桌面云”）为例。

11.3 需求分析

H 集团内部研发部门的用户需求非常广泛，包括普通办公、开发编译、高性能看图制图、音视频会议等。为满足广泛多样的用户需求，细致的需求调研与汇总分析必不可少。图 11-3 为“十万桌面云”项目的需求分析流程。

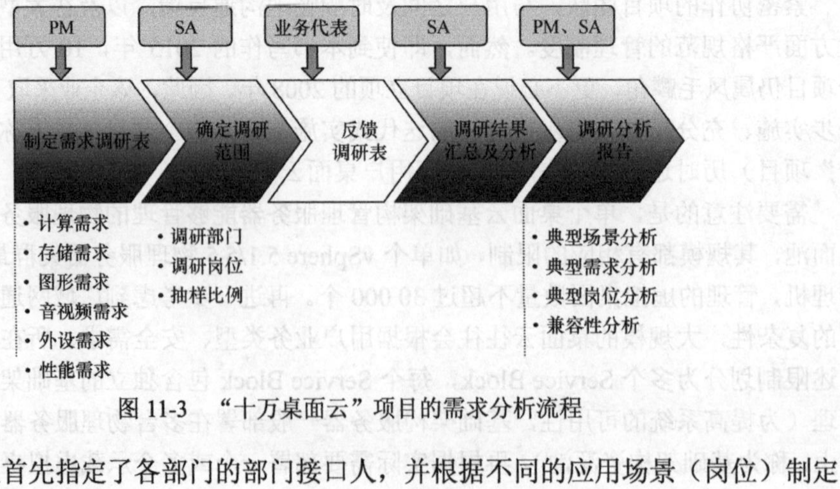

图 11-3 “十万桌面云”项目的需求分析流程

项目团队首先指定了各部门的部门接口人，并根据不同的应用场景（岗位）制定了需求调研表，发放给部门接口人进行填写反馈。表 11-1 为一份需求调研表示例。

表 11-1 需求调研表示例

反馈人姓名		反馈人工号			
所属部门		部门人数			
填表日期					
需求	**子需求**	**反馈**	**人数**	**备注**	**说明**
办公类型	设计、开发、测试、资料、秘书等	请描述办公类型			
图像处理需求	是否对图像处理有特殊要求（如 3D 处理等）	请选择，可在备注详细说明			
	是否有编辑高清视频的需求	请选择，可在备注详细说明			
	一般处理图像的大小（如 MB）	请选择，可在备注详细说明			
双显示器需求	是否有需要双显示器的需求	请选择，可在备注详细说明			如果没有双显示器需求，后两项不需要填写
	双显示器的分辨率要求分别为多少				
	其他特别要求				
外接接口需求	是否有外接接口需求	请选择，可在备注详细说明			
	外接接口的类型（串口、并口、光驱等）	请选择，可在备注详细说明			
视频播放需求	是否有视频流播放需求（工作需要）	请选择，可在备注详细说明			如果没有视频播放需求，后一项不需要填写
	视频流的码率为多少（比如 Kbit/s）	请选择，可在备注详细说明			
软件兼容性需求	是否采用了其他虚拟平台，如 VMWare 等	请选择，可在备注详细说明			
	使用的软件列表				
音频需求	是否有音频播放，录入需求	请选择，可在备注详细说明			
	音频码流的大小（Kbit/s）	请选择，可在备注详细说明			
多网卡需求	办公 PC 是否有多网卡、多平面需求	否			
开发平台（日常主要使用的开发、测试工具）	列举部门开发测试的常用工具	此处说明该办公类型人员常用的开发、测试工具			
是否使用 PROE、CAD 进行设计		请选择，可在备注详细说明			
分布式编译	是否需要分布式编译	请选择，可在备注详细说明			
存储需求	用户期望的数据盘大小	请选择，可在备注详细说明			
当前 PC 配置	CPU/内存/硬盘/操作系统	此处说明该办公类型人员当前使用的 PC 机配置			

收集到反馈的需求调研表后，项目团队进行汇总，根据用户行为、岗位、安全级别等信息进行分类，抽取出典型业务场景，并针对每个典型场景选定种子选手（典型用户），与其一起撰写调研报告，识别出后续项目 POC 测试或交付过程中需要重点关注的问题，如性能问题、兼容性问题等。表 11-2 为最终抽取出的典型业务场景。

表 11-2　典型业务场景

需求类别	业务场景	子场景
普通办公型	日常办公	所有研发人员
		管理/秘书
		运维/维护
		开发/测试
		市场/行销
		合作/外包
	会议室	所有会议室
高性能型	高性能显示	视频：涉及高清视频的开发测试人员
		图像：涉及 PCB 开发
		超高图形能力：涉及图形工作站
	高性能计算	涉及软件开发测试人员、单板软件开发人员
特殊场景	功能型	多 VM：涉及软件测试人员等
		非 Windows 需求：涉及软硬件开发人员
		多端口：涉及底层软件开发人员
		双网卡：涉及跳转隔离网络
	情景型	开发办公网络隔离
		结对开发
		异地研发
		红黄绿云建设
		机要云
		供应链轮班
		生产线生产办公隔离

对于 X86 平台的 PC 来说，如不考虑图形需求、音视频需求、外设需求等特殊需求，PC 的性能主要由其“三大件”——CPU、内存、硬盘——的规格决定的。如果简化处理，完全可以仅使用典型业务场景典型用户的当前 PC“三大件”的配置作为容量规划的输入项，来规划计算出 VM 规格、物理服务器规格、物理服务器承载 VM 数量等指标。对于部门级桌面云建设项目（十几个到几十个用户），上述简化过程完全适用。但是对于本案例所涉及的大型桌面云，这种简化过程显然存在一些问题：

（1）PC 配置多样且更新周期短，典型业务场景所涉及的用户，其现有 PC 的“三大件”配置往往有很大差异；

（2）对于 PC 上的日常办公等业务，“三大件”配置对性能的影响往往是交织在一起的，如增加内存可以减少对磁盘的访问，从而降低 CPU 占用率；

（3）部门级桌面云项目中的物理服务器数量（影响桌面云成本的最重要因素之一），受系统可用性、网络架构等因素影响更大，因此计算资源、内存资源和存储资源往往较为充足。而大型桌面云中，物理服务器数量主要由用户数及各类用户对相关硬件资源的真实需求决定，准确估算典型用户的真实资源需求对项目建设成本关系重大。

因此在大型桌面云建设项目中，有必要根据原有 PC 配置、现场收集的资源占用数据和验收标准来建立更准确的性能评估模型，以在用户体验和项目成本之间找到合适的平衡点。

基于此，项目团队对各典型业务场景进行了现场资源占用和关键应用体验的指标数据采集，并利用采集到的数据建立起业务压力模型和 QoS 标准，形成了性能基线库，作为下一阶段容量规划的输入，并根据性能基线库确定了用户桌面的性能验收标准。其过程如图 11-4 所示。

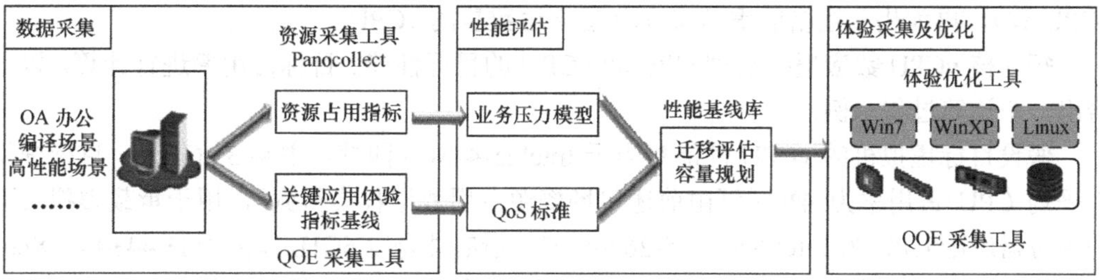

图 11-4 性能评估模型建立方法

11.4 方案设计

由于不同用户的应用特点差异较大，大型信息系统实施的方案必须从系统的架构、软硬件资源规划、安全性、可靠性、可运维性等多个方面加以设计。考虑到桌面云的特点，以下主要从容量规划、网络设计和安全性设计这三个方面对“十万桌面云”项目的方案设计加以讨论。

11.4.1 总体设计原则

针对前述项目愿景和目标企业的典型业务需求特点，项目团队确定了以下项目总体设计原则。

（1）合理的架构。系统整体方案架构清晰合理，各个子方案架构技术成熟和易于实施。

（2）端到端安全性。架构安全，完善的多层次安全防护；应用安全，兼容主流病毒防护软件；数据安全，内置多种数据保护机制。

（3）兼容性与扩展性。系统具备良好的兼容性，功能模块应考虑未来的平滑扩展。

（4）高性能与可靠性。主要硬件和软件均应经过大规模组网运行验证。提供相应的冗余部署，确保性能和可靠运行。

（5）集中管理和运维。集中的云管理平台，在统一界面对各类资源进行建立和管理，提高运维效率。

（6）规范化的项目实施和管理。实践优化的项目流程，全方位的项目组织保障。

11.4.2 容量规划及设备选型

桌面云的容量规划实际上就是要模拟大量 PC 操作系统中的运算、存储、传输需求统一到一个桌面虚拟化架构后，如何科学统计原来分散在大量 PC 中的运算、存储、传输需求，并做到精确定量。

（一）CPU 容量规划

在服务器整合项目中，由于被整合服务器数量较少，配置差异较大，且通常较为老旧，CPU 容量规划一般按照：

被整合 CPU 容量×被整合服务器 CPU 占用率=新 CPU 容量×目标服务器 CPU 占用率的原则进行。而在桌面云中，核心需求是批量生成和分发一种或几种容量的虚拟机，因此通常先设计每个目标 CPU（内核）承载的虚拟 CPU（以下称 vCPU）个数（每内核 vCPU 数），再为相应规格的虚拟桌面分配合适数量的 vCPU。

每内核 vCPU 数应根据物理 CPU 和 vCPU 的目标性能、目标占用率进行计算。以下给出一个计算过程示例：

假设目标虚拟机的 vCPU 性能相当于 Intel i5-4430（四核，主频 3.0GHz），目标虚拟机平均 CPU 占用率为 4%（可由前述现场资源占用数据收集得到），用于承载虚拟桌面的服务器所配 CPU 为 Intel Xeon E5-2640L v3（八核，主频 2.6GHz）。由于 i5-4430 和 Xeon E5-2640L v3 都使用 Haswell 微架构，因此可假定每个 CPU 内核的性能与主频成正比。同时考虑到虚拟化后 CPU 性能下降 6%～10%，取中值 8%，则单个物理 CPU 内核性能与目标虚拟机 vCPU 性能比值为：

$$R_{CPU/vCPU} = 2.6\times(1-8\%)/3\approx 0.8$$

一般认为，X86 平台系统 CPU 占用率超过 80%～85%后，CPU 性能效率将开始下降，因此服务器的目标 CPU 占用率取为 80%，则

$$\text{每内核 vCPU 数} = R_{CPU/vCPU}\times 80\% / (4\times 4\%) = 4$$

不同微架构的 CPU，其性能不能简单地通过主频比率进行估算，这时可根据一些第三方测试机构发布的典型 CPU 性能测试数据（如 SPECint 数据）来进行估算（也可使用这些测试机构发布的测试工具自行测试）。

实践中，很多时候也可以根据虚拟化软件供应商提供的经验值来确定，如表 11-3 所示。

表 11-3 不同工作负荷的 CPU 需求

Workload	Hosted VDI: Windows 7	Hosted VDI: Windows 7 with Personal vDisk	Hosted VDI: Windows XP	Hosted Shared: 2008 R2
Dual Socket				
Light	13	11	15	18
Normal	10	8	11	12
Heavy & OpenGL	5	4	8	6
Quad Socket				
Light	11	9	12	15
Normal	8	6	9	10
Heavy & OpenGL	4	3	7	5

（二）内存容量规划

虚拟化技术的实质是 CPU 分时复用，在运行时，物理服务器承载的全部活动虚拟机都将装入内存。要基于内存计算每个服务器承载的虚拟机数量 NUM_{vm}，可使用以下公式：

$$NUM_{vm} = RAM_{ps}\times R_{mmu} / (RAM_{guset} + RAM_{vCPU}\times NUM_{vCPU}+RAM_{gm})$$

式中：

RAM_{ps} 为物理服务器的内存容量；

R_{mmu} 为物理服务器的内存最大使用率，一般可取 80%；

RAM_{guset} 为分配给 VM 的内存；

RAM_{vCPU} 为每个 vCPU 内存的开销，一般取 0.09～0.1GB；

NUM_{vCPU} 为每台 VM 的 vCPU 个数；

RAM_{gm} 为每台 VM 显示内存开销，当每台 VM 配 1 台显示器，显示分辨率为 1920×1080 时，一般取 0.01～0.03GB。

在桌面云项目中，对于典型的日常办公用 Windows 7 虚拟机，RAM_{guset} 取 1GB 基本足够，但为了减少 GuestOS 由于缺页而将数据写入页面文件，增加存储开销，通常 RAM_{guset} 应比虚拟机上最大活动负载多大约 25%。再考虑到 vCPU 和显存的开销，可为日常办公用虚拟桌面分配 2GB 内存，涉及编译等应用的研发办公用虚拟桌面，以及其他对计算、图形处理要求较高的虚拟桌面，可以配置 4GB 内存。

由上述分析可知，在当前的虚拟化环境中，不同于可分时复用的 CPU 和 I/O（网络和存储带宽等），需要的内存容量往往大于被替代的 PC 内存总和，对提高宿主机承载虚拟桌面的密度限制较大。因此近年来虚拟机内存复用技术（Memory Overcommit）一直是云计算领域的研究热点之一，业界也就此提出了一些技术方案，如气泡驱动（Ballooning Driver）、VMM 分页换出技术（On Demand Paging/Swap）、基于内容的页共享（Content-based Page sharing）、Transcient Memory 等。然而，这些技术还不够成熟（如成熟度最高的气泡驱动技术在 VMware、KVM、Xen 等 Hypervisor 中都已经得到了实现，甚至在 Xen 中是默认开启的，但该技术属于灰盒技术，需要在 Guest OS 中安装前端驱动，且在使用时有一些限制，如在虚拟机启动时 Hypervisor 只能提供其给定大小的内存，启动完成后才能通过“窃取”/归还的方式进行内存复用），且随着虚拟化技术的流行，近年来服务器厂商对大内存配置进行了优化，当前主流的服务器大多支持配置 256GB 以上的物理内存，即使空间密度最高的刀片服务器，单块往往也能配置 192GB 或更多的内存，同时为物理服务器增加内存也很方便。因此，在进行内存容量规划时，一般不考虑内存复用，而是在使用过程中视情况决定是否进行“内存超配”。

【案例：西研桌面云 CPU 规划】

通过需求分析，西研桌面云所需的虚拟桌面规格及相应数量见表 11-4。

表 11-4 西研桌面云所需的虚拟桌面规格

需求类别	业务场景	子场景	虚拟桌面规格	数量
普通办公型	日常办公	所有研发人员	2U4G	1417
		管理/秘书	1U2G	875
		运维/维护	2U2G	6
		开发/测试	4U4G	2058
		市场/行销	1U4G	2368
		合作/外包	1U2G	405
	会议室	所有会议室	2U4G	54

续表

需求类别	业务场景	子场景	虚拟桌面规格	数量
高性能型	高性能显示	视频：涉及高清视频的开发测试人员	4U8G	62
		图像：涉及 PCB 开发	4U8G	234
		超高图形能力：涉及图形工作站	—①	85
	高性能计算	涉及软件开发测试人员、单板软件开发人员	4U8G	133
特殊场景	功能型	多 VM：涉及软件测试人员等	4U16G	451
		非 Windows 需求：涉及软硬件开发人员	2U2G	859
		多端口：涉及底层软件开发人员	2U2G	370
		双网卡：涉及跳转隔离网络	2U2G	252
	情景型	开发办公网络隔离	2U2G	163
		结对开发	4U4G	132
		异地研发	4U4G	48
		红黄绿云建设	2U2G	4
		机要云	—②	187
		供应链轮班	2U2G	214
		生产线生产办公隔离	2U2G	954

注：① 提升虚拟桌面的图形处理能力（GPU 虚拟化）一直是桌面云领域的研究热点，目前已有一些厂商开始提供相关产品和方案（如 NVIDIA 的 GRID 虚拟化图形加速卡），但从性能、兼容性及成本等方面综合考虑，GPU 虚拟化技术尚不成熟，因此对于需要超高图形能力的用户，仍建议使用独立的图形工作站。

② 基于安全性考虑，“十万桌面云”项目中的机要云（“红云”）用户，所使用的虚拟桌面都在深圳总部的数据中心统一托管，因此西研桌面云内不包含这些用户的虚拟桌面。

由表 11-4 计算出，西研桌面云所有虚拟桌面共需 24610 个 vCPU，代入前述每内核 vCPU 数，并预留 10%的 CPU 资源，可计算出所需的物理 CPU 内核数：

$$\text{物理 CPU 内核数} = \text{vCPU 数} \times (1+10\%) / \text{每内核 vCPU 数}$$

$$= 24610 \times (1+10\%) / 4$$

$$\approx 6768$$

综合考虑性价比，西研桌面云选用双路刀片服务器用于承载虚拟桌面，每块刀片服务器均配置 2 个 Intel Xeon E5-2450 8 核 CPU，则承载虚拟桌面的刀片服务器数量计算为 $6768/(2\times8)=423$(个)。

同样由表 11-4 计算出共需 43064GB 内存，则每块刀片服务器需配置内存容量至少为：

$$43064\text{GB}/424 \approx 102\ \text{GB}$$

考虑到今后内存需求的增长，决定使用 16GB 内存条，因此为每块刀片服务器配置 8 条 16GB 内存条共 128GB 内存。

（三）存储规划

存储系统是桌面虚拟化的核心组件，其设计规划是桌面云项目中非常重要的环节：

一方面，存储系统（特别是基于 SAN 的集中式存储系统）成本往往占桌面云项目设备成本的 1/5 以上；另一方面，存储系统通常会成为桌面云系统的性能瓶颈，其性能表现直接影响到虚拟桌面的用户体验。

存储系统规划主要包括存储空间规划与存储性能（主要是 IOPS）规划。其中存储空间规划较为简单。仍以日常办公型 Windows 7 虚拟桌面为例，其 Guest OS 系统盘一般分配 30GB 空间即已足够，再加上 Hypervisor 的内存映像文件（与虚拟桌面内存大小一致）、日志文件（一般不超过 0.1GB）等空间，以及 Hypervisor 文件系统开销（一般取 10%左右），并留出一定的用户数据存储空间，以及统一安装必需的应用软件，每个虚拟桌面空间占用按 40～50GB 计算已足敷使用。即使再使用镜像方式提高虚拟桌面的可用性，则每个用户的存储空间最多按 80～100GB 计算即可。对于 TB 级磁盘已渐成主流的今天，满足存储空间要求是很容易的。

而存储性能规划则非常关键。VDI 桌面云对存储的性能有非常高的要求：第一，由于 Hypervisor 的引入，使得虚拟机内部的磁盘访问请求需要经历更长的 I/0 路径，增加了额外的 CPU 开销；第二，Hypervisor 的引入也使得虚拟机内部的相关块设备驱动程序很难获取准确的存储设备相关信息，影响了一些磁盘访问优化技术（如交错读写）的使用；第三，由于整合了大量的虚拟桌面，使得共享存储设备需要面对和处理成倍增加的并发访问请求，进一步加剧了其性能瓶颈。

影响存储性能的因素主要包括存储（连续读写）带宽和数据访问 IOPS。由于办公环境中很少出现大量用户同时进行连续读写的场景，在 VDI 桌面云中，对存储带宽要求并不高（例如，统计数据表明，每个 Windows 7 虚拟桌面的平均存储带宽需求在 110～230KB/s 之间，而单块 300/600GB 服务器硬盘持续传输带宽在 110～170MB/s 之间，单条 8GB FC/10GbE IPSan 链路可提供 800MB/s 的存储访问带宽），存储带宽不会成为系统性能瓶颈。桌面云系统进行存储访问的特点是小块数据随机读写，因而对存储系统 IOPS，每秒读写操作次数）要求特别高。表 11-5 给出了 Windows XP 和 Windows 7 两种虚拟桌面在不同状态下 IOPS 负荷的典型值（相应虚拟桌面均进行过磁盘访问优化，且所有 IOPS 消耗值均为平均值，峰值状态可能更高）。表 11-6 给出了常见服务器磁盘的 IOPS 性能。另外，如果磁盘组成 Raid 阵列，对磁盘的写 IOPS 性能可能有较大影响（如组成 Raid 1 或 Raid 10，则平均单盘写 IOPS 性能下降一半；组成 Raid 5，平均单盘写 IOPS 性能下降 75%）。

表 11-5 不同工作状态的 IOPS 需求

状 态	IOPS 消耗	
	Windows XP 虚拟桌面	Windows 7 虚拟桌面
空闲	0～4	0～4
启动	50～100	27～100
登录	14	10～12
注销	12	10～12
轻载工作	3～4	4～5
中载工作	6～8	8～10
重载工作	20～40	26+

表 11-6　常见服务器磁盘的 IOPS 性能

存储设备	Random IOPS（单块磁盘）
FC 15k rpm	180
SAS 15k rpm	180
FC 10k rpm	140
SATA 7.2k rpm	80
SSD	5000

由表 11-5 和表 11-6 可知，在 VDI 桌面云中，存储系统的 IOPS 资源非常紧张，在规划存储系统时一定要进行 IOPS 验算，根据虚拟桌面需求调整存储服务器的磁盘数、LUN 划分、Raid 设置等方案，避免出现性能瓶颈，甚至导致项目失败。建议在存储系统规划时先直接使用 IOPS 需求进行规划，指导设备选型。例如，一个 15000 个虚拟桌面的桌面云建设，假定每个虚拟桌面按 12 IOPS 计算（读、写操作各占 50%），并增加 20% 的裕量，则总的 IOPS 需求为

$$15\,000 \times 12 \times (1 + 20\%) = 216000\ \text{IOPS}$$

假定使用 15k r/min 的 SAS 磁盘，并组成 Raid 5 阵列，则需要的数据盘数为

$$216\,000 / [(0.5 + 0.5 \times 0.25) \times 180] = 1920\ 块$$

假定使用的 SAN 存储服务器所用的磁盘柜为 24 盘位，每个磁盘柜配置 2 个 LUN 和 2 块热备盘，每个 LUN 由 10 块数据盘、1 块校验盘组成一个 Raid 5 阵列，则共需

$$1920/20 = 96\ 个磁盘柜$$

假定使用的存储服务器最大可配置 22 个磁盘柜，则需要的存储服务器套数为

$$96/22 \approx 4.36，上取整到\ 5$$

考虑到统一使用 3.5 寸硬盘，则每套存储服务器包括 1 个 2U12 盘位控制框和 20 个 4U24 盘位硬盘框，最多安装 492 块磁盘（其中数据盘数量为 410 块）。

考虑到项目进行时主流的 15k r/min SAS 硬盘，单块容量一般为 147GB、300GB 或 600GB，以下根据虚拟桌面所需容量来确定单盘容量。

西研桌面云主要配置 Windows 7 虚拟桌面，平均每个虚拟桌面所需存储空间设为 70GB，再留出 10%的空间用于桌面云的基础设施与镜像管理、虚拟桌面分发等功能模块的安装运行，则整个桌面云共需存储空间：

$$15\,000 \times 70 \times (1 + 10\%) \approx 1128\ \text{TB}$$

则单盘容量应大于：

$$1128\text{TB}/1920 \approx 601\ \text{GB}$$

考虑到实际使用中可应用链接克隆、精简配置等技术减少大量的虚拟桌面实际占用空间，且 5 套存储服务器的硬盘并未满配，将来增加磁盘较为简单，因此采用单块 600GB 的 15k r/min SAS 硬盘即可满足要求。

（四）存储系统优化

上面的案例中设计的存储系统可以满足 VDI 桌面云在一般情况下的的存储性能要求。然而，在企业环境中，某些存储访问需求是与时间相关的。最典型的例子是“启动风暴”：通常每个工作日开始的一段时间内（如 8:00～9:00），会有大量的用户同时启动虚拟桌面，引起大量存储 I/O 操作超过存储系统的 IOPS 能力，从而令桌面启动和登录时间延

长。在一些比较极端的例子中，桌面用户可能需等候超过几十分钟，甚至完全无法登录系统。

在发现存储性能不足时，通常采取的措施包括：

（1）增加足够多的硬盘提供更多的 IOPS。然而通过简单地计算即可知道，要应付“启动风暴”中 IOPS 的几倍乃至几十倍的增长，所需的硬盘也需相应增长，这将引发磁盘柜、存储服务器、SAN 端口以及相关软件授权数目的相应增长，最终导致存储系统成本激增。

（2）为存储服务器配置大容量 Cache。这同样会大幅度提高存储系统成本，同时虚拟桌面 I/O 需求对于存储服务器来说近似随机读写，Cache 的命中率不会太高。

要解决上述问题，可以采用以下一些措施：

（1）降低存储访问需求的时间相关性。例如，在工作日开始之前分批启动虚拟桌面；将同一部门的虚拟桌面分配到不同的 LUN 上；关闭虚拟桌面中的操作系统/应用程序自动更新、定期磁盘碎片整理，以及定期病毒扫描等功能，代之以在母版映像（Master Image）中由管理员统一完成上述工作。

（2）建立分级存储系统，根据不同的存储要求，将相关文件放置到不同性能特点的 LUN 上。例如，将虚拟桌面母盘放置到 SSD 组成的 LUN 上，将差异克隆（Diff Disk）放置到 Raid 0 LUN 上，将桌面的用户文件夹重定向到 NAS 上。

（3）使用虚拟桌面服务器的本地存储来缓存对共享存储的访问。例如，IntelliCache 技术可以在池化 VM 在某个服务器上首次启动时，在本地磁盘上保存母盘镜像的一份副本。该服务器上（使用该母盘的）其他池化 VM 启动时则直接使用本地缓存的母盘镜像，进而将集中存储的 IOPS 要求降低最多 95%。IntelliCache 允许集中存储系统使用低成本、低规格的存储设备，因此一般可将部署总成本降低 15%～35%，配合 SSD 和前述其他措施可有效解决“启动风暴”等存储系统性能问题。

（4）引入 Server SAN/软件定义存储等新技术。VDI 桌面云中存储系统性能问题根源在于集中式共享存储适应不了云计算的弹性横向扩展，要么无法满足应用需求，要么构建和维护成本过高。因此业界提出了 Server SAN，即用虚拟桌面服务器的本地存储或直连存储，通过管理软件组成一个分布式存储资源池。许多虚拟桌面基础设施供应商已有相应的产品，如 VMWare 的 vSphere Storage、华为的 Fusion Storage 等。许多研究者认为，这类技术结合 SSD 的高 I/O 吞吐量将可以真正解决 VDI 桌面云的“存储瓶颈”。

【案例：西研桌面云存储优化措施】

西研桌面云采取了以下存储优化措施。

（1）在系统中加入一个磁盘柜（配置 24 块 100GB SAS SSD），组成 1 个高速 RAID 5（约 2TB 存储空间）LUN，用于存放各个虚拟桌面母版映像，以支持虚拟桌面集中启动时对母版映像的大量读操作。

（2）在每台物理服务器上配置 2 块 15k r/min 300GB SAS 磁盘（组成 Raid0），并启用 IntelliCache，以减少对共享存储的 I/O 访问。

采取上述措施后，在后续的压力测试中，在 5 分钟内同时启动 10000 个虚拟桌面，所有桌面均顺畅完成了启动和登录，平均开机时间低于 1 分钟，用户体验与物理 PC 无异，消除了“启动风暴”的影响，且增加的成本平均到每个虚拟桌面不超过 300 元。

【案例：西研桌面云服务器设备选型和机柜分组】

由前所述，西研桌面云共计 424 块物理服务器，综合考虑后选定 XH320 V2 刀片服务器（配 2 个 Intel Xeon E5-2450 8 核 CPU，160GB 内存，2 块 100GB SSD）。由于所采用的基础设施管理服务器的逻辑集群最多可包含 128 个物理服务器，考虑到今后容量扩展需求，因此将 424 块刀片服务器组成 7 个工作集群（每个集群最多配置 64 个物理服务器），另外增加 3 块同型刀片服务器组成管理集群（2+1 冗余），承载桌面管理服务器和云平台管理服务器。

（1）计算/管理机柜组：选定使用 X6000 多节点服务器（2U 刀片机箱，可安装 4 块 XH320）安装这些刀片服务器，各个集群的刀片不混插在同一台 X6000 中，各个集群的 X6000 分开在不同的机柜中，则共计 110 台 X6000 多节点服务器，组成 7 个工作集群和 1 个管理集群，每个集群（及其接入交换机）放到一个机柜中。

（2）存储机柜组：存储系统包括 5 套 S5500T 存储服务器，前 4 套 S5500T 每套包含 1 个 2U 控制柜和 20 个 4U 硬盘柜，第 5 套包含 1 个 2U 控制框和 15 个 4U 硬盘柜（14 个安装 15k r/min SAS 600GB 硬盘，1 个安装 100GB SSD）。每套 S5500T 占用 2 个机柜，存储机柜组共包含 10 个机柜。

（3）网络机柜组：桌面云使用的核心和汇聚层交换机、防火墙、负载均衡设备等放到 1 个机柜中。

11.4.3 网络设计

VDI 桌面云让企业可以大规模管理、部署和升级终端用户设备，从而大幅节省时间和资源。它还让广大用户能够从任何一个设备或任何一个地方登录到其虚拟桌面，访问企业文档、电子邮件、日历、应用程序等内容。与此同时，也给网络基础设施带来很大的压力。因此，规划良好的网络基础设施是 VDI 桌面云项目获得成功的基础之一。

服务器/桌面虚拟化、融合网络等技术的发展，一方面为企业提供了节约 IT 设备投资的途径，另一方面也使得网络设计更为复杂，需要考虑的问题更多。因此有必要对桌面云网络内的网络流量进行分析，以明确设计需求。考虑到虚拟桌面是承载在集中部署在数据中心的服务器集群中，而由于端口聚合、10GbE 等技术的成熟，数据中心网络的带宽资源通常较为丰富，因此，以下仅进行定性分析。

（一）VDI 桌面云网络流量分析

典型的（企业私有）VDI 桌面云内网络流量一般包含远程桌面访问流量、虚拟桌面访问（本地）应用服务器流量、虚拟桌面访问外网流量和虚拟桌面之间相互访问流量等[7]。另外，存储访问流量和网络管理流量也需要统一进行考虑。

（1）远程桌面访问。远程桌面访问流量是指用户端设备到虚拟桌面之间的网络流量，其传输的内容主要是虚拟桌面的图像信息（包括桌面图像的像素信息以及图像变化量信息），以及客户端设备（包括键盘、鼠标等交互设备和摄像头、麦克风等多媒体设备）产生的人机交互输入信息。远程桌面访问的传输路径、可用性及安全性需求等与传统办公网络基本一致，仅虚拟桌面图像信息导致所需的下行带宽较传统办公网络更高，但（百兆或千兆接入的）传统办公网络的带宽资源完全可以胜任，因此在实际项目中，往往通过利旧原有办公网络来符合此类访问流量。

（2）虚拟桌面访问应用服务器。相较于传统办公网络，桌面云内虚拟桌面到应用服务器的网络流量集中到数据中心内部。此类流量的特点是可用性、安全性和可管理性要求较高，而所需带宽在不同业务场景中差别较大，但通常并不高。此类流量传输可以通过数据中心内的软件虚拟交换机、各层次的物理接入/汇聚交换机及核心交换机完成。利用较低层次的虚拟/物理交换机完成相关流量的交换有利于节省较为昂贵的核心交换机带宽/路由处理资源，但会大幅度增加网络管理的复杂性。因此，通常将底层虚拟/物理交换机配置为隔离方式，仅允许纵向流量通过而禁止横向传输，将相关流量的交换完全放到核心交换机内完成。

（3）虚拟桌面互访。虚拟桌面互访对应传统办公网络中的 PC 互访，在桌面云中此类流量特点与第 2 项相似。同时在大型办公网络中，为简化管理，提升网络安全性，通常建议禁止 PC 之间直接互访。因此在桌面云中一般通过配置核心交换机直接禁止此类流量。

（4）虚拟桌面外网访问。桌面云用户访问外网与传统 PC 用户的需求相似，只是传输路径由传统的 PC—办公网接入/汇聚交换机—核心交换机—外网出口变为虚拟桌面—服务器接入/汇聚交换机—核心交换机—外网出口，相应的访问控制、带宽控制、行为管理等工作仍然在数据中心外网出口处完成，且由于物理传输路径大大缩短，往往可以使用更低成本的传输介质（用超五类/六类 UTP 代替光纤等）。

（5）存储访问。传统办公网络中，PC 通常使用本地硬盘作为存储设备，仅有应用服务器需要访问网络存储系统。存储访问流量的特点是带宽、访问延迟等性能指标和容错能力要求很高，而安全性等要求较低，因此一般会在数据中心搭建独立的存储区域网（SAN），利用较短的传输路径和特殊昂贵的硬件/传输介质（如光纤通道 SAN）来保障相关性能指标，利用多路径技术提升系统的可用性。在桌面云中，由于存储系统的重要性（参见“容量规划”一节中的“存储规划”部分），也同样需要将存储访问流量与其他网络流量分离。独立的 SAN 可以实现上述要求，但考虑到基于以太网的 SAN 技术（IP SAN、FCoE SAN 等）已经非常成熟且成本低廉，同时由于桌面云内服务器数量较多，往往不再要求使用独立的 SAN HBA 和 SAN 交换机，而是在网卡/交换机上划分独立的端口组来构成 SAN，承载存储访问流量。为提高性能，此类流量一般不通过核心交换机，而是直接在低层交换机处完成交换。考虑到（共享）存储设备通常与业务/管理服务器放在不同的机柜中，因此在汇聚层交换机中完成相关流量交换最为合适。

（6）网络管理流量。网络管理流量包括对桌面云内大量服务器、网络设备、安全设备等进行检测、监控和配置时产生的网络信息。此类流量的特点是带宽等性能要求不高，通常也不需要多路径传输，但对安全性要求较高。因此一般建议将其与前述各类流量分离开来，同时应部署专门的防火墙等网络安全设备进行过滤和控制。

（二）桌面云网络总体架构

针对桌面云网络的上述特点，“十万桌面云”项目采用的网络总体架构如图 11-5 所示。其特点是：

（1）分区。整个桌面云网络被划分为终端接入网和数据中心网两部分，其中终端接入网利旧原有（本地）办公网络，仅通过修改原有网络设备配置，只允许上下行纵向流量；数据中心网再根据各类用户的安全等级和业务行为模式，进一步被划分为红黄绿三个安全区（详见“安全性设计”），不同安全分区实现物理隔离，使用不同的物理服务器承载，使用不同的接入设备与汇聚设备连接至核心交换设备。跨安全区数据传输必须通过特殊的 SVN 数传通道。

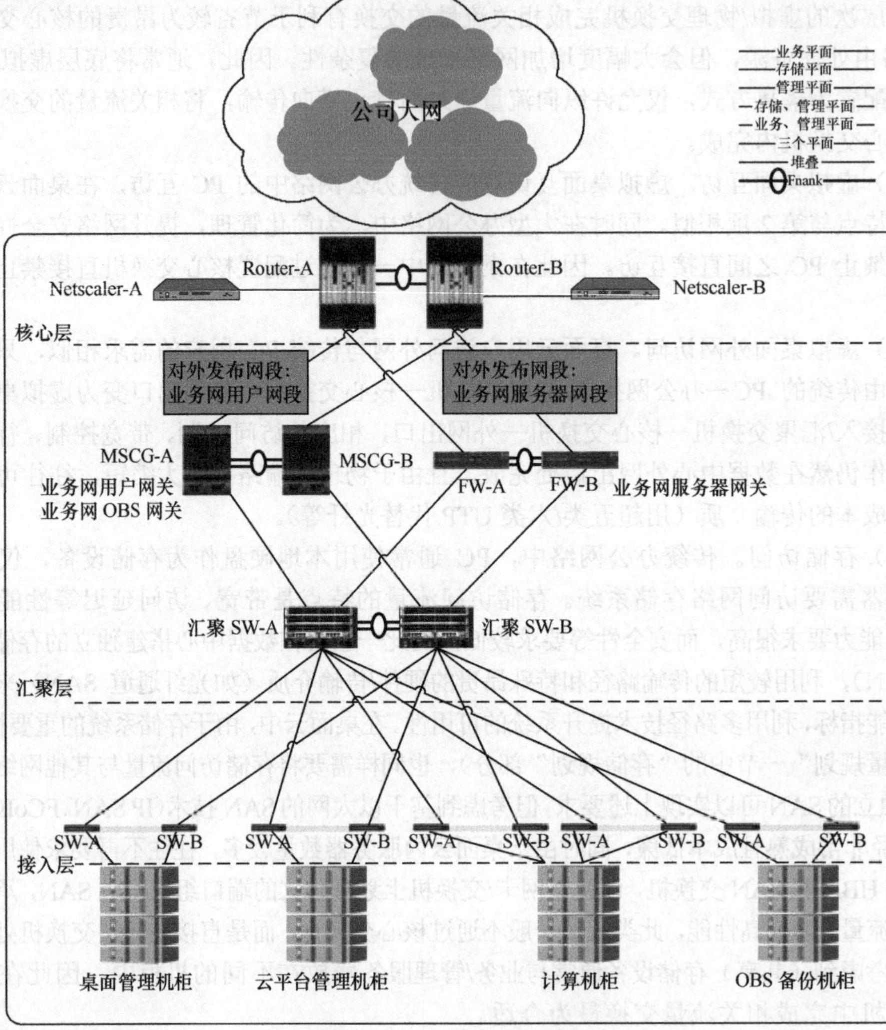

图 11-5 桌面云网络总体架构

（2）网络平面划分。整个数据中心网被划分为业务、管理和存储三个逻辑子网（H 集团称之为“网络平面”），如图 11-6 所示。业务网络平面承载业务流量的网络，主要包括终端与用户虚拟机的业务流量、桌面管理机柜与用户虚拟机的桌面业务控制流量、用户虚拟机与应用服务器之间的交互流量。管理网络平面承载管理相关的流量，包括云平台管理服务器同计算服务器、存储和网络设备之间的控制交互流量，云管理员动态分配和调度资源，服务器、存储和网络等设备的远程管理等。存储网络平面承载存储访问流量，为用户 VM 和桌面管理 VM 提供（块设备）存储资源。各网络平面共用接入交换机，但占用交换机的不同端口，以简化部署、管理与维护。网络平面之间采用 VLAN 逻辑隔离，通过合理设置网关控制各平面互访路径和平面内部互访路径。

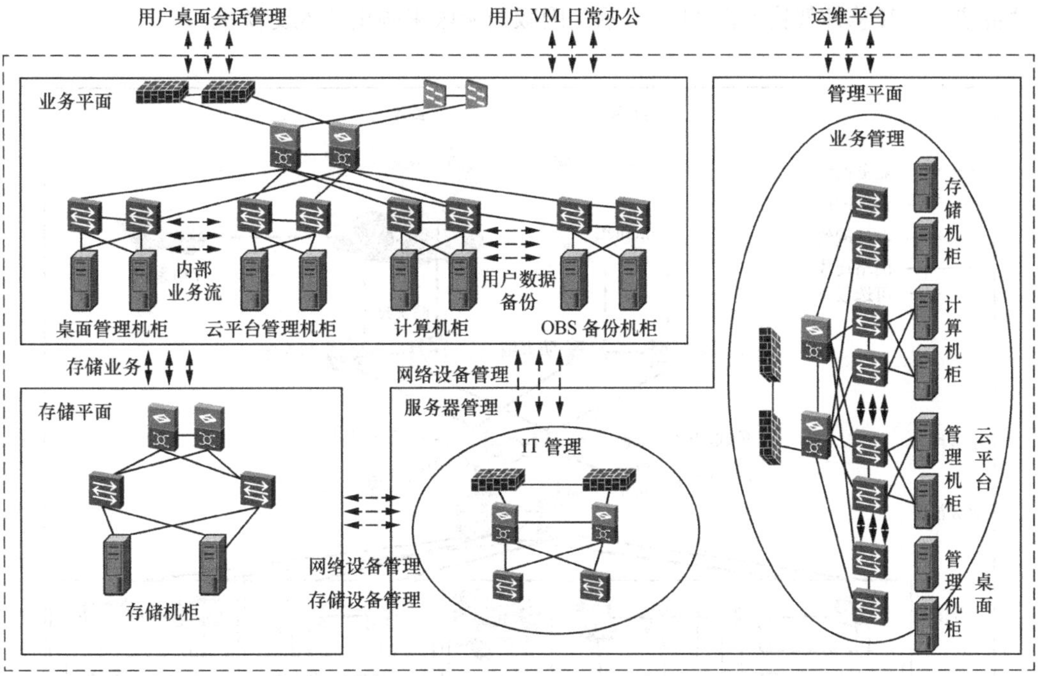

图 11-6　桌面云网络平面模型

（3）二、三层混合网络。桌面云网络的业务/管理平面采用典型的核心层、汇聚层、接入层三层网络架构。接入层主要由采用 TOR（Top Of Rack）结构的机架式交换机（从逻辑上说，还包括各服务器内的虚拟交换机）组成，负责机柜内服务器、存储等设备的网络接入，并与上层通信；汇聚层负责各接入层交换机的流量汇聚和安全控制；核心层完成内部横向业务流量和出网纵向业务流量的高速转发，以及与 Netscaler 接入网关的横向互联，负责可靠而迅速地传输大量的数据流。接入层和汇聚层交换机配置为仅允许纵向网络流量，所有跨 VLAN 路由全部在核心层交换机内实现。另外，核心层路由交换机两侧部署 Netscaler 设备，用于用户接入和负载均衡。存储平面则是二层交换架构，相关流量在汇聚层交换机完成二层选路与交换，以降低访存开销，提升带宽资源利用率。

（4）高可用性设计。桌面云网络中所有网络设备均采用冗余部署，确保每台计算/管理服务器到核心交换机至少有两条不同的物理路径。存储网络设计为二层交换架构，访存流量不经过核心交换机，采用 8 端口汇聚接入以保证访问带宽，并提供高容错性。

【案例：西研桌面云组网】

西研桌面云网络包括终端接入网和数据中心内网两部分。终端接入网利旧原有办公网络，为典型的基于以太网交换机的三层树状园区网架构，每个用户接入带宽为 1GB，相邻两层之间收敛比为 1∶4，可保证每个用户具有足够的远程桌面访问带宽。接入层与汇聚层配置为仅允许上下行流量传输，各接入端口之间利用 VLAN 实现逻辑隔离。

数据中心内网按《H 集团桌面云网络建设规范》（H 集团内部技术规范）进行设计和设备选型，其总体架构如图 11-7 所示（因版面所限未画出接入交换机）。

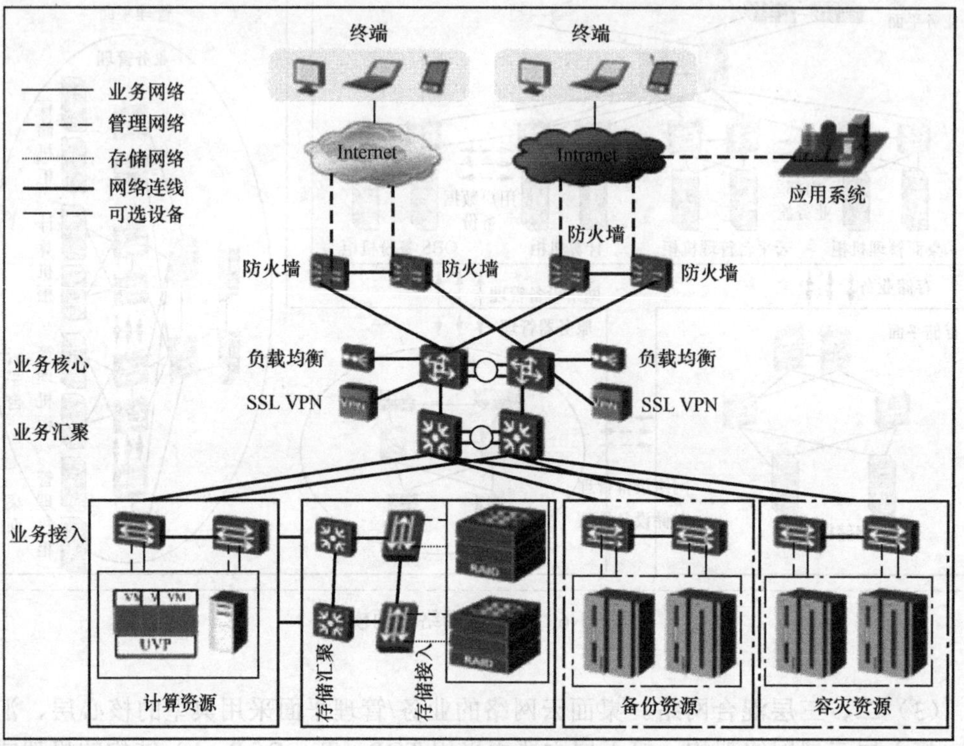

图 11-7 西研桌面云网络拓扑

其中：

（1）采用两台 NE40E-X8 作为核心交换机；

（2）使用一对 S9312 作为汇聚交换机，并在核心交换机和汇聚交换机之间部署用户认证网关和防火墙。认证网关使用 ME60，防火墙使用 E1000E；

（3）用户业务流量走 NE40E—ME60—S9312；管理流量走 NE40E—E1000E—S9312；

（4）在核心交换机旁挂一对 MPX9500 Netscaler 设备，实现桌面云接入的负载均衡（LB）和接入网关（AG）功能；

（5）接入交换机使用 S5352（图中未画出），采用 TOR 结构。各计算机柜的 S5352 交换机进行堆叠以提供多路径访问，从而提升网络容错能力；存储网络平面采用 IP SAN，使用多路径负载均衡模式，因此各存储机柜的 S5352 交换机不进行堆叠，以简化实施与运维工作。

11.4.4 安全性设计

“十万桌面云”项目是用于大型 ICT 企业的内部研发办公，既要针对企业内部的技术/商业机密提供严密的信息安全防护，又要保障企业内部/外部协作，以及研发人员通过 Internet 获取专业信息资源的方便顺畅。因此，该项目充分利用 VDI 桌面云操作系统/应用相互隔离、虚拟桌面的运行与存储集中在数据中心的特点，从接入客户端、接入网络、虚拟平台、管理等各个层面统筹设计，构建了较完善的端对端立体信息安全体系。

（一）安全分区管理

根据各类用户的安全等级和业务行为模式，“十万桌面云”项目将整个研发办公环境划分为红黄绿三个安全区：

（1）红区为高密区，用户在固定的办公场所接入，数据均需要放在红区云上，数据需要审核才能下载到黄区。红区实现了终端与数据信息完全分离，定点接入，集中管控，确保数据不泄漏。

（2）黄区为研发区，主要承载个人代码开发、测试工作。通过终端的软硬件限制终端与云端的映射通道，如限制 USB 映射防止非法移动设备接入；数据在黄区虚拟机之间可以共享和互访，提升办公移动性及灵活性。

（3）绿区为较开放区，员工基本配备笔记本式计算机，允许从笔记本式计算机上将数据上传到绿区；公司外访问绿区仅传输桌面信息，无实际数据传输，确保数据不泄漏。

不同安全分区是物理隔离的（使用不同的物理服务器承载，并通过 VLAN 进行隔离），数据传输必须通过特殊的 SVN 数传通道。

（二）接入控制

桌面云用户使用的终端设备种类较多（可能是瘦客户端，也可能是利旧的 PC，甚至是员工自带的笔记本/平板电脑等），接入地点多样（可能通过 Intranet 或 Internet 接入），因此有必要采取措施，限制其可以使用的协议和访问的端口（只能使用远程桌面协议进行访问）。H 集团“十万桌面云”项目中主要采取了以下措施：

（1）将终端接入网络的接入/汇聚交换机配置为仅允许上下行流量通过，各接入端口之间禁止互访；

（2）在终端接入网络与（数据中心内网）核心交换机之间部署防火墙，用于阻断进入的对开放端口的攻击、阻断病毒向外扩散的途径、阻断间谍软件等进行的非法对外通信；

（3）在虚拟桌面接入服务器进行用户身份认证、终端安全性检查，并根据安全等级和业务受控访问不同的网络资源（启用红黄绿分区管理）。例如，规定办公区域内仅允许在指定地点使用笔记本、平板电脑接入网络。

（三）桌面加固和隔离

在桌面云中，虚拟桌面是由数据中心内的服务器集中承载的，便于进行集中管控，因此进行桌面操作系统和应用程序的安全加固非常方便。H 集团桌面云在配置虚拟桌面母版映像时，针对桌面操作系统/应用程序进行了一系列加固和隔离工作，主要包括：关闭危险服务和默认共享；开启主机防火墙；对于终端划分可信域，杜绝不可信域的终端接入虚拟桌面；等。

（四）集中式桌面安全管理

H 集团桌面云的主要运维工作由位于深圳总部的运维中心统一完成（见“桌面云运维”一节）。运维团队采用了多种集中管理措施来避免桌面操作系统/应用程序漏洞引起的安全问题，主要包括：

（1）定期开展安全审计；

（2）提供补丁自动升级服务和软件统一分发；

（3）对于用户侧设备进行资产管理，防止未经安全认证的终端设备非法接入。

11.5 项目实施过程

“十万桌面云”项目的建设实施，涉及十万级别的用户、数千台服务器和网络设备，涉及操作系统、网络、存储、虚拟化、项目管理、IT 运维等多个专业领域，其难度很高，需要经验丰富、紧密协作的项目团队，与用户之间及时顺畅的沟通反馈，以及在大型系统和网络建设方面严格规范的管理制度。然而，即使到本书成稿时为止，10 万用户级别的桌面云项目仍属凤毛麟角，更不必说在项目立项的 2008 年。因此，H 集团采用了“统一规划、分步实施、充分反馈、稳步推进”的迭代式实施策略，整个项目历时近 5 年，完成了 10 万用户桌面云的部署。其主要历程如下：

（1）2008 年：启动桌面云研发。

（2）2009 年：内部小范围试点，部署 300 用户。

（3）2010 年：启动一期项目，上海研究所率先规模部署，用户数达到 7300。

（4）2011 年：启动二期项目，总部 D/H 区、北京研究所、13 个海外代表处完成部署，用户规模达到 3 万人。

（5）2012 年：南京研究所、杭州研究所、武汉研究所、成都研究所、西安研究所等其余国内外研究所全面覆盖，全公司完成 10 万用户桌面云部署。

回顾近 5 年的项目历程，该项目的成功，一方面来自于 H 集团采取了正确的项目实施策略，以及具备强大的 ICT 技术实力和项目管理能力；另一方面，也体现出了云计算技术所具有的良好的水平扩展能力。以 H 集团西安研究所桌面云的部署过程为例：西研桌面云涉及西安研究所 7 个产品线、11000 用户，项目启动前已完成需求收集，共需实施 13000 个虚拟桌面。以下是西研桌面云部署过程的主要里程碑：

（1）2012 年 2 月 1 日：项目启动。

（2）2012 年 2 月 24 日：完成项目前期工作准备，包括项目团队组建、物料下单、建设计划梳理、机房验收、整体方案确认、网络实施方案评审等。其中机房初验不合格，进行了延期整改，其余工作按计划完成。

（3）2012 年 2 月 28 日：完成机房验收。因整改延期，但未影响到项目整体进度。

（4）2012 年 3 月 26 日：完成方案设计。

（5）2012 年 4 月 9 日：完成硬件上架。

（6）2012 年 4 月 27 日：完成网络调测。因广域网对接时出现问题，进行整改导致整体进度延期 9 天。

（7）2012 年 5 月 16 日：完成第一个集群的云基础设施搭建，并下发 2000 个虚拟桌面。

（8）2012 年 6 月 4 日：完成第一个集群的桌面分发服务搭建，将已下发的 2000 个虚拟桌面纳入管理。对前期的 2000 个虚拟桌面进行了一系列测试，顺利通过。

（9）2012 年 6 月 11 日：通过 ServiceBlock 扩容方式增加剩下的集群，并下发 9500

个虚拟桌面。

（10）2012 年 6 月 13 日：通过 ServiceBlock 扩容方式将已下发的 2000 个虚拟桌面纳入管理。

（11）2012 年 6 月 25 日：对系统、网络进行测试、验收。

（12）2012 年 7 月 5 日：进行故障演练，测试系统的 HA 特性。

（13）2012 年 7 月 9 日：试点种子用户上线，一方面进行桌面云的宣传和种子用户培训，另一方面进行小范围用户测试，并根据测试反馈进行用户满意度调查、平台和镜像调优等工作。

（14）2012 年 8 月 1 日：当种子用户上线发现的问题全部解决，种子用户满意度超过 85%后，启动第一批黄区用户上线，并收集反馈意见。

（15）2012 年 8 月 15 日：当第一批用户上线发现的问题全部解决，第一批上线用户满意度超过 85%后，每个月 15 日进行一批用户上线以及相应的用户问题处理、用户回访和满意度调查。

（16）2012 年 11 月 15 日：全部用户上线完成，桌面云后继管理转给运维中心。

根据事后统计，西研桌面云实施各阶段消耗的工作量见表 11-7。

表 11-7 西研桌面云实施工作量统计

阶段	具体描述	备 注	人力总计
需求方案	2 月 1 日 SA、PM 正式投入	SA、PM 投入了解客户需求和机房建设、交付情况	220 人/天
硬件安装	4 月 9 日～5 月 3 日投入 2 人 5 月 4 日～5 月 18 日投入 1 人	4 月 9 日开始硬件上架、安装和综合布线；5 月 4 日开始走线整改。西研的硬件安装督导都是来自华为大学的核心工程队	65 人/天
系统调测	1）4 月 12 日 TD 投入，编写项目实施方案 2）4 月 23 日投入网络 TE 1 人 3）5 月 4 日投入云 TE 2 人 4）5 月 7 日投入云 TE 1 人 5）5 月 14 日投入云 TE 1 人	系统调测工程师来自企业 BG 服务 5 人，VDS 研发外包人力 1 人	327 人/天
用户推行	1）3 月 12 日投入系统推行 1 人 2）4 月 16 日投入网络推行 1 人 3）4 月 27 日投入系统推行 1 人 4）5 月 4 日投入系统推行 1 人 5）5 月 16 日推行经理投入	系统推行同事要提前介入了解客户办公模式、办公场景、区域组网等现状。对于 S9312 以上的网络由网络部门支持	235 人/天

11.6 桌面云运维

桌面云是一整套端到端的解决方案，需要在“监”“管”“控”全方位进行管理。具体到大型桌面云的运维管理，必须解决好以下这些问题。

（1）如何组建适合企业自身组织架构的桌面云运维架构、流程和专家支持团队？

（2）如何提高用户的自助维护能力？

（3）如何提高运维人员的运维效率？

（4）如何不断深入优化桌面云平台的系统和网络性能？

（5）如何实现桌面云虚拟机的全生命周期管理？

针对上述问题，H 集团在“十万桌面云”项目推进过程中积极进行探索，建立了一套较完善的大型桌面云的运维管理体系，较好地解决了这些问题。以下将从运维规范化、安全运维、日常运维自助化和系统持续优化 4 个方面进行介绍。

11.6.1 运维规范化

由于大型企业 IT 资产的复杂性、高成本、快速折旧，以及 IT 技术与企业业务各方面的相互深刻影响，一直以来，大型企业 IT 资产管理就是一个非常困难的领域。通过总结近二十年来 IT 治理的实践探索和成功经验，业界提出了 ITSM 概念，认为只有以客户为中心，以流程为导向，对企业 IT 系统的规划、研发、实施和运营进行有效管理，为企业提供高质量低成本的 IT 服务，才能有效应对企业 IT 治理所面对的一系列困境，并在此基础上提出了一套面向过程、以客户为中心的规范的管理方法。

大型桌面云是企业 IT 基础设施的重要组成部分。H 集团依托 ITSM 的概念和方法，围绕流程、人员和管理制度三大要素，建立了完整的大型桌面云集成运维框架（如图 11-8 所示），实现 IT 维护的可视化、可控化、自动化。

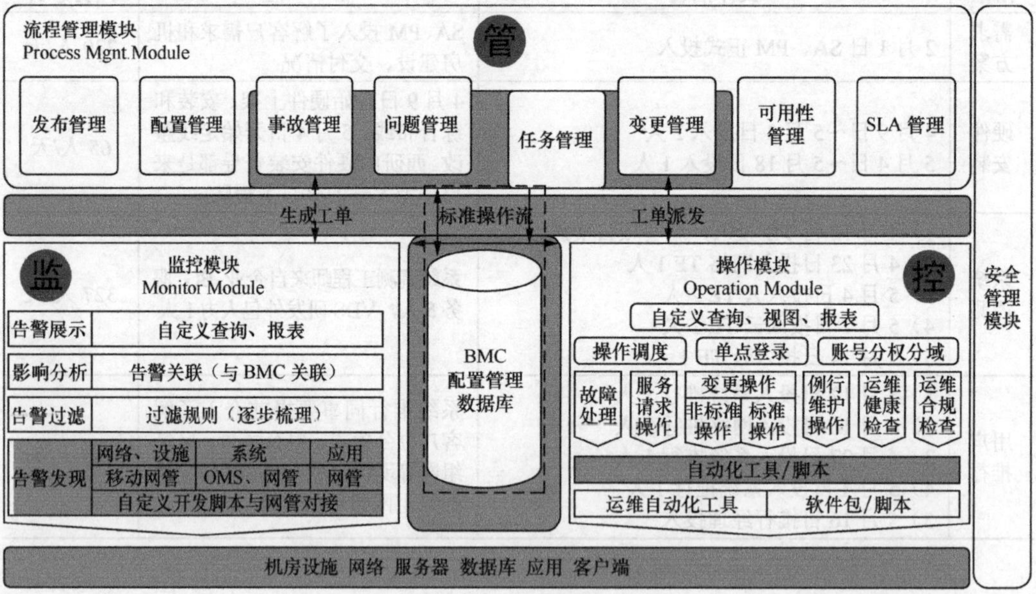

图 11-8 桌面云集成运维框架

在运维流程方面，H 集团基于 ITIL 运维管理流程建立了桌面云的服务流程（如图 11-9 所示），针对终端用户的业务报障、业务咨询/办理、投诉等运维需求，定义了跨越了运行管理、事件管理、问题管理、变更管理和需求管理等多个管理领域的标准化运维管理流程，而上述各运维管理领域则由运维和研发部门的专职团队来加以保障，形成了较为完整的入口清晰、职责明确、多部门多团队协同支持、专业高效的运维流程体系，保证了问题的快速处理和业务的连续可用。

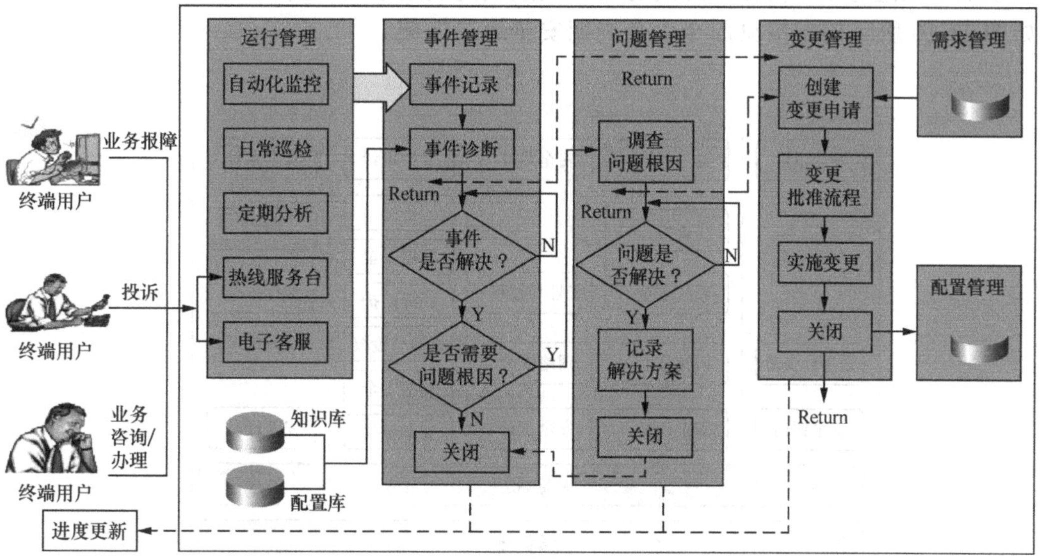

图 11-9 H 集团桌面云运维流程

在人员方面，H 集团建立了 4 级桌面云运维团队。

（1）0 级运维由 IT 热线人员及其支持专家团完成，直接面向用户提供各类帮助服务。

（2）1 级运维由公司 IT 运维人员完成，通过监控数据和 0 级人员转来的信息，完成大部分运维支持工作。

（3）2 级运维由系统运维中心和网络运维中心的企业网服务技术支持人员构成，响应 1 级运维提交的例行事件和变更处理。

（4）3 级运维则由桌面云系统产品的研发维护团队完成，负责产品改进、缺陷修复、硬件维保等工作。其中 1/2 级运维的相关人员（用户服务中心、系统运维中心、网络运维中心）基本上全部集中在深圳，各研究所（ServiceBlock）本地只保留机房管理员，只负责日常的硬件维护工作（如更换硬盘）等。

在管理制度方面，H 集团针对变更管理、事件管理、问题管理、配置管理、监控管理、可用性管理、账号管理、操作管理 8 个方面，建立了严格的管理制度，使得相关管理工作“有章可循、有法可依”。

11.6.2 安全运维

对大型 IT 系统来说，安全不仅是一个技术问题，更是一个管理问题。仅仅依靠应用某些安全技术、部署某些安全设施，并不能很好地应对当今企业所面临的日益严峻的安全形势。为保障桌面云的安全运行，有必要从虚拟桌面生命周期和安全管理层级两个维度进行整合，建立起综防综治的全生命周期安全运维体系。

具体而言，虚拟桌面的生命周期大致可划分为规划、创建、交付（即用户绑定）、使用、回收五个阶段，对于每个阶段而言，其面临的安全问题、解决这些问题可使用的技术/管理手段以及这些技术/管理手段的成本各不相同。运维团队对上述各阶段进行了安全风险分析，根据各阶段的安全风险状况制定了相应的安全应对策略，形成了如图 11-10 所示的虚拟桌面全生命周期安全运维框架。

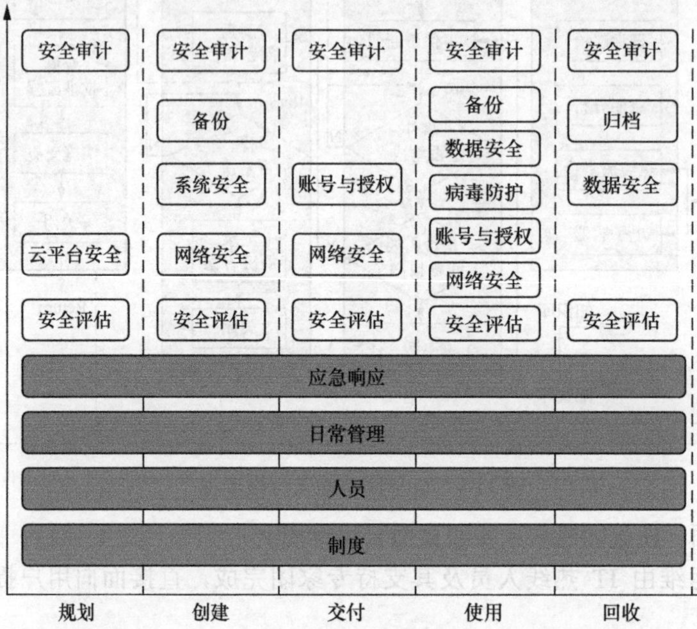

图 11-10 虚拟桌面全生命周期安全运维框架

另外，H 集团每年还会组织 2 次安全渗透测试，以帮助找出桌面云的安全漏洞。经过连续几年的安全渗透测试，大型桌面云的安全已经经受了考验，基本解决了所有发现的安全问题。

11.6.3 日常运维自助化

与传统 PC 相比，VDI 桌面云通常并不能降低 IT 基础设施的购置成本。桌面云之所以受到企业/组织的广泛欢迎和认可，关键在于集中承载和管控的虚拟桌面为采用自动化工具和自助式服务方式提高运维效率、降低运维成本提供了良好的环境。因此，部署自动化运维管理工具和自助式桌面服务门户，是降低虚拟桌面总体拥有成本（TCO）的不二法门。

在“十万桌面云”项目实施的过程中，H 集团自行开发了桌面管家系列工具，包含了大规模桌面云建设经验积累，极大提升了用户使用桌面云的体验。2012 年推出后，有效提高了运维效率，0/1 热线（H 集团桌面云客服热线）的问题解决率提高到 40%，用户问题平均解决周期由 2 小时减少到半小时。

同时，H 集团自行开发了面向用户的自助服务门户，将桌面云业务发放与回收纳入公司整体管理流程，简化了相关操作流程，效率提升 5 倍以上。

目前，H 集团桌面云的日常运维基本实现了基于虚拟桌面生命周期的自动化运维管理，如图 11-11 所示。

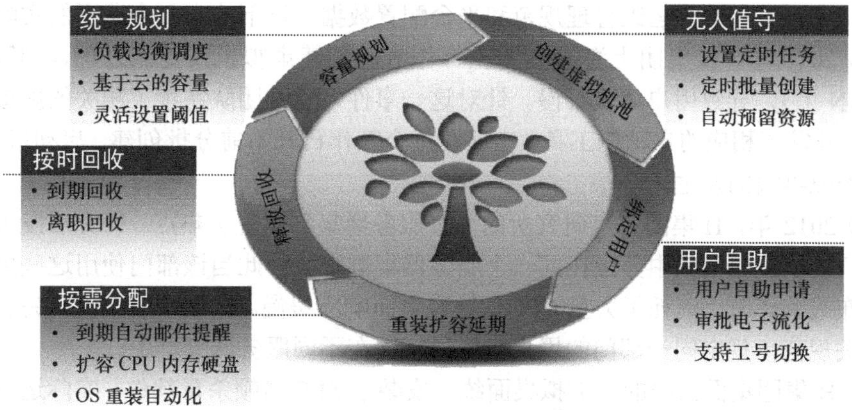

图 11-11　基于虚拟桌面生命周期的自动化运维管理

11.6.4　系统持续优化

大型企业信息系统的实施与使用是一个持续优化的过程。一方面，信息技术的高速发展要求企业不断引入新的信息技术和设备来提高企业应对新需求和新挑战的能力，另一方面，现代大型信息系统的复杂性决定了不可能从一开始就将信息系统设计、调整到最佳状态。因此，H 集团在“十万桌面云”项目实施和运维过程中贯彻了“持续优化”的理念，通过开发相关运维工具，收集桌面云的性能数据、“健康数据”（桌面云组件的正确性、可用性和安全性指标）、用户体验和用户反馈，通过日常维护和应急响应，不断进行系统持续优化，提升系统运行效率与用户体验。

H 集团自行开发的相关运维工具如下。

（1）信息收集工具：提供桌面云或 PC 信息收集工具（收集软件、进程、外设、计算机基本信息和性能数据），用于分析当前用户使用的桌面虚拟机或 PC 的软硬件信息及性能。

（2）桌面云外设与软件兼容维护工具：提前识别不兼容的外设及应用软件。

（3）桌面云系统日志收集工具：方便快速定位问题。

（4）桌面云优化体验工具：用于优化虚拟机性能和体验，包括语音优化、图形图像优化等。

（5）桌面云镜像优化工具：可完成制作用户虚拟机模板过程中桌面代理等软件安装、系统封装以及操作系统调优。

（6）桌面云健康检查工具：检查桌面云环境所有组件的健康状况，一般一个月或一个季度运行一次，发现问题则自动告警。

H 集团还自行开发了桌面云管理平台。该平台采用 B/S 架构，实现了从硬件到软件，从服务器、存储到网络的全方位立体监控，且可以设置阈值，自动发邮件，做到无人值守。实施桌面云管理平台后，每个研究所只需留下机房管理人员，负责硬件的维护，其余运维工作可全部由位于深圳总部的运维中心集中完成，提升了专业运维人员的工作效率。

通过应用上述工具，H 集团在“十万桌面云”项目实施和运行过程中，解决了大量的问题，完善了相关的运维管理规范和平台配置数据。以下给出几个典型的实际案例：

（1）2010 年，H 集团上海研究所在工作时间创建虚拟机（复制过程、读写 I/O 全在 IPSAN 上），导致用户体验很慢。针对这一事件，运维团队完善了相关的虚拟机创建规范，并开发了相应的自动化工具，实现在每个工作日开始前分批创建、启动虚拟桌面，防止了类似事故的发生。

（2）2012 年，H 集团北京研究所的一个服务器集群出现了热点。研究后发现是因为一个部门的虚拟桌面集中分配在同一个服务器集群中，因此当该部门使用这些虚拟桌面进行分布式编译时，消耗了大量 CPU，导致桌面响应缓慢。之后，运维团队完善了用户上线相关规范，规定同一部门的用户应尽量打散在不同服务器集群中。

（3）H 集团桌面云中的各虚拟桌面统一安装了 SEP 诺顿杀毒软件。实际运行中发现每天下午 2 点多，虚拟桌面的 I/O 和 CPU 占用都很高，用户体验很差。针对这一情况，运维中心进行了三点优化：

① 区分遗留 PC 和虚拟桌面的的防病毒策略，按网段分开设置；

② 由于桌面云用户不习惯关机，因此将 SEP 补丁扫描时间放在晚上；

③ 在做桌面云镜像时，保证每个虚拟桌面的硬件 ID 不同，避免造成某个时间点所有虚拟桌面同时更新和杀毒。

11.7 总结

相比传统 PC，桌面云在降低企业 IT 设施 TCO 成本、提高 IT 管理运维效率、提升业务数据/信息安全性等方面有很大的优势，从而受到广泛关注。根据 IT168 发布的《2013 年中国桌面虚拟化市场调查报告》，截至 2013 年年底，有 34%的企业已经部署了桌面云，另有 38%的企业计划在半年或一年内部署桌面云。显然，桌面云已成为企业/政府信息化领域的一个新兴热点。

然而，成功地完成桌面云建设，并非一件轻而易举的任务。本章通过对一个大型企业桌面云项目实际案例的分析讨论，揭示了大中型企业在实施桌面云项目时应仔细考虑、规划的一系列问题，以及解决这些问题的思路与方法，希望能对读者参与桌面云项目的规划、设计、实施和运维等工作时，提供一些参考与借鉴。

第12章 “智居云”项目

使用云计算对于创业团队来说，最直观的一个好处就是节省了成本。资金是支撑企业持续发展的重要支柱，对于任何一个创业团队，无论是否拿到风投，资金都是缺乏的，使用云服务可以大大地减少对IT的投入，为企业的发展节省一笔相对可观的费用。

云计算可以让创业团队更加专注到核心业务上，无需考虑硬件设备采购、托管、维护、安全、监控等方面。云计算大大降低了创业者的门槛，在某种程度上，让小公司和大公司站在了同一个起跑线上。

目前，智能家居是一个非常热门且市场潜力极大的行业，很多创业者都选择在智能家居的行业进行创业。本章以一家刚起步的专注智能家居的科技公司为例，分析云计算对创业团队的好处。

12.1 智居云科技

12.1.1 智能家居

2014年1月14日，谷歌（Google）宣布以32亿美元收购智能家居设备制造商Nest，这笔谷歌历史上仅次于收购摩托罗拉的第二大交易轰动了产业界，掀起了智能家居产品的热潮。

智能家居并不是一个新的概念，事实上在很早以前，就有人开始实践这一理念。由于当时产业条件并不成熟，智能家居并未普及。而如今，从技术、市场、资本、生产的角度看，智能家居的产业条件已日渐成熟。

1．技术条件

（1）智能终端已经普及，为控制智能家居设备提供了简单便捷的方式。据IDC研究机构最新报告显示，2014年第二季度全球智能手机发货量达到了3.013亿部。

（2）移动互联网技术发展使得设备、终端能够随时随地地接入网络，实现互联互通。

（3）云计算大数据技术已经兴起，通过数据分析、挖掘技术，帮助设备真正地实现智能化、人性化。

2．市场条件

（1）市场需求逐渐爆发，随着人们生活水平日益提高，家庭电气化逐渐普及，2010年全球电视出货量达2.47亿台。人们开始越来越关注生活的舒适度，迫切地希望设备的智能化与人性化。

（2）80后逐渐成为消费主体，更加注重科技化、时尚化产品的消费。

3．资本条件

Google收购Nest后，智能家居产业倍受投资人的青睐，大量资本开始流向智能家居行业。

4．生产条件

制造与工艺的成熟，各大芯片厂商陆续推出了低成本硬件方案，使得硬件成本大幅降低，将智能家居设备成为大众消费品有了可能。

正确的时间做正确的事情。很多企业已经意识到了智能家居的巨大市场前景，纷纷加入智能家居的队伍。这些企业概括起来分为四类：传统的物联网公司、传统家电企业、互联网企业，以及一些初创企业。例如，一丁、海尔、小米、百度、联想、360、博联、欧瑞博、中山司南、古北等。不过，总体来看，智能家居才刚刚起步阶段，处于春秋战国时代。目前，这些企业做智能家居产品的思路概括起来无外乎以下三种。

（1）生态圈模式：小米、百度、联想等互联网公司利用自己的品牌与用户优势，通过推出智能路由器的方式，抢占家庭的控制中心，来构建智能家居的生态系统。

（2）DNA 模式：提供无线模块，并绑定云服务，这种模式的特点是要抢占智能家居的数据入口。博联主要就是通过 DNA 的模式与各大传统家电厂商合作，如海尔、美的等。

（3）单品模式：欧瑞博、小 K、一丁、360 等还只是局限在单产品的思路，相继推出了智能插座、防丢器、智能摄像头、智能烟感器等设备。

对于生态圈模式，互联网公司需要解决的核心问题就是标准以及周边设备的问题。只有周边设备丰富起来，智能家居中控的价值才能得到体现。然而，封闭的标准以及各自为政的局面让生态圈的构建举步维艰。在这个方面，小米可能是走得比较快的一家公司。最近，小米与众筹网合作，推出小米 MiWiFi 众筹网创想计划，从众筹网上选择一些好的项目给予支持，但是要求被支持的项目必须要接入小米路由器。

然而，生态系统最终要解决的问题是标准和技术架构的问题。经过一轮混战之后，未来智能家居留下的生态圈不会太多，可能也就两三个，就像今天智能手机的格局，也就 Apple、Android 和 Windows Mobile 三大阵营。小米公司有没有这个实力，从技术上整合出一个生态系统，目前下结论还言之过早。

DNA 模式要面临的两个问题：合作模式与商业模式。博联想控制智能家居数据入口，事实上各大家电厂商也想构建自己的数据中心，拥有用户的数据，因此，双方在对数据的控制权方面必然存在矛盾。此外，博联即使获得了智能家居数据入口的控制权，如何将这些数据转变成价值，不结合具体的行业和应用，商业模式尚未明了。

单品模式是目前的一种主流模式，因为这种模式的门槛最低，产品也最丰富。这些产品中存在的一个典型问题在于创新性不足，大多数产品都是相互模仿，市场局面混乱，以拼价格等方式来争抢客户资源。这些公司对智能家居的理解不够深刻，还停留在远程控制的层面，对用户体验、安全隐私、大数据分析、节能环保等方面的关注度都远远不够。单品模式的成功案例就是 Nest 温控器，而当今国内还没有任何一家公司可以看到 Nest 的影子，缺乏把一种产品做到极致的精神。

在未来 5～10 年，智能家居行业可能会是一个生态圈模式、DNA 模式以及单品模式三者并存的局面。

12.1.2 核心价值

智居云科技有限公司聚焦智能家居行业，紧紧围绕“移家”这一品牌，以“智居云”为支撑，依托云计算大数据技术，最终实现“HomeNet”的愿景。

移家（MobileHome）：走到哪里家就在哪里。表达其使命是为了消除人和家的距离，让你随时随地可以掌控你的家。例如，你可以远程控制你的空调、灯、音响，或者通过摄像头与家里的宝宝视屏通话。

智居云（ZCloud）：智居云平台属于自主研发的，完全自主知识产权的智能家居云平台。智居云专注于智能家居行业，提供完全开放式的API和SDK，能够方便硬件厂商快速地接入多种智能设备，具备强大数据分析与挖掘能力，利用云计算与大数据等相关技术，为智能家居整体方案提供平台支撑。

HomeNet：智居云科技的愿景。把计算机连起来，叫Internet（互联网），把手机等移动终端连起来，叫MobileNet（移动互联网）。我们预测未来5～10年肯定会进入到一个智能设备互联互通、数据大融合的时代，我们定义这个时代为“HomeNet”。我们通过积累自己的核心技术，建立HomeNet的标准协议、定义HomeNet技术架构与系统平台。

目前，智居云科技的技术已经覆盖了智能设备、云服务、App，如图12-1所示，且打造出了一条完整智能产品设计、研发、生产以及销售的链条，具备为智能家居提供整体解决方案的能力。

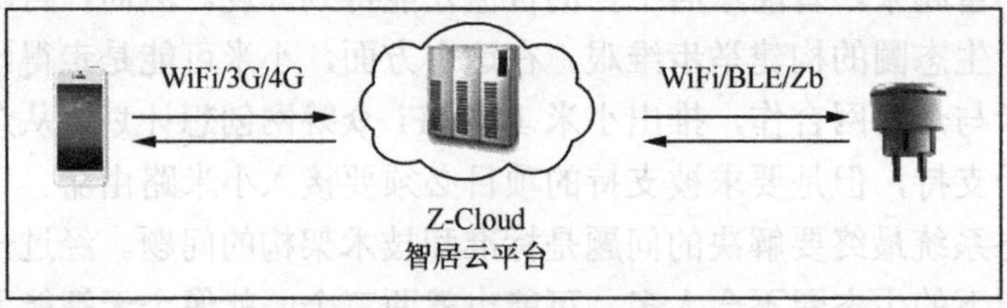

图12-1 智能家居整体解决方案

12.1.3 产品与服务

硬件芯片与云服务是智居云科技的核心技术，通过与不同的行业和应用结合会产生不同的产品形态。将智能芯片嵌入到插座即形成了智能插座，支持手机远程控制、实时监控家电能耗等功能；智能灯是智能芯片与传统灯具的结合，除了支持远程控制外，还可通过手机调节灯光的颜色、亮度，以及根据现场情景制造灯光氛围等功能；将智能芯片嵌入到空气净化器，则产生了智能空气净化器，支持通过手机远程控制，实时监测家里的空气质量等。

所有这些产品的实现都依赖智居云服务，云服务是产品的“大脑”。智居云服务除了支持公司自己的产品外，还可以对外运营，支持接入其他厂商的智能设备，成为一个公共开放的智能家居云平台。下面，简单地介绍几款产品与服务：

1. 智能插座：会节能的WiFi插座

（1）支持远程控制、定时、分组等功能；

（2）支持电表功能：能够实时显示插座上面的电压、电流、功率、电量；

（3）智能省电功能：为用户定制个性化节能省电方案；

（4）安全用电，过电压保护；

（5）具有社交属性，与微信对接。

2. 智能中控

（1）提供智能家居网关的功能；

（2）支持WiFi/Bluetooth/ZigBee/红外等多种协议；

（3）支持温度、湿度、红外、空气监测等多种智能设备。

3. 智居云服务

（1）六大特性：安全、弹性扩容、零延时、大数据分析、专业 API、开放集成；

（2）多种部署模式：服务租赁或者私有云定制；

（3）多种付费模式：按需模式、License 模式、预付模式。

2014 年 2 月 12 日 Juniper Research 公布最新研究报告称，到 2018 年，全球智能家居市场总规模将达到 710 亿美元，比 2013 年的 330 亿美元翻一番。一项相关研究报告显示 2018 年中国智能家居市场规模将达到 1396 亿元人民币，这意味着 2018 年中国智能家居市场规模约占全球智能家居市场规模的 32%。因此，无论国内还是国外，智能家居都将拥有巨大的市场前景。

目前，智居云科技的智能插座已经量产，并已在市场上销售，主要客户集中在国外，如英国、法国、德国、以色列、俄罗斯、乌克兰等国家，目前的客户有 Thomson、B-Home、X10、WiFiPlug、British Gas 等，其中不乏欧洲一些大的超市供应商。

关于生态圈模式，智居云科技已经启动了 HomeNet 项目，开始与多家硬件厂商合作，目前已经有 39 家硬件设备愿意接入到智居云平台，使用智居云的软件以及云服务。合作模式包括按需模式、License 模式以及预付模式，通过这三种模式与硬件厂商合作。截至目前，HomeNet 原型技术架构已经基本完成。关于 DNA 模式，智居云科技正在与中山的一些灯具厂商合作，通过将智能模块嵌入到灯座里面，并绑定云服务，实现灯的智能化，推动中山灯饰产业的转型与升级。

智居云科技作为一个创业公司，从成本以及人力等诸多因素考虑，没有购买服务器，而是选择将公司所有的产品及服务构建在公有云上面。智居云面向全球提供服务，已经在全球不同国家和地区部署了 5 个服务节点，分别为：中国、美国、新加坡、英国和俄罗斯。在中国选择租用阿里云，在国外选择租用亚马逊的 AWS。下面将以智居云为例子来介绍一下阿里云服务。

12.2 阿里云服务

云服务器（Elastic Compute Service，ECS）是一种简单高效、处理能力可弹性伸缩的计算服务助您快速构建更稳定、安全的应用。提升运维效率，降低 IT 成本，使您更专注于核心业务创新。

（1）完全管理权限：对云服务器的操作系统有完全控制权，用户可以通过连接管理终端自助解决系统问题，进行各项操作。

（2）快照备份与恢复：对云服务器的磁盘数据生成快照，用户可使用快照回滚、恢复以往磁盘数据，加强数据安全。

（3）自定义镜像：对已安装应用软件包的云服务器，支持自定义镜像、数据盘快照批量创建服务器，简化用户管理部署。

（4）API 接口：使用 ECS API 调用管理，通过安全组功能对一台或多台云服务器进行访问设置，使开发使用更加方便。

12.2.1　地域选择

阿里云数据中心目前主要分布在中国北京、青岛、杭州、深圳、香港以及美国硅谷 6 个地域。中国北京、青岛、杭州、深圳地域数据中心提供多线 BGP 骨干网线路，网络能力覆盖中国各省区市，实现稳定高速访问。中国香港地域数据中心提供国际带宽访问，覆盖东南亚、日本、韩国等地域。美国地域数据中心位于美国西部硅谷，通过 BGP 线路直接连接多家美国运营商骨干网，可覆盖全美，同时可以很好地辐射南美洲和欧洲大陆。

中国内地地域：在基础设施、BGP 网络品质、服务质量、云服务器操作使用与配置等方面，阿里云国内地域数据中心没有太大区别。国内 BGP 网络保证全国地域的快速访问，一般情况下我们建议选择和您目标用户所在地域最为接近的数据中心，可以进一步提升用户访问速度。如华北有需求用户推荐选择北京和青岛地域（目前相对国内其他地域，青岛地域有 10%的优惠），华东有需求用户选择杭州地域，华南地域有需求用户可以选择深圳地域。

海外地域：中国香港和北美提供国际带宽，主要面向海外地区，中国内地访问延迟可能稍高，不建议中国内地访问。对中国香港、东南亚、日韩等国家和地区有访问需求的用户可以选择香港地域数据中心；对美洲、欧洲大陆地区有需求用户可以选择美国地域数据中心。

智居云科技将阿里云服务器的租用地域选择放在杭州，主要是考虑到面向的客户在国内，而且主要访问的客户在长江三角洲地区以及珠江三角洲地区，选择将服务器放在距离客户最近的位置，可以减少用户访问的延迟时间。

12.2.2　系统选择

智居云科技选择 Linux 作为云平台运行的操作系统。因为 Linux 是最流行的服务器端操作系统，强大的安全性和稳定性。而且，免费且开源，轻松建立和编译源代码。通过 SSH 方式远程访问与管理云服务器。支持高性能的服务及应用，支持常见的 Java 等编程语言，支持 MySQL 等数据库。

12.2.3　选择配置

选用一个配置多大的服务器适合目前公司的业务是个问题，根据实际的业务需求来选择合适的云服务器配置:

（1）确定您网站的类型；

（2）确定您网站的日均 PV；

（3）确认首页大小；

（4）确认数据容量。

网站类型包括：社区网站、企业官网、门户网站、电子商务网站、SaaS 应用、游戏类应用。针对上述几类，阿里平台提供了一个 ECS 选型推荐功能来计算所需的服务器配置大小。例如，我们以一个 SaaS 应用为例，如图 12-2 所示，日均 PV 为 10 万，首页大小为 500KB，数据容量为 1TB，输入上述参数后，单击“开始测算”按钮。

图 12-2 ECS 选型推荐

ECS 选型推荐功能在综合考虑上述几个指标后，自动给出了两个参考方案，如图 12-3 和表 12-1 所示。

图 12-3 服务器配置方案

表 12-1 服务器配置方案

序号	费　用	服务器配置
方案 1	973.00/月 9730.00/年	处理器：2 核 内存：2048MB 数据盘：1000GB 建议带宽：10Mbit/s 系统盘：免费赠送（Linux 送 20GB，Windows 送 40GB）
方案 2	1018.00/月 10180.00/年	处理器：2 核 内存：2048MB 或者 处理器：1 核 内存：1024MB 数据盘：1000GB 建议带宽：10Mbit/s 系统盘：免费赠送（Linux 送 20GB，Windows 送 40GB）

ECS 选型推荐功能只能粗略地评估出网站所需的服务器硬件配置，提供参考服务器配置。但是，对于其他类型的服务与应用，ECS 选型推荐功能无法评估。这个时候，我们就要根据负载的特点具体情况具体分析了。

智居云服务平台的目标是要设计成能够接入百万级智能硬件的物联网云平台。这种物联网平台区别于网站的最大特点就是每个智能硬件接入到平台来后，都会建立一个长的 TCP 连接，这个连接会一直持续存在，以保证硬件上面有任何的状态变化后，都能够及时发现并通知到手机 App 端。网站建立的都是短连接，一旦内容访问完后，连接会立即断掉。因此，智居云服务平台对服务器的配置要求要比网站更加高端一些，具体配置见表 12-2。

表 12-2 智居云科技服务器配置方案

选　项	内　容
地域	杭州
操作系统	Aliyun Linux 5.7 64 位
CPU	4 核
内存	16 384MB
磁盘	1 000GB
当前使用带宽	10Mbit/s
带宽计费方式	按固定带宽
租用费用	每月只需 1 373.00 元，按年付费可以优惠 2 个月，只需 13 730.00 元

12.2.4 云安全服务

云安全是所有用户选择将自己的产品与服务部署到公有云基础设施上最关心的问题。用户关心自己的服务是否会受到恶意攻击，企业的数据是否会被云服务提供商泄漏给竞争对手等。下面，本文简单地介绍下阿里云常用的几项云安全服务。

分布式拒绝服务（Distributed Denial of Service，DDoS）俗称洪水攻击，而在云端该攻击表现为，通过仿冒大量的正常服务请求来阻止用户访问其在云端数据、应用程序或网站。对云端用户而言该攻击就像在出行高峰时段遇上了交通瘫痪，除了坐在交通工具中愤怒地等待别无他法；而对云服务商而言如果无法从大量的仿冒请求中鉴别出恶意访问流量并完成清洗，则不但会影响云服务的稳定性更会动摇用户将数据和应用迁移上云端的信心。DDoS 攻击在 2011 年、2012 年连续被 CSA（Cloud Security Alliance）收录为《云端十大安全威胁》。

作为中国领先的云计算服务商，阿里云基于自主开发大型分布式操作系统和十余年安全攻防的经验，为广大云平台用户推出基于云计算架构设计和开发的云盾海量防 DDoS 清洗服务。

云盾的防 DDoS 清洗服务可帮助云用户抵御各类基于网络层、传输层及应用层的各种 DDoS 攻击（包括 CC、SYN Flood、UDP Flood、UDP DNS QueryFlood、(M)Stream Flood、ICMP Flood、HTTP Get Flood 等所有 DDoS 攻击方式），并实时短信通知用户网站防御状态。

云盾的防 DDoS 清洗服务由恶意流量检测中心、安全策略调度中心和恶意流量清洗中心组成，三个中心均采用分布式结构、全网状互联的形式覆盖阿里云所有提供云服务的数据中心节点。

依托云计算架构的高弹性和大冗余特点，云盾防 DDoS 清洗服务实现了服务稳定、防御精准。

（1）稳定：云盾防 DDoS 清洗服务可用性为 99.99%；

（2）精准：恶意流量检测中心的检测成功率为 99.99%，单个数据中心流量检测能力达到 60G bit/s 或 6 000 万 PPS 以上；恶意流量清洗中心的清洗成功率为 99.99%；

（3）全清洗：对于阿里云云服务器用户提供单个 IP、3G 以内的所有类型的 DDoS 攻击流量清洗服务。

绝大多数的网站入侵事件总是由黑客扫描网站开放的端口和服务，并由此寻找相关的安全漏洞并加以利用来实现入侵，最后通过在网站内植入木马来达到篡改网页内容或者窃取重要内部数据的违法目的。

云盾的安全体检从网站最常见的入侵行为入手，对构建在云服务器上的网站提供网站端口安全检测、网站 Web 漏洞检测、网站木马检测三大功能。

首先，网站端口安全检测通过服务器集群对构建在云服务器上的网站进行快速、完整的端口扫描，使用最新的指纹识别技术判断运行在开放端口上的服务、软件以及版本，一旦发现未经允许开放的端口和服务会第一时间提醒用户予以关闭，降低系统被入侵的风险。

然后，网站 Web 漏洞检测聚焦在对构建在云服务器上网站的 Web 漏洞发现，检测的漏洞类型覆盖 OWASP、WASC、CNVD 分类，系统支持恶意篡改检测，支持 Web2.0、AJAX、PHP、ASP、.NET 和 Java 等环境，支持复杂字符编码、chunk/gzip/deflate 等压缩方式、多种认证方式（Basic、NTLM、Cookie、SSL 等），支持代理、HTTPS、DNS 绑定扫描等，支持流行的百余种第三方建站系统独有漏洞扫描，同时，通过规则组对最新 Web 漏洞的持续跟踪和分析，进一步保障了产品检测能力的及时性和全面性。

在检测技术上通过对 HTML 和 Javascript 引擎解密恶意代码，同特征库匹配识别，同时支持通过模拟浏览器访问页面分析恶意行为，发现未知木马，实现木马检测的“0”误报。

最后，阿里云在漏洞发现和管理方面具备专职团队，在漏洞发现方面除却自主开发的漏洞检测工具外更拥有一批具备发现“0day”漏洞的安全专家，通过自动和手动的渗透测试、质量保证（QA）流程、软件的安全性审查、审计和外部审计工具进行安全威胁检查。

阿里云漏洞管理团队的主要责任就是发现、跟踪、追查和修复安全漏洞。通过数字化的“漏洞分”运营，对每个真实的漏洞进行分类、严重程度排序和跟踪修复。阿里云与各安全研究社区的成员保持联系，受理外部漏洞举报。

- 安全事件管理

阿里云建立了安全事件管理平台来实现影响系统或数据的机密性、完整性或可用性的安全事件管理流程，这个流程包含安全事件的受理渠道、处理进度、事后通告过程，安全事件的类别不但覆盖安全攻击和入侵事件，更将重大云服务故障纳入安全事件管理范围予以关注。

阿里云安全团队人员实行 7×24 小时工作制。当安全事件发生时，阿里云安全人员将记录和根据严重程度进行优先级处理。直接影响客户的安全事件将被赋予最高优先级对待。在安全事件事后分析阶段通过追查安全事件根本成因来更新相关安全策略，以防止类似事件再次发生。

- 网络安全

阿里云采用了多层防御，以帮助保护网络边界面临的外部攻击。在公司网络中，只允许被授权的服务和协议传输，未经授权的数据包将被自动丢弃，阿里云网络安全策略由以下组件组成：

（1）控制网络流量和边界，使用行业标准的防火墙和 ACL 技术对网络进行强制隔离；

（2）网络防火墙和 ACL 策略的管理包括变更管理、同行业审计和自动测试；

（3）使用个人授权限制设备对网络的访问；

（4）通过自定义的前端服务器定向所有外部流量的路由，可帮助检测和禁止恶意的请求；

（5）建立内部流量汇聚点，帮助更好的监控。

- 传输层安全

阿里云提供的很多服务都采用了更安全的 HTTPS 浏览连接协议，例如用户使用阿里云账号登录 aliyun 的默认情况为 HTTPS。通过 HTTPS 协议，信息在阿里云端到接受者计算机实现加密传输。

- 操作系统安全

基于特殊的设计，阿里云生产服务器都是基于一个包括运行阿里云“飞天”必要的组件而定制的 Linux 系统版本。该系统专为阿里云能够保持控制在整个硬件和软件栈，并支持安全应用程序环境。阿里云生产服务器安装标准的操作系统，公司所有的基础设施均需要安装安全补丁。

12.3 云服务实战

12.3.1 申请实例

云服务器实例（以下简称 ECS 实例）是一个虚拟的计算环境，包含 CPU、内存等最基础的计算组件，是云服务器呈献给每个用户的实际操作实体。ECS 实例是云服务器最为核心的概念，其他的资源，比如磁盘、IP、镜像、快照等只有与 ECS 实例结合后才有使用意义。

云服务器实例的申请非常简单，进入到阿里云系统的管理控制台，通过创建实例按钮可以进入到云服务器实例申请界面，如图 12-4 所示。阿里云支持两种付费方式：包年包月、按量付费。智居云租用阿里云服务器来搭建物联网平台，需要为客户提供长期持续的服务。因此，我们选择包年包月的付费方式，这样可以获得更多的价格优惠。在申请界面上需要填写云服务器实例的基本配置，如地域、CPU、内存、网络信息。

图 12-4 阿里云服务器实例申请

填写完基本配置信息后，云平台会自动计算出需要租用的费用，并在页面的右上部分显示出来，如图 12-5 所示。为了保证服务质量，我们选择的是一个 8 核/16GB/10Mbit/s 的中等配置服务器，一年的费用为 13170.00 元。单击“立即购买”按钮，完成交费后，等待几分钟，阿里云就可以帮你把实例创建好。

一旦实例创建好后，会在用户管理控制台界面列出来。通过该界面，用户可以了解服务器实例（见图 12-6）的基本信息，而且还可以对实例进行管理操作，例如启动、停止、升级、续费、重置密码、修改信息以及连接管理终端。

图 12-5 阿里云服务器实例费用

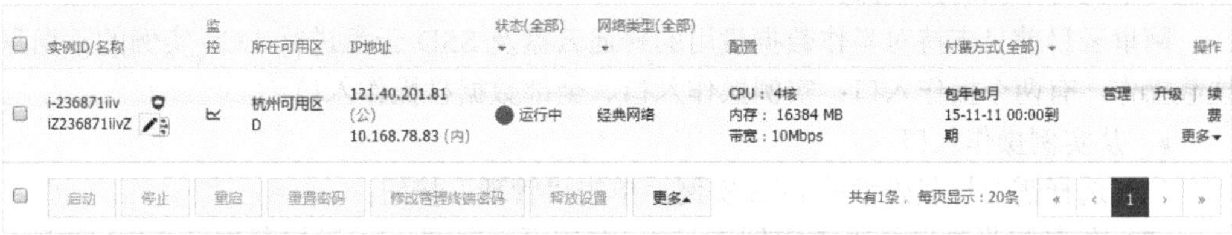

图 12-6 阿里云服务器实例管理

12.3.2 实例操作

（一）启动实例

在控制台中，您可以像操作真实的服务器一样启动实例。需要注意的是，启动操作只能在实例处于已停止时进行：

（1）进入 ECS 控制台；

（2）选择实例管理；

（3）选择地域；

（4）选择需要实例，注意：可以多选，但是所选实例状态必须一致；

（5）选择启动操作。

（二）停止实例

在控制台中，您可以像操作真实的服务器一样停止实例。停止操作只能在实例处于运行中时进行。停止操作会造成您的实例停止工作，从而中断您的业务，请谨慎执行。

（1）进入 ECS 控制台；

（2）选择实例管理；

（3）选择地域；

（4）选择需要实例，注意：可以多选，但是所选实例状态必须一致；

（5）选择停止操作。

（三）重启实例

在控制台中，您可以像操作真实的服务器一样重启实例。重启操作只能在实例处于运行中时进行。重启操作会造成您的实例停止工作，从而中断您的业务，请谨慎执行。

（1）进入 ECS 控制台；

（2）选择实例管理；

（3）选择地域；

（4）选择需要实例，注意：可以多选，但是所选实例状态必须一致；

（5）选择重启操作。

（四）挂载数据盘

挂载数据盘时 ECS 实例状态必须为 Running（运行中）或者 Stopped（已停止），且 ECS 实例的安全控制标识不为 Locked（锁定），且不欠费。挂载数据盘时云盘的状态必须为 Available（待挂载）。一台 ECS 实例最多能挂载四块数据盘（包含所有磁盘种类），且云盘只能挂载在同一可用区内的 ECS 实例上，不能跨可用区挂载。同一时刻，一块云盘只能挂载到一个 ECS 实例上、不支持挂载到多个 ECS 实例上。云盘作为 ECS 实例系统盘时不支持单独的挂载操作。

阿里云目前只支持对当作数据盘用的普通云盘及 SSD 云盘进行 ECS 实例的数据盘挂载操作，有两个操作入口：实例操作入口、全部数据盘操作入口。

- 从实例操作入口

（1）选择需要挂载磁盘的 ECS 实例，单击“管理”按钮；

（2）在左侧菜单选择“本实例磁盘”，在该页面里显示了已挂载在该 ECS 实例上的磁盘；

（3）单击“挂载独立普通云盘”按钮，选择“挂载点”“目标磁盘”进行磁盘挂载；

- 从全部磁盘操作入口

（1）选择“全部磁盘”列表，先选择要挂载的云盘，单击“挂载云盘”按钮；

（2）选择“挂载点”“目标实例”进行磁盘挂载。

（五）卸载数据盘

只支持当作数据盘用的按量购买的云盘进行卸载操作，有两个操作入口：实例操作入口、全部磁盘操作入口。

- 从实例操作入口

（1）进入 ECS 控制台，选择需要挂载磁盘的 ECS 实例，单击“管理”按钮；

（2）单击左侧菜单选择“本实例磁盘”，在该页面里显示了已挂载在该 ECS 实例上的磁盘；

（3）选择需要卸载的云盘，单击“卸载”按钮；

- 从全部磁盘操作入口

进入 ECS 控制台，单击“全部磁盘”列表，选择要卸载的云盘，单击“卸载”按钮。

（六）更换系统盘

只有包年包月的 ECS 实例才支持更换系统盘操作。ECS 实例处于“已停止”状态，才允许进行更换系统盘操作；更换系统盘，原有系统盘的数据将会丢失。

（1）进入 ECS 控制台，选择需要更换系统盘的 ECS 实例，单击“更多”中的“更换系统盘”；

（2）选择新的镜像类型（公共镜像 / 自定义镜像 / 镜像市场）及具体的镜像，填写登录密码信息；

（3）单击“去支付”按钮。

（七）重新初始化磁盘

ECS 实例处于“已停止”状态时，才允许进行重新初始化磁盘操作；重新初始化磁盘后，磁盘上的数据将会丢失，如果需要请提前做好备份（通过快照的方式）；重新初始化磁盘操作，将会把磁盘置为最初创建时的状态，操作方式如下：

（1）进入 ECS 控制台，选择需要重新初始化磁盘操作的实例，单击“更多”中的“重新初始化磁盘”按钮；

（2）进入本实例磁盘页，选择一块或多块需要重新初始化的磁盘，单击“重新初始化磁盘”按钮；

（3）如果选择了系统盘做重新初始化磁盘操作，需要输入重新初始化后的登录密码信息，然后单击“确认重新初始化磁盘”按钮。

（八）回滚磁盘

当您希望对一块磁盘的数据回滚到某一时刻，您可以通过回滚磁盘实现。回滚磁盘需要在控制台完成，前置条件是目标磁盘所在的实例必须处于已停止状态。快照回滚完成后，实例会进入启动中的状态，直至实例进入运行中的状态；快照回滚是不可逆的操作，一旦回滚完成，原有的数据将无法恢复，请谨慎操作。操作方式如下：

（1）进入ECS控制台；

（2）选择全部快照；

（3）在需要进行回滚的快照的操作中选择“回滚磁盘”，并单击“确定”按钮，注意，不能多选，一次只能选择一个快照。

（九）查看监控信息

支持查看磁盘的IOPS、BPS信息，操作方式如下：

（1）进入ECS控制台，选择要查看监控信息的磁盘，有两种方式找到需要查看的磁盘，一种是通过磁盘所挂载到的实例，进入实例详情页中的“本实例磁盘”，找到对应的磁盘；另一种是通过在“全部磁盘”列表找到对应的磁盘；

（2）进入“磁盘详情”页，单击“磁盘监控信息”，可查看磁盘的IOPS、BPS监控信息；

（3）可通过右上角的“30分钟”“6小时”“1天”“1周”选择不同的监控周期，查看不同时间的监控信息。

（十）创建自定义镜像

如果您已经创建了一个系统盘的快照了，那么就可以从系统盘的快照去创建自定义镜像。从控制台根据系统盘快照创建自定义镜像的步骤如下：

（1）登录阿里云ECS控制台；

（2）选择全部快照，可以看到快照的列表；

（3）选中一个磁盘属性是系统盘的快照，单击创建自定义镜像按钮，弹出一个对话框，您可以看到选中的快照ID和快照名称；

（4）输入自定义镜像名称，不能为空，由1～128位的字母、数字、下划线或者“-”组成；

（5）输入自定义镜像描述，可以为空，最大长度为1024个字符；

（6）单击“确定”按钮，自定义镜像创建成功。

十一）镜像复制

您可以通过镜像复制把当前地域的自定义镜像复制到其他地域，在其他地域镜像系统备份或者一致性应用环境部署。复制镜像需要通过网络把源地域的镜像文件传输到目标地域，复制的时间取决于网络传输速度和任务队列的排队数量，需要您耐心等待。从控制台复制镜像的步骤如下：

（1）登录阿里云ECS控制台；

（2）选择镜像，可以看到镜像的列表；

（3）选中一个镜像类型是自定义的镜像，单击“复制”按钮，弹出一个对话框：您可以看到您选中镜像ID；

（4）选择您需要复制镜像的目标地域；

（5）输入目标镜像的镜像名称，不能为空，长度为2～128个字符，以大小写字母或中文开头，不支持字符@/:="<>{[]}和空格；

（6）输入目标镜像的描述信息，长度为0～256个字符，不能以http://或https://开头；

（7）单击“确定”按钮，镜像复制任务就创建成功了，您的目标地域会自动创建一个快照和自定义镜像，请等待到该镜像的状态变为可用，就可以使用复制后的镜像来创建 ECS 实例。

（十二）取消复制

当您的自定义镜像还没有复制完成，您可以取消该次镜像复制。从控制台取消镜像复制的步骤如下：

（1）登录阿里云 ECS 控制台；

（2）选择镜像，单击该镜像复制的目标地域，可以看到镜像的列表。选中您复制的目标镜像，单击取消复制，弹出一个提醒对话框：取消镜像复制，镜像会变成创建失败，该镜像不可以使用。您确定要取消该镜像的复制吗？

（3）单击“确定”按钮，取消复制成功。

（十三）删除自定义镜像

您可以删除自定义镜像，如果要保证可以删除成功，请确认当前没有使用该自定义镜像创建的保有 ECS 实例。从控制台删除自定义镜像的步骤如下：

（1）登录阿里云 ECS 控制台；

（2）选择镜像，可以看到镜像的列表；

（3）选中一个镜像类型是自定义的镜像，单击“删除”按钮，弹出一个提醒对话框：您确定要删除镜像 m-×××××××吗？

（4）单击“确定”按钮，自定义镜像删除成功。

（十四）使用镜像

您要创建实例，需要选择一个合适的镜像。您需要考虑镜像的条件如下：

（1）地域：青岛/杭州/北京/深圳/香港/美国硅谷；

（2）操作系统：Linux 还是 Windows 的；

（3）操作系统的位数：32 位还是 64 位；

（4）内存是 512MB 不能选择 Windows 操作系统，4GB 和 4GB 以上内存不能选择 32 位的操作系统。

在购买实例的时候，您可以选择自定义镜像、公共镜像、市场镜像和共享镜像。

（1）自定义镜像是您自己创建的，可以到 ECS 控制台的自定义镜像页面进行查询和管理；

（2）公共镜像是阿里云官方提供的系统镜像，包含 Windows 各个版本和 Linux 的多种发行版；

（3）市场镜像是第三方服务商（ISV）提供的定制化服务的镜像，包含多个操作系统版本的基础环境、控制面板、建站系统等类型的镜像；

（4）共享镜像是其他账号的自定义镜像共享给您的镜像。

（十五）修改自定义镜像信息

您可以修改自定义镜像的名称和描述信息。从控制台修改自定义镜像描述的步骤如下：

（1）登录阿里云 ECS 控制台；

（2）选择镜像，可以看到镜像的列表；

（3）选中一个镜像类型是自定义的镜像，单击编辑描述，弹出一个对话框：您可以看到选中的自定义镜像的ID、名称、描述；

（4）在描述的输入框中输入要新的描述信息，描述信息系统要求：最大长度为256个字符，不能以http://或https://开头；

（5）单击“确定”按钮，自定义镜像的描述信息修改成功。

（十六）创建快照

对一块磁盘进行第一次创建快照时，会花费比较长的时间，因为第一个快照是全量快照。对已经有快照的磁盘，再次进行创建快照，相对来说会比较快，但时间长短取决于和上一个快照之间的数据变化量，变化量越大，时间越长。对磁盘创建快照，会轻微降低磁盘的性能，对您的直接影响是，您的业务在创建快照时，会出现短暂的瞬间变慢，程度视您的数据变化多少而定。请避免在您的业务高峰期进行快照创建。

（1）进入ECS控制台；

（2）选择磁盘管理；

（3）选择需要创建快照的磁盘，注意：不能多选，一次只能选择一块磁盘；

（4）选择创建快照；

（5）根据提示填写快照名称，单击“确定”按钮。

（十七）删除快照

快照删除后，不能用任何方法恢复，请谨慎操作。当您不需要某一个快照或者您的快照个数超出了快照额度的时候，您必须选择删除一部分快照：

（1）进入ECS控制台；

（2）选择快照管理；

（3）选择需要删除的快照，可以多选；

（4）选择删除快照，单击“确定”按钮。

12.4 云计算对创业团队的好处

12.4.1 节约成本

使用阿里云服务对于startup团队来说，最直观的一个好处就是节省了成本。资金是一个支撑企业持续发展的重要支柱，对于任何一个startup，无论是否拿到风投，资金都是缺乏的，使用云服务可以大大地减少对IT的投入，为企业的发展节省一笔相对可观的费用。

下面，我们以智居云科技为例，从一次性投入、带宽费用、托管费用、运维成本等几个方面来比较使用云计算模式与使用传统模式的成本投入。如表12-3所示，如果采用传统模式，除了需要自己购买服务器，还需额外支付带宽费用、托管费用以及运维费用，完整地计算下来，大约每年需要5.8万元。使用云计算的模式，不需要自己购买服务器，按需付费即可，而且无需额外支付带宽费用、托管费用、运维成本，每年大约需要1.4万元。从细化的数据对比，我们可以发现使用云计算的成本是传统模式的1/5。除了总体费用减少之外，使用云计算模式还可以减少初期的一次性成本。

表 12-3 云计算与传统模式成本对比

	使用云计算	传统模式
一次性投入	1 台云服务器，每月只需 1 373 元，按年付费可以优惠 2 个月，13 730 元/年	1 台×25 000/台=25 000 元 （一台相同配置的服务器采购需要 25 000 元）
带宽费用	每 Mbit/s 单价 100 元每月，可根据需要弹性按需付费，这部分费用已经包含在一次性投入里面了，0 成本	BGP 多线价格每 Mbit/s 在 300～600 元，按平均每个月 450 元计算，5 400 元/年
托管费用	无需托管费用，0 成本	每月 500 元左右，5 000 元/年
运维成本	不需要聘请专业的运维人员，0 成本	需要一个专业的运维人员（或者至少一个兼职运维人员），按深圳市最低工资计算 2 100 元计算，25 200 元/年
一年成本	13 730+0+0+0=13 730 元	25 000+5 400+5 000+23 200=58 600（元）

12.4.2 安全可靠

安全可靠是服务器的一个重要非功能因素，对提高服务质量以及提供良好的用户体验至关重要。传统模式下，需要运维人员自己去构建服务器的安全体系以及可靠性体系，这是一个技巧性非常高的任务，而且跟具体的应用负载是相关联的，因此，如果要保证一个 7×24 小时在线的服务，需要一个非常专业的服务器团队，里面必须要有非常资深、专业的维护人员。在传统模式下，这样的团队需要企业自己去搭建组织，需要支付很高的人力成本。有些时候，甚至是花了钱，受限于雇用的工程师的技术能力，达不到安全可靠的目的。

智居云科技有限公司的 Z-Cloud 平台接入了大量的智能硬件设备，必须要保证 7×24 小时的服务质量，如果一旦服务不可用，将会直接导致所有的智能设备失联，手机 App 无法控制，设备当前状态无法查看等问题。如表 12-4 所示，我们从数据副本、快照策略、故障恢复、安全防护、DDOS 攻击、安全管家以及密码管理等几个方面对比使用云计算以及传统模式的差别。

表 12-4 云计算与传统模式的安全性、可靠性对比

	使用云计算	传统模式
数据副本	多份副本，数据安全性可达 99.999%	单份，或者自己做 RAID
快照策略	自定义快照，数据安全有保证	无快照，数据难恢复
故障恢复	可在数分钟内自动恢复	人工现成恢复，一般需要半天以上
安全防护	有效阻止 MAC 欺骗和 ARP 攻击	很难阻止 MAC 欺骗和 ARP 攻击
DDOS 攻击	有效防护 DDoS 攻击，可进行流量清洗和黑洞	清洗和黑洞设备需要另外购买，价格昂贵
安全管家	端口入侵扫描、挂马扫描、漏洞扫描等附加服务	普遍存在漏洞挂马和端口扫描等问题
密码管理	可通过手机在线重置密码	用户自行管理，丢失密码无法重置

数据副本是保证系统可用性的主要策略之一。传统模式下，用户需要自己做 RAID，并管理维护 RAID 机制。快照机制也需要用户自己来实现，一旦出现故障，需要招聘资深的专业数据库管理员或者系统运维人员来恢复系统，直接导致恢复难度大、恢复时间

长的问题。使用云计算，云平台提供了数据备份及恢复的机制，一旦出现问题，能够保证在数分钟内自动恢复服务，提供高达 99.999%的系统可用性。

智居云公司使用阿里云平台，并没有安排工程师去配置数据快照，全部由阿里云平台自动完成，如图 12-7 所示。阿里云平台提供了 4 个快照，分别是最近三天以及上周日的快照。基于这些快照，我们可以将系统快速地恢复到执行快照的那个时刻的状态。由于，我们并没有区分系统盘与数据盘，所以，阿里云平台只给我们系统盘做了数据快照。

	快照ID/名称	磁盘ID	磁盘容量	磁盘属性(全部) ▾	创建时间
☐	s-23jaol0zy auto_20150714_1	d-23cnibxow	20G	系统盘	2015-07-14 02:40:42
☐	s-23qhtlkk2 auto_20150713_1	d-23cnibxow	20G	系统盘	2015-07-13 03:08:28
☐	s-23y1dreee auto_20150712_1	d-23cnibxow	20G	系统盘	2015-07-12 02:33:32
☐	s-23n6vtl48 auto_20150705_1	d-23cnibxow	20G	系统盘	2015-07-05 02:34:38

图 12-7 智居云平台的数据快照

此外，我们还可以基于这些数据快照创建自定义的系统镜像。在进行系统扩容的时候，需要增加新的虚拟机。可以用这些快照生成的系统镜像来创建虚拟机，保证新建的虚拟机软件系统以及数据环境都是好的，而无需从头开始设置软件环境。

至于快照的策略，用户可以使用默认设置。默认的快照策略会选择在凌晨 1 点到 7 点的时间段内执行快照生成的操作。如图 12-7 所示，智居云公司的 4 个快照，都是在 2:30 到 3:30 之间某个时刻生成的。默认的快照策略是适合大多数应用的，保存用户最近三天的快照，同时保存上周日的快照。

阿里云平台提供了一个设置快照策略的入口，如图 12-8 所示，允许用户根据自己业务负载的实际情况，选择一个用户较少使用的时段来做快照。因为在生成快照的过程中，需要在一段集中的时间内频繁地读取磁盘，对系统的性能会造成比较大的冲击。如果选择在使用用户较多的时间，可能会明显增加用户响应的延迟，降低用户体验。

用户可以针对系统盘以及数据盘分别设置不同的快照策略。如果用户对自己的系统的可靠性要求较高，可以选择保留更多的系统快照，不过阿里云平台最多允许用户保存 12 个系统快照。如果是设置保存 12 个系统快照的话，那么用户最早可恢复到 3 个月前的系统状态和数据，同时能够恢复到最近一周内任何一天的状态。

为了减小由硬件故障、自然灾害或者是其他的灾难带来的服务中断，阿里云提供所有数据中心的灾难恢复计划。该灾难恢复计划包括降低任何单个节点失效风险的多个组件，具体如下。

（1）数据负责与备份：阿里云云服务上的用户数据在一个数据中心的多个系统内部进行复制存放，并在某些情况下在多个数据中心进行复制存放；

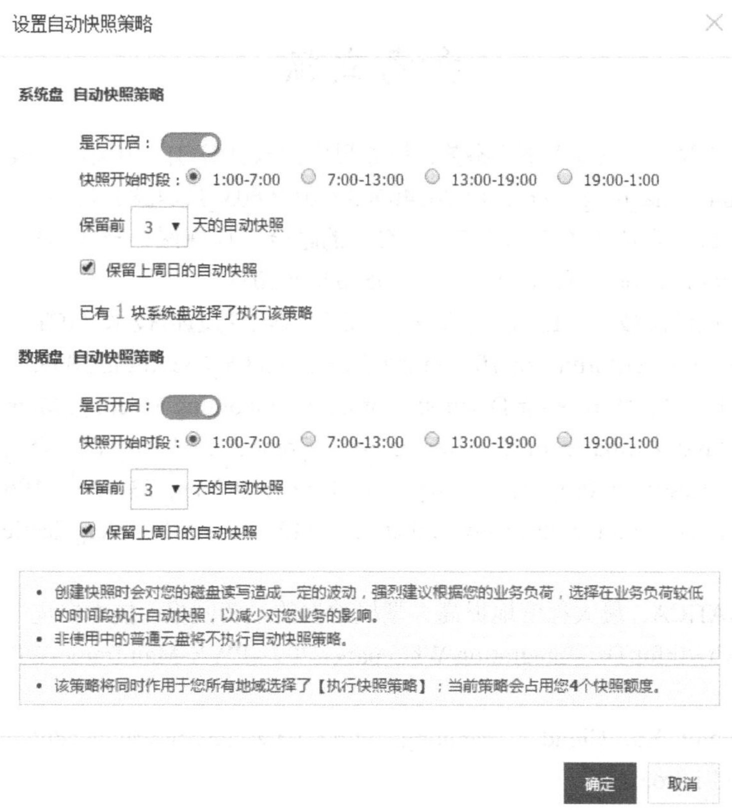

图 12-8　设置自动快照策略

（2）阿里云的数据中心运行在分布式地理位置，其目的在单个区域因为灾难和其他安全事件保持服务的连续性，各数据中心之间高速的光纤互联也为快速地故障转移提供了带宽支持；

（3）阿里云除了提供冗余数据和区域不同的数据中心措施以外，阿里云还有业务连续性计划，该计划主要针对重要灾难，例如地震事件或公共健康危机，该计划的目的是让云服务能够为我们的客户保持持续性运行；

（4）阿里云定期对灾难恢复计划进行测试，例如，将一个地理位置或区域的云平台基础架构和云服务处于离线模拟一个灾难，然后按照灾难恢复计划的设计进行系统处理和转移。在此测试过程中，验证在故障位置的业务及营运功能，测试结果将被识别和记录用来持续改进灾难恢复计划。

参考文献

[1] 梅宏．云计算呈“三分天下”态势．第 6 界中国云计算[J]．中国科学报：http://www.edu.cn/ zhuan_jia_ping_shu_1113/20140603/t20140603_1124280.shtml.

[2] 李三琦．云计算是从 CT、IT 走向 ICT 的融合．凤凰网科技华为技术:http://www.ctiforum.com/factory/huawei/huawei11_0510.htm,2011.

[3] 宋俊德．从信息技术（IT）、通信技术（CT）到信息通信技术（ICT）．中国信息产业网 http://www.ctiforum.com/forum/2005/03/forum05_0336.htm, 2005.

[4] Licklider, J. C. R.,“Topics for Discussion at the Forthcoming Meeting, Memorandum For: Members and Affiliates of the Intergalactic Computer Network”. Washington, D.C.: Advanced Research Projects Agency, via KurzweilAI.net, 23 April 1963.http://www.kurzweilai.net/memorandum-for-members-and-affiliates-of-the-intergalactic-computer-network.

[5] INFORMATiCA．最大程度地提高大型机数据的投资回报．技术白皮书.http://events.csdn.net/xhy/Infor/DataIntegration/Whitepaper/7091-PWX-Mainframe-WP_web_CN.pdf, 2010.

[6] Cheng-Zhong Xu, Cloud Computing, http://www.ece.eng.wayne.edu/~czxu/ece7650_w10/Cloud-intro.pdf

[7] Yuhong Feng, A mobile code collaboration framework for grid computing, Nanyang Technological University Thesis, Singapore, 2008.

[8] Liang-Jie Zhang; Qun Zhou, "CCOA: Cloud Computing Open Architecture," 2009 IEEE International Conference on Web Services (ICWS 2009), pp:607-616, July 2009.

[9] 庞世斌. IBM 大型机永不宕神话破灭　两地三中心备份成摆设. 腾讯数码 http://digi.tech.qq.com/a/20130105/000556.htm.

[10] 陈国良．并行算法的设计与分析[M]．北京：高等教育出版社，2002.

[11] I. Foster, C. Kesselman, and S. Tuecke. The Anatomy of the Grid. International Journal of High Performance Computing Applications, 15(3):200-222, 2001.

[12] D. Clark. Face-to-face with peer-to-peer networking. Computer, 34(1):18-21, Jan. 2001.

[13] I. Clarke, S. G. Miller, T.W. Hong, O. Sandberg, and B.Wiley. Protecting free expression online with Freenet. I*EEE Internet Computing*, 6(1):40-49, Jan./Feb. 2002.

[14] J. W. Ross, G. Westerman, "Preparing for utility computing: The role of IT architecture and relationship management,"IBM Systems Journal, 43(1):5-19, 2004.

[15] M. Satyanarayanan, “Pervasive computing: vision and challenges,”IEEE Wireless Communications. (原 IEEE Personal Communications), 8(4):10-17, Aug 2001.

[16] M. Satyanarayanan.Fundamental challenges in mobile computing.In Proceedings of the fifteenth annual ACM symposium on Principles of distributed computing(PODC '96), pp:1-7, 1996.

[17] P. Yu, J. Cao, W. Wen, and J. Lu. Mobile agent enabled application mobility for pervasive computing. In Proceedings of the Third international conference on Ubiquitous Intelligence and Computing(UIC'06), pp: 647-657.2006.

[18] Y. Feng, J. Cao, Y. Sun, W. Wu, C. Chen, J. Ma: Reliable and efficient service composition based on smart objects' state information.*Journal Ambient Intelligence and Humanized Computing* 1(3): 147-161 (2010).

[19] W3C. Web Services Description Language (WSDL) 1.1, March 2001.

[20] W3C. Simple Object Access Protocol (SOAP) 1.1, May 2000.

[21] Universal Description, Discovery and Integration (UDDI) Technical White Paper. http://www.uddi.org, September 2000.

[22] S. Agarwal, M. Kodialam, and T.V. Lakshman, "Traffic engineering in software defined networks," In proceedings of 2013 IEEE INFOCOM, pp:2211-2219, 2013.

[23] Y. Zhou, Y. Zhang, Y. Xie, H. Zhang, L. T. Yang, G. Min," TransCom: AVirtual Disk-Based Cloud Computing Platform for Heterogeneous Services," IEEE Transactions on Network and Service Management, 11(1): 46-59, March 2014.

[24] P. Lin, J. Bi, Z. Chen, Y. Wang, H. Hu, A. Xu, WE-Bridge: West-East Bridge for SDN Inter-domain Network Peering, the 33rd IEEE International Conference on Computer Communications (INFOCOM14), Demo, pp:111-112, Toronto, Canada, 2014.

[25] T. P. Morgan, Google Lifts Veil On “Andromeda” Virtual Networking, http://www.enterprisetech.com/2014/04/02/google-lifts-veil-andromeda-virtual-networking/.

[26] S. Kavulya, J. Tan, R. Gandhi, and P. Narasimhan. An Analysis of Traces from a Production MapReduce Cluster. In Proceedings of the 2010 10th IEEE/ACM International Conference on Cluster, Cloud and Grid Computing (CCGRID '10). pp. 94-103,2010.

[27] 顾炯炯．精简 IT，敏捷商道——企业云计算 IT 基础设施平台架构概览．http://www.docin.com/p-704386778.html.

[28] V. Naik, K. Beaty, N. Vogl, and J. Sanchez, Workload Monitoring in Hybrid Clouds, In proceeding of the 2013 IEEE Sixth International Conference on Cloud Computing (CLOUD '13), pp: 816-822,2013.

[29] M. W. Johnson, C. M. Christensen, H. Kagermann, Reinventing your business model, *Harvard Business Review*, 86(12): 50-59, 2008.

[30] 李振勇．商业模式[M]．北京：新华出版社．2006.

[31] 丁斌．商业模式概述．中国科学技术大学管理学院讲义．http://wenku.baidu.com/view/d01725e19b89680203d82591.html.

[32] 盛景网联．对商业模式的理解及案例分析．http://wenku.baidu.com/view/82147de081c758f5f61f67ce.html.

[33] 亚德里安·斯莱沃斯基，大卫·莫里森，鲍勃·安德尔曼．发现利润区[M]．北京：中信出版社，2014.

[34] S. Banerjee, H. Srikanth, B. Cukic, "Log-Based Reliability Analysis of Software as a Service (SaaS)," 2010 IEEE 21st International Symposium on Software Reliability

Engineering (ISSRE), pp:239-248, 2010.

[35] THINKstrategies, 2007. Building your SaaS Strategy with AppExchange, THINK strategies, Inc. 2007.

[36] 李国杰.大数据（Big Data）科学问题研究，"973"计划信息领域战略调研材料之三. http://www.ict.cas.cn/liguojiewenxuan/wzlj/lgjxsbg/201302/P020130223675673612379.pdf，2013.

[37] C114 中国通信网．国内首个数据中心能耗检测标准及实施细则发布．http://www.c114.net/news/550/a751514.html，2013.

[38] Miller R.Failure rates in Google data centers [OL]. https://www.datacenterknowledge.com/archives/2008/05/30/failure-rates-in-google-data-centers/.

[39] J.Dean and S.Ghemawat, MapReduce: simplified data processing on large clusters. *Magazine Communications of the ACM*.51(1):107-113. 2008.

[40] 顾炯炯．云计算架构技术与实践[M]．北京：清华大学出版社，2014.

[41] Y.Zhang and Y.Zhou.4VP+: A Novel Meta OS Approach for Streaming Programs in Ubiquitous Computing. Proc. IEEE 21st International Conference on Advanced Information Networking and Applications (AINA-07), Niagara Falls, Canada, May 21-23, 2007, pp. 394-403. (IEEE Best Paper Award).

[42] Y. Zhang and Y. Zhou. Transparent Computing: A New Paradigm for Pervasive Computing. Proc. 3rd International Conference on Ubiquitous Intelligence and Computing (UIC-06), Wuhan and Three Gorges, China, September 3-6, 2006, Lecture Notes in Computer Science, vol. 4159, pp.1-11.

[43] L. Badger, T. Grance, R. Patt-Corner, and J. Voas. 2012. *Cloud Computing Synopsis and Recommendations: Recommendations of the National Institute of Standards and Technology*. CreateSpace Independent Publishing Platform, USA.

[44] GeraldKaefer, CloudComputingArchitecture, SiemensAG2010, CorporateReserch and Technologies, Munich, Germany. http://resources.sei.cmu.edu/asset_files/Presentation/2010_017_001_23337.pdf.

[45] JineshVaria, Book Chapter on "Architecting for the Cloud:Best Practices", Cloud Computing: Principles and Paradigms, John Wiley, Inc,2010.

[46] Oracle 白皮书．云参考架构，Oracle 企业转型解决方案系列．2012 年 11 月．http://www.oracle.com/technetwork/cn/topics/entarch/oracle-wp-cloud-ref-arch-1883533-zhs.pdf.

[47] NIST Special Publication 500-293, US Government Cloud Computing Technology Roadmap, Volume I and Volume II, October 2014.

[48] J. Dean and S. Ghemawat, "Mapreduce: simplified dataprocessing on large clusters," Commun. ACM, vol. 51, no. 1,pp. 107-113, 2008.

[49] J. Zhu, P. He, Z. Zheng, M. R. Lyu, Towards Online, Accurate, and Scalable QoS Prediction for Runtime Service Adaptation.ICDCS 2014: 318-327.

[50] http://zh.wikipedia.org/wiki/虚拟化.

[51] 华为 HCNA 培训教材.
[52] 华为 FusionCompute 产品文档[R].
[53] 华为技术有限公司. FusionManager 产品文档[R].
[54] 华为技术有限公司. FusionCompute 产品文档[R].
[55] Shao Lingshuang, ZhouLi, ZhaoJunfeng, etal. A method for predicting the quality of service of Web Service. Journal of Software, 2009, 20(8): 2062-2073.
[56] Xu, M., L. Cui, H. Wang, et al. A multiple QoS constrained scheduling strategy of multiple workflows for cloud computing[C]. Proceedings of 2009 IEEE International Symposium on Parallel and Distributed Processing with Applications. 2009: 629-634.
[57] Rongxian Chen, Yaying Zhang, Dongdong Zhang. A cloud scheduling algorithm based on User's Satisfaction. The 4th International conference on Networking and Distributed Computing, 2013: 1-5.
[58] Calheiros, R. N., R. Ranjan, A. Beloglazov, et al. CloudSim: a toolkit for modeling and simulation of cloud computing environments and evaluation of resource provisioning algorithms. Software: Practice and Experience. 2011,41(1): 23-50.
[59] 华为技术有限公司. FusionAccess 解决方案[R].
[60] 华为技术有限公司. FusionManager 产品文档[R].
[61] 华为技术有限公司. FusionCloud 解决方案[R].
[62] 华为技术有限公司．数据中心解决方案 V100R001C01SPC100 迁移服务指导书 [R].
[63] 华为技术有限公司. FusionSphere Tool V100R003C10 业务迁移实施方案(模板) [R] .
[64] 华为技术有限公司. FusionManager 产品文档[R].
[65] 华为技术有限公司. FusionCompute 产品文档[R].
[66] Madden B S, Knuth G, Madden J. The VDI Delusion: Why Desktop Virtualization Failed to Live Up to the Hype, and what the Future Enterprise Desktop Will Really Look Like[M]. 2012.
[67] Citrix 虚拟桌面快速部署手册（第二版）．思杰系统信息技术（北京）有限公司.
[68] 李学军．企业信息化驱动模式与持续优化研究[D]．北京交通大学，2007. DOI:10.7666/d.y1083253.
[69] 张旭，汝磊．基于 VMware View 桌面虚拟化系统性能调优[J]．中国科技纵横，2013，(16):55-56.DOI:10.3969/j.issn.1671-2064.2013.16.040.
[70] 彭雅芳．2015 再看 Server SAN[J]．计算机与网络，2015, 41(6): 79.
[71] 孙振正，龚靖，段勇等．面向下一代数据中心的软件定义存储技术研究[J]．电信科学，2014, 30(1):39-43.DOI:10.3969/j.issn.1000-0801.2014.01.006.
[72] 贾宝军，周巍，何进等．桌面云系统中的带宽及网络需求研究[J]．互联网天地，2013，(3): 16-19,23.
[73] 郭嘉凯. VDI 渐入佳境[J]．软件和信息服务，2012, (12).
[74] 陈锐，魏津瑜．基于 ITIL 的 IT 服务管理模型研究[J]．情报杂志．2008, 27(9): 23-26. DOI:10.3969/j.issn.1002-1965.2008.09.007.

致谢

本书由深圳大学与华为技术有限公司、中国智慧城市研究院联合编写。经过多位编委老师半年多时间的辛勤工作，严格审校、修改和完善，这本《云计算工程》终于高质量完成并得以顺利地出版上市。在此感谢深圳大学各位老师的付出和中国智慧城市研究院的大力支持，感谢人民邮电出版社各位编辑老师，以及各位编委的辛勤工作！以下是本书主要参与编写老师的介绍。

陈国良，中国科学院院士，中国科学技术大学和深圳大学教授、博士生导师，全国首届高等学校教学名师。1961年毕业于西安交通大学计算数学与计算仪器专业。现任中国科学技术大学软件学院和深圳大学计算机与软件学院院长，国家高性能计算中心（合肥）主任等。

陈国良院士主要研究领域为并行算法和高性能计算及其应用等；先后承担了国家“863”计划、国家攀登计划、国家“973”计划、国家自然科学基金等10多项科研项目；取得了多项被国内外广泛引用、达国际先进水平的研究成果；发表论文200多篇，出版学术著作和教材10部。他曾获国家科技进步二等奖、教育部科技进步一等奖、中科院科技进步二等奖、国家级教学成果二等奖、水利部大禹一等奖、安徽省科技进步二等奖、2009年度安徽省重大科技成就奖等共20余项，并获“863”计划15周年先进个人重要贡献奖和宝钢教育基金优秀教师特等奖以及安徽省劳动模范光荣称号。他所带领的“并行计算相关课程教学团队”于2009年被评为国家级教学团队。

多年来，陈国良院士围绕着并行算法的教学与研究，逐渐形成了“算法理论—算法设计—算法实现—算法应用”一套完整的并行算法学科体系，提出了“并行机结构—并行算法—并行编程”一体化的并行计算研究方法，建立了我国第一个国家高性能计算中心，营造了我国并行算法类的科研和教学基地，培养了100多名研究生，是我国非数值并行算法研究的学科带头人。

明仲，博士、教授、博士生导师，广东省“千百十工程”省级学术骨干、深圳市鹏城学者，现任深圳大学计算机与软件学院党委书记，深圳大学计算机软件与理论学科带头人，广东省省部院物联网产学研联盟副理事长，深圳市计算机学会理事长。他长期从事软件工程、本体理论、云计算、物联网等领域研究。近年来他在云计算、大数据等领域积极创新，云计算成果获得2013年广东省科学技术奖一等奖（排名第一）。

冯禹洪，博士，深圳大学计算机与软件学院副教授，1998年获中国科学技术大学计算机科学与技术系本科学位，2008年获新加坡南洋理工大学计算机工程学院博士学位。分别在新加坡南洋理工大学与新加坡科技电子有限公司合作的智能系统研究中心

（Intelligent Systems Centre）、香港理工大学计算机系、中国科学院深圳先进技术研究院任研究助理、博士后、助理研究员等职。主要研究方向包括分布式工作流管理、网格计算、云计算、物联网等。他发表论文近20篇，主持国家自然科学基金一项，获得2008 IEEE/IFIP International Conference on Embedded and Ubiquitous Computing（EUC 2008）最佳论文奖（排名第一）以及2013年广东省科学技术奖一等奖（排名第10）。

白鉴聪，博士，深圳大学计算机与软件学院讲师，兼任CCF YOCSEF深圳AC委员，深圳市计算机学会秘书长。长期从事智能优化，电子商务、云计算等领域研究，曾参与教育云、医疗云等多个大型云计算应用项目的策划与设计，2013年获广东省科学技术奖一等奖。曾负责多个政府信息化规划编写，出版过国际著名IT培训认证CompTIA的相关教材，有着丰富的教材编写和培训授课经验。

毛斐巧，博士，深圳大学计算机与软件学院讲师。主要研究领域为软件工程、网格计算、云计算和大数据处理，曾参与国家和省自然科学基金项目、广东省自然科学基金团队项目、广东省科技攻关计划项目、深圳市基础研究项目等类型软件工程理论与实践相关的项目20余项，在软件学报等期刊和领域重要国际会议上发表论文多篇。

吴红辉，教授，中国智慧城市研究院院长，信息内容分析国家工程实验室深圳分中心执行主任，北京航空航天大学深圳研究院副院长，北京航空航天大学深圳研究院云计算研究院院长，从事多年通信产品研究及设计工作，并参与S&C08大型程控交换机、GSM无线基站、会议电视系统，现从事智慧城市及云计算研究，并对智慧城市及云计算理论及实际应用有较深的造诣。

谢毅，博士，中国智慧城市研究院资深讲师。主要研究方向为分布式计算、云计算以及大数据处理。曾作为技术骨干参与国家“863”重大专项课题的架构设计及关键技术的研发。带领团队为淘宝、华为、Facebook等多家著名IT企业提供Hadoop大数据核心技术。在HPCC、《计算机研究与发展》、《华中科技大学学报》等重要国际会议与学术刊物上发表论文多篇，申请云计算及大数据处理方面的专利12项，部分专利已经成功转让给企业，在实际生产中产生了可观的经济效益。

以下是参与本书编写和技术审校人员名单。

主　　编：陈国良、明　仲

编委人员：明　仲、冯禹洪、白鉴聪、毛斐巧、谢　毅

技术审校：吴红辉、蔡茂国、崔来中、张　伟

参与本书编写和审稿的老师虽然有多年云计算工作经验，但因时间仓促，错漏之处在所难免，望读者不吝赐教，在此表示衷心的感谢。读者对于本书有任何意见和建议可以发送邮件至Learning@huawei.com。